YUVAL NOAH HARARI

XXI əsr üçün 21 dərs

Tərcüməçi:
Kazım Səlimov

YUVAL NOAH HARARI

21 lessons for the 21st century

Yuval Harari anlaşılması gündən-günə çətinləşən yaşadığımız bu dünyadan yazır. İnsanlıq özünü nüvə müharibəsi, ekoloji fəlakət və texnoloji qəzalar təhlükəsindən necə xilas edə bilər? Yalan xəbərlər epidemiyası ilə mübarizə aparmaq iqtidarındayıqmı? Dünyada hansı sivilizasiyalar dominantlıq edir – Şərq, Qərb? Terrorizmə qarşı hansı tədbirləri görməliyik?

Müəllif özünəməxsus aydın fikirlərlə diqqətimizi bugünkü dünyamızın heyrətamiz problemlərinə cəlb edir. Kitabın əsas hədəfi oxucunun fikrini dünyadakı daimi və təhlükəli dəyişikliklərə yönəltmək, həm də onda həyat qabiliyyətini gücləndirmək, rəhmdillik hissini və kritik düşünmə vərdişlərini inkişaf etdirməkdir.

Yuval Noah Harari   21 LESSONS FOR THE 21ST CENTURY
Yuval Noah Harari   XXI ƏSR ÜÇÜN 21 DƏRS

Bakı, QANUN nəşriyyatı, 2018, 360 səh.
Çapa imzalanmışdır: 05.08.2018

Tərcüməçi: Kazım Səlimov
Korrektor: Əyyar Tahirov

QANUN nəşriyyatı
Bakı, AZ 1102, Tbilisi pros., 76
Tel: (+994 12) 431-16-62; 431-38-18
Mobil: (+994 55) 212 42 37
e-mail: info@qanun.az
www.qanun.az
www.fb.com/Qanunpublishing
www.instagram.com/Qanunpublishing

ISBN 978-9952-36-589-4

"Sapiens: Bəşəriyyətin qısa tarixi"
və
"Homo Deus: Sabahın qısa tarixi"

silsiləsindən müəllifin yeni kitabı

Uzun illər boyunca göstərdikləri sevgi və dəstəyə görə əzizim İtzikə, anam Pninaya və nənəm Fanniyə ithaf edirəm.

İçindəkilər

Sapiens

XXI əsr üçün
21 dərs

Giriş

Dünyanı basmış qaranlıq informasiyanın içində aydın görünən yalnız gücdür. Nəzəriyyədə hər kəs bəşəriyyətin gələcəyi haqqında debata qoşula bilər, lakin aydın baxış bucağını qoruyub saxlamaq çox çətindir. Biz çox zaman debatın artıq getdiyindən və ya əsas məsələlərin nədən ibarət olduğundan da xəbərsiz oluruq. Milyardlarla insan olaraq bunu araşdırıb məlumatlı olmaq imkanından da demək olar ki, məhrumuq, çünki üzərimizdə, etməli olduqlarımızın təzyiqi böyükdür: işə getməliyik, uşaqlarımızı böyütməliyik və ya yaşlı valideynlərimizin qayğısını çəkməliyik. Təəssüf ki, tarixin bizə güzəşti yoxdur. Əgər bəşəriyyətin gələcəyi haqqında qərar sizsiz qəbul edilirsə, – çünki başınız övladlarınızın yeməyi və geyim-kecimini təmin etməyə çox qarışıqdır, – siz və övladlarınız o qərarın nəticəsindən kənarda qalmayacaqsınız. Bu çox ədalətsiz fenomendir, amma kim deyib ki, tarix ədalətli olub?!

Bir tarixçi olaraq mən insanlara yemək və geyim verə bilmərəm, lakin bir az aydınlıq gətirə bilərəm və bununla da qlobal oyun meydanını bir qədər hamarlaya bilərəm. Əgər bu, hətta az sayda da olsa adama, bizim növümüzün gələcəyi haqqında debata qoşulmaq imkanı verərsə, işimi yerinə yetirmiş sayaram.

13

Mənim ilk kitabım "Sapiens" insanlığın keçmişini araşdırıb, az əhəmiyyətli meymunun Yer adlı planetə necə hakim olduğunu öyrənir.

İkinci kitabım "Homo deus" uzaq gələcəkdəki həyatı tədqiq edir, insan övladlarının son nəticədə necə ilahi varlıqlara çevrilə, həm də intellektin və şüurun son nəticədə hansı yerə gətirib çıxara biləcəyini nəzərdən keçirir.

Bu kitabda diqqəti "bu günə və buraya" cəmləmək istəyirəm. Fokusu, insan cəmiyyətinin cari işləri və ən yaxın gələcəyi üzərinə yönəldirəm. Hal-hazırda nə baş verir? Günümüzün ən böyük çağırışları və seçimləri nədən ibarətdir? Biz nəyə diqqət verməliyik? Övladlarımıza nəyi öyrətməliyik?

Təbii ki, 7 milyard adamın 7 milyard da planı var və artıq qeyd edildiyi kimi, böyük miqyasda düşünmək nisbətən nadir hallarda nəşə verən işdir. Mumbay xarabalığında iki uşağını böyütmək üçün tək mücadilə aparan ananın bütün fikri-zikri növbəti öynə yeməyin yanında olur; Aralıq dənizinin ortasındakı qayıqda qaçqın olanların gözləri üfüqdəki torpaq xəttini görməyə zillənir; Londonun həddən artıq dolmuş hospitalında canını tapşırmaqda olan xəstə bütün qalan gücünü toplayıb bir nəfəs də almaq istəyir. Onların hamısının qlobal istiləşmə və ya liberal demokratiya böhranından daha təcili həll edilməli olan problemləri var. Heç bir kitab bütün bunları ədalətli mühakimə edə bilməz və mənim də bu vəziyyətlərdəki insanlara dərs vermək iddiam yoxdur – yalnız onlardan öyrənməyə ümid edə bilərəm.

Qarşımdakı hədəf qlobaldır. Bütün dünyadakı insan cəmiyyətlərini formalaşdıran və planetimizin gələcəyinin müəyyən edilməsinə təsir göstərdiyinə şübhə etmədiyim əsas faktorları nəzərdən keçirirəm. İqlim dəyişikliyi ölüm-dirim mücadiləsinin ortasında olan adamları az maraqlandırar, ancaq son nəticədə Mumbay xarabalığının yaşamaq mümkün olmayan yerə çevrilməsinə, Aralıq dənizinə yeni qaçqın dalğalarının hücum çəkməsinə və dünyada sağlamlıq böhranı yaranmasına aparıb çıxara bilər.

Reallıq çoxsaylı əlaqələrlə bağlı faktorlardan ibarətdir və bu kitab, tamlığa və müfəssəlliyə iddia etmədən, bizim qlobal çətinliklərimizin müxtəlif aspektlərini əhatə etməyə çalışır. "Sapiens" və "Homo deus" kitablarından fərqli olaraq, bu kitab tarixi təhkiyə deyil, daha çox seçilmiş dərslər toplusudur. Bu dərslərdə sadə nəticələr yoxdur. Məqsəd düşüncəni daha da irəli aparmaq və zəmanəmizin başlıca mövzusunun müzakirəsində oxucuların iştirakına kömək göstərməkdir.

Kitab əslində ictimaiyyətlə söhbətlər əsasında yazılmışdır. Fəsillərin çoxu oxucuların, jurnalistlərin və həmkarlarımın mənə verdikləri sualların cavabıdır. Bəzi hissələrin ilkin versiyası artıq müxtəlif formatlarda nəşr olunub və bu da mənə imkan verib ki, onlar haqqında aldığım geribildirmələrin əsasında öz arqumentlərimi bir qədər də cilalayım. Bəzi bölmələrdə diqqət mərkəzində olan mövzu texnologiyadır, bəzilərində siyasət, bəzilərində din və ya incəsənət. Bəzi bölmələr insan müdrikliyini qeyd edir, başqa bölmələr insan axmaqlığının necə təsirli rol oynadığının altını cızır. Lakin hər şeyi əhatə edən məsələ eyni olaraq qalır: bu gün dünyada nə baş verir və baş verən hadisələrin batindəki mənası nədir?

Donald Trampın hakimiyyət zirvəsinə yüksəlməsi nəyi təcəssüm etdirir? Yalan xəbərlər epidemiyasına qarşı nə etmək olar? Liberal demokratiya niyə böhran keçirir? Tanrı qayıdıb gəlib? Dünya müharibəsi başlayacaq? Dünyada dominantlıq edən hansı sivilizasiyadır – Qərb, Çin, İslam? Avropa öz qapılarını emiqrantlara açıq saxlamalıdırmı? Millətçilik bərabərsizlik və iqlim dəyişikliyi problemlərini həll edə bilərmi? Terrorizmə qarşı nə etməliyik?

Bu kitab uzaq perspektivə baxsa da, şəxsiyyət səviyyəsinə də etinasızlıq etmirəm. Əksinə, zəmanəmizin böyük inqilabları ilə fərdlərin daxili həyatı arasındakı əlaqəni hər vəchlə vurğulayıram. Məsələn, terrorizm həm qlobal siyasi problemdir, həm də daxili psixoloji mexanizm. Terrorizm şüurumuzdakı qorxu düyməsini bərk basmaqla, milyonlarla fərdin təxəyyülünü oğurlamaqla işini yeridir. Eynilə liberal demokratiyanın böhranı heç də yalnız parlamentlərdə və səsvermə məntəqələrində məğlub olmur, o, həm də sinir sistemlərində və xromosomlarda aşınıb gedir. Bir deyimi qeyd edək, – fərdi olan şey siyasidir. Lakin alimlərin, korporasiyaların və hökumətlərin insan beyninə müdaxilə etdikləri indiki zamanda bu həqiqət həmişəkindən daha dəhşətli görünür. Ona görə də kitabda həm fərdlərin, həm də bütöv cəmiyyətlərin davranışları haqqında müşahidələr təqdim olunur.

Qlobal dünya fərdi davranışlara və mənəviyyatlara indiyədək görünməmiş təzyiqlər edir. Biz hər yeri bürüyən hörümçək torunda dolaşıb qalırıq və bu, bir tərəfdən hərəkətlərimizi məhdudlaşdırır, digər tərəfdən isə bizim zəif titrəyişlərimizi də uzaqda yerləşən lazımi yerə çatdırır. Bizim gündəlik yaşadıqlarımız fövrən bütün dünyadakı insanlara və heyvanlara təsir göstərir və gözləmədiyimiz halda bəzi fərdi hərəkətimizdən bütün dünya od tutub alışa bilər, – Tunisdə özünü yandıran Mühəmməd Buazizinin "Ərəb baharı"nı alovlandırması kimi, eləcə də seksual təcavüzlərə məruz qalmış qadınların başına gələnləri bölüşməyinin #MeToo hərəkatına rəvac verdiyi kimi.

Bizim şəxsi həyatımızın qlobal ölçüsü onu deyir ki, indi həmişəkindən daha vacib olan, dini və siyasi təmayüllərimizi, irqi və cinsi meyllərimizi və institusional istismarda qeyri-ixtiyari iştirakımızı açıqlamaqdır. Bəs bu realist təşəbbüsdürmü? İnsan nəzarətindən tamamilə çıxmış və bütün tanrılardan və ideologiyalardan şübhələnən və mənim təxəyyülümün üfüqlərini ötüb-keçən möhkəm etik zəmini necə tapa bilərəm?

Kitab müasir siyasi və texnoloji baxımdan çətin vəziyyəti nəzərdən keçirməklə başlayır. XX əsrin sonunda məlum oldu ki, faşizm, kommunizm və liberalizm arasındakı ideoloji müharibələr liberalizmin tam və qəti qələbəsi ilə nəticələnib. Demokratik siyasət, insan hüquqları və azad bazar kapitalizminin taleyində bütün dünyanı fəth etmək qisməti olduğu görünürdü.

Adətən tarix gözlənilməz çevrilişlər edir, çünki faşizmin və kommunizmin süqutundan sonra, indi liberalizm tıxacda qalıb. Bəs biz hara gedirik?

Bu məsələ xüsusilə kəskin durur, çünki liberalizmə qarşı etibarın itməsi məhz informasiya texnologiyaları və biotexnologiyalar sahəsindəki inqilabların insanlıq qarşısında indiyədək görünməyən problemləri həll etmək çağırışını qoyduğu zaman baş verir. İnformasiya texnologiyasının və biotexnologiyanın qovuşması yaxın zamanda milyardlarla insanı əmək bazarından qova, azadlığı da, bərabərliyi də məhv edə bilər. *"Big data"* alqoritmləri elə rəqəmsal diktatura yarada bilər ki, çox kiçik saylı elita bütün hakimiyyəti əlində cəmləşdirərək əhalini yalnız istismar məngənəsində saxlamaq deyil, daha pis vəziyyətə sala bilər – lazımsız məxluqlara çevirər. Mən info və bio texnologiyaların birləşməsi haqqında əvvəlki "Homo deus" kitabımda söhbət açmışam. Lakin həmin kitabın baxış bucağı uzunmüddətli gələcəyə – yüzilliklər, hətta minilliklər perspektivinə – yönəlibsə, bu kitabın fokusu bizə yaxın zamanda sosial, iqtisadi və siyasi böhranların üzərindədir. Burada mənim marağım son nəticədə qeyri-üzvi həyatın yaranması üzərində daha az, ümumi rifah dövlətinin, məsələn, Avropa Birliyi kimi xüsusi institutların təhlükəsi üzərində daha çox cəmləşib.

Bu kitab, yeni texnologiyaların bütün növ təsirini tamamilə əhatə etmək cəhdi deyil. Məsələn, texnologiyalar çox gözəl inkişaf vəd etsə də, mənim buradakı əsas niyyətim diqqəti təhdid və təhlükələrə yönəltməkdir. Texnoloji inqilabları irəli aparan korporasiyalar və iş adamları təbii şəkildə öz fəaliyyəti haqqında mədhiyyələr oxusa da, sosioloqların, filosofların və mənim kimi tarixçilərin üzərinə həyəcan təbili çalıb bütün bu inqilabların hansı səhv istiqamətlərə gedə biləcəyini anlatmaq vəzifəsi düşür.

Qarşıda duran problemlərin cizgilərini cızdıqdan sonra, kitabın ikinci hissəsində onların həllinə yönəldilə biləcək çoxsaylı tətbiqləri nəzərdən keçiririk. *Facebook* yaradıcıları süni intellektdən istifadə edərək qlobal azadlıq və bərabərlik cəmiyyəti yarada bilərlərmi? Bəlkə bu məsələnin həlli qloballaşma prosesini geri çevirib milli dövlətləri gücləndirməkdədir? Bəlkə bir az da geriyə dönüb qədim dini ənənələrdən ümid və müdriklik işığı almağa ehtiyacımız var?

Kitabın üçüncü bölməsində görürük ki, texnologiyaların indiyədək görünməmiş problemlər yaratmasına və siyasi ziddiyyətlər gərginliyinin bu qədər yüksəlməsinə baxmayaraq, bəşəriyyətin öz xoflarını nəzarət altında saxlamaqla və baxışlarında təvazökar olmaqla bütün bunların fövqündə durmaq imkanı var. Kitabın bu bölməsi terrorizmin öhdəsindən gəlmək üçün nə etmək lazım olduğunu, qlobal müharibə təhlükəsi və bu konfliktləri alovlandıran qərəz və nifrətin araşdırılmasına həsr olunub.

Dördüncü bölmə demaqogiya ilə əlaqəlidir və bizim hələ qlobal tərəqqini, eləcə də hüquq pozuntusu ilə ədalət məhkəməsinin fərqini hansı dərəcədə anladığımızı araşdırır. *Homo sapiens* özü yaratdığı dünyanın mənasının nə olduğunu anlamağa qadirdirmi? Hələ də reallığı fantaziyadan ayıran aydın sərhəd qalırmı?

Beşinci və sonuncu bölmədə mən müxtəlif faktorları bir yerə toplayıb, köhnə məsələlərin səhnədən çıxdığı, yenilərinin isə onları heç də əvəz edə bilmədiyi bu karıxmış dövrdə həyata ümumi bir planda baxıram. Biz kimik? Həyatda nə etməliyik? Hansı bacarığımızın olmasına ehtiyacımız var? Əgər biz hər şeyi bilib elm, Allah, siyasət və din haqqında heç nə bilmiriksə, bugünkü həyatın mənası haqqında nə deyə bilərik?

Bu çox iddialı görünə bilər, lakin *Homo sapiens* gözləyə bilmir. Fəlsəfə, din və elm zamanla ayaqlaşmır. İnsanlar min illərdir ki, həyatın mənası haqqında müzakirələr aparır. Biz bu müzakirələri sonsuz davam etdirə bilmərik. Ekoloji böhranın dumanlı təhlükəsi, kütləvi qırğın silahlarının artan təhdidi və yeni ziyankar texnologiyalar buna imkan verməz. Ən vacib olanı isə süni intellekt və biotexnologiyanın bəşəriyyətə, həyatı dəyişib yenidən başqa cür qurmaq gücünü verməsidir. Çox tezliklə kimsə həyatın aydın və ya dolayı mənasına istinad edərək bu gücdən faydalanmaq istəyəcək. Filosoflar çox səbrli adamlardır, mühəndislər onlardan səbrsizdir, investorlar isə hamıdan səbrsizdir. Əgər siz həyatı layihələndirmək üçün bu gücdən necə istifadə etmək lazım olduğunu bilmirsinizsə, bazar qüvvələri sizin cavabı tapmağınızı min il gözləməyəcək. Bazarın görünməz əli öz korafəhm cavabını sizə tətbiq edəcək. Əgər siz həyatınızın gələcəyini rüblük gəlir hesabatlarına etibar edən xoşbəxt adam deyilsinizsə, həyatın nədən ibarət olması haqqında aydın təsəvvürə ehtiyacınız var.

Son fəsildə, bir neçə mülahizəni söyləməyi də vacib sayıram, bizim növ haqqında tamaşa pərdəsinin aşağı endiyi və tamamilə yeni bir dram əsərinin başladığı zamanda bir *sapiensin* o biri *sapienslə* söhbət edərək söylədiyi kimi.

Bu intellektual səyahətə yola düşməzdən əvvəl, bir kritik məsələnin altını cızmaq istərdim. Kitabın çox hissəsi liberal dünyagörüşünün və demokratik sistemin məhdudiyyətindən danışır. Mən bunu, liberal demokratiyanın yeganə problemli sistem olduğuna inandığım üçün yazmıram, əksinə, düşünürəm ki, bu, insanların müasir dünyanın çağırışlarına cavab verməsi üçün indiyə qədər icad etdikləri ən uğurlu və ən çoxşaxəli siyasi modeldir. Bu model hər cəmiyyətə və inkişafın hər mərhələsinə uyğun gəlməsə də, çox cəmiyyət və çox situasiya üçün öz alternativindən daha uyğun model olduğunu sübut edib. Ona görə də qarşımızda duran çağırışlara baxarkən liberal demokratiyanın məhdudiyyətini anlayıb, onu necə adaptasiya etmək və cari institutlarını yaxşılaşdırmaq məsələlərini araşdırmaq vacibdir.

Təəssüf ki, hazırkı siyasi iqlim şəraitində liberalizm və demokratiya barəsində hər hansı tənqidi düşüncə, avtokratlar və müxtəlif qeyri-liberal hərəkatlar tərəfindən oğurlana bilər ki, bunun da yeganə məqsədi bəşəriyyətin gələcəyi haqda açıq müzakirə deyil, yalnız liberal demokratiyanı hörmətdən salmaq ola bilər. Onlar liberal-demokratiyanın problemləri haqda debata çıxmağa həvəsli olsalar da, özlərinə qarşı tənqidə dözümləri yoxdur.

Ona görə də məndən bir müəllif kimi çətin seçim etmək tələb olunurdu. Sözlərimi kontekstdən çıxarıb cücərən avtokratlara bəraət qazandıracağı riskini göz altına alıb fikrimi açıq deməliyəmmi? Yoxsa, özümü senzura etməliyəm? Söz azadlığını hətta onun çərçivəsindən kənarda da çətinləşdirmək qeyri-liberal rejimlərin xüsusiyyətidir. Belə rejimlər yayıldığına görə bizim növün gələcəyi haqqında tənqidi düşünmək getdikcə təhlükəli olmağa başlayır.

Ruhumu bir qədər araşdırdıqdan sonra mən senzuranı yox, sərbəst danışmağı seçdim. Liberal modeli tənqid etmədən onun nöqsanlarını düzəldə və ya onu yaxşılaşdıra bilmərik. Lakin, lütfən onu nəzərə alın ki, bu kitab yalnız o vaxt yazıla bilərdi ki, insanlar hələ istədiklərini düşünməkdə və arzularını ifadə etməkdə nisbi azad olsunlar. Əgər siz bu kitaba dəyər verirsinizsə, ifadə azadlığını da dəyərləndirməlisiniz.

Birinci hissə

TEXNOLOJI ÇAĞIRIŞLAR

İnsan övladı son onilliklərdə dominant olmuş liberal dəyərlərə qarşı inamını itirir və bu proses məhz bio və info texnologiyaların birləşərək bizi, bəşəriyyətin indiyədək qarşılaşdığı ən böyük çağırışla üz-üzə qoyur.

1

İlluziyaların puç olması

Tarixin sonu təxirə salınır

İnsanlar faktlar, rəqəmlər və ya tənliklər haqqında deyil, ideoloji hekayətlər haqqında düşünürlər və hekayət nə qədər bəsit olsa, onlar üçün o qədər yaxşı olur. Hər bir insanın, qrupun və xalqın öz nağılı, öz əsatiri olur. Lakin XX əsr ərzində, Berlin, Moskva və Nyu-Yorkda olan qlobal elita, bütün dünyanın keçmişini izah, gələcəyini isə xəbər verməyə iddialı olan üç azman hekayət uydurub: faşizm hekayəti, kommunizm hekayəti və liberalizm hekayəti. İkinci Dünya Müharibəsi faşist hekayətini vurub aşırdı və 1940-cı illərin sonlarından 1980-ci illərin sonlarına qədər dünya iki hekayətin döyüş meydanı oldu: kommunizm və liberalizm. Sonra kommunist hekayəti də puça çıxdı və liberal hekayəti bəşəriyyətin keçmişinə bələdçilik edən və istisnasız olaraq gələcəyi haqda göstərişlər verən dominant olaraq tək qaldı – və ya qlobal elitaya belə göründü.

Liberal hekayəti azadlığın dəyərini və gücünü vəsf edir. İddia edir ki, bəşəriyyət min illər boyu azacıq siyasi hüquqlar, iqtisadi fürsətlər və ya şəxsi azadlıqlar verən, eləcə də fərdlərin, ideyaların və əmtəələrin hərəkətinə qadağalar qoyan despotik rejimlərin hakimiyyəti altında yaşayıb. Lakin insanlar öz azadlıqları üçün vuruşublar və azadlıq addım-addım özünə yer eləyib. Demokratik rejimlər əzazil diktatorluğu əvəz edib. Azad sahibkarlıq iqtisadi qadağalara qalib gəlib. İnsanlar özləri haqqında düşünməyi və fanatik din xadimlərinin dünyagörüşünün və köhnəlmiş ənənələrin dediyinin deyil, öz ürəkləri istədiyinin arxasınca getməyi öyrəniblər. Açıq yollar, möhkəm körpülər və qələbəli aeroportlar qala divarlarını, su doldurulmuş qala xəndəklərini və tikanlı məftillərdən çəkilmiş hasarları əvəz edib.

Liberal hekayəti etiraf edir ki, dünyada hər şey mükəmməl deyil və hələ çox maneəni dəf etmək lazımdır. Planetimizin çox hissəsində müstəbidlər hökmranlıq edir və hətta çox sayda liberal ölkələrdə çox vətəndaş yoxsulluqdan, zorakılıqdan və istismardan əziyyət çəkir. Lakin biz, ən azı bu problemləri aradan qaldırmaq üçün nə etmək lazım olduğunu bilirik – insanlara daha çox azadlıq vermək lazımdır. Biz insanların hüquqlarını müdafiə etməliyik, hər kəsə səs hüququ verməliyik, azad bazar yaratmalıyıq, insanların, ideyaların və əmtəələrin dünyada mümkün qədər sərbəst hərəkətinə imkan yaratmalıyıq. Kiçik variasiyalarla Corc Buş və Barak Obamanın da qəbul etdiyi və liberal düşüncənin hər dərdə dərman saydığı bu liberal ideyaya görə, əgər biz siyasi və iqtisadi sistemimizi liberallaşdırmağa və qloballaşdırmağa davam etsək hamı üçün sülh və firavanlıq yaradacağıq.[1]

Bu kəsilməz tərəqqi yürüşünə qoşulan ölkələr də tezliklə sülh və firavanlıq şəraiti ilə mükafatlanacaq. Bu qaçılmazlığa müqavimət göstərməyə cəhd edən ölkələr tunelin sonunda işıq görüb sərhədləri açana və cəmiyyətləri, siyasətləri, bazarları liberallaşdırana qədər qərarlarının nəticələrindən əziyyət çəkəcək. Bu, bir qədər zaman çəkə bilər, lakin sonda Şimali Koreya, İraq və Salvador öz baxışlarını Danimarkaya və Ayovaya dikəcəklər.

1990 və 2000-ci illərdə bu hekayət mantraya çevrildi. Braziliyadan tutmuş Hindistana qədər çox sayda dövlət liberal reseptləri qəbul edib tarixin geridönməz yürüşünə qoşulmağa cəhd etdi. Bunu etməyənlər tarixin daş dövründə qalmış kimi görünürdülər. 1997-ci ildə ABŞ prezidenti Bill Klinton, Çin hökumətinə özünəəmin tərzdə tənə ilə demişdi ki, onların siyasəti liberallaşdırmaqdan imtina etmələri ölkələrini "tarixin yanlış tərəfinə" qoyur.[2]

Lakin, 2008-ci ilin maliyyə böhranından sonra bütün dünyadakı insanlar artan şəkildə liberal nəzəriyyənin iflasa uğradığına inanmağa başladı. Qala divarları və su xəndəkləri qayıdıb dəbə minib. İmmiqrasiyaya və ticarət razılaşmalarına qarşı müqavimət güclənir. Üzdə özünü demokratik hökumət kimi iddia edənlər məhkəmə sisteminin müstəqilliyini pozur, mətbuatın azadlığını məhdudlaşdırır və hər hansı müxalifətə xəyanət adı verirlər. Türkiyə və Rusiya kimi ölkələrdə güclü adamlar yeni tip qeyri-liberal demokratiya və aşkar

diktatorluq eksperimenti keçirirlər. Bu gün Çin Kommunist Partiya-
sının tarixin yanlış tərəfində olduğunu olduqca az adam əminliklə
bəyan edə bilər.

Britaniyada Breksit səsverməsi və ABŞ-da Donald Trampın
hakimiyyət zirvəsinə yüksəldiyi 2016-cı il, liberalizmə qarşı bu
ümidsizliyin Avropa və Şimali Amerikanın əsas liberal dövlətlərində
də qabarma dalğaları ilə yadda qaldı. Halbuki, bir neçə il əvvəl hələ
amerikalılar və avropalılar silah tətbiqi ilə İraqı və Liviyanı liberal-
laşdırmağa cəhd edirdilər. Kentukki və ya Yorkşirdə yaşayan çoxlu
insan indi liberal baxışları ya arzuolunmaz, ya da əlçatmaz hesab
edir. Bəziləri sadəcə olaraq özlərinin irqi, milli və gender ayrı-seç-
kiliyi təmayüllərindən əl çəkmək istəmir. Başqaları bu nəticəyə
gəlir ki, (doğru və ya yanlış olaraq) liberallaşdırma və qloballaşdır-
ma, kütlələrin hesabına bir ovuc elitaya nəhəng reket səlahiyyəti
verməkdir.

1938-ci ildə insanlara seçmək üçün üç qlobal hekayət təklif edil-
di, 1968-ci ildə iki hekayət vardı, 1998-ci ildə təkcə bir hekayət qal-
dı, 2018-ci ildə hekayətlərin sayı sıfıra endi. Təəccüblü deyil ki, son
onilliklərdə dünyanın çox hissəsində dominantlıq edən liberal eli-
ta şok və kələfin ucunu itirmək vəziyyətinə düşüb. Bir hekayətin
olması hamısından daha artıq təsəlli verən vəziyyətdir. Hər şey
tam aydındır. Qəfildən heç bir hekayətin qalmaması dəhşətlidir.
Heç nəyin mənası qalmır. Bir az sovet elitasının 1980-ci illərindəki
vəziyyətə oxşayır, liberallar sadəcə olaraq tarixin müəyyən edilmiş
axın məcrasından niyə və necə çıxdığını anlaya bilmirlər və onla-
rın bu reallığı izah etməyə alternativ prizmaları yoxdur. Bu dezo-
riyentasiya onların apokaliptik planda düşünməsinə səbəb olur,
sanki tarixin öz təyin olunmuş xoşbəxt sonluğuna gəlib çatmaması
onun Armaqeddona tərəf tələsməsi deməkdir. Reallığı yoxlamağa
iqtidarı çatmayan şüur, fəlakət ssenarisinə girib tıxaca dirənir. Bərk
baş ağrısı olan adam, bunun beyin şişinin simptomu olduğunu dü-
şündüyü kimi, liberalların çoxu da Breksitin və Donald Trampın
prezidentliyinə insan sivilizasiyasının sonunun əlaməti kimi inanıb
qorxuya düşür.

Ağcaqanadların məhv edilməsindən fikrin məhv edilməsinə doğru

Texnoloji pozuntuların təsiri ilə dezoriyentasiya və ölümə məhkumluq hissi artan sürətlə dərinləşir. Liberal siyasi sistem sənayenin inkişafı erasında, – buxar maşınlarının tətbiqi, neftayırma və televiziya şəbəkəsinin qurulması dövründə – formalaşmışdır. İndi bu sistem davam edən info- və bio- texnoloji inqilabların öhdəsindən gəlməkdə aciz qalıb.

Həm siyasətçilər, həm də elektorat, yeni texnologiyaların dağıdıcı potensialını nəzarətdə saxlamaq bir yana qalsın, çətin ki, texnologiyanın özünü qavramağa qadir olsunlar. 1990-cı ildən başlayaraq dünyanın dəyişməsinə internetin təsiri başqa faktorların hamısından daha artıq olub, amma yenə də internet inqilabını həyata keçirən siyasi partiyalar deyil, mühəndislər olub. Siz heç internetə aid nəyə isə səs vermisinizmi? Demokratik sistem hələ də onu vuran faktorun nə olduğunu anlamağa çalışır və növbəti tələtümlər – süni intellektin təsir gücünün yüksəlməsi, blokçeyn inqilabı – baş verəndə onları necə idarə etməyə hazır olması böyük sual altındadır.

Artıq bu gün kompüterlər maliyyə sistemini elə mürəkkəbləşdirib ki, onu anlayan "üç-beş" adam olar. Süni intellekt inkişaf etdikcə elə nöqtəyə gəlib çıxa bilərik ki, daha maliyyə sistemindən başı çıxan insan da qalmaz. Bunun siyasi prosesə təsiri necə olacaq? Siz, acizanə oturub dövlət büdcəsini və ya yeni vergi islahatını kompüter alqoritminin təsdiq etməsini gözləyən hökumət təsəvvür edirsinizmi? Bu arada bərabər statuslu düyünlərdən ibarət blokçeyn şəbəkələri və bitkoin kimi kriptovalyutalar monetar sistemi tamamilə dəyişdirə bilər və onda köklü vergi islahatları qaçılmaz olacaq. Məsələn, elə vəziyyət yarana bilər ki, vergilərin dollarla olması qeyr-mümkün və ya yersiz olar, çünki, əksər tranzaksiyalara milli valyutanın və ya ümumiyyətlə heç bir valyutanın dəqiq mübadiləsi daxil edilməyəcək. Ona görə də hökumətlər tamamilə yeni vergilər tətbiq edə bilərlər – yəqin ki, informasiya vergisi (həm iqtisadiyyatda ən vacib dəyər, həm də müxtəlif tranzaksiyada mübadilə edilən yeganə faktor olacaq). Siyasi sistem pulu xərcləyib qurtarana qədər böhranın öhdəsindən gələ biləcəkmi?

Bundan daha əhəmiyyətlisi odur ki, info- və bio- texnologiyalardakı sıçrayışlı inkişaf yalnız iqtisadiyyatın və cəmiyyətin strukturunu deyil, bizim bədənimizin və şüurumuzun strukturunu da dəyişə bilər. Keçmişdə biz insanlar ətrafımızdakı aləmi dəyişib idarə etməyi öyrənirdik, lakin içimizdəki aləmi idarə etmək sahəsində az şey bacarırdıq. Bilirdik ki, çayın qarşısını kəsmək üçün bənd tikmək lazımdır, lakin bədənimizin qocalmasının qarşısını almaq üçün nə etmək lazım olduğunu bilmirdik. İrriqasiya sistemini layihələndirə bilirdik, amma insan beynini layihələndirmək haqqında təsəvvürümüz yox idi. Ağcaqanad qulağımızın dibində vızıldayıb yuxumuza mane olanda onu necə məhv etmək lazım olduğunu bilirdik; ancaq fikir bütün gecə beynimizdə dolaşıb səhərə qədər yatmağa qoymayanda çoxumuz o fikri necə məhv etmək lazım olduğunu bilmirik. Bio və info inqilablar içimizdəki aləmi nəzarətdə saxlamağımıza imkan verəcək və bizə həyatı layihələndirmək və istehsal etmək qabiliyyəti əta edəcək. Biz öz mülahizələrimizə görə beyni layihələndirəcək, ömrü uzadacaq və fikirləri öldürəcəyik. Hansı fəsadların baş qaldıracağını heç kəs bilmir. İnsanlar həmişə alətlərin ixtira edilməsini, onların müdrikcəsinə istifadə edilməsindən daha yaxşı bacarıblar. Çayın qarşısına bənd çəkib onunla manipulyasiya etmək, bu işin geniş ekoloji sistemdə hansı kompleks nəticələrə səbəb olacağı proqnozunu verməkdən asandır. Eyni qaydada, – düşüncəmizin axın istiqamətini dəyişmək, bunun bizim fərd olaraq psixologiyamıza və ya sosial sistemə hansı təsiri göstərəcəyini öncədən deməkdən asandır.

Əvvəllər biz ətraf mühiti manipulyasiya etmək və bütün planeti dəyişmək gücündə idik, lakin qlobal ekologiyanın mürəkkəbliyini anlamırdıq deyə bilməyərəkdən bütöv ekoloji sistemi pozmuşuq və indi də ekoloji fəlakətlə üz-üzəyik. Qarşımızdakı əsrdə bio və info texnologiyalar bizə içimizdəki aləmə müdaxilə etmək və özümüzü dəyişdirmək imkanı verəcək, amma biz öz şüurumuzun mürəkkəbliyini anlamırıq deyə, bu dəyişiklik bizim psixikamızı elə poza bilər ki, onu tamamilə sındırar.

İndiki dövrdə texnologiyalardakı inqilabi irəliləyişləri mühəndislər, iş adamları və alimlər yerinə yetirirlər və onlar etdiklərinin siyasi nəticələrindən çətin ki, xəbərdar olsunlar, onlar əslində heç kimi təmsil etmirlər. Parlamentlər və siyasi partiyalar ipin ucunu öz əllərinə ala bilərlərmi? İndiki zamanda bu mümkün olmayan məsələ kimi görünür. Texnoloji pozuntular heç siyasi gündəliyin əsas mövzuları arasında da deyil. Belə ki, ABŞ-da 2016-cı il prezident seçkilərində texnoloji pozuntular mövzusuna toxunulması başlıca olaraq Hillari Klintonun *e'mail* qalmaqalı[3] ilə bağlı oldu və iş yerinin itirilməsi haqqında o qədər danışıqlara baxmayaraq, heç bir namizəd avtomatlaşdırmanın hansı potensial təsiri göstərə biləcəyi haqda heç nə demədi. Donald Tramp seçicilərinə xəbərdarlıq etdi ki, meksikalılar və çinlilər onların işini əllərindən alacaq, ona görə də Meksika sərhədində hasar çəkilməlidir.[4] Amma seçicilərinə heç demədi ki, alqoritmlər onların iş yerini əllərindən alacaq, nə də Kaliforniya ilə sərhəddə qoruyucu divar çəkməyi təklif etmədi.

Hətta liberal Qərbin göbəyində yaşayan seçicilərin də liberalizmə və demokratik prosesə qarşı inamlarının itməsinin səbəbi (yeganə səbəbi olmasa da) bu ola bilər. Adi adam süni intellekti və biotexnologiyanı anlamaya bilər, ancaq gələcəyin onun yanından keçib getdiyini hiss etməyə qabildir. 1938-ci ildə SSRİ-də, Almaniyada və ABŞ-da adi adamın yaşayış şəraiti yəqin ki, ağır idi, lakin ona daim deyilirdi ki, dünyada ən vacib olan sənsən və gələcək də sənindir (təbii ki, adam yəhudi və ya Afrika mənşəli deyil, "adi adam" idisə). Adam təbliğat plakatlarına baxıb orada təsvir olunmuş kömürçü, poladəridən, evdar qadın görürdü, – yəni özünü görürdü və deyirdi: "Plakatdakı mənəm! Mən gələcəyin qəhrəmanıyam![5]"

2018-ci ildə adi adam belə şeylərə artıq laqeydliklə baxır. TED danışıqları, hökumət "beyin mərkəzləri", yüksək texnologiyalar üzrə konfranslar haqqında ehtirasla çoxlu möcüzəli sözlər yayılmaqdadır – qloballaşma, blokçeyn, gen mühəndisliyi, süni intellekt, maşın tədrisi – və adi adamlar şübhələnə bilər ki, bütün bu sözlərin heç birinin onlara aidiyyəti yoxdur və onlar haqqında deyil. Liberalizm hekayəti adi insanlar haqqında olan hekayət idi. İndi kiborq və şəbəkə alqoritmləri dünyası buna necə uyğun ola bilər?

XX əsrdə kütlələr istismara qarşı üsyan etdilər və özlərinin iq-tisadiyyatdakı həlledici rollarını siyasi hakimiyyətə çevirməyə can atdılar. İndi kütlələr özünün yersiz və lazımsız olmağından qorxur və hələ ki çox gec olmadan əllərində qalan siyasi hakimiyyətdən şiddətli qəzəblə istifadə edirlər. Breksit və Trampın hakimiyyətə gəlməsi, ənənəvi sosialist inqilablarının əks trayektoriyasının nü-mayişi ola bilər. Rusiya, Çin və Kuba inqilabları iqtisadiyyat üçün həlledici əhəmiyyəti olan, lakin siyasi hakimiyyəti olmayan adam-lar tərəfindən həyata keçirilib; 2016-cı ildə Tramp və Breksiti siyasi hakimiyyəti olan, lakin iqtisadi dəyərlərini itirməkdə olduğundan qorxan adamlar dəstəkləyirdi. Ola bilər ki, XXI əsrdə xalq üsyanları insanları istismar edən iqtisadi elitaya qarşı deyil, onlara ehtiyacı olmayan iqtisadi elitaya qarşı olacaq.[6] Bu, məğlub üsyan ola bilər, çünki, lazım olmamağa qarşı mübarizə aparmaq, istismara qarşı mübarizə aparmaqdan qat-qat çətindir.

Liberal feniks

Liberalizm hekayətinin etibarını itirmək təhlükəsilə üz-üzə qal-ması birinci dəfə deyil. XIX əsrin ikinci yarısında liberalizm qlobal təsir gücünə malik olduqdan sonra vaxtaşırı böhran keçirir. Qlo-ballaşmanın və liberallaşmanın ilk dövrü, imperiya hökmranlığı siyasətinin qlobal tərəqqi yürüşünü dayandırdığı Birinci Dünya Müharibəsinin qanlı qırğınları ilə bitdi. Sarayevo şəhərində Er-zhersoq Frans Ferdinandın qətlindən sonrakı günlərdə böyük dövlətlər liberalizmdən daha çox imperializmə güvəndilər və dün-yanı sülhpərvər ticarət vasitəsilə birləşdirməyin əvəzinə fikirlərini dünyadan qəddar və zorakı güc vasitəsilə daha böyük tikə qopart-maq üzərində cəmləşdirdilər. Bununla belə, liberalizm bu Frans Ferdinand mərəkəsində salamat qalıb burulğandan daha da güclü çıxdı və vəd etdi ki, bundan sonra "bütün müharibələri dayandır-maq müharibəsi" aparacaq. Guya ki, misli görünməmiş qətliyam bəşəriyyətə imperializmin dəhşətli qiymətini anlatdı və indi bəşəriyyət sülh və azadlıq prinsipləri əsasında yeni dünya qurma-ğa hazırdır.

Sonra Hitler məqamı gəldi və 1930-40-cı illərdə faşizm qarşısı alına bilməyəcək bir kabus kimi göründü. Bu təhlükə üzərində qələbə sadəcə növbəti yolu açdı. Çe Gevara məqamında, 1950-70-ci illərdə yenə elə göründü ki, liberalizm arxa ayaqları üzərində dayanıb və gələcək kommunizmin olacaq. Sonunda kommunizm də süqut etdi. Supermarket özünün QULAQ-dan güclü olduğunu sübut etdi. Ən başlıcası isə, liberalizm özünün bütün rəqiblərindən çevik və dinamik olduğunu göstərdi. İmperializm faşizmin və kommunizmin ən yaxşı ideyalarını və təcrübəsini əxz etməklə hamısına qalib gəldi. Xüsusən də kommunizmdən empatiya çevrəsini genişləndirmək və azadlıqla birlikdə bərabərliyin də dəyərləndirilməsi siyasətini öyrəndi.

Başlanğıcda liberal baxış əsasən orta sinif Avropa kişisinin azadlıq və imtiyazlarının qayğısını çəkirdi və belə görünürdü ki, fəhlə sinfi, qadınlar, azlıqlar və Qərbdən olmayanların acınacaqlı vəziyyətinə qarşı kordur. 1918-ci ildə qalib Britaniya və Fransa ağızdolusu azadlıqdan danışanda özlərinin dünyaya yayılmış imperiyalarının təbəələri haqqında düşünmürdülər. Məsələn, Hindistanın öz müqəddəratını təyin etmə hüququ tələbinə Britaniya 1919-cu ilin Amritsar qətliamı ilə cavab verdi, bu qırğında Britaniya ordusu yüzlərlə silahsız nümayişçini qətlə yetirdi.

Hətta İkinci Dünya Müharibəsindən sonra da Qərb liberalları öz guya universal olan dəyərlərini çox çətinliklə qeyri-Qərb adamlarına tətbiq edirdilər. Məsələn, 1945-ci ildə hollandiyalılar beş illik nasist əsarətindən qurtulan kimi, ilk etdikləri işlərdən biri ordunu ayaq üstə qaldırıb dünyanın o başındakı köhnə koloniyaları olan İndoneziyaya göndərib ora yenidən sahiblənmək oldu. 1940-cı ildən hollandiyalıların beş gün vuruşandan sonra öz müstəqilliyini itirdiklərinə baxmayaraq, beş acı il ərzində İndoneziyanın müstəqilliyinin qarşısını almaqla məşğul oldular. Təəccüblü deyil ki, dünyada cərəyan edən çoxsaylı milli azadlıq hərəkatları ümidlərini, özlərini azadlıq mübarizi elan edən qərbdəkilərə deyil, kommunist Moskvasına və Pekininə bağlayırdılar.

Lakin, liberal fikir tədriclə öz üfüqlərini genişləndirdi və ən azı nəzəriyyədə istisnasız olaraq bütün insanların azadlığı və hüquqlarının dəyər olduğunu qəbul etdi. Azadlığın çevrəsi genişləndikcə

liberal fikir də kommunistsayaq rifah proqramlarının zəruri oldu-
ğunu qəbul etdi. Əgər hansısa sosial təhlükəsizlik şəbəkəsi ilə bağlı
olmasa, azadlığın elə də böyük dəyəri olmur.

Sosial-demokratik dəyərlərə söykənən ölkələr demokrati-
ya və insan hüquqlarını dövlətin təhsil və səhiyyəyə sponsorluq
etməsi ilə birgə təqdim edirlər. Hətta ultra-kapitalist olan ABŞ an-
layır ki, azadlığın müdafiəsi ən azı dövlətin bəzi sosial xidmətlər
göstərməsini tələb edir. Ac uşaqların azadlığı olmaz.

1990-cı illərin əvvəllərində, fikir adamları və siyasətçilər, keçmişin
bütün böyük siyasi və iqtisadi məsələlərinin artıq tənzimləndiyini
və yalnız yenilənmiş liberal paketə əsaslanan demokratiya, in-
san hüquqları, azad bazar və hökumətin xalqın rifahına yönəlmiş
xidmətlərinin prinsip olaraq qaldığını əminliklə iddia edərək,
birlikdə "Tarixin sonu"nu alqışladılar. Belə görünürdü ki, bu pa-
ket bütün dünyaya yayılacaq, bütün maneələri üstələyəcək, milli
sərhədləri aşacaq və bəşəriyyəti azad qlobal cəmiyyətə çevirəcək.[7]

Lakin tarix bitib qurtarmır və Frans Ferdinand məqamı, Hitler
məqamı və Çe Gevara məqamından sonra biz özümüzü Tramp
məqamında görürük. Lakin bu dəfə liberal fikir qarşı tərəfdən
məsələn imperializm, faşizm və ya kommunizm kimi aşkar ideoloji
müxalif fikirlə üz-üzə deyil. Tramp məqamı çox nihilist məqamdır.

XX əsrdəki əsas hərəkatların hamısının bütün insanlığa
yönəlmiş baxışları olduğu halda, – qlobal dominantlıq, inqilab və
ya azadlıq – Donald Tramp belə şey təklif eləmir. Tamamilə əksi:
onun əsas mesajı budur ki, qlobal baxışı formalaşdırmaq və həyata
keçirmək Amerikanın işi deyil. Eynilə də Britaniya breksitçiləri
"Ayrılmış krallıq"larının gələcəyi haqqında plan hazırlayırlar, Av-
ropanın və dünyanın gələcəyi onların düşüncə dairəsindən çox
kənardadır. Trampa və Breksitə səs verən adamların əsas hissəsi
liberal paketi bütövlüklə rədd edənlər deyil, onlar sadəcə olaraq
onun qloballaşma hissəsinə qarşı inamlarını itirmiş adamlardır.
Onlar hələ də demokratiya, azad bazar, insan hüquqları və sosial
məsuliyyət dəyərlərinə inanırlar, lakin elə düşünürlər ki, bu gözəl
ideyalar sərhəddən o yana keçməyə bilər. Onlar həqiqətən inanır
ki, Yorkşirdə və ya Kentukkidə azadlığı və rifahı qoruyub saxlamaq

31

üçün ən yaxşı yol sərhəddə divar çəkmək və əcnəbilərə qarşı qeyri-liberal siyasət yeritməkdir.

Çinin supergücə çevrilməsi demək olar ki, vəziyyətin güzgü əksini göstərir. Buna, xas olan, daxili siyasətdə liberallaşmanı təkmilləşdirməklə dünyanın qalan hissəsi üçün liberalizmdən çox uzaq bir siyasət həyata keçirməkdir. Əslində də, söhbət azad ticarət və beynəlxalq kooperasiyaya gələndə Si Cinpinq Obamanın real varisi kimi görünür. Marksizm-Leninizmi arxa plana keçirən Çin beynəlxalq liberal qayda-qanunlardan kifayət qədər məmnun kimi görünür.

Dirçələn Rusiya özünü qlobal liberalizmin güclü rəqibi kimi görür, lakin hərbi gücünü bərpa etsə də ideoloji müflisdir. Vladimir Putinin əlbəttə ki, Rusiya və dünyanın sağçı hərəkatları arasındakı populyarlığı yüksək səviyyədədir, ancaq onun işsiz ispanları, narazı braziliyalıları və gözlərindən qığılcım saçan Kembric tələbələrini cəlb edəcək qlobal dünyagörüşü yoxdur.

Rusiya liberal demokratiyanın alternativ modelini təklif edir, amma bu model məntiqi siyasi ideologiya deyil. Daha çox bir dəstə oliqarxın ölkə sərvətlərini və hakimiyyətini monopoliyaya aldığı, sonra da fəaliyyətlərini gizlətmək üçün mediaya nəzarətdən istifadə edib öz idarəçiliklərini möhkəmləndirməkdən ibarət siyasi praktikadır. Demokratiya Abraham Linkolnun o prinsipinə əsaslanır ki, "sən bütün xalqı müəyyən müddət aldada bilərsən, bəzi insanları həmişə aldada bilərsən, amma bütün xalqı həmişə aldada bilməzsən." Əgər hökumət korrupsiyaya qurşanıbsa və xalqın həyatını yaxşılaşdırmırsa, kifayət sayda vətəndaş bunu əvvəl-axır anlayacaq və hökuməti dəyişəcək. Lakin hökumətin media üzərində nəzarəti Linkolnun bu məntiqini sarsıdır, çünki vətəndaşları həqiqəti bilmək imkanından məhrum edir. Hakim oliqarxiya media üzərindəki monopoliya vasitəsilə hər dəfə öz günahlarını başqalarının üzərinə yıxır və diqqəti yayındırmaq üçün onu xarici təhlükəyə – real və ya xəyali – yönəldir.

Belə oliqarxiyanın hakimiyyəti altında yaşayanda həmişə hansısa böhran, səhiyyə və ekologiya kimi darıxdırıcı məsələlərdən daha önəmli olur. Əgər millət xarici təcavüz və ya şeytani diversiya ilə qarşılaşırsa, ağzına kimi dolu xəstəxanalar və ya çirklənmiş çaylar haqqında düşünməyə kimin vaxtı qalar? Tükənib-bitməyən böhranlar axını istehsal etməklə, korrupsiyaçı oliqarxiya öz idarəçiliyini qeyri-müəyyən müddətə qədər uzada bilir.[8]

Bu oliqarxik model praktikada möhkəm görünsə də, heç kimin xoşuna gəlmir. Öz baxışlarını qürurla açıqlayan ideologiyadan fərqli olaraq, hakim oliqarxiya öz praktikası ilə qürur duymur və başqa ideologiyaları tüstü-duman pərdəsi kimi istifadə edir. Belə ki, Rusiya demokratiyaya iddia etdiyi halda, onun rəhbərliyi oliqarxiyaya deyil, rus millətçiliyinə və ortadoks xristianlığa sadiqliyini bəyan edir. Fransa və Böyük Britaniyadakı sağçı ekstremistlər Rusiyanın köməyinə güvənə və Putinə valeh olduqlarını izhar edə bilərlər, lakin heç onların da seçiciləri Rusiya modelini təkrar edən ölkədə – endemik korrupsiyanın, pis işləyən xidmətlərin olduğu, qanunların aliliyinin olmadığı və son dərəcə bərabərsizliyin hökm sürdüyü ölkədə yaşamaq istəməzlər. Bəzi hesablamalara görə, Rusiya əhalinin ən qeyri-bərabər şəraitdə yaşadığı ölkələrdən biridir, – ölkənin 87% sərvəti 10% varlıların əlində cəmləşib.[9] "Front National"ın fəhlə sinfindən olan neçə tərəfdarı sərvətin belə bölgüsünü Fransaya köçürmək istəyərmi?!

Adamlar ayaqları ilə səs verir. Mən dünyada səyahət edərkən çox ölkələrdə ABŞ-a, Almaniyaya, Kanadaya və ya Avstraliyaya immiqrasiya etmək istəyən saysız insanlar görmüşəm. Bir neçə nəfər Çinə və Yaponiyaya köçmək istəyən də olub. Lakin hələ ki, Rusiyaya immiqrasiya etmək arzusunda olan adama rast gəlməmişəm.

Qlobal İslama gəldikdə isə bu, Suriyada və İraqdakı adamları, hətta Almaniyada və Britaniyadakı ayrı-ayrı müsəlman gəncləri cəlb edə bilər, lakin məsələn Yunanıstanda və ya Cənubi Afrikada, – Kanada və Cənubi Koreyadan isə heç danışmağa dəyməz – qlobal xilafətə qoşulmağı öz probleminin həllinə çarə bilənləri görmək çox çətin məsələdir. Bu halda da adamlar ayaqları ilə səs verir. Almaniyadan Orta Şərqə teokratiya hakimiyyəti altında yaşamağa gedən hər müsəlman gəncinə qarşı, yəqin ki, yüz Orta Şərq gənci əks istiqamətə getmək və liberal Almaniyada yeni həyata başlamaq istəyir.

Belə görünə bilər ki, indiki inam böhranın sərtliyi əvvəlkilərdən daha azdır. Son illərin hadisələrindən məyusluğa qapılan hər bir liberal sadəcə olaraq 1918, 1938 və 1968-ci illərdə olmuş, bundan daha pis hadisələri yadına salmalıdır. Son nəticədə insanlıq liberal dünyagörüşdən imtina etməyəcək, çünki onun alternativi yoxdur. Adamlar sistemin qarnına möhkəm yumruq zərbəsi vura bilərlər, amma getməyə heç bir yer olmadığı üçün yenə qayıdıb həmin sistemə gələcəklər.

Alternativ olaraq insanlar ümumiyyətlə hər cür qlobal təsirli nəzəriyyələrdən tamamilə əl çəkə və özlərinə millətçi və dini əfsanələr altında yer axtara bilərlər. İyirminci əsrdə millətçi hərəkatlar son dərəcə vacib siyasi rol oynamışlar, lakin onların, qlobusu müstəqil milli dövlətlərə bölmək istəyindən başqa dünyanın gələcəyi haqqında aydın təsəvvürləri yoxdur. Məsələn, İndoneziya millətçiləri Holland dominantlığına qarşı vuruşurdu, vyetnamlı millətçilər azad Vyetnam istəyirdilər, lakin bütün bəşəriyyət üçün olan İndoneziya və ya Vyetnam hekayəti yoxdur. Ancaq İndoneziya, Vyetnam və bütün başqa azad millətlərin bir-birilə əlaqələnməsinin lazım olduğunu izah etmək və nüvə müharibəsi kimi qlobal problemləri necə həll etmək sualı qarşıda duranda, millətçilər üzünü istisnasız olaraq ya liberal, ya da kommunist ideyalarına tərəf çevirir.

Lakin əgər indi liberalizm də, kommunizm də etibarını itiribsə, bəlkə insanlar yeganə qlobal dünyagörüşünün mövcud olması ideyasından da imtina etməlidir? Əvvəl-axır, hətta kommunizm də daxil olmaqla bütün bu qlobal nəzəriyyələr Qərb imperializminin məhsulu deyilmi? Niyə Vyetnam kəndlisi Trirdən olan almanın və Mançester sənayeçisinin beyin məhsuluna inanmalıdır? Bəlkə hər ölkə öz qədim ənənəsinin müəyyən etdiyi müxtəlif və özünəməxsus yolu seçməlidir? Bəlkə hətta qərblilər də dünyanı idarə etməkdən əl saxlayıb, öz işlərilə məşğul olsalar yaxşı olar?

Yəqin ki, bütün dünyada liberalizmin süquta uğramaqla yaratdığı vakuuma yavaş-yavaş ölkənin qızıl keçmişi haqqında nostalji fantaziyalı dolur. Donald Tramp öz izolyanist çağırışlarını "Amerikanı yenidən böyük etmək" vədləri ilə birlikdə səsləndirir – guya 1980-ci və ya 1950-ci illərin ABŞ-ı elə mükəmməl bir cəmiyyət idi ki, indi 21-ci əsrdə amerikalılar onu bərpa etməlidir. Breksit tərəfdarları Britaniyanı Kraliça Viktoriyanın vaxtında yaşadıqları kimi müstəqil etməyi arzulayırlar, sanki, internet və qlobal istiləşmə dövründə "möhtəşəm izolyasiya" yaşama qabiliyyətli siyasət ola bilər. Çin elitasının yenidən kəşf etdiyi imperiya və Konfutsi mirası, Qərbdən idxal etdikləri şübhəli marksist ideologiyasına əlavə və ya onun əvəzedicisi olub. Rusiyada Putinin rəsmi niyyəti korrupsiyalaşmış oliqarxiya yaratmaq yox, köhnə çar imperiyasını diriltməkdir. Bolşevik İnqilabından bir əsr sonra Putin, rus millətçiliyinə və ortadoks dindarlığına söykənən aristokratlar hökumətinin öz hökmünü Baltikdən Qafqaza qədər yaydığı II Nikolayın vaxtına qayıtmağı vəd edir.

Dini ənənələrlə belə millətçi yanaşmaların qarışığından ibarət eyni nostalji arzuları Hindistan, Polşa, Türkiyə və onlar kimi ölkələrdəki rejimlərin məğzini təşkil edir. Bu fantaziyalar hər yerdən artıq Yaxın Şərqdə ekstremuma çatır – islamçılar burada Məhəmməd Peyğəmbərin 1400 il əvvəl Mədinə şəhərində qurduğu sistemi yenidən qurmaq istəyirlər, İsraildəki fundamentalist yəhudilər isə islamçıları da ötüb keçib 2.500 il əvvələ, Bibliya tarixinə qayıtmaq istəyirlər. İsrailin koalisiya hökumətinin üzvləri açıq şəkildə ölkənin sərhədlərini Bibliyadakı İsrailin sərhədlərinə yaxınlaşdırmaq, bibliya zamanı qanunlarını bərqərar etmək və hətta Qüdsdəki Əl-Aqsa məscidinin yerində Yehova Məbədini bərpa etmək haqqında danışırlar.[10]

Liberal elitalar hadisələrin bu gedişini vahimə içində seyr edir və ümid edirlər ki, bəşəriyyət fəlakətdən qaçmaq üçün vaxtında liberalizm yoluna qayıdacaq. 2016-cı ilin sentyabrında BMT-dəki son çıxışında Obama dinləyicilərini "sərt bölünmüş və son nəticədə münaqişəli, əsrlər boyu yaranmış millət, tayfa, irq və din sərhədlərindən ibarət dünyada yaşamaqdan" imtina etməyə çağırdı. Bunun əvəzinə "azad bazar və məsuliyyətli idarəetmə, demokratiya və insan hüquqları, beynəlxalq hüquq prinsipləri... bu əsrdə bəşəriyyətin tərəqqisinin ən möhkəm təməli olaraq qalsın".[11]

Obama haqlı olaraq qeyd etdi ki, liberal dünyagörüşdə çoxlu çatışmazlıq olmasına baxmayaraq, o, öz alternativlərindən qat-qat yaxşıdır. İnsanların çoxu XXI əsrin əvvəllərində olan liberal qayda-qanunlardan aldığı dəstək nəticəsində gördüyü əmin-amanlıq və firavanlığı heç vaxt görməmişdi. Tarixdə ilk dəfə insanlar infeksion xəstəliklərdən daha çox qocalıqdan ölürlər, aclıqdan çox piylənmədən ölürlər, zorakılıqdan çox bədbəxt hadisələrdən ölürlər.

Lakin üz-üzə qaldığımız böyük problemlərə – ekoloji böhran və texnoloji dağıntı təhlükəsinə qarşı liberalizmin birmənalı açıq cavabı yoxdur. Liberalizm ənənəvi olaraq iqtisadi inkişafın ecazkar şəkildə sosial və siyasi münaqişələri həll edəcəyinə istinad edir. Liberalizm hamıya ümumi süfrədən pay vəd etməklə proletariatı burjuaziya ilə, dindarı ateistlə, yerlini immiqrantla və avropalıları asiyalılarla barışdırır. Daim böyüyən süfrə ilə bu mümkün idi. Lakin iqtisadi inkişaf qlobal ekosistemi qoruyub saxlaya bilməyəcək – tam əksi olacaq, bu, ekoloji böhrana gətirib çıxaracaq. Və iqtisadi yüksəliş texnoloji pozulma problemini də həll etməyəcək, bu, yeni-yeni pozuntu texnologiyasının ixtira edilməsinə əsaslanır.

Liberal baxış və kapitalizmin azad bazar məntiqi insanların böyük gözləntiləri olmasını təşviq edir. İyirminci əsrin ikinci yarısında, hər nəsil – Hyustonda, Şanxayda, İstanbulda və ya San-Pauloda – özlərindən əvvəlki nəsildən daha yaxşı təhsil, daha kamil səhiyyə xidməti və daha yüksək gəlirlər görüb. Üzümüzə gələn onilliklərdə isə texnoloji dağıdıcılıq və ekoloji aşınma səbəbindən gənc nəsil ən yaxşı halda elə yerindəcə saya bilər.

Deməli, bizim qarşımızda dünya üçün yeni nəzəriyyə yaratmaq məsələsini həll etmək vəzifəsi durur. Sənaye İnqilabının təlatümləri XX əsrin yeni ideologiyalarını doğurduğu kimi, qarşıdan gələn bio və info inqilablar da öz yeni dünyagörüşlərini tələb edəcək. Ona görə də növbəti onilliklər intensiv şəkildə dəyərlərin yenidən qiymətləndirilməsi və yeni sosial və siyasi modellərin yaradılması ilə xarakterizə oluna bilər. 1930-cu və 60-cı illərin sonlarındakı böhranlarda olduğu kimi, liberalizm yenidən özünü kəşf edib əvvəlkindən də cəlbedici obrazda zühur edə bilərmi? Ənənəvi dinlər və millətçilik liberalları dalana dirəyən sualların cavabını verə bilərmi və qədimdən gələn müdriklik müasir dəbli dünyagörüşü ola bilərmi? Yoxsa keçmişlə olan əlaqələri birdəfəlik qırıb, tamamilə yeni nəzəriyyə yaratmaq zamanı gəlib çatıb? Elə nəzəriyyə ki, yalnız köhnə tanrılar və millətlər deyil, həm də günümüzün özək dəyərləri olan azadlıq və bərabərlik anlayışı çərçivəsindən də kənara çıxsın?

Hal-hazırda bəşəriyyət bu suallar üzrə razılığa gəlməkdən çox uzaqdır. Biz, insanların köhnə nəzəriyyəyə inamının itdiyi və yenisini də hələ qəbul etmədikləri dövrü, illüziyaların puç olması və qəzəblənmənin nihilist məqamını yaşayırıq. Yaxşı, bəs növbəti addım nədir? Birinci addım məhkumluq tonunu azaldıb panika rejimindən təəccüb rejiminə keçməkdir. Panika təkəbbürün bir formasıdır. O, dünyanın hara getdiyini dəqiq bilmək barəsində özündənrazılıq hissindən irəli gəlir. Təəccüb daha təvazökar hissdir, ona görə də daha aydındır. Əgər özünü küçə ilə qaçaraq "dünyanın axırı gəlib çıxıb!" deyə qışqıran vəziyyətdə hiss edirsənsə, bir anlıq dayanıb özünə de: "Yox, bu belə deyil. Bu, mənim dünyada nə baş verdiyini anlamamağım səbəbindən belə görünür".

Növbəti fəsillərdə bizim üzləşdiyimiz yeni mümkün hallara qarşı təəccüblənmələr və necə irəli gedə biləcəyimiz aydınlaşdırılacaq. Lakin bəşəriyyətin potensial çətinliklərinin həlli yollarını tədqiq etməmişdən əvvəl, texnologiyaların yaratdığı çağırışları daha yaxşı anlamaq lazımdır. Bio və info texnologiyalar hələ ki, körpəlik dövründədir və onların liberalizmin böhranına görə real məsuliyyət daşımaları mübahisəli məsələdir. Birminhemdə, İstanbulda, Sankt-Peterburqda və Mumbaydakı adamların süni intellektin inkişafı və bunun onların həyatına potensial təsiri haqqında çox dumanlı məlumatları var, o da əgər ümumiyyətlə varsa. Lakin şübhə yoxdur ki, texnoloji inqilablar növbəti onilliklərdə vüsət alacaq və bəşəriyyəti indiyə qədər qarşılaşdığı sınaqların hamısından daha çətin sınağa çəkəcək. Bəşəriyyətin inamını qazanmaq istəyən hər hansı nəzəriyyə, hər şeydən əvvəl infotex və bioinjinirinqlə necə yola gedəcəyi mövzusunda sınağa çəkiləcək. Əgər liberalizm, İslam və ya bəzi yeni dünyagörüşləri 2050-ci il dünyasını formalaşdırmaq istəyirlərsə, yalnız süni intellekt, *Big data* alqoritmləri və bioinjinirinqdən baş çıxartmaqla iş bitməyəcək, onları yeni və mənası olan bir dünyagörüşü içərisinə almağa məcbur olacaq.

Texnoloji problemlərin təbiətini anlamaq üçün ən yaxşı yol bəlkə də əmək bazarından başlamaqdır. 2015-ci ildən mən dünyanı gəzərək dövlət rəsmiləri, iş adamları, sosial fəallar və məktəblilərlə bəşəriyyətin çətinlikləri mövzusunda çoxlu söhbətlər etmişəm. Həmsöhbətlərimin səbri bitib, süni intellekt, *Big data* alqoritmləri, bioinjiniring mövzuları onları darıxdıranda, adətən, bir möcüzəli sözü onlara deyib diqqəti geri, mövzuya qaytarırdım – iş yerləri! Texnoloji inqilab tezliklə milyardlara insanı əmək bazarından kənara ata və çox böyük həcmli lazımsız adamlar sinfi yarada bilər. Bu da elə sosial və siyasi təbəddülatlara yol aça bilər ki, mövcud ideologiya onun öhdəsindən necə gəlmək lazım olduğunu bilmir. Texnologiya və ideologiya haqqında bütün söhbət çox abstrakt və mətləbdən uzaq alına bilər, lakin çox real olan kütləvi işsizlik – və ya ayrıca fərdin işsizliyi – perspektivi heç kəsi laqeyd qalmağa qoymur.

2

İş

Böyüyəndə iş tapmaya bilərsən

Əmək bazarının 2050-ci ildə necə olacağı haqqında təsəv-vürümüz yoxdur. Ümumilikdə hamı razılaşır ki, avto-matlaşdırma və robotlaşdırma demək olar ki, hər iş xəttini – qatıq istehsalından tutmuş yoqa təliminədək – dəyişəcək. Lakin bu dəyişikliyin təbiəti və təhlükəsi haqqında bir-birinə zidd fikirlər var. Bəziləri inanır ki, bir-iki onillik ərzində milyardlarla insan iqti-sadi izafi qüvvəyə çevriləcək. Başqalarının isə fikri budur ki, hətta uzunmüddətli avtomatlaşdırma da hamı üçün yeni iş yerləri yara-dılmasını və daha yüksək rifahı təmin edəcək.

Yaxşı, biz dəhşətli təlatümlər astanasındayıq, yoxsa bu proqnoz-lar əsassız Ludit isterikasının nümunəsidir? Demək çətindir. Av-tomatlaşdırmanın kütləvi işsizliyə səbəb olacağı iddiası bizi 19-cu əsrə qaytarır və indiyə qədər bu iddialar gerçəkləşməyib. Sənaye İnqilabının əvvəlindən başlayaraq maşına görə bağlanan hər iş ye-rinin əvəzinə ən azı bir yeni iş yeri yaranıb və ortalama yaşayış stan-dartı dramatik şəkildə yüksəlib.[12] Amma bu dəfə vəziyyətin başqa cür olduğunu və "öyrənən maşınların" oyun qaydalarını həqiqətən dəyişən bir şey olduğunu düşünmək üçün kifayət qədər səbəb var.

İnsanların iki tip fəaliyyət qabiliyyəti olur – fiziki və zeh-ni. Keçmişdə maşınlar insanlarla əsasən ilkin fiziki qabiliyyətlər sahəsində yarışırdı. Zehni sahədə isə insanların maşınlardan ölçüyəgəlməz üstünlüyü vardı. Ona görə də kənd təsərrüfatında və sənayedə əllə görülən işlər avtomatlaşdıqca yalnız insanın görə biləcəyi zehni xidmət işləri tələb olunurdu: öyrənmək, analiz etmək, ünsiyyət etmək və hər şeydən vacib olan insan emosiyasını anlamaq. Lakin indi süni intellekt (Sİ), bu sahələrdə – insan emo-

39

siyasını anlamaq qabiliyyəti də daxil, – insanı yavaş-yavaş ötüb keçməyə başlayır.[13] Biz, fiziki və zehni fəaliyyətdən başqa insanların təhlükəsiz üstünlüyünü həmişə təmin edəcək üçüncü bir sahə tanımırıq.

Bir məsələni anlamaq vacibdir ki, Sİ inqilabı kompüterlərin sadəcə daha sürətlə və ağıllı işləməsi deyil. İndi bu sahə, həm təbiət, həm də sosial elmlərin son kəşfləri ilə silahlanıb. Biz insan emosiyası, arzuları və seçimləri əsasında duran biokimyəvi mexanizmləri daha yaxşı anladıqca, kompüter insan davranışını analiz etməkdə, insanın qəbul etdiyi qərarlara proqnoz verməkdə və insan sürücüləri, bankirləri, hüquqşünasları əvəz etməkdə daha qabil olur.

Son bir neçə onillikdə neyroelmlərdə və davranış ekonomiksində aparılmış tədqiqatlar alimlərə imkan verib ki, insanın daxilinə girsinlər və konkret olaraq insanın qərar qəbul etmə mexanizmini daha yaxşı anlasınlar. Belə çıxır ki, bizim yeməkdən tutmuş yoldaşlığa qədər bütün seçimlərimiz hansısa ecazkar azad arzularımızın nəticəsi yox, milyardlarla neyronun saniyənin çox kiçik hissəsində ehtimalları hesablamasının nəticəsidir. Tərifli "insan intuisiyası" əslində "obrazların tanınmasıdır".[14] Yaxşı sürücülərin, bankçıların və hüquqşünasların nəqliyyat, investisiya və ya müqavilələr haqqında möcüzəvi intuisiyası yoxdur, əslində təkrar olunan qanunauyğunluğu qavrayaraq, onlar diqqətsiz piyadaları, ödəniş qabiliyyəti olmayan borcistəyənləri və fırıldaqçı dələduzları görür və onlardan yan keçirlər. Buradan həm də belə məlum olur ki, insan beyninin biokimyəvi alqoritmləri kamillikdən uzaqdır. Onlar şəhər cəngəlliyinə deyil, Afrika savannalarına uyğun evristika, kəsə yol və vaxtı keçmiş sxemlərə əsaslanırlar. Ona görə təəccüblü deyil ki, hətta yaxşı sürücülər, bankçılar, hüquqşünaslar da bəzən axmaq səhvlərə yol verirlər.

Deməli Sİ hətta, guya yalnız "intuisiya" tələb edən məsələlərdə də insanı üstələyə bilər. Əgər düşünürsünüzsə ki, Sİ mistik gümanlar mənasında insan ruhu ilə rəqabət etməlidir, – bu mümkün deyil. Amma əgər Sİ həqiqətən ehtimalın hesablanmasında və obrazların tanınmasında neyron şəbəkəsi ilə rəqabət etməlidirsə, bunu edə biləcəyi demək olar ki, şübhə doğurmur.

Xüsusi halda "başqa adamlar haqqında" intuisiya tələb edən iş yerlərində Sİ daha yaxşı işləyə bilər. Bir çox fəaliyyət növləri – piyadaların çox olduğu yerlərdə avtomobil sürmək, tanımadığın adamlara borc vermək və biznes məsələləri üzrə danışıqlar aparmaq – başqa adamların emosiyalarını və istəklərini dəyərləndirməyi tələb edir. O uşaq yola atılacaqmı? Kostyum geyinmiş o kişi pulu alıb aradan çıxmaq istəyirmi? O vəkil etdiyi hədə-qorxunu həyata keçirəcəkmi, yoxsa sadəcə blef edir?

Belə emosiya və istəkləri doğuran qeyri-maddi ruh olduğu deyildiyi üçün, təbii olaraq, kompüterlərin heç vaxt sürücüləri, bankçıları və hüquqşünasları əvəz edə bilməyəcəyi iddia edilirdi. Yəni, kompüter ilahinin yaratdığı insan ruhunu necə əvəz edə bilər? Ancaq, əgər bu emosiyalar və istəklər biokimyəvi alqoritmdən başqa bir şey deyilsə, kompüterin bu alqoritmləri niyə de-şifrə edib oxuya bilməməyinə – və bunu Homo sapiensdən daha yaxşı edə bilməməyinə bir səbəb qalmır.

Piyadaların niyyətini "oxuyan" sürücü, potensial borcalının ödəniş qabiliyyətini dəyərləndirən bankçı və danışıqlar masası arxasındakıların əhvalını qiymətləndirən hüquqşünas bunu sehrbazlıq vasitəsilə etmir. Daha realı budur ki, özləri də bilmədən onların beyni, obyektlərin üz cizgisi, səs tonu, əl hərəkətləri, hətta bədən qoxularının analizi vasitəsilə biokimyəvi obrazları tanıyır.

Lakin iş yerini itirmək təhlükəsi yalnız infotexnologiyada inkişafın nəticəsi deyil. Bu, info-texnologiya ilə bio-texnologiyanın qovuşmasının nəticəsidir. FMRİ (funksional maqnit rezonansı şəkli) skanerindən əmək bazarına qədər yol uzun və dolanbacdır, lakin bu yol da bir neçə onillik ərzində qət edilə bilər. Alimlərin bu gün badamcıq vəzi və beyincik haqqında öyrəndikləri 2050-ci ilə qədər kompüterlərin insan psixiatrları və cangüdənlərini əvəz etməsinə imkan verə bilər.

Sİ yalnız insanın daxili aləminə nüfuz etmək və indiyədək təkcə insana məxsus olan bacarıqlar üzrə onu ötüb keçməyin astanasında deyil. Sİ-nin insanda olmayan və insan işçi ilə müqayisədə onun xeyrinə fərq yaradan elə qabiliyyəti var ki, onu yalnız bacarıq dərəcəsinə görə deyil, həm də keyfiyyətcə başqa növ işçiyə çevirir. Bu qeyri-insani qabiliyyətlərdə ikisi, Sİ-nin qoşulma və yenilənə bilmə qabiliyyəti var.

İnsanlar fərd olduğu üçün onları bir-birinə qoşmaq və hamısını cari vəziyyətə uyğun saxlamaq çətindir. Bunun əksi olaraq kompüterlər fərd deyil və onları vahid çevik şəbəkəyə inteqrasiya etmək asandır. Ona görə də bizim üzləşdiyimiz problem milyonlarla insanı eyni sayda kompüter və robotla əvəz etmək problemi deyil. Əslində adamlar inteqrasiya edilmiş şəbəkə ilə əvəz ediləcəklər. Avtomatlaşdırma sistemini nəzərdən keçirəndə tək bir insan-sürücünün özü-özünü idarə edəcək avtomobillə və ya insan-həkimi Sİ-həkimlə müqayisə etmək doğru deyil. Bunun üçün fərdlər toplusunun iş qabiliyyətini inteqrasiya edilmiş şəbəkənin qabiliyyəti ilə müqayisə etməliyik.

Məsələn, çox sayda sürücülərin nəqliyyat hərəkətinin nizamlanmasındakı dəyişiklikdən xəbəri olmaya bilər və buna görə qaydaları poza bilərlər. Əlavə olaraq hər bir avtomobil ayrıca bir vahid olduğu üçün iki avtomobil eyni zamanda yol ayrıcına yaxınlaşanda sürücülər bir-birinin niyyətini anlamaqda səhv edə bilər və toqquşma baş verə bilər. Özünü idarə edən avtomobillər isə əksinə olaraq bir-birilə əlaqələndirilmiş ola bilər. İki belə avtomobil eyni zamanda yol ayrıcına yaxınlaşanda isə onlar ayrı-ayrı iki vahid deyil, bir alqoritmin hissələridir. Ona görə də onların bir-birini başa düşməyib toqquşma ehtimalı çox kiçikdir. Əgər nəqliyyat nazirliyi nəqliyyat hərəkəti qaydalarını dəyişmək qərarı qəbul etsə, bütün özü idarə olunan nəqliyyat vasitələrinin alqoritmi eyni zamanda yenilənə bilər və proqramda ola biləcək səhvlər nəzərə alınmasa onlar hamısı yeni qaydalara riayət edəcək.[15]

Eynilə, əgər Dünya Səhiyyə Təşkilatı yeni xəstəlik müəyyən edirsə və ya laboratoriya yeni dərman istehsal edirsə, bütün insan-həkimləri bu yenilik haqda məlumatlandırmaq mümkün deyil. Amma hətta dünyada 10 milyard Sİ-doktor da olsa – hərəsi bir adama xidmət göstərən – siz onları saniyədən də az müddətə yeniləyə bilərsiniz və onlar da hamısı həmin yeni xəstəlik və ya dərman haqqında bir-birilə əlaqə saxlayıb "təəssürat"larını xəbərləşə bilərlər. Belə şəbəkədə və yenilənməyə hazır vəziyyətdə olmağın potensial üstünlüyü o qədər nəhəngdir ki, hətta bəzi adamlar maşından daha yaxşı işləsə də belə, ən azı bəzi iş sahələrində bütün adamları kompüterlərlə əvəz etməyin mənası ola bilər.

Siz etiraz edə bilərsiniz ki, insanlardan kompüterlərə keçməklə biz fərdiliyin verdiyi üstünlüyü itirə bilərik. Məsələn, əgər bir insan-doktor səhv edirsə o, bütün dünyadakı xəstələri öldürmür və bütün yeni dərmanların qarşısını kəsmir. Əgər bütün doktorlar həqiqətən bir sistem olsa və sistem səhv etsə nəticəsi fəlakətli ola bilər. Lakin həqiqətdə inteqrasiya olunmuş kompüter sistemi fərdiliyin fayda-sını itirmədən şəbəkəyə qoşulmağın üstünlüyünü maksimallaşdı-ra bilər. Eyni sistemdə çoxlu sayda alternativ alqoritm istifadə edə bilərsiniz, yəni cəngəllikdəki ucqar kənddə yaşayan xəstə smart-fon vasitəsilə yalnız bir nüfuzlu doktorla deyil, iş qabiliyyəti daim yüksələrək müqayisəyə gələ biləcək yüz müxtəlif Sİ-doktorla əlaqə yarada bilər. *IBM* doktorun sizə dediyi xoşunuza gəlmir? Problem yoxdur. Əgər siz lap Klimancaronun ətəklərində ilişibsinizsə də asanlıqla ikinci bir fikir üçün *Baidu* doktorla əlaqə saxlaya bilərsiniz.

İnsan cəmiyyətinə bunun faydasının böyük olacağı gözlənilir. Sİ-doktorlar daha yaxşı və ucuz qiymətə milyardlarla insanın – məsələn konkret halda indiki vəziyyətdə ümumiyyətlə səhiyyə xidməti almayan adamlara – sağlamlığı keşiyində dura bilər. Öyrənən alqoritmlər və biometrik sensorlar sayəsində inkişaf etməmiş ölkədəki fağır kəndli smartfon vasitəsilə, dünyanın ən var-lı adamının bu gün ən mükəmməl şəhər xəstəxanada aldığından daha yüksək səviyyəli səhiyyə xidməti ala bilər.[16]

Eynilə özü idarə olunan avtomobillər də insanlara daha yax-şı nəqliyyat xidməti göstərə bilər və bu zaman qəzalı ölüm hal-larının sayı da aşağı düşər. Dünyanın yol qəzalarında hər il 1,25 milyon adam həyatını itirir[17] (cinayətkarlıq və terrorizm də daxil olmaqla müharibədə ölənlərdən iki dəfə çox). Bu ölümlərin 90%-dən çoxu insan səhvi səbəbindən baş verir: kimsə alkoqol içib sü-rür, kimsə sürəndə mesaj yazır, kimisə sükan arxasında yuxu tu-tur, kimsə yola diqqət vermək əvəzinə fikri ayrı yerdə olur. ABŞ Milli Nəqliyyat Təhlükəsizliyi Administrasiyası 2012-ci ildə ABŞ-da ölümlə nəticələnən qəzaların 31%-nin alkoqol, 30%-nin yüksək sürət və 21%-nin sürücü diqqətinin yayınması səbəbindən baş verdiyi qənaətindədir.[18] Özü idarə olunan nəqliyyat vasitələri heç vaxt bu hərəkətləri etmir. Hərçənd onların da özlərinə məxsus problemləri və məhdudiyyətləri var və bəzi qəzalar qaçılmaz olsa da, insan-sürücülərin kompüterlərlə əvəz olunması sayəsində ölüm hadisələri və travmaların 90% azalacağı gözlənilir.[19] Başqa sözlə, özü idarə olunan nəqliyyat vasitələrinə keçməklə hər il bir milyon insan həyatını xilas etmək mümkün olacaq.

Ona görə də insanların iş yerlərini qorumaq üçün nəqliyyat və səhiyyə kimi sahələrdə avtomatlaşdırmanın qarşısını almaq dəlilik olardı. Son nəticədə bizim qorumalı olduğumuz insanlardır, iş yeri deyil. İşsiz qalan və artıq hesab olunan sürücülər və həkimlər isə başqa işlə məşğul olmalıdır.

Maşında Motsart

Ən azı, qısa zaman müddətində Sİ və robotların bütün sənaye sahələrini tamamilə silib atacağı ehtimalı həqiqətə oxşamır. İxtisaslaşma tələb edən dar intervalda qərarlaşmış fəaliyyətlə məşğul iş yerləri avtomatlaşdırılacaq. Lakin geniş səpkidə bacarıq və səriştənin eyni zamanda tətbiqini tələb edən, daha az qərarlaşmış, daha az rutin işlərdə insanların maşınlarla əvəz edilməsi çox çətin məsələdir və gözlənilməz ssenarilərin olması ilə əlaqəlidir. Məsələn səhiyyə sahəsində. Bəzi doktorlar fəaliyyətini demək olar ki, eksklüziv olaraq informasiyanın emalı üzərində cəmləyirlər: tibbi məlumatları qəbul edir, analiz edir və diaqnoz verirlər. Tibb bacılarının da ağrılı iynələri vurmaq, sarğını dəyişmək və ya çılğın xəstələri sakitləşdirmək üçün yaxşı motorika və emosional bacarıqlarına ehtiyac var. Deməli, robot-tibb bacımız olmamışdan onilliklər əvvəl yəqin ki, bizim smartfonda Sİ ailə doktoru olmalıdır.[20] Belə görünür ki, uşaq və böyüklərin qayğısına qalan səhiyyə sahəsi hələ uzun müddət insan fəaliyyətinin qalası olaraq qalacaq. Həqiqətən də insanların ömrü uzandıqca və dünyaya gətirdikləri övladların sayı azaldıqca, əmək bazarında yaşlı adamlara qayğı göstərilməsi yəqin ki, ən sürətlə böyüyən sektor olacaq.

Qayğı çəkməklə bərabər, kreativlik də avtomatlaşdırmanı çətinləşdirən maneələrdən biridir. Bizə adamın musiqi satmasına artıq ehtiyacımız yoxdur – birbaşa internetdən, *iTune* mağazasından endirə bilərik – lakin kompozitorlar, musiqiçilər, müğənnilər və disk-jokeylər özlərini hələlik yaxşı hiss edirlər. Biz onların kreativliyinə yalnız tamamilə yeni musiqi yaratdıqları üçün deyil, həm də ağlı çaşdıran sayda mümkün seçimlərin içindən seçmək məqsədilə müraciət edirik.

Bütün bunlara baxmayaraq, uzun zaman ərzində avtomatlaşdırmanın iş yerlərinin bağlanmasına heç bir təsiri olmayacaq. Hətta rəssamlar da bundan xəbərdar olmalıdır. Müasir dünyada incəsənət adətən insan emosiyası ilə assosiasiya olunur. Biz belə düşünməyə meylliyik ki, incəsənət daxili psixoloji gücü yönəldir və məqsədi bizi öz emosiyalarımızla birləşdirmək və ya bizi yeni hisslərə ilhamlandırmaqdır. Ona görə də biz incəsənət əsərini qiymətləndirəndə onun auditoriyaya emosional təsirini qiymətləndirməyə meylliyik. Deməli, əgər incəsənət əsərinin dəyəri insan emosiyası ilə müəyyən olunursa, eksternal alqoritmlərin insan emosiyasını Şekspir, Frida Kalo və ya Beyonsedən daha yaxşı anlamaq və onu manipulyasiya etmək qabiliyyəti olsa nə baş verəcək?

Axı, emosiyalar nə isə bir mistik fenomen deyil, biokimyəvi proseslərin nəticəsidir. Deməli, çox da uzaq olmayan gələcəkdə maşın alqoritmi sizin bədəninizin içərisindəki və çölündəki sensorlardan gələn məlumatları analiz edərək şəxsiyyətinizin tipini və dəyişən əhvalınızı müəyyən edə bilər, sonra konkret mahnının – hətta konkret musiqi parçasının – sizə göstərə biləcəyi emosional təsiri hesablaya bilər.[21]

İncəsənətin bütün formalarından *Big data* analizi üçün ən uyğun olanı musiqidir, çünki burada həm girişin, həm də çıxışın dəqiq riyazi təsvirini vermək olur. Girişlər səs dalğalarının riyazi obrazlarıdır, çıxışlar isə sinir-neyron titrəyişlərinin elektrokimyəvi obrazlarıdır. Bir neçə onillik ərzində milyonlarla musiqi əsərini təcrübədən keçirən alqoritm, konkret girişin hansı konkret çıxışı verəcəyini öyrənə bilər.[22]

Fərz edək ki, siz sevgilinizlə arzuolunmaz münaqişə etmisiniz. Səs sisteminizə məsul olan alqoritm dərhal sizin daxili emosional həyəcanı müəyyən edərək, şəxsiyyətiniz haqqında və ümumiyyətlə insan psixologiyası haqqında bildiklərinə istinad vasitəsilə

45

əhvalınızla rezonansda olan və kədərinizlə səsləşən mahnı verəcək. Bu konkret musiqi başqa tip şəxsə uyğun gəlməyə bilər, lakin sizin şəxsiyyət tipi üçün mükəmməl dərəcədə uyğun olacaq. Sizi öz kədərinizin dərinliyinə girməyə kömək edəndən sonra alqoritm əhval-ruhiyyənizi düzəltmək üçün dünyada yeganə olan mahnını verəcək, yəqin ki, özünüzün də xəbəriniz olmadan alt şüurunuz mahnını xoşbəxt uşaqlıq xatirələrinizlə bağlayır. Heç bir insan-DJ belə müqayisəni Sİ-nin bacardığı kimi edə bilməz.

Etiraz edə bilərsiniz ki, beləliklə Sİ bəsirət hissini tamam öldürər və bizi istək və antipatiyamızdan toxunmuş dar musiqi baramasının içində saxlayar. Bəs, yeni musiqi zövqünün və stilinin araşdırılması necə olsun? Problem yoxdur. Alqoritmi asanlıqla elə nizamlaya bilərsiniz ki, onun seçiminin 5%-i tam təsadüfi olsun və gözləmədiyiniz halda sizə İndoneziyanın kamelan ansamblının, Rossininin operasının və ya son K-Pop hitini səsləndirsin. Bir qədər zaman keçəndən sonra sizin reaksiyanızı monitorinq edərək Sİ hətta təsadüfiliyin ideal səviyyəsini tapa bilər və qıcıqlandırmadan qaçıb araşdırmanı optimallaşdıraraq bu səviyyəni 3%-ə endirə, və ya 8%-ə yüksəldə bilər.

Başqa bir etiraz alqoritmin emosional hədəfi necə müəyyən edəcəyinə qarşı ola bilər. Əgər sevgilinizlə münaqişə etmisinizsə alqoritmin məqsədi sizi kədərləndirmək olmalıdır, yoxsa şənləndirmək? Yalnız şablon şəkildə "yaxşı" və "pis" emosiya rejimində işləməlidirmi? Bəlkə həyatın elə anları var ki, kədərlənmək daha yaxşıdır? Eyni sual, əlbəttə, insan-musiqiçilər və DJ-lər haqqında da qoyula bilər. Amma yenə də alqoritmin bu məsələyə çoxlu sayda və müxtəlif həll üsulları tətbiq etmək imkanı var.

Bir variant bunu sadəcə müştərinin ixtiyarına buraxmaqdır. Siz öz emosiyalarınızı istədiyiniz kimi müəyyən edə bilərsiniz və alqoritm sizin istəyinizin arxasınca gedəcək. Kədərə batmaq istəsəniz və ya sevincdən dingildəmək istəyinizin alqoritmə fərqi yoxdur, – sadiq qul kimi itaət edəcək. Həqiqətən də alqoritm, siz bunu aydın şəkildə bilmədən, arzunuzu müəyyən etməyi öyrənə bilər.

Alternativ olaraq, əgər özünüzə etibar etmirsinizsə, etibar etdiyiniz hansısa məşhur psixoloqun verdiyi tövsiyəni yerinə yetirməyi alqoritmə tapşıra bilərsiniz. Əgər son nəticədə sevgiliniz sizdən ayrılsa, alqoritm sizi kədərin beş mərhələsindən keçirib apara bilər. Birincisi, Bobbi MakFerrrinin *"Don't worry, be happy"* mahnısını oxumaqla baş verən hadisəni ürəyinizə salmamaqda sizə kömək edəcək, sonra da qəzəbinizi alovlandırmaq üçün Alanis Morissetin *"You Oughta Know"*, Jak Brelin *"Ne me quitte pas"* mahnısı ilə isə sizi barışıq üçün sövdələşməyə təşviq edəcək, Adelenin *"Someone like you"* və *"Hello"* mahnısı ilə sizi depressiya quyusuna atacaq və nəhayət, taleyin gərdişilə barışmağa Gloria Gaynerin *"I will survive"* mahnısı yardım edəcək.

Növbəti addım alqoritmlə mahnı və melodiyalara az da olsa elə dəyişiklik etməkdir ki, onlar hətta sizin xüsusiyyətinizə daha da uyğun olsun. Ola bilsin ki, bir gözəl mahnının hansısa yeri sizin xoşunuza gəlmir. Alqoritm bundan xəbərdardır, çünki, zəhlətökən parçanı eşidəndə ürəyiniz ritmi ötürür və orqanizmdə oksitosin səviyyəsi bir qədər azalır. Alqoritm həmin notları yenidən yaza və ya redaktə edə bilər.

Uzun müddət perspektivində alqoritmlər bütün əsəri necə yazmağı da öyrənə bilər və insan emosiyası üzərində piano dillərində gəzişən kimi gəzişə bilər. Sizin biometrik məlumatlardan istifadə edən alqoritmlər hətta məhz sizin üçün olan fərdi melodiyalar da bəstələyə bilər və bütün dünyada yalnız siz onu bəyənərsiniz.

Çox vaxt insanların ona görə incəsənətlə məşğul olduğu deyilir ki, o, incəsənətin içində öz mənini tapır. Məsələn, tutaq ki, *Facebook* sizin haqqınızda bildiklərinə əsaslanıb yalnız sizin üçün incəsənət əsəri yaradırsa, bu, təəccüblü və bir qədər də arzuolunmaz nəticəyə gətirib çıxara bilər. Əgər sevgiliniz sizi tərk edirsə, *Facebook* sizə məhz həmin nadürüst haqqında mahnı yazacaq, daha Adelenin və ya Alanis Morisin ürəyini qıran naməlum adam haqqında yox. Mahnı hətta, dünyada heç kimin xəbəri olmadığı real münaqişələrinizi də sizə xatırladacaq.

Əlbəttə, fərdiləşmiş incəsənət heç vaxt cəlbedici olub dəbə minə bilməz, çünki insanlar hamının xoşuna gələn hitlərə üstünlük verməkdə davam edəcək. Sizdən başqa heç kimə məlum olmayan musiqiyə necə birlikdə rəqs edib mahnı oxuya bilərsiniz? Lakin alqoritmlər qlobal hitləri fərdi nadir nüsxələrdən daha yaxşı yarada bilər. Milyonlarla adamın nəhəng ölçülü biometrik məlumatları toplusundan istifadə etməklə, alqoritm hamını rəqs meydançasında dəli kimi rəqs etdirmək üçün hansı biokimyəvi düyməni basmaq lazım olduğunu biləcək. Əgər incəsənət həqiqətən insan emosiyasını ilhamlandırmaq (və ya manipulyasiya etmək) üçündürsə, lap cüzi sayda (o da olsa) musiqiçinin belə alqoritmlə bəhsə girmək şansı ola bilər. Çünki insan-musiqiçilər bu məsələdə əsas alət olan insanın biokimyəvi sistemini işlətməkdə alqoritmlə yarışa bilməzlər.

Bütün bunlar dahiyanə incəsənət yaradacaqmı? Bu, incəsənətin nə olduğunu müəyyən etməkdən asılıdır. Əgər gözəllik həqiqətən qulaqla eşidilirsə və müştəri həmişə haqlıdırsa, onda biometrik alqoritmlərin tarixdə ən gözəl musiqini bəstələmək şansı var. Əgər incəsənət insan emosiyasından daha dərin bir şeydirsə və bizim biokimyəvi vibrasiyalarımızdan daha uzağa gedən həqiqəti ifadə edirsə, biometrik alqoritmlər çox gözəl incəsənət əsərləri yarada bilməz. Amma insanların da əksəriyyəti bunu yarada bilməz. İncəsənət əsərləri bazarına girib oradakı bəstəkarların və ifaçıların yerini tutub onları işsiz qoymaq üçün elə başlanğıcdan birbaşa Çaykovskidən irəli getməyə ehtiyac yoxdur, elə, *"Britney Spears"* olmaq kifayət edir.

Yeni iş yerləri?

İncəsənətdən tutmuş səhiyyənin hər sahəsinə qədər çox sayda ənənəvi iş yerlərinin itirilməsi yeni iş yerlərinin yaradılması ilə bir qədər kompensasiya olunacaq. İş fokuslarını məlum xəstəliklərin diaqnozu və tanış müalicə üsullarının tətbiqi üzərində quran ümumi praktika həkimləri yəqin ki, Sİ-doktorlarla əvəz olunacaq. Lakin elə məhz buna görə də insan-doktorlara və laboratoriya assistentlərinə külli miqdarda pul ödəmək lazım gələcək ki, həqiqətən əhəmiyyətli tədqiqatlar aparsınlar, yeni dərmanlar və ya cərrahiyyə prosedurları icad etsinlər.[23]

Sİ insanlar üçün iş yerlərini başqa yolla da yarada bilər. İnsanlar Sİ ilə yarışmaq əvəzinə ona xidmət göstərməklə və işini tarazlaşdırmaqla məşğul ola bilərlər. Məsələn adam-pilotların dronlarla əvəz olunması bəzi iş yerlərini aradan çıxarır, lakin eyni zamanda xidmət, uzaqdan nəzarət, data analizi və kiber-təhlükəsizlik kimi yeni iş imkanları yaradır. ABŞ hərbi hava qüvvələrinin Suriyada uçan hər bir Predator və ya Reaper dronuna xidmət göstərmək üçün 30 adama ehtiyacı olur, alınmış informasiyanı analiz edib nəticə çıxarmaq üçün isə daha səksən adam lazımdır. 2015-ci ildə ABŞ hərbi hava qüvvələrinin bütün bu vəzifələri tutmaq üçün kifayət sayda səriştəli mütəxəssisi yox idi və onlara ehtiyacı vardı və ona görə də adamsız hava aparatını istifadə etmək üçün ironik olaraq adama ehtiyacla üz-üzə qalmışdı.[24]

Əgər belədirsə, 2050-ci ilin əmək bazarı insan-Sİ rəqabəti deyil, kooperasiyası ilə xarakterizə ola bilər. Polisdən tutmuş bank işinə qədər olan sahələrdə insan+Sİ komandası ayrıca insan və ayrıca kompüter fəaliyyətindən daha üstün ola bilər. IBM şirkətinin *Deep Blue* adlı şahmat proqramı 1997-ci ildə Harri Kasparova qalib gələndən sonra adamlar şahmat oynamaqdan imtina etmədilər. Əksinə, Sİ məşqçilərinin sayəsində insan-şahmatçılar daha da yaxşı oynayırlar və ən azı, "kentavr" adlandırılan insan+Sİ komandası şahmatda həm insandan, həm də kompüterdən güclüdür. Tarixdə ən yaxşı kriminalistlərin, bankçıların və hərbçilərin yetişdirilməsində də Sİ eyni şəkildə kömək edə bilər.[25]

Lakin bütün bu iş yerləri ilə bağlı çətinliklərdən biri, bu işlərin yüksək səviyyəli səriştə və bacarıq tələb etməsi və buna görə də ixtisassız adamların problemləri həll edə bilməməyidir. Yeni iş yerlərinin yaradılması, adamlara bu yerləri tutmaq üçün təlim keçib onları hazırlamaqdan daha asan məsələdir. Avtomatlaşdırmanın əvvəlki mərhələlərində adamlar bir ixtisassız işdən başqa ixtisassız işə keçirdi. 1920-ci ildə kənd təsərrüfatında mexanizasiyanın tətbiqi ilə işini itirən fəhlə gedib traktor istehsal edən zavodda özünə yeni iş tapırdı. 1980-ci ildə işsiz qalan zavod fəhləsi gedib supermarketdə kassir işləyirdi. Belə iş yeri dəyişmələri özünü doğruldurdu, çünki, fermadan zavoda, zavoddan supermarketə keçid üçün məhdud həcmli təlimlər kifayət edirdi.

Amma 2050-ci ildə işini robota təhvil verən kassir və ya tekstil fəhləsi çətin ki, gedib xərçəng xəstəliyi tədqiqatçısı, dron operatoru və ya insan-Sİ sisteminin bir hissəsi ola bilsin. Onların bu işlərə tələb olunan səriştə və bacarığı olmayacaq. Birinci Dünya Müharibəsində hərbi xidmətə çağırılmış xam əsgərləri pulemyot arxasına qoymağın və onları minlərlə sayda ölümə göndərməyin mənası vardı. On-ların fərdi səriştəsinin mənası az idi. Bu gün, dron operatorlarına və analitiklərə ehtiyac olmasına baxmayaraq, ABŞ hava qüvvələri öz ehtiyacını *Walmart*ın kəmsavad işçiləri ilə təmin etmək istəmir. Siz istəməzsiniz ki, qulluğa götürdüyünüz səriştəsiz adam əfqan toy mərasimi ilə yüksək səviyyəli Taliban yığıncağını səhv salsın.

Deməli, adamlar üçün yeni iş yerlərinin yaranmasına baxma-yaraq, yeni "lazımsız" işçi sinfinin böyüməsinin şahidi ola bilərik. Əslində biz iki tərəfdən çətinliyə düşə bilərik, eyni zamanda həm işsizlikdən, həm də səriştəli işçi qıtlığından. Çox adam 19-cu əsr fay-tonçularının taleyini deyil – onlar taksi sürməyə keçdilər – həmin əsrdəki atların taleyini yaşaya bilər, onlar ümumiyyətlə əmək baza-rından çıxarılır.[26]

Bundan başqa, insan üçün olan başqa işlər də gələcək avtomat-laşdırmanın təsirindən sığortalı qalmayacaq, çünki maşınlar və ro-botlar da təkmilləşməkdə davam edəcək. İşsiz qalan və ağlasığmaz, qeyri-insani səylər nəticəsində özünü dron operatoru kimi kəşf edən qırx yaşlı *Walmart* kassiri on ildən sonra bir də özünü kəşf etməli ola bilər, çünki o vaxta qədər dronların özü də avtomatlaşdırıla bilər. Belə çeviklik həmkarlar ittifaqı və işçi hüquqlarının qorunması işini də çox çətinləşdirəcək. Artıq bu gün inkişaf etmiş ölkələrdə çox işlər müdafiə olunmayan müvəqqəti işlər, frilans (müstəqil fəaliyyət) və bir dəfəlik konsertlərdir.[27] Göbələk kimi qısa zamanda yox olan peşələri ittifaqda necə birləşdirə bilərsiniz?

Eynilə insan-kompüter, kentavr komandaları insanlar və kompüterlər arasında ömürlük partnyorluq yaratmaq əvəzinə, yəqin ki, daimi çəkişmə ilə xarakterizə olacaq. Eksklüziv olaraq insanlardan ibarət komandalar – Şerlok Holms və Doktor Vatson kimi – adətən onilliklərlə davam edən daimi iyerarxiya və prose-dur yaradırlar. Lakin *IBM Watson* kompüter sistemi (ABŞ-da 2011-ci ildə *"Jeopardy!"* TV şousunda qalib gələndən sonra məşhurlaşan) ilə birləşən insan-detektiv, hər prosedurun dağılmaya, hər iyerarxi-yanın isə inqilabi dəyişikliyə dəvət olduğunu anlayacaq. Dünənki yaxın aşna sabahkı rəisə çevrilə bilər və bütün protokolları, təlimatları hər gün yenidən yazmaq lazım gələcək.[28]

50

Şahmat aləminə yaxından baxanda, uzun müddət intervalında işlərin hara baş alıb getdiyini görmək olar. Bu bir həqiqətdir ki, *Deep Blue* Kasparova qalib gələndən sonra keçən bir neçə il ərzində şahmatda insan-kompüter kooperasiyası güclü şəkildə inkişaf etməyə başladı. Son illərdə artıq kompüterlər şahmat oynamaqda o qədər güclənib ki, onların insan kolleqaları öz dəyərini itirməyə başlayıb və tezliklə çox yersiz görünə bilərlər.

2017-ci ilin 7 oktyabr tarixində kritik məqam gəlib çatdı, kompüterin şahmatda insana qalib gəlməsi yox, – bu köhnə xəbərdir, – *Google*-un *AlphaZero* proqramı *Stockfish 8* proqramına qalib gəldi. *Stockfish 8* proqramı kompüter şahmatçılar arasında 2016-cı ilin dünya çempionu idi. Şahmatda əsrlər boyu toplanmış insan təcrübəsi, eləcə də onilliklər boyu toplanmış kompüter təcrübəsi onun üçün əlçatan idi. Saniyədə 70 milyon pozisiyanı hesablamaq qabiliyyəti vardı, *AlphaZero* isə saniyədə cəmi 80.000 belə hesablama apara bilirdi və onun yaradıcıları olan insanlar ona heç bir şahmat strategiyası, hətta heç standart başlanğıcı da öyrətməmişdilər. *AlphaZero* son maşın-qavraması prinsiplərini istifadə edərək şahmatı özü-özü ilə oynayaraq öyrənib. Buna baxmayaraq *AlphaZero Stockfish*-ə qarşı oynadığı yüz partiyadan iyirmi səkkizində qalib gəlib, yetmiş ikisini heç-heçə başa vurub. Heç birini də uduzmayıb. *AlphaZero* insandan heç nə öyrənmədiyi üçün onun çox gedişləri və strategiyaları insana qeyri-ənənəvi görünür. Bunlara sadəcə dahiyanə gedişlər deməsək də, ən azı kreativ gedişlər deyə bilərik.

AlphaZero-nun şahmat oynamağı öyrənməsi, *Stockfish*-ə qarşı hazırlaşması və dahiyanə şahmat instinktlərini inkişaf etdirməsinin nə qədər vaxt çəkdiyini tapa bilərsinizmi? Dörd saat. Bu, çap səhvi deyil. Əsrlər boyu şahmata insan zəkasını şöhrətləndirməkdə baş tacı olan məşğuliyyətlərdən biri kimi baxıblar. *AlphaZero* tamamilə heç nə bilməməkdən yaradıcı ustalıq səviyyəsinə qədər olan yolu dörd saata gedib, özü də insanın heç bir bələdçilik yardımı olmadan.[29]

AlphaZero mövcud olan yeganə yaradıcı kompüter proqramı deyil. İndi bir çox kompüter proqramları insan-şahmatçıları yalnız hesablamaqda deyil, hətta yaradıcılıqda da ötüb keçib. İnsan-şahmatçıların yarışlarında hakimlər daim oyunçuların kələk gələrək gizli şəkildə kompüterdən istifadə etməməyini nəzarətdə saxlayırlar. Bu kələyi tutmağın bir yolu oyunçunun gedişində orjinallıq səviyyəsinin monitor edilməsidir. Əgər oyunçu son dərəcə yaradıcı gediş edirsə, hakimlər bunun kompüter gedişi olduğundan şübhələnirlər. İndi ən azı şahmatda, yaradıcılıq insandan çox kompüterin "ticarət markası" olub. Deməli, şahmatı bizim "xəbərdarlıq bülbülü"müz hesab etsək, onun ölməkdə olduğu haqqında narahatlıq yerində və haqlı narahatlıqdır. Şahmatdakı insan-Sİ cütlüyü ilə bağlı məsələlər eynilə polis işi, təbabət və bank işində də ola bilər.[30]

Beləliklə, yeni iş yerlərinin yaradılması və onları tutmaq üçün adamların təlimləndirilməsi bir dəfə görülən iş olmayacaq. Sİ inqilabı əmək bazarının yeni tarazlıq nöqtəsinə keçirən yeganə suayırıcı xətt olmayacaq. Yəqin ki, bu, çoxlu sayda və daha böyük dəyişikliyə səbəb olacaq. Artıq bu gün lap az sayda işçi ömrü boyu eyni yerdə işləyəcəyini gözləyir.[31] 2050-ci ilə qədər nəinki "ömürlük iş yeri", hətta ömürlük peşə ideyası da köhnəlmiş olacaq.

Əgər biz hətta daim yeni iş yerləri yaradıb işçi qüvvəsini təlimləndirə bilsəydik də belə, bitib-qurtarmayan təlatümlərin statistik orta adamın həyatı üçün vacib olan emosional dözümünün olacağına təəccüb edərdik. Dəyişiklik həmişə stress yaradır və 21-ci əsrin əvvəli qarmaqarışıq dünyada qlobal stress epidemiyası yaradır.[32] Əmək bazarının və fərdi karyeraların volatilliyi [dəyişkənliyi] artdıqca insanlar bunun öhdəsindən gələ biləcəklərmi? Sapiensin şüurunda qapanmanın qarşısını almaqdan ötrü bizim yəqin ki, daha effektiv stress azaldan – neyro-əks-əlaqə dərmanlarından tutmuş meditasiyaya qədər metodlara ehtiyacımız olacaq. 2050-ci ilə qədər "lazımsız" təbəqə yalnız iş yerlərinin mütləq şəkildə azalması və ya uyğun təhsilin olmaması səbəbindən deyil, həm də kifayət edən mental dözümlülüyün çatışmamağı səbəbindən yarana bilər.

Ola bilər ki, bunların çoxu spekulyasiyadır. Bu kitabın yazıldığı tarixə – 2018-ci ilin əvvəlinə – avtomatlaşdırma çox fəaliyyət sahəsini dağıdıb, lakin bu, kütləvi işsizliyə səbəb olmayıb. Əslində, ABŞ kimi çox ölkələrdə işsizliyin səviyyəsi özünün tarixi aşağı səviyyəsindədir. Avtomatlaşdırma və ağıllı maşınların gələcəkdə müxtəlif peşələrə hansı təsir göstərəcəyini dəqiq bilmək mümkün deyil və xüsusilə bu məsələ texnoloji sıçrayışlar qədər də siyasi qərarlardan və mədəni ənənələrdən asılı olduğu üçün uyğun inkişafın qrafikini qiymətləndirmək də son dərəcə çətindir. Deməli, hətta sürücüsüz avtomobillər daha təhlükəsiz və ucuz olduqlarını sübut etdikdən sonra da siyasətçilər və istehlakçılar dəyişikliyi uzun illər, bəlkə də onilliklərlə ləngidə bilərlər.

Lakin biz özümüzdən razılıq hissini yaxına buraxa bilmərik. İtirilən iş yerlərinin kifayət qədər yeni iş yerlərilə əvəz olunacağını düşünmək təhlükəlidir. Avtomatlaşdırmanın əvvəlki mərhələlərində bunun olması heç də 21-ci əsrdəki yeni və çox fərqli şəraitdə yenə təkrar olacağına zəmanət deyil. Potensial sosial və siyasi pozulmalar elə təşviş yaradan olur ki, hətta əgər sistemli kütləvi işsizlik ehtimalı aşağı olsa belə, biz onu çox ciddi qəbul etməliyik.

19-cu əsrdə Sənaye İnqilabı mövcud sosial, iqtisadi və siyasi modellərin öhdəsindən gələ bilməyəcəyi yeni şərait və problemlər yaratdı. Feodalizm, monarxizm və ənənəvi dinlər sənayeləşmiş metropoliyaları, yurdundan ayrılmış milyonlarla işçiləri və ya daim dəyişən müasir iqtisadiyyatı idarə etməyə müvafiq deyildi. Ona görə də insanlar tamamilə yeni modellər yaratmalı idi – liberal demokratiya, kommunist diktaturası və faşist rejimi – və bu modellərin təcrübədən keçirilməsi, buğdanı samandan ayırmaq və düzgün olan qərarlar qəbul etmək prosesi bir əsrdən artıq dəhşətli müharibələr və inqilablar bahasına başa gəldi. Dikkens dövründə kömür şaxtalarının uşaq işçiləri, Birinci Dünya Müharibəsi və 1932-33 illərdə Böyük Ukrayna Aclığı bu təcrübə üçün bəşəriyyətin ödədiklərinin kiçik bir hissəsidir.

İnfo və bio texnologiyaların 21-ci əsrdə bəşəriyyətə ünvanladığı çağırışlar, yəqin ki, əvvəlki dövrlərdəki buxar maşınlarının, dəmir yollarının və elektrik enerjisinin o zaman etdiyi çağırışlardan daha nəhəngdir. Və bizim sivilizasiyanın ölçüyəgəlməz dağıdıcılıq gücünü nəzərə alsaq, bundan sonra daha uğursuz modelləri sınamağa, dünya müharibəsinə və qanlı inqilablar etməyə imkanımız heç yoxdur. Bu dəfə uğursuz modellər nüvə müharibəsi, gen mühəndisliyinin yaratdığı eybəcərlik və biosferin tamamilə dağıdılması ilə nəticələnə bilər. Deməli, bu dəfə biz Sənaye İnqilabı ilə qarşıdurmada olduğumuzdan daha ağıllı hərəkət etməliyik.

İstismardan lazımsızlığa doğru

Potensial həll variantları üç əsas kateqoriyaya bölünür: iş yerlərini bağlanmaqdan necə qorumaq; kifayət qədər iş yeri yaratmaq üçün nə etmək; və bizim bütün səylərimizə baxmayaraq iş yerlərinin itirilməsi iş yerləri yaradılmasını əhəmiyyətli dərəcədə ötüb keçirsə, nə etmək lazımdır.

İş yerlərini ləğv edilməkdən qorumaq bütövlükdə cəlbedici olmayan və yəqin ki, tutarsız strategiyadır, çünki bu, Sİ və robotların nəhəng pozitiv potensialından imtina deməkdir. Buna baxmayaraq, hökumətlər yaranacaq şoku zəiflətmək və yenidənqurma üçün vaxt qazanmaq məqsədilə, könüllü şəkildə avtomatlaşdırmanın tətbiqi gedişini ləngidə bilərlər. Texnologiya heç vaxt deterministik olmur və nəyinsə tətbiqinin mümkünlüyü heç də onun tətbiqinin mütləq olduğu demək deyil. Yeni texnologiyalar kommersiya cəhətdən sərfəli və iqtisadi baxımdan cəlbedici olsa belə dövlət idarəetməsi onun qarşısını müvəffəqiyyətlə ala bilər. Misal üçün, bir neçə onilikdir ki, insan orqanları bazarı yaratmaq üçün texnologiya mövcuddur, bura həm də inkişaf etməmiş ölkələrdəki "insan bədəni ferması" və ümidsizliyə düçar olmuş varlı alıcıların həris tələbatı da daxildir. Belə "bədən fermaları" yüz milyardlara başa gələ bilər. Lakin qanunlar insan orqanlarının azad ticarətinin qarşısını alır, hərçənd orqanların qara bazarı da mövcuddur, lakin çox kiçik və məhduddur.[33]

Dəyişikliyin ləngiməsi bizə bağlanan iş yerlərini əvəz etməyə və yenilərini yaratmağa vaxt verə bilər. Lakin əvvəldə qeyd etdiyimiz kimi, iqtisadi kommersiya fəaliyyəti təhsil və psixologiyadakı inqilabi sıçrayışlarla müşayiət olunmalıdır. Yeni iş yerlərinin yaradılması yalnız hökumətin vəzifəsi olmadığını nəzərə alsaq, bu, yəqin ki, yüksək səviyyəli ekspert səriştəsi tələb edəcək və Sİ inkişaf etdikcə adamlar tez-tez yeni bacarıqlar qazanmalı və peşələrini dəyişməli olacaqlar. Hökumətlər də müdaxilə etməli, – həm təlim və təhsil sektorunu maliyyələşdirməli, həm də qaçılmaz olan keçid dövrü üçün təhlükəsizlik şəbəkəsini təmin etməli olacaqlar. Əgər qırx yaşlı keçmiş dron pilotu yeni, virtual dünyanın dizayneri olmaq üçün üç il vaxt sərf etməlidirsə, hökumətin həmin müddət ərzində bu işdə onun və ailəsinin yaşayış təminatına yardım etməsinə ehtiyacı ola bilər. (Bu cür sxemlər hazırda Skandinaviyada tətbiq olunmağa başlayıb; hökumətin şüarı – "iş yerini deyil, işçini qoruyaq").

Lakin hətta hökumətin yardımı olsa da, milyardlarla adamın özünü təkrar-təkrar yeni peşədə tapması prosesi onların mental tarazlığının pozulması hesabına baş verib-verməyəcəyi məsələsində aydınlıq yoxdur. Belə ki, əgər böyük səylərə baxmayaraq insanların əhəmiyyətli hissəsi əmək bazarından çıxarılacaqsa, biz yeni post-iş cəmiyyəti, post-iş iqtisadiyyatı və post-iş siyasəti modelləri kəşf etməliyik. İlk növbədə bunu səmimi etiraf etməliyik ki, bizə keçmişdən miras qalmış sosial, iqtisadi və siyasi modellər belə çağırışa cavab vermək üçün adekvat deyil.

Misal üçün kommunizmi götürək. Avtomatlaşdırma kapitalizmin bünövrəsini silkələmək təhlükəsi yaradır, kimsə düşünə bilər ki, kommunizm geri qayıda bilər. Lakin kommunizm belə böhranları öz xeyrinə istifadə etmək üçün icad olunmayıb. XX əsr kommunizmi fəhlə sinfinin iqtisadiyyat üçün həyati əhəmiyyət daşıdığını iddia edirdi və kommunizm mütəfəkkirləri proletariata öz nəhəng iqtisadi gücünü siyasi gücə necə çevirmək dərsi verirdilər. Kommunist siyasi planı fəhlə sinfini inqilaba çağırırdı. Əgər kütlələr öz iqtisadi dəyərini itirirsə və ona görə də istismara qarşı deyil, öz lazımsızlığına qarşı mübarizə aparırsa, bu metodlar vəziyyətə necə uyğun ola bilər? Fəhlə sinfinin özü olmadan fəhlə sinfi inqilabı necə başlaya bilər?

Bəziləri mübahisə edə bilər ki, insanlar heç vaxt iqtisadi cəhətdən gözardı edilə bilməzlər, çünki, iş yerində Sİ ilə yarışa bilməsələr də, istehlakçı olaraq onlara həmişə ehtiyac olacaq. Lakin, gələcək iqtisadiyyatda bizim hətta istehlakçı olmağımıza ehtiyacın olacağı da yəqin deyil. Maşınlar və kompüterlər bunu edə bilər. Nəzəri olaraq iqtisadiyyatda mədən sənayesindəki korporasiya filizdən dəmir istehsal edib robotqayırma korporasiyasına sata bilər, robotqayırma korporasiyası isə öz robotlarını mədənçilik korporasiyasına satar və o da bununla, daha çox robot istehsal etmək üçün daha çox dəmir çıxarar və s. və i. a. Bu korporasiyalar qalaktikanın ucqarlarına qədər böyüyə bilər və onların yalnız dəmirə və robota ehtiyacı olacaq, onların məhsulunu almaq üçün isə adam lazım deyil.

Bu gün artıq kompüterlər və alqoritmlər həqiqətən istehsalçı olduqları kimi, istehlakçı funksiyasını da yerinə yetirməyə başlayıblar. Qiymətli kağız birjalarında, məsələn, alqoritmlər istiqrazların, səhmlərin, əmtəələrin ən vacib alıcılarına çevrilməyə başlayıblar. Eynilə reklam biznesində hamıdan vacib müştəri alqoritmdir: *Google* axtarış alqoritmi. Veb səhifəsi yaradanda, insan zövqündən daha çox *Google* alqoritmin zövqünə uyğun hazırlayırlar.

Alqoritmin təbii ki, şüuru yoxdur, ona görə də insan istehlakçıdan fərqli olaraq o, aldıqlarına sevinə bilməz və onun bir şeyi almaq haqqında verdiyi qərarları müəyyən edən də hissiyyat və emosiya deyil. *Google* axtarış alqoritmi dondurmanın dadına baxa bilməz. Lakin alqoritmlər şeyləri daxili hesablamalar və onlara yerləşdirilmiş prioritetlərə uyğun seçərək artan sürətlə bugünkü dünyanı şəkilləndirir. Dondurma satıcılarını ranqlaşdırmaq üçün *Google* axtarış sisteminin çox mürəkkəb zövqü var və dünyanın ən uğurlu dondurma satıcıları ən dadlı dondurma istehsal edənlər deyil, *Google* alqoritminin birinci yerlərə qoyduqlarıdır.

Mən bunu şəxsi təcrübəmdən bilirəm. Mən kitab nəşr edəndə naşir onlayn təqdimat üçün qısa xülasə yazmağı xahiş edir. Lakin onların xüsusi eksperti var və o, mənim yazdığımı *Google* alqoritminin zövqünə uyğunlaşdırmaq üçün redaktə edir. Ekspert mənim yazdığım mətnə baxıb deyir, "bu sözdən istifadə etmə, əvəzinə bu sözü yaz. Onda biz *Google* alqoritminin diqqətini daha yaxşı cəlb edə bilərik". Biz bilirik ki, əgər alqoritmin diqqətini cəlb edə bilsək, başqa bir sübuta ehtiyac qalmır.

Deməli, əgər nə istehsalçı, nə də istehlakçı kimi insanlara ehtiyac qalmırsa, onların fiziki olaraq yaşamalarını və psixoloji sağlamlığını qoruyan nə olacaq? Bu suallara cavab axtarmaq üçün biz böhranın bütün gücü ilə gerçəkləşməsini gözləyə bilmərik – o zaman çox gec olacaq. İyirmi birinci əsrin görünməmiş texnoloji və iqtisadi pozuntularının öhdəsindən gəlmək üçün yeni sosial və iqtisadi modelləri mümkün qədər tez işləyib hazırlamağa ehtiyac var. Bu modellərin qayəsi prinsipcə iş yerlərini deyil, insanları qorumaq olmalıdır. Bir çox işlər ağır və bezikdiricidir, onları qoruyub saxlamağa dəyməz. Kassir olmaq heç kimin həyat arzusu ola bilməz. Bizim fokuslandığımız insanların təməl ehtiyaclarını təmin etmək, eləcə də sosial statusları və özlərinə güvənmə hissini müdafiə etməkdir.

Getdikcə özünə qarşı daha çox diqqət cəlb edən bir yeni model universal təməl gəliri modelidir *(UTG)*. Bu model dövlətin alqoritmləri və robotları nəzarətdə saxlayan milyarderləri və korporasiyaları vergiyə cəlb etməyi və həmin pulları hər bir adamın təməl ehtiyaclarını ödəmək üçün ona yaxşı təqaüd verilməsinə yönəltməyi təklif edir. Bu, kasıbların iş yerlərini itirməsini və iqtisadi dislokasiyası fəsadlarını yumşaldar və varlı adamları populist qəzəbdən qoruyar.[34] Bununla əlaqəli ideya, "iş" kimi qəbul edilən insan fəaliyyətinin siyahısını genişləndirməyi təklif edir. Hal-hazırda milyardlarla valideyn övlad böyüdür, qonşular birbirinin qayğısını çəkir və vətəndaşlar icmalar təşkil edir və bunların heç biri iş sayılmır. Ola bilsin ki, bizim fikrimizi dəyişib övlad böyütməyin dünyada ən vacib və fədakar iş olduğunu qəbul etməyimizə ehtiyacımız var. Belə olsa, robotlar və kompüterlər bütün sürücüləri, bankçıları və hüquqşünasları əvəz etsə belə, iş yeri qıtlığı yaranmayacaq. Lakin bir sual çıxır ki, bu yeni tanınan işləri kim dəyərləndirib haqqını ödəyəcək? Altı aylıq uşağın öz anasına maaş verə bilməyəcəyini nəzərə alaraq dövlət yəqin ki, bunu öz üzərinə götürməlidir. Onu da nəzərə alsaq ki, ailənin təməl ehtiyaclarını ödəyən maaş verilməsini bəyənsək, son nəticə universal təməl gəliri modelindən çox da fərqli olmayacaq.

Alternativ olaraq, dövlət universal təməl gəliri deyil, xidmətləri subsidiyalaşdıra bilər. Adamlara, istədiklərini almaq üçün pul vermək əvəzinə, dövlət pulsuz təhsil, pulsuz səhiyyə xidməti, pulsuz nəqliyyat və s. təmin edə bilər. Bu, əslində kommunizm utopiyasıdır. Proletar inqilabını başlamaq haqqında kommunist planının vaxtı keçmiş olsa da, bəlkə başqa üsullarla kommunist planını gerçəkləşdirmək lazımdır?

İnsanları universal təməl gəlirilə təmin etmək (kapitalist cənnəti), yoxsa universal xidmətlərlə təmin etmək (kommunist cənnəti) daha yaxşı olduğu məsələsi müzakirəlik məsələdir. Hər iki seçimin öz üstünlüyü və çatışmazlığı var. Lakin hansı cənnət məkanını seçməyinizdən asılı olmayaraq, "universal" və "təməl" anlayışlarının həqiqətən nə məna kəsb etdiyinin müəyyən edilməsi real problemdir.

Universal nə deməkdir?

İnsanlar universal təməl dəstəkdən danışanda – gəlir və ya xidmət formasında, fərqi yoxdur, – adətən milli təməl dəstəyi nəzərdə tutulur. İndiyə qədər bütün UTG təşəbbüsləri ancaq milli və ya bələdiyyə mənbəyindən olub. 2017-ci ilin yanvarında Finlandiya iki illik eksperiment keçirməyə başlayıb, 2000 nəfər işsiz fin vətəndaşına, onların iş tapıb-tapmamasından asılı olmayaraq ayda 560 yevro pul verir. Oxşar eksperimentlər Kanadanın Ontario əyalətində, İtaliyanın Livorno şəhərində və Hollandiyanın bir neçə şəhərində keçirilir[35] (2016-cı ildə İsveçrədə milli təməl gəliri sxemlərini institutlaşdırmaq haqqında referendum keçirildi, lakin buna rədd cavabı verdilər[36]).

Bu milli və bələdiyyə sxemləri ilə bağlı problem ondan ibarətdir ki, avtomatlaşdırmanın əsas qurbanları Finlandiya, Ontario, Livorno və ya Amsterdamda yaşamaya bilər. Qloballaşma bir ölkədəki adamları başqa ölkələrdəki bazarlardan son dərəcə asılı vəziyyətə salıb, lakin avtomatlaşma bu işdəki "zəif həlqə"lər üçün fəlakətli nəticələrə gətirəcək ticarət şəbəkəsinin böyük hissəsinin dolaşıqlığını aça bilər. 20-ci əsrdə, təbii sərvətləri məhdud, inkişaf etməkdə olan ölkələr əsasən öz ixtisassız işçilərinin ucuz əməyini satmaqla iqtisadi tərəqqiyə qədəm qoyurdu. Bu gün milyonlarla banqladeşli köynək istehsal edib Birləşmiş Ştatlardakı müştərilərə satmaqla yaşayır, Banqalorda yaşayanlar isə amerikalı müştərilərin şikayətlərinə baxmaq üçün çağırış mərkəzlərində işləyərək yaşayışını yola verirlər.[37]

Lakin Sİ, robot texnikası və 3-D printerləri inkişaf etdikcə ixtisassız ucuz əmək öz əhəmiyyətini itirəcək. Dəkkədə köynək istehsal edib ABŞ-a göndərmək əvəzinə Amazondan köynəyin kodunu onlayn alıb onu Nyu-Yorkda istehsal, yəni çap etmək olar. Beşinci Avenyudakı Zara və Prada mağazaları Bruklindəki 3-D çap mərkəzinə köçə bilər və bəzi adamların hətta evlərində də həmin printerlər ola bilər. Eynilə, Banqalordakı müştəri xidmətləri mərkəzinə zəng edib printerinizdən şikayət etməkdənsə, *Google* buludundakı Sİ nümayəndəsilə danışa bilərdiniz (nümayəndənin aksenti və səs tonu sizin zövqünüzə uyğun olacaq). Təzə işsiz qalmış adamlar və Dəkkə və Banqalordakı çağrı mərkəzi operatorları, dəbli köynək dizaynı və ya kompüter kodları yazmaq üçün lazım olan təhsil almayıblar, – bəs onlar necə yaşamalıdır?

Əgər Sİ və 3-D printerlər həqiqətən banqladeşliləri və banqalorluları üstələsə, əvvəllər Cənubi Asiyaya axan gəlirlər indi Kaliforniyadakı texnoloji nəhənglərin xəzinəsinə axacaq. İqtisadi artımın bütün dünyada şəraiti yaxşılaşdırması əvəzinə biz, Silikon vadisi kimi mərkəzlərdə *hay-tex* sahəsində yaradılmış nəhəng sərvəti və bir çox inkişaf etməkdə olan ölkələrdəki böhranı görürük.

Təbii ki, Hindistan və Banqladeş kimi bəzi iqtisadiyyatı dirçələn ölkələr kifayət qədər sürətlə inkişaf edib qaliblər sırasına qoşula bilər. Müəyyən vaxt keçdikdən sonra tekstil fəhlələrinin və çağrı mərkəzləri operatorlarının övladları və ya nəvələri öz kompüterlərini və 3-D printerlərini yaradan mühəndislər və iş adamları ola bilərlər. Lakin bu keçidi həyata keçirmək üçün lazım olan zaman axıb getməkdədir. Keçmişdə ixtisassız ucuz işçi qüvvəsi qlobal iqtisadi uyğunsuzluq tərəfləri arasında körpü rolunu oynayır və hətta ölkə yavaş irəli gedirdisə də, son nəticədə təhlükəsiz səviyyəyə gəlib çatacağına ümid edə bilərdi. Düzgün addım atmaq sürətlə irəli getməkdən daha vacib idi. Lakin indi körpü laxlayıb və tezliklə yıxıla bilər. Bu körpünü artıq keçmiş – ucuz fəhlə qüvvəsindən yüksək ixtisaslı sənaye mərhələsinə – ölkələrin vəziyyəti yəqin ki, yaxşı olacaq. Lakin geri qalanlar dərənin arzuolunmaz tərəfində, o biri tərəfə keçməyə heç bir vasitə olmadan qala bilərlər. İxtisassız ucuz işçi qüvvənizə heç kimin ehtiyacı olmayanda, yaxşı təhsil sistemi qurub onlara yeni ixtisaslar öyrətməyə də resursunuz olmayanda nə edirsiniz?[38]

Yaşayış uğrunda mübarizə aparanların taleyi necə olacaq? Güman etmək olar ki, Amerika seçiciləri *Amazon* və *Google* şirkətlərinin ödədiyi vergilərin işsiz Pensilvaniya kömürçıxaranları və Nyu-York taksi sürücülərinə təqaüd və ya pulsuz xidmətlər şəklində verilməsinə razı olarlar. Lakin Amerika seçiciləri bu vergilərin həm də prezident Trampın "anus dəliyi" adlandırdığı ölkələrə də göndərməyə razı olacaqlarmı?[39] Əgər buna inanırsınızsa, Santa Klaus və Pasxa Dovşanının da problemi həll edəcəyinə inana bilərsiniz.

Təməl nədir?

Universal təməl dəstəyi insanların təməl ehtiyaclarının qarşılanmasıdır, lakin bunun qəbul edilmiş tərifi yoxdur. Tam bioloji baxımdan yaşamaq üçün Sapiensin gündəlik 1500-2000 kaloriyə ehtiyacı var. Bundan artığı izafidir. Lakin bu bioloji yoxsulluq həddindən yuxarıda, hər mədəniyyət tarixində öz əlavə "təməl" ehtiyaclarını da müəyyən edib. Orta əsrlər Avropasında kilsə xidmətlərinin əlçatan olması yeməkdən də vacib sayılırdı, çünki bu, adamın fani bədəninin deyil, əbədi ruhunun qayğısını çəkmək üçün lazım idi. Bugünkü Avropada layiqli təhsil və səhiyyə xidmətləri təməl insan ehtiyacı sayılır və bəziləri deyir ki, hətta internetin əlçatan olması da hər bir insan üçün təməl ehtiyacdır. Əgər 2050-ci ildə Birləşmiş Dünya Hökuməti *Google, Amazon, Baidu* və *Tencent* şirkətlərindən yer kürəsindəki bütün adamlara – Dəkkədən tutmuş Detroyta qədər – yardım etmək üçün vergi almağa razılaşsa, "təməl" anlayışı necə müəyyən ediləcək?

Məsələn, bazis təhsilə nə daxildir: yalnız yazıb-oxuya bilmək, yoxsa həm də kompüter kodu yaza bilmək və skripka çala bilmək? Yalnız ibtidai məktəbdə altı il oxumaq, yoxsa, *PhD*-yə qədər bütün təhsil səviyyələrini keçmək? Əgər 2050-ci ilə qədər tibb sahəsinin inkişafı qocalma prosesini ləngidə və insan ömrünü əhəmiyyətli dərəcədə uzada bilsə yeni müalicələr planetin 10 milyard əhalisinin hamısına əlçatan olacaqmı, yoxsa bu yalnız bir neçə milyarder üçün olacaq? Əgər biotexnologiya valideynlərə öz övladlarını kamilləşdirmək imkanı yaratsa, bu, təməl insan ehtiyacı olacaq, yoxsa bəşəriyyət müxtəlif bioloji siniflərə bölünəcək və varlı superinsanların qabiliyyəti yoxsul homo-sapienslərin qabiliyyətindən daha yüksək olacaq?

"Təməl insan ehtiyacı"nı müəyyən etmək üçün nəyi seçməyinizdən asılı olmayaraq, əgər hamının həmin ehtiyaclarını pulsuz qarşılasanız, tezliklə verdiyiniz bunu etməyə borclu olduğunuz kimi qəbul ediləcək və sonra da sosial və siyasi mübarizənin fokusu qeyri-təməl ehtiyaclara yönələcək – qəribə özü idarə olunan avtomobillərə, virtual-reallıq parklarının əlçatan olmasına və ya bioinjinirinq vasitəsilə yaxşılaşmış insan bədənlərinə. Amma əgər işsiz kütlələrin iqtisadi aktivləri yoxdursa, onların nə zamansa belə firavanlıq əldə etməyə necə ümid bəslədiklərini anlamaq çox çətindir. Deməli, varlılar (*Tencent* menecerləri və *Google* səhmdarları) və yoxsullar (universal təməl gəlirdən asılı olanlar) arasındakı fərq sadəcə böyük deyil, əslində keçilməz ola bilər.

Onda, hətta əgər universal dəstək sxemləri 2050-ci ildə yoxsul adamları bu gün olduğundan daha yaxşı səhiyyə və təhsillə təmin etsə də, onlar qlobal bərabərsizliyə və sosial mobilliyin çatışmamasına görə çox qəzəbli ola bilərlər. Adamlar hiss edəcək ki, sistem onları aldadır, hökumət ancaq super varlılara xidmət göstərir və gələcək onlar və övladları üçün daha pis olacaq.[40]

Homo-sapiens məmnunluq və şükür etmək üçün yaranmayıb. İnsan xoşbəxtliyi obyektiv şəraitdən az asılıdır, daha çox bizim öz gözləntilərimizlə bağlıdır. Lakin, gözləntilər də şəraitə uyğunlaşan olur, bura həm də başqalarının şəraiti daxildir. Vəziyyət yaxşılaşanda gözləntilər şişir və ona görə şəraitin lap dramatik şəkildə yaxşılaşması da bizi əvvəlkitək təmin etməyə bilər. Əgər universal təməl dəstəyin məqsədi 2050-ci ildə ortalama adamın obyektiv şəraitini yaxşılaşdırmaqdırsa, bunun gerçəkləşməsi şansı böyük deyil. Amma onun məqsədi insanları öz talelərindən subyektiv olaraq daha məmnun etmək və sosial narazılığı aradan qaldırmaqdırsa, yəqin ki, nəticəsi uğursuz olacaq.

Həqiqətən, universal təməl dəstəyinin öz məqsədlərinə çatmasından ötrü, ona idmandan tutmuş dinə qədər bəzi əhəmiyyətli tədbirləri də qoşmaq lazımdır. Yəqin ki, indiyə qədər, "işsizlik" dünyasında məmnun yaşamağın uğurlu eksperimenti İsraildə keçirilib. Orada ultra-ortadoks yəhudilərin təxminən 50%-i heç vaxt işləmir. Onlar öz həyatını müqəddəs yazıları öyrənməyə və dini rituallarını yerinə yetirməyə həsr edirlər. Özlərinin və ailələrinin aclıq çəkməməsinin bir səbəbi onların arvadlarının adətən işləməsidir, başqa səbəbi hökumətin onlara yaxşı subsidiya verməsi və pulsuz xidmətlər göstərməsidir ki, onlar həyat üçün vacib şeylərdən korluq çəkməsinlər. Bu universal təməl dəstək, "avant la lettre" [Latınca – termin icad olunana qədəki] dəstəkdir.[41]

Kasıb və işsiz olmalarına baxmayaraq, hər sorğuda ultra ortadoks yəhudilərin həyatından məmnunluq səviyyəsi İsrail cəmiyyətinin

61

bütün başqa seqmentlərindən daha yüksək olur. Bu, onların icma əlaqələrinin möhkəm olması, həm də öyrəndikləri yazılarda və yerinə yetirdikləri rituallarda tapdıqları dərin mənadan irəli gəlir. Kiçik otağa doluşmuş yəhudi kişilərin Talmudu müzakirə etməsi, nəhəng tekstil fabrikinə doluşmuş "tərtökmə" sistemi üzrə gərgin işləyən əllərdən daha çox sevinc, ünsiyyət və anlaşma doğura bilər. Həyatdan məmnuniyyət üzrə keçirilən qlobal sorğularda İsrail adətən yuxarılarda olur və bu, həm də onun belə işsiz və kasıb adamlara verdiyi töhfəyə görədir.[42]

Sekulyar israillilər tez-tez ultra-ortadoksların cəmiyyətə töhfəsinin qənaətbəxş olmadığından və gərgin işləyənlərin hesabına yaşadıqlarından şikayət edirlər. Sekulyar israillilər, xüsusilə də ultra-ortadoks ailələrində ortalama yeddi uşaq olduğuna işarə edərək, bu sayaq həyat sürməyin sabit qala bilməyəcəyini, tez və ya gec dövlətin bu qədər işsiz adama kömək etməyə imkanı olmayacağını və ultra-ortadoksların işləməyə məcbur olacaqlarını iddia etməyə meyllidirlər.[43] Lakin məhz elə tərsi də ola bilər. Robotlar və Sİ insanları əmək bazarından kənara atdıqca ultra-ortadoks yəhudilərə keçmişdən qalmış köhnəlik kimi yox, gələcəyin modeli kimi baxıla bilər. Hamının dərsxanaya gedib Talmud öyrənməsi kimi deyil, sadəcə bütün insanların həyatında məna və birlik axtarışları iş axtarışlarını üstələyə bilər.

Əgər biz universal iqtisadi təhlükəsizlik şəbəkəsini güclü birliklər və mənalı məşğuliyyətlərlə bir məcraya gətirə bilsək, iş yerlərimizi alqoritmlərin xeyrinə itirməyimiz xoşbəxtliyə çevrilə bilər. Öz həyatımız üzərində nəzarəti itirmək isə çox qorxunc ssenaridir. Kütləvi işsizlik təhlükəsinə baxmayaraq, hakimiyyətin insanlardan alqoritmlərə keçməsi bizi daha çox narahat etməlidir, çünki bu, liberal ideyaya qalan inamı da dağıda və rəqəmsal diktaturanın hegemonluğuna yol aça bilər.

3

Azadlıq

Big data sizi gözləyir

Liberal düşüncə insan azadlığını bir nömrəli dəyər hesab edir. O, iddia edir ki, hər hansı hakimiyyət son nəticədə insan fərdinin hissləri, istəkləri və seçimlərində ifadə olunan azad istəyindən doğur. Siyasətdə liberalizmin inandığı budur ki, səs verən seçici hər şeyi ən yaxşı biləndir. Ona görə də demokratik seçkiləri dəstəkləyir. İqtisadiyyatda "müştəri həmişə haqlıdır" mövqeyini tutur. Ona görə də azad bazar prinsiplərinə güvənir. Şəxsi məsələlərdə liberalizm insanları, başqa insanların azadlığını məhdudlaşdırmadan, öz vicdanlarının səsini dinləməyə, özlərinə qarşı doğru olmağa və ürəkləri istədiyinin arxasınca getməyə təşviq edir. Bu şəxsi azadlıq insan hüquqlarında təsbit edilib.

Qərb siyasi mühakiməsində "liberal" termini bu gün bəzən çox tendensiyalı dar mənada, spesifik hallar olan həmcinslərin evlənməsi, silahlara və aborta nəzarət tərəfdarlarına aid edilir. Lakin mühafizəkar adlandırılanların çoxu həm də geniş liberal dünyagörüşünü ehtiva edir. Xüsusilə ABŞ-da respublikaçılar və demokratlar bir-birilə çəkişmələrə bir qədər fasilə verib yada salsınlar ki, onlar azad seçki, müstəqil ədliyyə və insan hüquqları kimi fundamental məsələlər üzrə həmfikirdir. Xüsusi halda onu da unutmamalı ki, Ronald Reyqan və Marqaret Tetçer yalnız iqtisadi azadlıqlar uğrunda deyil, həm də şəxsi azadlıqlar uğrunda mübariz idilər. 1987-ci ildəki məşhur intervüsündə Tetçer demişdi: "Cəmiyyət adında bir şey yoxdur. Kişi və qadınlardan ibarət rəngarəng həyat tablosu var… və həyatımızın keyfiyyəti hər birimizin məsuliyyəti öz üzərimizə götürməyə nə qədər hazır olmağımızdan asılıdır.[44]"

Tetçerin Mühafizəkarlar Partiyasındakı davamçıları siyasi hakimiyyətin fərdi seçicilərin hissləri, seçimləri və azad iradəsindən doğması barədə Leyborist Partiyasının fikri ilə tamamilə razıdırlar. Belə ki, Britaniyanın AB-ni tərk edib-etməməsi haqda qərar verməyə ehtiyacı olanda, Baş nazir Devid Kemeron bu məsələni həll etməyi Kraliça II Elizabet, Kantenberi arxiyepiskopu və ya Oksford və ya Kembric rəhbərlərindən xahiş etmədi. Hətta parlament üzvlərindən də heç nə soruşmadı, əvəzinə referendum keçirərək hər bir britani-yalıdan soruşdu: "Siz bu barədə nə hiss edirsiniz?"

Siz etiraz edə bilərsiniz ki, adamlara "Siz bu barədə nə hiss edir-siniz?" sualı deyil, "Siz bu barədə nə düşünürsünüz?" sualı veril-mişdi, lakin bu, geniş yayılmış səhv qavrayışdır. Referendum və seçki həmişə insanın hissinə aiddir, onun rasionallığına yox. Əgər demokratiyada rasional qərar qəbul etmək proseduru olsaydı, bütün adamlara bərabər seçki hüququ və ya ümumiyyətlə seçki hüququ verməyin heç bir mənası qalmazdı. Kifayət qədər aydın-dır ki, mövzu spesifik iqtisadi və siyasi məsələlərə gələndə bəzi adamlar o birilərdən mütləq şəkildə daha bilikli və rasionaldır.[45] Breksit səsverməsindən sonra tanınmış bioloq Riçard Doukins eti-raz edirdi ki, onun özü də daxil olmaqla Britaniya əhalisinin böyük əksəriyyətindən referendumda belə sual soruşula bilməz, çünki, onların iqtisadiyyat və siyasət elmləri sahəsində lazım olan zəruri biliyi yoxdur. "Siz Eynşteynin hesablarının doğru olub-olmadı-ğı haqda referendum və ya pilotun təyyarəni hansı eniş zolağına endirməli olduğu haqda sərnişinlər arasında səsvermə də keçirə bilərsiniz."[46]

Lakin xoşbəxtlikdən, ya bədbəxtlikdən seçki və referendum dü-şündüyünü bildirmək üçün deyil. Hiss etdiyini bildirmək üçün-dür. Və məsələ hissiyata gələndə Eynşteynlə Doukinsin başqala-rından heç bir fərqi yoxdur. Demokratiya insan hisslərinin sirli və dərin "azad iradə"ni əks etdirdiyini, son nəticədə "azad iradə"nin hakimiyyətin ali mənbəyi olduğunu və bəzi insanların o birilərdən ağıllı olmasına baxmayaraq, bütün insanların bərabər şəkildə azad olduğunu iddia edir. Savadsız xadimənin də Eynşteyn və Doukins kimi azad iradəsi var və seçki günündə onun səsi ilə ifadə olunan iradəsi hər bir başqa adamınkı qədər dəyər daşıyır.

Hisslər yalnız səs sahiblərini deyil, liderləri də yönləndirir. 2016-cı ilin Breksit referendumunda "tərketmə kampaniyası"na Boris

Conson *(Boris Johnson)* və Maykl Qouv *(Michael Gove)* rəhbərlik edir-
di. Devid Kemeron istefaya getdikdən sonra Qouv əvvəlcə Baş na-
zir vəzifəsini tutmaq üçün Consonun namizədliyini dəstəkləyirdi,
lakin son dəqiqədə bəyan etdi ki, Conson bu vəzifəyə yaramır və
özünün baş nazir olmaq istəyini açıqladı. Qouvun hərəkəti Con-
sonun şansını heçə endirdi və bu, Makiavelli sayaq siyasi qətl
kimi təsvir edildi.[47] Lakin Qouv hərəkətini öz hisslərinə istinadla
müdafiə edərək deyirdi: "Siyasi karyeram ərzində hər bir addı-
mı atarkən özümdən soruşuram – "Doğru olan hansıdır? Ürəyin
sənə nə deyir?""[48] Qouvun sözlərinə görə, ona görə də o, Breksit
üçün belə gərgin mübarizə aparıb və buna görə də əvvəl dost oldu-
ğu Boris Consona arxadan zərbə vuraraq "alfa it" olmaq üçün öz
namizədliyini irəli sürüb – çünki, ürəyi onun belə etməsini istəyib.

Ürəyə belə istinad liberal-demokratiyanın Axilles dabanı ola
bilər. Nə vaxtsa, kimsə (Pekində və ya San-Fransiskoda) insan
ürəyinin içinə girib onu manipulyasiya eləmək kimi texnoloji ba-
carığa yiyələnsə, demokratik siyasət mutantlaşıb kukla şousuna
çevriləcək.

Alqoritmə qulaq asın

İnsanların hisslərinə və azad iradələrinə qarşı belə inam, nə təbii
deyil, nə də çox qədim tarixə malik bir hal deyil. Min illər boyu
insanlar hakimiyyətin insan iradəsindən deyil, ilahi qanunlardan
gəldiyinə və ona görə də insan azadlığını deyil, Tanrının sözünü
müqəddəs saymaq lazım olduğuna inanırdı. Yalnız son bir neçə
əsrdə hakimiyyətin mənbəyi səma ilahlarından, ətdən-qandan
ibarət insanlara keçdi.

Yaxın zamanlarda hakimiyyət yenə mənbəyini dəyişə bilər, –
bu dəfə insanlardan alqoritmlərə. Hakimiyyətin İlahidən olduğu
dini mifologiya ilə legitimləşdiyi, insan hakimiyyəti isə liberalizm
hekayəti ilə haqq qazandığı kimi, qarşımızdakı texnoloji inqilab da
big data alqoritmlərinin hakimiyyətini bərqərar və fərdi azadlıqları
məhv edə bilər.

Əvvəlki fəsildə qeyd etdiyimiz kimi, bizim beynimizin və
bədənimizin necə işləməsi haqqında elmi məlumatlar göstərir ki,

hisslər unikal insan ruhunun keyfiyyəti deyil və heç bir "azad iradə"ni əks etdirmir. Hisslər əslində, məməlilərin və quşların, yaşamaq və nəsil törətmək ehtimalını tez hesablamaq üçün istifadə etdikləri biokimyəvi mexanizmdir. Hisslər intuisiyaya, ilhama və ya azadlığa əsaslanmır – hesablamaya əsaslanır.

Meymun, siçan və ya insan ilan görəndə beynindəki milyonlarla neyron müvafiq informasiyanı tez hesablayıb bu nəticəyə gəlir ki, ölüm ehtimalı yüksəkdir. Seksual cəlbetmə hissi o zaman yaranır ki, başqa növ biokimyəvi alqoritmlər yaxınlığınızdakı fərdin yüksək ehtimallı uğurlu cütləşmə, sosial bağlılıq və ya başqa istəyi yerinə yetirməyi təklif etdiyini hesablayıb tapır. Qəzəb, həya və ya bağışlama kimi mənəvi hisslər, qrup birgəyaşayışının mümkün olması üçün təkamül nəticəsində qazanılmış sinir sistemi mexanizmidir. Bütün bu biokimyəvi alqoritmlər milyon illərin təkamül prosesi nəticəsində cilalanaraq inkişaf etmişdir. Əgər hansısa bir qədim əcdadın hissləri səhv edibsə, bu hissləri yaradan genlər növbəti nəslə keçməyib. Ona görə də hisslər rasionallıqla ziddiyyətdə deyil, onlar təkamül rasionallığının təzahürüdür.

Biz adətən hisslərin əslində hesablama faktı olduğunu anlamaqda çətinlik çəkirik, çünki, sürətli hesablama prosesi bizim bunu dərk etməyimizin xaricində qalır. Biz, beynimizdəki milyonlarla neyronun yaşamaq və nəsil törətmək ehtimalını hesabladığını hiss edə bilmirik və ona görə də səhv olaraq inanırıq ki, ilandan qorxmağımız, seks partnyorunu seçməyimiz və ya Avropa Birliyindən çıxmaq seçimimiz əsrarəngiz "azad iradə"nin nəticəsidir.

Liberalizmin bizim hissimizin azad iradəni əks etdirdiyi barədə yanıldığına baxmayaraq, bu günə qədər bunun praktik mənası olub. Bizim hissimizdə möcüzəli və azad heç nə olmasa da, onlar nəyi öyrənmək, kiminlə evlənmək və hansı partiyaya səs vermək haqqında qərar qəbul etmək üçün bütün kainatda ən yaxşı vasitə olub. Və heç bir kənar sistem mənim hissimi məndən yaxşı anlamağa ümid edə bilməz. Hətta ispan inkvizisiyası və ya sovet KQB-si günün hər dəqiqəsində məni güdsə də, onların mənim istək və seçimlərimi yaradan biokimyəvi proseslərə müdaxilə etmək üçün lazım olan bioloji biliyi və hesablama gücü yoxdur. Praktik məqsədlər üçün mənim azad iradəmin olmasını iddia etmək səmərəli idi, çünki, iradəm baş-

lıca olaraq mənim daxili qüvvələrimin qarşılıqlı təsirindən formala-
şır və heç kim bunu kənardan görməyə qadir deyil. Başqaları bu-
nun necə baş verdiyini və mənim necə qərar verdiyimi anlamadığı
halda daxilimdə baş verənlərə nəzarət etməyimlə öyünə bilərdim.

Deməli, liberalizm insanlara ruhanilərin və məmurların diktatına
deyil, öz ürəyinin hökmünə qulaq asıb onun dediyinə əməl etməyi
məsləhət bilməkdə haqlı idi. Lakin tezliklə kompüter alqoritmləri
sizə insan hisslərindən daha yaxşı məsləhət verə bilər. İspan ink-
vizisiyası və KQB öz yerlərini *Google* və *Baidu*-ya verdikləri üçün
"azad iradə"nin yəqin ki, əfsanə olduğu məlum olacaq və libera-
lizm özünün praktik əhəmiyyətini itirə bilər.

Biz indi iki nəhəng inqilabın qovuşması mərhələsindəyik. Bir
tərəfdən bioloqlar insan bədəninin, xüsusilə də beyin və insan
hisslərinin sirrini açırlar. Eyni zamanda isə kompüter alimləri misli
görünməmiş məlumat emalı gücləri yaradırlar. Bio və info texnolo-
giyalar birləşib, mənim hisslərimi məndən yaxşı müşahidə edib an-
layan *Big data* alqoritmləri yaradacaq, sonra da yəqin ki, hakimiyyət
insanlardan kompüterlərə keçəcək. Mən gündəlik olaraq, indiyə
qədər daxili aləmimə əli çatmayan, indi daxili aləmimi anlayan və
manipulyasiya edən institutlar, korporasiyalar və dövlət idarələrilə
üz-üzə qaldıqca "azad iradə" barəsindəki illuziyam da dağılıb
gedəcək.

Bu, artıq təbabət sahəsində baş verməkdədir. Bizim həyatımızda
xəstəlik və ya sağlamlıq haqqında ən vacib tibbi qərarlar hisslərimizə
və hətta məlumatlı doktorlarımızın dediyinə deyil, bədənimizi
özümüzdən daha yaxşı anlayan kompüterlərin hesablamasına
əsaslanır. Bir neçə onillik ərzində biometrik məlumatlarla daimi
təmin olunan *Big data* alqoritmləri, səhhətimizi 24/7 rejimində moni-
tor edə bilər. Onlar qrip, xərçəng və ya alzhaymer xəstəliklərini lap
başlanğıcda, özümüzdə narahatlıq hiss etməyimizdən xeyli əvvəl
müəyyən edə bilərlər. Sonra da hər birimizin DNK-sı, şəxsiyyəti
üçün unikal olan müvafiq müalicə, pəhriz və gündəlik rejimi təyin
edə bilərlər.

İnsanlar tarixdə ən yaxşı səhiyyə xidmətini bəyənəcəklər, lakin
məhz bu səbəbə görə də yəqin ki, həmişə xəstə olacaqlar. İnsan
bədənində düzgün olmayan şey həmişə var. Həmişə yaxşılaşdır-

maq mümkün olan nə isə var. Keçmişdə bir ağrı hiss etmirdinsə və ya, məsələn, axsamaq kimi bir qüsurdan əziyyət çəkmirdinsə, özünü tam sağlam hesab edirdin. Lakin, 2050-ci ilə qədər, biometrik sensorların və Big data alqoritmləri sayəsində, xəstəliklər özünü ağrı və ya şikəstlik formasında göstərənə qədər onlara diaqnoz qoyub müalicə etmək olar. Nəticə belə olacaq ki, siz həmişə hansısa "tibbi şərait"dən əziyyət çəkəcək və alqoritmlərin bu və digər məsləhətinə riayət etməli olacaqsınız. Əgər imtina etsəniz, yəqin tibbi sığortanız işləməyəcək və ya iş sahibi sizi işdən çıxaracaq – sizin inadkarlığınızın bahasını niyə ödəsin ki?

Ümumi statistikanın siqaret çəkməklə ağ ciyər xərçəngi arasında əlaqə olduğunu göstərməsi ilə siqaret çəkməyə davam etməklə, biometrik sensorun konkret olaraq sizin ağ ciyərinizin sol tərəfində on yeddi ədəd xərçəng hüceyrəsi olması haqda xəbər verib bildirməsi müxtəlif şeylərdir. Əgər siz sensorun xəbərdarlığını ciddi qəbul etmək istəmirsinizsə, sensor irəli gedib bunu sizin sığortaçınıza, menecerinizə və ananıza bildirsə necə olacaq?

Bütün bu xəstəliklərlə kim vaxt və enerjisini sərf edib məşğul olacaq? Güman ki, biz, bu problemlərin çoxu ilə özü lazım hesab etdiyi kimi məşğul olmağı öz sağlamlıq alqoritmimizə həvalə edəcəyik. Yəqin ki, alqoritm periodik olaraq bizim smartfonumuzda məlumatları təzələyəcək və deyəcək: "on yeddi xərçəng hüceyrəsi müəyyən edildi və məhv edildi." Vasvası adamlar itaətkarlıqla bu yazıları oxuya bilərlər, lakin bizim çoxumuz bu xəbərdarlıqları kompüterimizdəki zəhlətökən antivirus xəbərdarlığı kimi vecimizə almayacağıq.

Qərar qəbul etmək dramı

Təbabətdə başlayan dəyişiklik prosesləri artıq müxtəlif sahələrə də sirayət etməkdədir. Əsas kəşf, insan bədəninin üzərinə və ya içərisinə qoyulmuş, bioloji prosesləri elektron informasiyaya çevirən və kompüterin saxlayıb analiz edə bildiyi biometrik sensordur. Kifayət qədər biometrik məlumat və hesablama gücü olduqdan sonra, xarici məlumat emalı sistemi sizin arzulara, verdiyiniz qərarlara və seçiminizə müdaxilə edə bilər. Sizin kim olduğunuzu dəqiqliyi ilə öyrənə bilərlər.

Çox insan özünü elə də yaxşı tanımır. Mən iyirmi bir yaşıma çatanda, bir neçə il inkar etməklə yaşadıqdan sonra nəhayət gey olduğumu anladım. Yəqin ki, bu istisna deyil. Gey insanların çoxu yeniyetməlik dövrünü öz seksual oriyentasiyası barəsində tərəddüd içində yaşayıb. İndi, 2050-ci ildə alqoritmin hər hansı yeniyetməyə, onun heteroseksual/homoseksual spektrin hansı yerində olduğunu dəqiq (hətta bunun nə qədər dayanıqlı vəziyyət olduğunu) deyə bildiyini düşünün. Bəlkə alqoritm sizə cəlbedici kişi və qadınların şəklini və ya videosunu göstərərək göz hərəkətinizi, qan təzyiqinizi, beyin aktivliyinizi izləyib beş dəqiqə ərzində Kinsi şkalasındakı yerinizi də müəyyən edəcək.[49] Bu, məni bir neçə il çəkdiyim əzabdan xilas edərdi. Ola bilsin şəxsən siz bu testdən keçmək istəmirsiniz. Lakin bir gün dostlarınızla Mişelin darıxdırıcı ad günündə olanda kimsə hamıya bu alqoritmlə özünü yoxlamağı təklif edəcək (hamı dayanıb nəticələrə baxır və şərh verir). Sadəcə üzünüzü çevirib gedəcəksiniz?

Hətta getsəniz də və özünüzdən, sinif yoldaşlarınızdan gizlətsəniz də, Amazon, Alibaba və ya gizli polisdən gizlədə bilməyəcəksiniz. Siz veb-səhifələri oxuyanda, youtube-a baxanda və sosial şəbəkələri gözdən keçirəndə alqoritmlər diskret olaraq sizi izləyib analiz edəcək və məsələn koka-kolaya deyəcək ki, əgər o sizə hansısa fışıldayan içkini satmaq istəyirsə, bunun reklamı üçün maykasız qız şəklindən yox, maykasız oğlan şəklindən istifadə etsin. Siz heç bunu bilməyəcəksiniz də. Onlar isə biləcək və belə informasiyanın milyardlarla qiyməti olacaq.

Sonra da bəlkə bütün bunlar açıq olacaq və adamlar məmnuniyyətlə öz informasiyalarını bölüşəcəklər ki, daha yaxşı tövsiyələr alsınlar – son nəticədə isə özləri üçün qərar qəbul edən alqoritm əldə etsinlər. Bu, bəsit şeylərdən başlayır, məsələn, hansı kinoya baxmaq seçimindən. Əgər dostlarınızla TV qarşısında oturub rahat axşam keçirmək istəyirsinizsə, ilk növbədə nəyə baxmaq məsələsini həll etməlisiniz. Əlli il əvvəl seçiminiz yox idi, lakin bu gün minlərlə film adı tapa bilərsiniz. Razılaşma əldə etmək kifayət qədər çətin ola bilər, çünki şəxsən sizin xoşunuza elmi-fantastik triller gəlirsə, Cek romantik komediyalara üstünlük verir, Cil isə fransız bədii filmlərinə. Siz kompromisə gəlib nə isə bir ortabab filmə baxa bilərsiniz və bu hamınızı məyus edər.

Bu halda alqoritm kömək edə bilər. Sizin hər biriniz ona əvvəllər hansı filmləri bəyəndiyinizi deyə bilərsiniz və o da nəhəng statistik məlumat bazasına əsaslanaraq sizin qrup üçün ən uyğun olan filmi tapa bilər. Təəssüf ki, belə kobud alqoritmi çaşdırmaq asandır, həm də ona görə ki, özünəhesabatın insanların həqiqi prioritetini müəyyən etmək üçün etibarsız üsul olduğu məlumdur. Bəzən belə olur ki, çoxlu adam hansısa filmin şedevr olduğunu deyib elə tərifləyir ki, sən ona baxmağa məcbur olursan və hətta filmin ortasında səni yuxu bassa da, geri qalmış adam kimi görünmək istəmədiyin üçün sən də onu tərifləməyə başlayırsan.[50]

Lakin filmə baxanda özümüz haqqında real zaman məlumatını toplamağı qənaətimizə əsaslanmaq əvəzinə alqoritmə həvalə etsək, belə problem həll oluna bilər. Başlanğıc üçün alqoritm bizim hansı filmlərə axıra qədər baxdığımızı, hansılara isə yarısından sonra baxmadığımızı monitor edə bilər. Biz hətta bütün dünyaya desək ki, "Küləklə sovrulmuşlar" filmi indiyə qədər çəkilmiş ən yaxşı filmdir, alqoritm biləcək ki, heç yarım saat da filmə baxmamışıq və Atlantanın yanması səhnəsini görməmişik.

Ancaq alqoritm bundan da çox dərin işlər görə bilər. Mütəxəssislər hal-hazırda insan emosiyalarını gözün və üz əzələlərinin hərəkətinə görə qeydə alan kompüter proqramını işləyib hazırlayırlar.[51] Televizora yaxşı bir kamera qoşub bu proqram hansı səhnənin bizdə gülüş doğurduğunu, hansının kədərli, hansının darıxdırıcı olduğunu biləcək. Sonra, alqoritm biometrik sensorla birləşib hər kadrın ürəyimizin ritminə, qan təzyiqinə və beyin aktivliyinə necə təsir etdiyini bilir. Tutaq ki, biz Tarantinonun "Kriminal qiraət" filminə baxırıq, zorlama səhnəsində alqoritm bizdə azacıq sezdiyimiz seksual oyanışı, Vinsentin Marvinin üzünə təsadüfən atəş açdığı səhnədə bizim günahkar gülüşümüzü, sonra Big Kahuna Burgeri barəsində zarafatı anlamayanda qanmaz görünməmək üçün hər ehtimala qarşı güldüyümüzü qeydə ala bilər. Siz özünüzü gülməyə məcbur edəndə, beynin həqiqi gülüşdə olduğundan fərqli hissəsini

70

və fərqli əzələləri işə salırsınız. İnsanlar adətən fərqi hiss edə bilmir, biometrik sensor isə edir.[52]

Televiziya sözü yunan dilindəki, "uzaq" mənası verən "tele" sözündən və latın dilindəki görmək mənası verən "visio" sözündəndir. İlkin olaraq bu uzaqdakını görməyə bizə imkan verən qurğu mənasını verirdi. Lakin tezliklə bu cihaz bizi uzaqdan görməyə imkan verə biləcək. Corc Oruell "1984" əsərində təsvir etdiyi kimi, biz televizora baxdığımız müddətdə televizor da bizi müşahidə edəcək. Tarantinonun bütün filmoqrafiyasına baxdıqdan sonra filmlərin çoxunu unuda bilərik. Lakin *Netflix* və ya *Amazon* və ya TV alqoritmi olan kimsə, bizim şəxsiyyətimizin tipini və hansı emosional düyməni basmaq lazım olduğunu biləcək. Belə məlumat Netflix və Amazona imkan verəcək ki, bizim üçün filmi ağlasığmaz dəqiqliklə seçsin. Lakin bu həm də, həyatda bizim üçün ən vacib olan şeyləri – nəyi öyrənmək, harada işləmək və kiminlə evlənmək kimi məsələlər üzrə qərar qəbul etmək üçün də onlara imkan verə bilər.

Təbii ki, Amazon həmişə dəqiq olmayacaq. Bu, mümkün deyil. Alqoritmlər informasiya çatışmazlığından, proqram səhvindən, aydın olmayan hədəfi müəyyənləşdirmədən və həyatın xaotikliyi səbəbindən dəfələrlə səhvə yol verəcək.[53] Lakin Amazon mükəmməl olmağa məcbur deyil – ona ortalama olaraq sadəcə insanlardan daha yaxşı fəaliyyət göstərmək bəs edir. Və bu, çox da çətin iş deyil, çünki, əksər insanlar özlərini yaxşı tanımır və çoxu həyatın vacib məsələləri üzrə qərar qəbul etməkdə kobud səhvlər edir. İnsanlar, məlumat çatışmazlığı, proqram (genetik və dünyagörüşü) səhvi, aydın olmayan hədəf və həyatın xaotikliyindən hətta alqoritmlərdən də artıq əziyyət çəkirlər.

Siz alqoritmlərdə olan çoxlu problemləri göstərib, insanların onlara heç vaxt etibar etməyəcəyini deyə bilərsiniz. Lakin bu, bir az demokratiyanın çatışmazlığını kataloqlaşdırıb heç bir insanın belə sistemə tərəfdar olmayacağı haqda nəticəyə gəlməyə bənzəyir. Uinston Çerçillin məşhur deyimi var ki, demokratiya dünyada ən pis siyasi sistemdir – qalanları saymasaq. Səhv və ya doğru olsa da insanlar *Big data* alqoritmləri barədə eyni qənaətə gələ bilərlər – on-

71

ların çoxlu nöqsanı var, amma bizim bundan yaxşı olan alternativimiz də yoxdur.

Alimlər insanların qərar qəbul etməsini daha dərindən öyrəndikcə, alqoritmlərin etibarlılığı daha da artır. İnsanın qərar qəbulu prosesinə nüfuz edə bilmək yalnız *Big data* alqoritmlərinin etibarlığını artırmayacaq, eyni zamanda insan hisslərinə olan etibarı azaldacaq. Hökumətlər və korporasiyalar insanın əməliyyat sisteminə müdaxilə etdikcə biz dəqiq idarə olunan manipulyasiyalar, reklam və təbliğat qasırğalarına hədəf olacayıq. Bizim fikrimizlə və emosiyamızla manipulyasiya etmək o qədər asanlaşa bilər ki, biz alqoritmlərə inanmağa sadəcə məcbur ola bilərik. Başgicəllənməyə düşmüş pilot öz hissinin ona nə dediyinə yox, maşının dediyinə əməl etdiyi kimi.

Bəzi ölkələrdə və bəzi vəziyyətlərdə insanların heç bir seçimi olmaya bilər və onlar *Big data* alqoritmlərinin qərarlarına əməl etməyə məcbur olarlar. Lakin hətta azad cəmiyyət adlandırılan yerlərdə də alqoritmlər nüfuz qazana bilər, çünki biz təcrübədə getdikcə daha çox sayda məsələlər üzrə onlara etibar etdikcə, yavaş-yavaş özümüz qərar qəbul etmək qabiliyyətini itirəcəyik. Sadəcə olaraq yalnız son iyirmi il ərzində milyardlarla insanın ən vacib məsələlərdən biri olan müvafiq və etibarlı informasiyanı tapmağı *Google* axtarış alqoritminə etibar etməsi haqqında düşünün. Biz artıq informasiya axtarmırıq, biz qugullayırıq. Və *Google*-un verdiyi cavablara daha çox etibar etdikcə özümüzün informasiya axtarışı qabiliyyətimiz aşılanır. Bu gün artıq "həqiqət" sözü *Google* axtarışı nəticələrinin üst sırasında olan nəticələrlə müəyyən edilir.[54]

Bu, həm də fəza naviqasiyası kimi fiziki qabiliyyətlərə aid edilməkdədir. Fiziki oriyentasiyanı tapmaq üçün də insanlar *Google*-a müraciət edirlər. Yol ayrıcına çatanda onların daxili hissiyyatı "sola dön" deyə bilər, lakin *Google Map* onlara sağa dön deyir. Əvvəlcə onlar daxili hissiyyata qulaq asıb sola dönürlər, nəqliyyat tıxacına düşürlər və vacib görüşü əldən buraxırlar. Növbəti dəfə *Google* deyənə qulaq asıb sağa dönür və görüşə vaxtında çatırlar. Beləliklə *Google*-a etibar etmək təcrübəsi qazanırlar. Bir-iki il *Google* Map dediyinə kor-koranə əməl etdikdən sonra, smartfon olmasa aciz vəziyyətdə qalırlar.

2012-ci ilin martında üç yapon turisti Avstraliyada kiçik offşor adaya bir günlük səyahət etmək istəyir və avtomobillərini birbaşa Sakit okeanın içinə sürürlər. Sürücü, iyirmi bir yaşlı Yuzu Nuda sonradan deyir ki, o, sadəcə olaraq GPS-in əmrlərini yerinə yetirirmiş və "o dedi ki, biz oradan sürə bilərik. Təkrar edirdi ki, bizi yola çıxaracaq. İlişib qaldıq".[55] Bir neçə belə hadisədə adamlar GPS-in aşkar göstərişinə qulaq asaraq maşını gölə sürüb, dağılmış körpüdən aşağı düşüb.[56] Naviqasiya qabiliyyəti əzələ kimidir – ya istifadə elə, ya da lazım deyil. Eyni fikir həyat yoldaşı və ya sənət seçmək qabiliyyəti üçün də doğrudur.[57]

Hər il milyonlarla gənc universitetlərdə nəyi öyrənmək haqqında qərar verməli olur. Bu, çox vacib və çox çətin qərardır. Siz valideynlərin, dostların və müəllimlərin təzyiqi altında olursunuz və hərəsinin öz marağı və mövqeyi olur. Bu tərəfdən də öz qorxunuzu və fantaziyanızı yola verməlisiniz. Sizin mühakiməniz Hollivud blokbasterləri, bayağı romanlar və mürəkkəb reklam kampaniyaları ilə dumanlanıb və manipulyasiya edilir. Ağıllı qərar qəbul etmək xüsusilə ona görə çətindir ki, siz müxtəlif peşələrdə uğur qazanmağın nəyin hesabına başa gəldiyi haqda real heç nə bilmirsiniz və öz güclü və zəif cəhətləriniz haqqında da real təsəvvürünüz yoxdur. Hüquqşünaslıqda uğur qazanmaq nə tələb edəcək? Təzyiq altında necə fəaliyyət göstərəcəyəm? Komanda üzvü olaraq yaxşı işçiyəmmi?

Bir tələbə ona görə hüquq fakültəsini seçə bilər ki, öz qabiliyyəti haqqında aydın təsəvvürü yoxdur və hətta əslində vəkilin işinin nədən ibarət olduğu haqda da təsəvvürü yanlışdır (siz bütün gün dramatik nitqlər söyləyib, "Etiraz edirəm, möhtərəm hakim!" qışqıra bilməzsiniz). Halbuki, onun rəfiqəsi öz uşaqlıq arzusunu həyata keçirmək qərarına gəlir və professional balerinalığı öyrənir, – hətta bu halda vacib olan skelet strukturu və ya müvafiq intizamı olmasa da. İllər sonra ikisi də seçiminə görə dərin təəssüf hissi keçirir. Gələcəkdə belə seçimləri etməyi *Google*-a etibar edə bilərik. *Google* mənə deyə bilər ki, hüquqşünaslıq və ya balet məktəbində vaxt itirəcəyəm – məndən əla (və xoşbəxt) psixoloq və ya santexnik çıxar.[58]

Əgər Sİ karyera və hətta şəxsiyyətlərarası münasibətlər haqqında bizdən yaxşı qərarlar verirsə, bizim bəşəriyyət və həyat haqqında anlayışımız dəyişməlidir. İnsanlar həyatın qərar vermək dramı olduğunu düşünməyə adət ediblər. Liberal demokratiya və azad bazar kapitalizmi şəxsiyyəti daim dünyada baş verənlər haqqında seçim edən muxtar fərd kimi görürlər. İncəsənət əsərləri – Şekspirin pyesləri, Ceyn Ostinin romanları və ya ucuzvari Hollivud komediyaları olsun, – adətən, nə isə bir mühüm qərar qəbul etməli olan qəhrəmanın ətrafında qurulur. Olum, ya ölüm? Arvadımın sözünə qulaq asıb kral Dunkanı öldürüm, yoxsa vicdanıma qulaq asıb onu bağışlayım? Makkollinzlə evlənim, yoxsa, Makdersi ilə? Xristian və müsəlman teologiyasının da qərar qəbul etmək məsələsinə baxışı oxşardır və əbədi xilas və ya lənətin düzgün seçim etməkdən asılı olduğunu iddia edir.

Bəs getdikcə qərar qəbul etməyi daha çox öz əvəzimizə Sİ-yə həvalə edəndə nə baş verəcək? Hal-hazırda bizə kinonu tövsiyə etməyi Netflixə, sağa, yoxsa sola dönməyi isə *Google* Mapsa etibar etmişik. Lakin biz hansı peşə dalınca getmək, harada işləmək və kiminlə evlənmək haqqında qərar qəbul etmək məsələsində Sİ-ə ümid bəsləsək, insan həyatı qərar qəbul etmək dramı olaraq dayanacaq. Demokratik seçkilərin və azad bazarların mənası azalacaq. Eynilə də çox dinlərin və incəsənət əsərlərinin. Təsəvvür edin – Anna Karenina smartfonunu çıxarır və *Facebook* alqoritmindən soruşur ki, Kareninlə izdivacını davam etsin, yoxsa dəli-dolu qraf Vronckiyə qoşulub qaçsın. Və ya sevdiyiniz Şekspir pyeslərində həyati qərarları *Google* alqoritminin qəbul etdiyini düşünün. Hamletlə Makbet çox rahat həyat sürərlər, onda bəs bu həyat konkret nədən ibarət olacaq? Belə həyatı mənalı edə biləcək modellərimiz varmı?

Səlahiyyət insanlardan alqoritmlərə keçdikcə biz artıq dünyaya müstəqil fərdlərin doğru qərar qəbul etmək üçün mübarizə apardıqları oyun meydançası kimi baxa bilmərik. Əvəzində bütün kainatı məlumat axını, orqanizmləri biokimyəvi alqoritmdən bir az artıq şey kimi təsəvvür edə bilərik və inana bilərik ki, bəşəriyyətin kosmik vəzifə borcu hər şeyi əhatə edən informasiya eməli sistemi yaratmaq və özü də həmin sistemə qovuşmaqdır. Artıq bu gün biz real olaraq heç kimin anlaya bilmədiyi nəhəng informasiya emalı sisteminin kiçik çiplərinə çevrilmişik. Mən hər gün emaillər, tvitlər, məqalələrlə birlikdə saysız-hesabsız məlumat bitləri qəbul edirəm, məlumatları emal edirəm, sonra yenidən emaillər, tvitlər və məqalələrlə yeni bitləri nəql edirəm. Mən həqiqətən bu nəhəng sistemin harasında olduğumu və mənim göndərdiyim bitlərin milyardlarla adam və kompüterin yaratdığı bitlərlə necə birləşdiyini bilmirəm. Mənim bunu öyrənməyə vaxtım yoxdur, çünki bütün bu emaillərə cavab vermək vaxtımı həddən artıq alır.

Fəlsəfi avtomobil

Adamlar etiraz edə bilər ki, alqoritmlər heç vaxt bizim üçün vacib olan qərarları qəbul edə bilməz, çünki, vacib qərarların adətən etik ölçüsü olur, alqoritmlər isə etikanı anlamır. Lakin alqoritmin hətta etika üzrə də orta insandan yaxşı fəaliyyət göstərə bilməyəcəyini düşünmək üçün səbəb yoxdur. Artıq bu gün, smartfon və avtonom nəqliyyat cihazları əvvəllər insanın monopoliyasında olan qərarlar qəbul etdiyi vaxtda, onlar həm də insanları min illər boyu narahat edən etik problemlərin də həllinə girişir.

Məsələn, tutaq ki, iki uşaq topun arxasınca özü idarə olunan avtomobilin qabağına qaçıb. İldırım sürətli hesablamasına əsaslanaraq alqoritmin idarə etdiyi avtomobil bu nəticəyə gəlir ki, uşaqları vurmamaq üçün yeganə yol qarşı zolağa dönüb, oradan gələn yük maşını ilə toqquşma riski altına girməkdir. Alqoritm hesablayır ki, bu halda 70% ehtimalla arxa oturacaqda yatmış maşın sahibi zərbədən ölə bilər. Alqoritm neyləməlidir?[59]

Filosoflar belə "tramvay vaqonu problem"ləri üzərində min illərdir mübahisə edirlər (ona görə "tramvay vaqonu problem"i adlandırılır ki, müasir fəlsəfə debatlardakı dərslik misalları özü idarə olunan avtomobil deyil, rels üzərində şütüyən tramvay vaqonuna istinad edir)[60]. İndiyə qədər belə mübahisələrin faktik davranışa təsiri utanılacaq qədər az olub, çünki, böhran dövrlərində insanlar çox tez-tez fəlsəfi baxışlarını unudur, emosiya və instinktlərə tabe olurlar.

Sosial elmlər tarixində ən mənfur eksperimentlərdən biri 1970-ci ilin dekabrında, presviterian kilsəsində keşiş olmaq üçün təlim alanların Prinston Teoloji Seminariyasında keçirilib. Hər seminarist uzaqdakı mühazirə zalına gedib, "yaxşı samiri" haqqındakı pritçanı danışmalı idi. Pritçada quldurlar Qüdsdən İyerixona gedən yəhudini soyub və döyürlər, sonra da ölməsi üçün yolun kənarına atırlar. Bir qədər sonra oradan bir ruhani, bir də levi keçir, – adama əhəmiyyət vermirlər. Samiri – yəhudilərin həqarətlə baxdıqları sektanın nümayəndəsi – isə əksinə, adamı görüb dayanır, onun qayğısına qalır və onun həyatını xilas edir. Pritçanın mənası budur ki, insanlar haqqında onların dini mənsubiyyəti və fəlsəfi baxışlarına görə deyil, əməllərinə görə mühakimə yürütmək lazımdır.

Səbirsiz seminaristlər tez zala cumaraq yolda "yaxşı samiri" pritçasının hikmətini yaxşı çatdırmaq haqqında düşünürlər. Lakin eksperiment keçirənlər onların yolunda, miskin geyimli, qapı arasında başını aşağı əyib gözlərini yumaraq çömbəlib oturmuş adam qoyublar. Hər seminarist tələsib yanından keçəndə "qurban" öskürüb acizanə inildəyirmiş. Seminaristlərin əksəriyyəti nəinki kömək təklif etmək, heç kişidən nə baş verdiyini də soruşmaq üçün dayanmırlar. Mühazirə zalına tələsmək ehtiyacından yaranan emosional stress, onların bəlaya düçar olmuş qərib insana yardım göstərmək kimi mənəvi borc hissini üstələyir.[61]

İnsan emosiyası başqa çox sayda hallarda da fəlsəfi nəzəriyyələri üstələyir. Bu, dünyanın etika və fəlsəfə tarixini ideal davranışlardan daha çox yüksək idealların kədər nağılına çevirir. Əslində neçə xristianlıq mənsubu o biri yanağını çevirib, neçə buddist onu çulğayan eqoist niyyətdən yüksəyə qalxıb və neçə yəhudi qonşularını özləri qədər sevib? Məhz təbii seçmə Homo sapiensi belə yaradıb. Bütün məməlilər kimi, *Homo sapiens* öz emosiyalarını həyat və ölüm haqqında tez qərar verməyə istifadə edir. Biz öz qəzəbimizi, qorxumuzu və ehtirasımızı milyonlarla əcdadımızdan irsən almışıq, əcdadlarımız hamısı isə təbii seçmənin ən ciddi keyfiyyət nəzarəti testindən keçiblər.

Təəssüf ki, milyon il əvvəl Afrika savannalarında yaşamaq və nəsil törətmək uğrunda mübarizə heç də iyirmi birinci əsrin avtomobil şoselərində məsuliyyətli davranışa təminat yaratmır. Fikri

76

yayınmış, qəzəbli və əndişədən həyəcanlı insan-sürücülər, hər il avtomobil qəzalarında bir milyondan artıq adam öldürürlər. Biz bütün filosofları, peyğəmbərləri və ruhani alimləri bu sürücülərə etika təbliğ etməyə yönəldə bilərik – ancaq yolda, məməlilərin emosiyaları və savanna instinktləri hər şeyi üstələyəcək. Beləliklə də, tələsən seminaristlər aciz vəziyyətdə olan adamları görməyəcək, sürücülər böhranlı vəziyyətdə bəxtsiz piyadaları basıb üstündən keçəcək.

Seminariya və yol arasındakı bu ayrılma etikada ən böyük praktik problemlərdən biridir. İmmanuel Kant, Con Stuart Mill və Con Roulz rahat universitet zalında oturub, etikanın nəzəri problemləri haqqında günlərlə müzakirələr apara bilərdilər. Lakin, reallıqda onların gəldiyi nəticələri saniyədən də az çəkən hadisədə stress içindəki sürücü necə yerinə yetirə bilər? Bəlkə Mixael Şumaxerin – bəzən tarixdə ən yaxşı sürücü adlandırılan Formula-1 çempionu – maşın sürərkən fəlsəfə haqqında düşünmək qabiliyyəti var, amma bizim çoxumuz Şumaxer deyilik.

Lakin, kompüter alqoritmlərini formalaşdıran təbii seçmə olmayıb, onların nə emosiyaları, nə də instinktləri var. Buna baxmayaraq, əgər biz etik məsələlərin dəqiq rəqəmsal və statistik kodlaşdırma yolunu tapa bilsək, böhran anında onlar etik qaydalara insanlardan daha yaxşı riayət edə bilərlər. Əgər Kanta, Millə və Roulza kod yazmağı öyrədə bilsəydik, onlar rahat laboratoriyalarında özü idarə olunan avtomobil düzəldər və həmin avtomobilin yolda onların əmrlərinə tabe olacağına əmin ola bilərdilər. Nəticədə Mixael Şumaxer və İmmanuel Kantın idarə etdiyi iki avtomobil eyni olacaqdı.

Belə ki, əgər özü idarə olunan avtomobili o situasiyada dayanmağa proqramlaşdırırsınızsa və aciz vəziyyətdəki adama yardım edirsinizsə, onda "nə olar – olar" rejimi işə düşəcək. Eynilə, əgər sizin özü idarə olunan avtomobiliniz qabağına çıxan uşaqları xilas etmək üçün qarşı zolağa dönməyə proqramlaşdırılıbsa, onun nə edəcəyinə əmin ola bilərsiniz. Bu, o deməkdir ki, Toyota və ya Tesla özü idarə olunan avtomobillərini düzəldəndə etik fəlsəfənin nəzəri problemini praktik mühəndislik müstəvisinə keçirəcək.

Əlbəttə, fəlsəfi alqoritmlər heç vaxt mükəmməl olmayacaq. Səhvlər, zədə almalar, ölümlər baş verəcək və çox mürəkkəb məhkəmə işləri olacaq (tarixdə ilk dəfə filosofu, nəzəriyyəsinin uğursuz nəticəsinə görə məhkəməyə çəkə bilərsiniz, çünki, tarixdə ilk dəfə fəlsəfi ideya ilə həyat hadisəsi arasında birbaşa səbəb-nəticə əlaqəsini göstərib sübut edə bilərsiniz). Lakin, insan-sürücüdən üstün olmaq üçün alqoritmlər mükəmməl olmağa məcbur deyil. İnsandan yaxşı qərar qəbul etmək bəs edir. İnsan-sürücülərin hər il bir milyondan artıq adamı öldürdüyünü nəzərə alanda, elə də yüksək tələb qoymağa ehtiyac qalmır. Bütün bunlar deyilib ediləndən sonra sizin yanınızdakı maşını sərxoş yeniyetmənin idarə etməsini istəyərdiniz, yoxsa Şumaxer-Kant komandasının?[62]

Eyni məntiq yalnız sürücülüyə deyil, həm də çoxsaylı başqa məqamlara aiddir. Məsələn, işə girmək üçün müraciətə baxın. İyirmi birinci əsrdə kimisə işə qəbul edib-etməmək məsələsini getdikcə daha çox alqoritmlər həll edəcək. Biz kompüterə uyğun etik standart yaratmağı etibar edə bilmərik – bunu insanlar etməli olacaq. Lakin biz əmək bazarında etik standartları – məsələn, qaraları və qadınları diskriminasiya etməyin doğru olmadığını – qəbul etdikdən sonra, kompüterlərin bu standartları rəhbər tutacağına və insandan daha yaxşı yerinə yetirəcəyinə etibar edə bilərik.[63]

İnsan menecer qaraları və qadınları diskriminasiya etməyin qeyri-etik olduğu ilə razılaşa bilər, lakin sonra qara qadın iş üçün müraciət edəndə menecerin alt şüuru o qadını diskriminasiya edib işə qəbul edilməməyinə qərar verər. İş üçün müraciəti dəyərləndirməyi kompüterin ixtiyarına versək, irq və cinsə heç əhəmiyyət verməyəcək, əmin ola bilərik ki, kompüter bu faktorları nəzərdən atacaq, çünki, kompüterin alt şüuru yoxdur. Əlbəttə, iş üçün müraciəti qiymətləndirən proqramı yazmaq asan olmayacaq və proqramçıların alt şüurundakı tərəfkeşliyi proqrama keçirmək təhlükəsi həmişə var.[64] Lakin belə səhvləri tapanda, yəqin ki, adamı irqçiliyinə və qadın düşmənçiliyinə görə işdən qovmaqdansa, proqramda düzəlişlər etmək daha asan olar.

Görürük ki, süni intellektin genişlənməsi adamları əmək bazarından sıxışdırıb çıxara bilər, bu həm sürücülərə, həm də yol polislərinə aiddir (qalmaqalçı adamlar üzüyola alqoritmlərlə əvəz

olunanda, yol polisi artıq olacaq). Lakin, filosoflar üçün yeni imkan-
lar açıla bilər, çünki, onların indiyə qədər elə bir bazar dəyəri olma-
yan qabiliyyətinə birdən böyük tələbat yarana bilər. Yəni, gələcəkdə
qarantiyalı yaxşı işi təmin edəcək sahəni öyrənmək istəyirsinizsə,
filosofluq oxumaq pis variant deyil.

Əlbəttə, filosoflar fəaliyyətin düzgün gedişi ilə nadir hallarda
razılaşırlar. Bütün filosofları qane edən "tramvay vaqonu proble-
mi" həll edilmişdir və Con Stuart Mill (hadisənin nəticəsinə görə
mühakimə yürüdür) kimi konsequantalist mütəfəkkirlər İmmanu-
el Kant (hadisələri mütləq qaydalar baxımından mühakimə edir)
kimi deontologistlərdən tamamilə fərqli mövqe tuturlar. Doğru-
danmı Teslanın da avtomobil istehsal etmək üçün belə mürəkkəb
məsələdə öz mövqeyi olmalıdır?

Yaxşı, bəlkə Tesla bunu bazarın öhdəsinə buraxacaq. Tesla iki özü
idarə olunan avtomobil modeli buraxacaq: Tesla Alturist və Tesla
Eqoist. Qəza vəziyyətində Alturist öz sahibini daha böyük dəyərə
qurban verir, Eqoist isə bütün gücünü öz sahibini xilas etməyə verir,
– hətta iki uşağı vurmaq hesabına olsa belə. Deməli, müştərilər də
öz fəlsəfi baxışlarına daha çox uyğun olan avtomobil ala biləcəklər.
Onda, əgər daha çox adam Tesla Eqoist modelini alsa, buna görə
Teslanı günahkar görə bilməzsiniz. Hər bir halda "müştəri həmişə
haqlıdır".

Bu, zarafat deyil. 2015-ci ildə bir novator layihədə adamlara hi-
potetik ssenari – özü idarə olunan avtomobilin bir neçə piyadanı
vurub, üstündən keçməsi təqdim edilib. Adamların çoxu deyib ki,
hər bir hadisədə avtomobil, sahibinin ölümü bahasına olsa da piya-
daların həyatını xilas etməli idi. O adamlardan soruşanda ki, "siz
daha yüksək ideya üçün sahibini qurban verməyə proqramlaşdı-
rılmış avtomobil almaq istəyərdinizmi?", əksəriyyəti "yox" deyib.
Onlar Tesla Eqoistə üstünlük veriblər.[65]

Belə bir vəziyyəti təsəvvür edin: yeni avtomobil alıbsınız, lakin
onu istifadə etməyə başlamazdan əvvəl menyunu açıb oradakı bir
neçə kvadratın birinə "quş" qoymalısınız. Qəza halında avtomo-
bilin sizin həyatınızı qurban verməyini istəyirsiniz, yoxsa, o biri
avtomobildəki ailəni öldürməyini? Belə seçim qarşısında qalmaq

istəyərdinizmi? Hansı kvadrata "quş" qoymaq haqqında həyat yol-daşınızla edəcəyiniz mübahisə haqqında düşünün.

Yaxşı, bəlkə dövlət müdaxilə edib bazarı nizamlasın və özü idarə olunan avtomobillərin əməl etməli olduğu bir etika kodeksi qəbul etsin? Şübhəsiz ki, bəzi qanunvericilər nəhayət daim hər hərfinə əməl ediləcək qanunlar yaratmaq imkanına sevinəcəklər. Başqa qanunvericilər, bəlkə belə görünməmiş və totalitar məsuliyyətdən əndişələnəcək. Hər halda, bütün tarix boyu hüquq-mühafizə orqan-larının qoyduğu məhdudiyyətlər, qanunvericilərin qeyri-obyektiv-liyi, səhvləri və izafi tələblərinin yaxşı yoxlanmasını təmin ediblər. Çox yaxşı ki, homoseksualizmə və dinə küfr etməyə qarşı qanunlar yalnız qismən qüvvəyə minib. Doğrudanmı biz yanlışlığa meylli siyasətçilərin qərarlarında qravitasiya qədər sarsılmaz olduğu sis-temi istəyirik?

Rəqəmsal diktatorluq

Süni intellekt çox vaxt insanları ona görə qorxuya salır ki, insan-lar onun itaətdə qalacağına inanmırlar. Biz çox sayda elmi-fantastik filmlərdə robotların insan sahiblərinə qarşı üsyan etdiyini, azğın-laşıb küçələrdə qaçdıqlarını və hamını qətliam etdiklərini görmü-şük. Əslində isə robotlarla olan real problem bunun tam əksidir. Biz onlardan, həmişə öz sahiblərinə itaət etdikləri və heç vaxt onlara üsyan etmədikləri üçün qorxmalıyıq.

Robot öz rəhmdil sahibinin tam itaətindədirsə, burada əlbəttə ki, yanlış bir şey yoxdur. Hətta müharibədə də, qatil robotlara etibar etmək, tarixdə ilk dəfə döyüş meydanında müharibə qanunları-na riayət edilməsinə təminat verə bilər. Emosiyaların idarə etdiyi insan-əsgərlər öldürmək, qarət etmək, zorlamaqla müharibə qanun-larını pozurlar. Biz adətən emosiyaları mərhəmət, sevgi və şəfqətlə əlaqələndiririk, lakin müharibədə hökmdə olan emosiyalar çox vaxt qorxu, nifrət və qəddarlıqdır. Robotların emosiyası olmadığı üçün, onların hərbi nizamnamənin hərfinə qədər riayət edəcəyinə, eləcə də qorxu-nifrətə görə tərəddüd etməyəcəyinə güvənmək olar.[66]

16 mart 1968-ci il tarixində Cənubi Vyetnamın May Lay kən-dində Amerika əsgərlərinin rotası vəhşiləşərək 400 mülki adamı qətlə yetirib. Bu hərbi cinayəti doğuran, yerli adamların bir neçə ay cəngəllikdə partizan müharibəsi aparmaq təşəbbüsü olmuşdu. Bu, heç bir strateji məqsədə xidmət etmirdi və ABŞ-ın həm qanun məcəlləsinə, həm də hərbi siyasətinə zidd idi. Bu, insan emosiyalarının günahı idi.[67] Əgər ABŞ Vyetnama killer robotları göndərsəydi, May Lay qətliamı heç vaxt baş verməzdi.

Buna baxmayaraq, killer robotları düzəldib onlara iş tapşır-mazdan əvvəl, biz xatırlamalıyıq ki, robotlar həmişə öz kodlarının keyfiyyətini əks etdirir və gücləndirir. Əgər kod mülayim və mərhəmətlidirsə, robotlar yəqin ki, ortalama insan-əsgərə nisbətən nəhəng irəliləyiş olacaq. Ancaq əgər kod acımasız və qəddardırsa, nəticə fəlakətli olacaq. Robotlarla bağlı real problem onların süni intellekti deyil, daha çox təbii axmaqlığı və onların insan-sahibinin qəddar olmasıdır.

1995-ci ilin iyulunda Bosniya serblərinin hərbi bölmələri Sreb-rennitsa şəhəri yaxınlığında 8.000 nəfərdən artıq müsəlman bos-niyalını qətlə yetirdilər. Düşünülməmiş, sistemsiz və xaotik May Lay qırğınından fərqli olaraq Srebrennitsadakı qətliam uzun çəkən, yaxşı hazırlanmış əməliyyat idi və Bosniya serblərinin Bosniya müsəlmanlarından etnik təmizləmə siyasətini əks etdirirdi.[68] Əgər Bosniya serblərinin 1995-ci ildə killer robotları olsaydı, bu, edilmiş vəhşiliyi daha da azğınlaşdırardı. Heç bir robot aldığı əmri yerinə yetirməkdə tərəddüd anı yaşamayacaqdı, eləcə də mərhəmət, ikrah və sadə letargiya hisslərinə görə heç bir müsəlman uşağına rəhmi gəlməyəcəkdi.

Belə qatil robotlarla silahlanmış qəddar diktatorun əmrləri nə qədər rəhmsiz və sərsəm olsa da, heç vaxt əsgərlərinin ona qarşı si-lah çevirəcəyindən qorxusu olmaz. Robot ordusu yəqin ki, 1789-cu ildəki Fransız inqilabını beşiyində boğardı, 2011-ci ildə isə Hüsnü Mübarəkin killer robotlar dəstəsi olsaydı, onları insan kütləsinin üzərinə buraxar və heç bir fərarilikdən qorxmazdı. Eynilə, robot or-dusuna söykənən imperialist hökumət qeyri-populyar müharibələrə başlayıb öz robotlarının motivasiyanı itirəcəyindən nigaran olmaya və ya onların ailələrinin etiraza qalxacaqlarından narahat olmaya bilərdi. Əgər Vyetnam müharibəsində ABŞ-ın killer robotları olsaydı, May Lay qətliamının qarşısı alınardı, amma müharibə də daha uzun illər davam edə bilərdi, çünki Amerika hökuməti demoralizə olmuş əsgərlər, müharibəyə qarşı kütləvi etiraz nümayişlərindən və ya "müharibəyə qarşı robot veteranlar" hərəkatı barəsində daha az narahat olacaqdı. Bəzi Amerika vətəndaşları indi də müharibəyə qarşı ola bilər, lakin bu dəfə onların çağırış vərəqi almaq, şəxsən törətdiyi vəhşilikləri unuda bilməmək və ya əziz qohumunu itirməyin acısını çəkmək qorxusu olmadığına görə onların sayı və inadkarlığı yəqin ki, az olardı.[69]

Bu cür problemlərin ayrılıqda götürülmüş mülki avtomobillərə az aidiyyəti var, çünki, heç bir avtomobil istehsalçısı onu bilərəkdən adamların üstünə yönəldib onları öldürmək üçün proqramlaşdırmayacaq. Lakin ayrıca götürülmüş silah sistemləri fəlakət törədəcəyi gözlənilən vasitələrdir, çünki, həddən artıq sayda hökumətlər mənəvi korrupsiyaya uğramağa və hətta iblis olmağa meyllidir.

Təhlükə qatil maşınlarla məhdudlaşmır. İzləmə sistemləri də eyni qədər riskli ola bilər. Zərərsiz hakimiyyətlərin əlində güclü izləmə alqoritmləri bəşəriyyət üçün tarixdə ən yaxşı vasitə ola bilər. Lakin həmin *Big data* alqoritmləri gələcək Böyük Qardaşa elə səlahiyyətlər verə bilər ki, nəticədə biz, Oruellin göstərdiyi kimi, adamların daimi izlənmədə olduğu rejimində yaşamalı olarıq.[70]

Əslində biz Oruellin də çətinliklə təsəvvür etdiyi vəziyyətə düşə bilərik: total izləmə rejimi təkcə bizim zahirdən görünən fəaliyyətimizi və danışdıqlarımızı deyil, hətta daxilimizə girib orada hansı proseslər getdiyini də nəzarətdə saxlaya bilər. Kim rejiminin yeni texnologiya ilə Şimali Koreyada nələr edə biləcəyini düşünün. Gələcəkdə hər bir Şimali Koreya vətəndaşı, onun hər hərəkətini və dediyini izləyən, həm də qan təzyiqini və beyin aktivliyini qeydə alan qolbaq gəzdirməyə məcbur edilə bilər. İnsan beynini öyrənməyin getdikcə inkişaf etməsi və kompüterlərin gücünün nəhəng səviyyələrə yüksəlməsi ilə Şimali Koreya rejimi tarixdə ilk dəfə hər bir vətəndaşının hər an nə düşündüyünü izləmək imkanı əldə edə bilər. Əgər siz Kim Yonq In-ın şəkilinə baxırsınızsa və biometrik sensorlar sizdə qəzəb əlamətləri qeydə alırsa (qan təzyiqinin yüksəlməsi, beyinciyin aktivliyinin artması), sabah səhər həbs düşərgəsində olacaqsınız.

Doğrudur, Şimali Koreya beynəlxalq izolyasiyada olduğuna görə lazım olan texnologiyanı işləyib hazırlamaqda özü çətinlik çəkə bilər. Lakin, bu texnologiya ilk dəfə texniki inkişaf etmiş ölkələrdə hazırlana bilər və Şimali Koreyalılar və ya başqa geri qalmış diktator rejimləri onu köçürə və ya ala bilərlər. Həm Çin, həm də Rusiya öz izləmə cihazlarını daim təkmilləşdirir, ABŞ-dan tutmuş mənim vətənim İsrailə qədər demokratik ölkələr də onlar kimi. "Startaplar ölkəsi" ləqəbini almış İsrailin çox dinamik yüksək texnologiyalar sektoru və ultra-müasir kibertəhlükəsizlik sənayesi var. Eyni zamanda da fələstinlilərlə ölüm-dirim mübarizəsinə cəlb olunub və ən azı bəzi liderlər, generallar və vətəndaşlar, lazımi texnologiyanı əldə edən kimi Qərb Sahildə total izləmə sistemini quraşdırmaq istəyə bilərlər.

Artıq bu gün fələstinlilər telefonla zəng edəndə, *Facebook*-a nə isə yazanda və ya bir şəhərdən o birinə gedəndə yəqin ki, İsrail mikrofonları, kameraları, dronları və ya kəşfiyyat proqramları onlara nəzarət edir. Sonra toplanmış məlumatlar *Big data* alqoritmləri vasitəsilə analiz edilir. Bu, çox adamdan istifadə etmədən potensial təhlükələri qeydə almaq və neytrallaşdırmaq işində İsrail təhlükəsizlik qüvvələrinə kömək edir. Fələstinlilər Qərb sahildə bəzi şəhərləri və qəsəbələri idarə edə bilərlər, lakin israillilər səmanı, efiri və kiberfəzanı nəzarətdə saxlayırlar. Ona görə də təəccüblü dərəcədə az sayda İsrail əsgərləri Qərb Sahilindəki 2,5 milyon fələstinlini nəzarət altında saxlaya bilir.[71]

2017-ci ilin oktyabrında baş vermiş bir tragikomik hadisədə fələstinli işçi öz şəxsi *Facebook* hesabına özünün iş yerindəki, buldozerin yanındakı şəkilini qoyub. Şəklin yanında da yazıb ki: "Sabahınız xeyir!" Alqoritm ərəb hərflərini transliterasiya edəndə kiçik bir səhvə yol verib. "Ysabechhum" (ərəbcə "Sabahınız xeyir") yerinə, alqoritm "Ydabechhum" (ərəbcə "Onları öldür") oxuyub. Adamın terrorist ola biləcəyindən və buldozeri başqalarının üstünə sürüb öldürəcəyindən şübhələnən İsrail təhlükəsizlik xidməti tez onu həbs edib. Alqoritmin səhv etdiyi aydınlaşandan sonra onu azad ediblər. Təhqiramiz post *Facebook*-dan götürülüb. Siz heç vaxt çox diqqətli ola bilməzsiniz.[72] Fələstinlilərin bu gün Qərb Sahilində yaşadıqları hadisələr, sadəcə olaraq planetdəki milyardlarla insanın yaşayacağının bəsit anonsu ola bilər.

İyirminci əsrin sonlarındakı demokratiyalar adətən diktatorluq quruluşundan daha səmərəli fəaliyyət göstərirdi, çünki demokratiyalar məlumat emalında daha effektiv idi. Demokratiya informasiya emalı üzrə səlahiyyəti adamlar və institutlar arasında geniş yayılır, diktatorluq isə informasiya və hakimiyyəti bir yerə toplayır. İyirminci əsr texnologiyası informasiyanı və səlahiyyəti bir yerə toplamaqda elə də çox effektiv olmadı. Heç kimin bütün informasiyanı kifayət qədər tez emal edib düzgün qərar vermək imkanı yox idi. Sovet İttifaqının Birləşmiş Ştatlardan daha pis qərarlar verməsinin, çox geridə qalmasının bir səbəbi də bu idi.

Lakin tezliklə süni intellekt rəqqasın kürəsini əks tərəfə apara bilər. Sİ inanılmaz həcmdə informasiyanı mərkəzləşmiş şəkildə emal etmək imkanı yaradır. Əslində, Sİ mərkəzləşmiş sistemi yayılma sistemindən çox-çox effektiv edə bilər, çünki, analiz ediləcək informasiyanın həcmi artdıqca avtomatlaşdırma sistemi da yaxşı işləyir. Əgər siz milyard adama aid informasiyanı, şəxsi həyatın konfidensiallığına məhəl qoymadan big data bazada toplayırsınızsa, daha yaxşı alqoritmlər hazırlaya bilərsiniz, nəinki, şəxsi informasiyanın konfedinsiallığını qoruyub, milyon adam haqqında qismən olan informasiyanı toplayasınız. Məsələn, əgər avtoritar hakimiyyət öz vətəndaşlarına DNK-nı skan edib bütün tibbi informasiya ilə birlikdə hansısa mərkəzi orqana təhvil verməyi tələb edirsə, bu, genetika və tibbi tədqiqatlar sahəsində, tibbi məlumatların tam konfidensial olduğu cəmiyyətlərə nisbətən üstünlük yaradacaq. İyirminci əsrdə avtoritar rejimin əsas nöqsanı – bütün informasiyanın bir yerə cəmlənməsi – iyirmi birinci əsrdə onların inamlı üstünlüyünə çevrilə bilər.

Alqoritmlər bizi daha yaxşı tanıdıqca, avtoritar hakimiyyət öz vətəndaşları üzərində mütləq nəzarət əldə edə bilər, hətta nasist Almaniyasında olduğundan da artıq. Və belə rejimlərə müqavimət göstərmək tamamilə qeyri-mümkün bir iş olar. Rejim nəinki, sizin nə hiss etdiyinizi dəqiq bilə bilər, hətta sizi onun istədiyini hiss etməyə məcbur da edə bilər. Diktator yəqin ki, vətəndaşlara səhiyyə və ya bərabərlik təmin edə bilməz, amma vətəndaşları məcbur edə bilər ki, onu sevsinlər, onun düşmənlərinə isə nifrət etsinlər.

Demokratiya biotex və infotexin təmərküzləşməsinə qarşı davam gətirə bilməz. Ya demokratiya özünü uğurla kökündən yeni formada kəşf etməlidir, ya da insanlar "rəqəmsal diktatorluq" rejimində yaşamalı olacaq.

Bu, Hitler və Stalin vaxtına qayıdış olmayacaq. Rəqəmsal diktatorluğun nasist Almaniyasından fərqi, nasist Almaniyasının köhnə Fransız rejimindən fərqi qədər olacaq. XIV Lui mərkəzçi avtokrat idi, lakin onun indiki kimi totalitar dövlət qurmaq üçün texnologiyası yox idi. O, öz hakimiyyətinə qarşı heç bir müxalifətə məruz qalmırdı, lakin, radio, telefon və qatarların yoxluğuna görə uzaq Bretondakı kəndlilərin gündəlik həyatına, hətta Parisin ortasındakı şəhər adamlarının həyatına nəzarəti az idi. Onun kütləvi partiya, ölkənin gənclər təşkilatı və ya milli təhsil sistemi yaratmağa nə istəyi, nə də qabiliyyəti vardı.[73] Bunları etmək üçün Hitlerə motivasiya və hakimiyyət verən iyirminci əsr oldu. Biz 2084-cü ildə rəqəmsal diktatorluğun motivasiya və hakimiyyət gücü nə olacağını proqnoz verə bilmərik, lakin onların Hitlerin və Stalinin surəti olacağı ehtimalı çox aşağıdır. 1930-cu illərin döyüşlərində vuruşmağa hazırlaşanlar, tamamilə başqa tərəfdən qəfil hücuma məruz qala bilərlər.

Hətta əgər demokratiya uyğunlaşmağın və sağ qalmağın öhdəsindən gələ bilsə də, insanlar yeni növ istismarın və ayrı-seçkiliyin qurbanı ola bilərlər. Artıq bu gün getdikcə daha çox banklar, korporasiyalar və institutlar məlumatları analiz etmək və bizim haqqımızda qərar qəbul etmək üçün alqoritmlərdən istifadə edirlər. Siz borc almaq üçün banka müraciət edəndə, güman ki, müraciətinizi adam deyil, alqoritm emal edir. Alqoritm milyonlarla başqa adamlar haqqında çoxlu məlumatı və statistikanı emal edir və sizin borc verilmək üçün etibarlı olub-olmadığınız haqqında qərar verir. Çox vaxt alqoritm bu işi insandan daha yaxşı görür. Lakin problem bundadır ki, əgər alqoritm bəzi adamları haqsız diskriminasiyaya məruz qoyursa, bunu bilmək çətindir. Əgər bank sizə borc verməkdən imtina edirsə və siz "niyə?" – deyə soruşursunuzsa, bank "alqoritm yox dedi" – deyə cavab verir. Siz soruşursunuz: "Alqoritm niyə yox dedi, mənim nəyim uyğun gəlmir?", bank cavab verir: "Biz bilmi-rik, bu alqoritmi anlayan insan yoxdur, çünki o, mütərəqqi ağıllı maşın qavrayışına əsaslanır. Amma biz öz alqoritmimizə inanırıq, ona görə sizə borc verməyəcəyik".[74]

Diskriminasiya, qadınlar və ya qaralar kimi tam bir qrupa qar-şı yönələndə, bu qruplar təşkilatlanıb kollektiv diskriminasiyaya etiraz edə bilərlər. Lakin bu halda alqoritm şəxsən sizi diskrimi-nasiya edir və niyə etdiyini bilmirsiniz. Bəlkə alqoritm sizin DNK-nızda, şəxsi tarixçənizdə və ya *Facebook* hesabınızda onun xoşuna gəlməyən nə isə tapıb. Alqoritm sizi ona görə diskriminasiya etmir ki, siz qadın və ya afro-amerikalısınız, ona görə diskriminasiya edir ki, siz – sizsiniz. Sizinlə bağlı spesifik nə isə var ki, alqoritm onu sevmir. Siz bunun nə olduğunu bilmirsiniz və hətta bilsəniz də, başqa adamlarla birlikdə etiraz təşkil edə bilmirsiniz, çünki, sizin kimi dəqiq eyni xurafatdan zərər çəkən adamlar yoxdur. Yalnız siz varsınız. İyirmi birinci əsrdə kollektiv diskriminasiya yerinə, artan fərdi diskriminasiya ilə üz-üzə qala bilərik.[75]

Hakimiyyətin ən üst mərtəbələrində insan nominallarını sax-layacağıq, onlar da bizə alqoritmlərin yalnız məsləhətçi olduğu, hakimiyyətin hələ də insan əlində olduğu haqda illuziya yaradacaq. Biz süni intellekti Almaniyanın kansleri və ya *Google*-un prezidenti təyin etməyəcəyik. Lakin, kanslerin və ya prezidentin verdiyi qərarı Sİ formalaşdıracaq. Kansler yenə də bir neçə müxtəlif variantın içindən seçə bilər, lakin bütün variantlar *Big data* analizinin nəticəsi olacaq və onlar insanın deyil, daha çox Sİ-in dünyaya baxışını əks etdirəcək.

Analoq misal olaraq, bu gün bütün dünyadakı siyasətçilər müxtəlif iqtisadi siyasətlərdən birini seçə bilərlər, lakin demək olar ki, bu müxtəlif siyasətlərin hamısı iqtisadiyyata kapitalist baxışını əks etdirir. Siyasətçilərin seçmək imkanı illuziyadır, həqiqi vacib qərarları çox əvvəldən iqtisadçılar, bankçılar və biznes adamları ar-tıq qəbul ediblər və menyudakı müxtəlif variantları formalaşdırıb-lar. Bir-iki onillik ərzində, siyasətçilərin vəzifəsi Sİ-nin hazırladığı menyudan seçim etmək ola bilər.

Süni intellekt və təbii axmaqlıq

Bir yaxşı xəbər odur ki, ən azı yaxın bir neçə onillik ərzində, süni intellektin şüur qazanacağı və bəşəriyyəti öz quluna çevirəcəyi və ya silib atacağı kimi tammiqyaslı elmi-fantastik dəhşətlə qarşılaş-mayacağıq. Biz tədriclə qərar qəbul etmək funksiyasını daha çox alqoritmlərə həvalə edəcəyik, lakin alqoritmlərin şüurlu şəkildə bizi idarə etməsi ehtimalı yoxdur. Onların şüuru olmayacaq.

Elmi-fantastika intellektlə şüuru qarışdırır və hesab edir ki, insanla müqayisə olunmaq və ya intellektdə ondan üstün olmaq üçün kompüterin şüuru inkişaf etməlidir. Demək olar ki, süni intellekt haqqında bütün filmlərin və romanların süjeti, kompüterdə və ya robotda şüurun yarandığı möcüzəvi məqamdır. Bu baş verəndən sonra, ya insan-qəhrəman robota vurulur, ya da robot bütün insanları öldürmək istəyir, ya da hər iki hadisə eyni zamanda baş verir.

Reallıqda isə, Sİ-in şüurlu olacağını düşünməyə səbəb yoxdur, çünki, şüurla intellekt çox fərqli şeylərdir. İntellekt problemləri həll edə bilmək qabiliyyətidir. Şüur isə ağrı, sevinc, sevgi və qəzəb kimi fenomenləri hiss etmək. Biz bu ikisini qarışıq salmağa meylliyik, çünki, insanlarda və başqa məməlilərdə intellektlə şüur əl-ələ gedir. Məməlilər çox problemləri hissiyyatla həll edir, kompüterlər isə, çox fərqli yolla. Sadəcə olaraq yüksək intellektə aparan bir neçə yol var və onlardan yalnız bəzilərində şüur iştirak edir. Təyyarələr lələk inkişaf etdirmədən quşlardan sürətli uça bildiyi kimi, kompüterlər də heç bir hissiyyat inkişaf etdirmədən problemləri insanlardan daha yaxşı həll edə bilər. Doğrudur, Sİ insan hisslərini diqqətlə analiz etməlidir ki, onun xəstəliklərini müalicə edə bilsin, insan terroristi tanısın, insana dost tövsiyə etsin və piyadalarla dolu küçəni naviqasiya etsin. Lakin o, bunu heç bir hissiyyatı olmadan da edə bilər. Alqoritmin sevinən, qəzəblənən və ya qorxan meymunların müxtəlif biokimyəvi modellərini müəyyən edib tanıması üçün sevinc, qəzəb və ya qorxu hissini keçirməyə ehtiyacı yoxdur.

Əlbəttə, Sİ-in özünəməxsus hiss yaratması mütləq şəkildə istisna deyil. Bu məsələdə əminlik üçün bizim hələ də şüur haqqında bildiklərimiz kifayət qədər deyil. Ümumiyyətlə üç ehtimala baxmalıyıq:

- Şüur, üzvi biokimya ilə elə şəkildə əlaqəlidir ki, onu qeyri-üzvi sistemlərdə yaratmaq mümkün deyil.

- Şüurun üzvi biokimya ilə əlaqəsi yoxdur, lakin onun intellektlə əlaqəsi elə şəkildədir ki, kompüterlərdə şüur inkişaf edə bilər və kompüterlər intellektin müəyyən səviyyə sərhədini keçəndən sonra, şüuru inkişaf etdirməli olacaq.

- Şüurun nə üzvi biokimya, nə də yüksək intellektlə elə bir əsaslı əlaqəsi yoxdur. Ona görə də kompüter şüur qazana bilər, amma bu hökm deyil. Onlar super-intellektli ola bilər, lakin şüur səviyyələri sıfır ola bilər.

Bizim biliyimizin indiki səviyyəsində, bu variantların heç birini istisna edə bilmərik. Lakin məhz şüur haqqında biliklərimiz az olduğuna görə, bizim yaxın zamanlarda şüurlu kompüter proqramlaşdıra bilməyimizin ehtimalı sıfıra yaxındır. Deməli, süni intellektin nəhəng gücünə baxmayaraq, yaxın gələcəkdə ondan istifadə edilməsi yenə də müəyyən dərəcədə insan şüurundan asılı olaraq qalacaq.

Təhlükə ondan ibarətdir ki, əgər biz Sİ-in inkişafına həddən artıq, insan şüurunun inkişafına isə həddən az investisiya qoysaq, kompüterlərin çox mürəkkəb süni intellekti yalnız insanların təbii axmaqlığını gücləndirə bilər. Biz, çətin ki, gələcək onilliklərdə robot üsyanı ilə rastlaşa, lakin elə bot sürüsü ilə qarşılaşa bilərik ki, onlar bizim emosional düymələrimizi basmağı anamızdan da yaxşı bilər və bu fövqəltəbii bacarıqlarını, bizə nəyi satıb-soxuşdurmağa yönəldərlər. Bu, avtomobil də ola bilər, siyasət də, lap bütöv bir ideologiya da. Botlar bizim daxili qorxularımızı, nifrətimizi və meyllərimizi identifikasiya edib bu rıçaqları özümüzə qarşı istifadə edə bilərlər. Biz bunun ilk nişanələrini son vaxtlar bütün dünyada keçirilən seçki və referendumlarda görürük – ayrı-ayrı seçicilər haqqında məlumatları analiz edib onların davranış stereotiplərini nəzərə almaqla onları manipulyasiya etmək cəhdlərində.[76] Elmi-fantastik trillerlər alov və tüstüdən ibarət dramatik apokalipsis yaratdığı halda, reallıqda biz bayağı "düymə basmaq" apokalipsisi ilə üz-üzə qala bilərik.

Qismətimizin belə olmaması üçün süni intellekti inkişaf etdirməyə çəkdiyimiz hər bir dollara və dəqiqəyə qarşı bir dollar və bir dəqiqə də insan şüurunun yetkinləşməsinə çəkməyimiz müdrik qərar olardı. Təəssüf ki, hal-hazırda insan şüurunun tədqiq və inkişaf etdirilməsi üçün çox iş görmürük. İnsan qabiliyyətinə aid tədqiqatlarımız və inkişafına yönəlmiş fəaliyyətimizi istiqamətləndirən, şüur kimi bizim uzunmüddətli fərdi ehtiyaclarımız deyil, sistemin iqtisadi və siyasi ehtiyaclarıdır. Mənim müdirim emaillərə mümkün qədər tez cavab verməyimi istəyir, lakin yediyim yeməklərin dadını bilmək və dəyərləndirmək qabiliyyətim onun üçün az maraq kəsb edir. Ona görə, mən yemək yeyəndə də email poçtumu yoxlayıram və öz hisslərimə fikir vermək qabiliyyətimi itirirəm. İqtisadi sistem təzyiq göstərərək məni, investisiya portfelimi genişləndirməyə və şaxələndirməyə məcbur edir, lakin mənim mərhəmət hissimi genişləndirmək və şaxələndirmək üçün heç bir stimul vermir. Ona görə də mən fond birjasının möcüzələrini anlamağa çalışıram və əzablarımın dərin səbəblərini anlamağa isə bundan qat-qat az səy göstərirəm.

Bu məsələdə insanlar əhliləşdirilmiş ev heyvanlarına oxşayır. Biz, çoxlu süd verən itaətkar inəklər yetişdirmişik, lakin başqa cəhətlərinə görə onlar öz vəhşi əcdadlarına çox uduzur. Onlar daha az hərəkətli, daha az maraqlanan və daha az resursa malikdir.[77] Biz indi son dərəcə böyük sayda məlumat yaradan və nəhəng məlumatemalı mexanizminin çox effektiv çipləri kimi fəaliyyət göstərən müti insanlar yetişdiririk, lakin bu "məlumat inəkləri" çətin ki, insan potensialını maksimallaşdıra bilsin. Əslində biz, insanın tam potensialının nə olduğunu bilmirik, çünki, insan şüuru haqqında təsəvvürlərimiz azlıq edir. Lakin bununla belə, biz insan şüurunun tədqiq edilməsinə çox da investisiya qoymuruq, əvəzində gücümüzü internet əlaqəsi sürətinin yüksəlməsi və *Big data* alqoritmlərinin effektivliyinə yönəldirik. Əgər ehtiyatlı və diqqətli olmasaq şüur səviyyəsi geri qalmış insanların inkişaf etmiş kompüterləri özlərinə və bütün dünyaya xətər yetirmək üçün istifadə etməsinə gəlib çıxacağıq.

Rəqəmsal diktatorluq bizi gözləyən yeganə təhlükə deyil. Liberal qayda-qanun azadlıqla birlikdə bərabərliyə də böyük dəyər verir. Liberalizm həmişə siyasi bərabərliyi də bəsləyib, dəyər verib və tədriclə anlamağa başlayıb ki, iqtisadi bərabərlik də eyni qədər vacibdir. Sosial təhlükəsizlik və iqtisadi bərabərlik olmadan azadlığın heç bir mənası qalmır. Lakin məhz *Big data* alqoritmləri azadlığı boğa bildiyi kimi, eyni zamanda, indiyə kimi mövcud olmamış qeyri-bərabərlik cəmiyyətləri də qura bilər. Bütün sərvət və hakimiyyət kiçik bir elitanın əlində cəmləşə bilər, qalan insanlar isə istismardan deyil, daha pis şeydən – lazımsızlıqdan əzab çəkə bilərlər.

4

Bərabərlik

Məlumatlara kim sahibdirsə, gələcək də onundur

Son bir neçə onillik ərzində bütün dünyadakı adamlara deyilib ki, bəşəriyyət bərabərlik yolundadır və bu bərabərliyə tezliklə yetişməkdə qloballaşma ilə yeni texnologiya bizə yardım edəcək. Reallıqda isə iyirmi birinci əsr tarixdə mövcud olan ən qeyri-bərabər cəmiyyəti yarada bilər. Qloballaşma və internet ölkələr arasında körpü qursa da siniflər arasındakı uçurumu genişləndirir və bəşəriyyətin özü guya qlobal unifikasiyaya çatmaq istədiyi halda növün özü müxtəlif bioloji zümrələrə bölünə bilər.

Qeyri-bərabərliyin tarixi gedib daş dövrünə çıxır. Otuz min il əvvəl ovçular və yığımçılar qəbilənin bəzi üzvlərini dəbdəbəli, minlərlə fil dişindən muncuqlar, qolbaqlar, zinət əşyaları və başqa incəsənət əşyaları ilə bəzədilmiş qəbirlərdə dəfn edirdilər, başqa qəbilə üzvlərinin qisməti isə torpaqda çılpaq quyu olurdu. Buna baxmayaraq, qədim ovçu-yığımçı cəmiyyətləri, özlərindən sonrakı cəmiyyətlərdən daha eqalitar, yəni bərabərlik cəmiyyətləri idi, çünki onların mülkiyyətində olan dəyər həcmi cüzi idi. Əmlak və mülkiyyət uzun müddətli qeyri-bərabərlik üçün tələb olunan ilkin şərtdir.

Kənd təsərrüfatında baş verən inqilabdan sonra mülkiyyət artdı və bununla qeyri-bərabərlik də artdı. İnsanlar torpağa, heyvanlara və alətlərə mülkiyyətçilik əldə etdikcə sərt iyerarxal cəmiyyətlər yarandı və o cəmiyyətlərdə azsaylı elita sərvətin və hakimiyyətin əsas hissəsini əlinə cəmləşdirməklə nəsildən-nəslə ötürməyə başladı. İnsanlar bu qayda-qanunu təbii, hətta ilahi iradə kimi qəbul etməyə gəlib çıxdılar. İyerarxiya təkcə norma deyildi, həm də ideal idi. Aristokratlar və adi adamlar, kişi və qadınlar və ya valideynlər və övladlar arasında iyerarxiya olmasa necə qayda-qanun ola bilərdi? Bütün dünyada ruhanilər, filosoflar və şairlər təmkinlə izah edirdilər ki, insan bədənində bütün üzvlər bərabər olmadığı kimi, – ayaqlar başa tabe olmalıdır, – insan cəmiyyətində də bütün üzvlər bərabər ola bilməz, əks təqdirdə xaosdan başqa heç nə yaranmaz.

Lakin müasir eranın sonlarında bərabərlik, insan cəmiyyətlərinin demək olar ki, hamısında ideala çevrilib. Bunun səbəbi, həm də yeni, kommunizm və liberalizm ideologiyalarının inkişafı idi. Lakin bu, həm də kütlələri əvvəlkindən daha vacib faktora çevirən Sənaye İnqilabına görə idi. Sənaye ölkələrinin iqtisadiyyatı fəhlə kütlələrinə, ordusu isə adi əsgərlərə istinad edirdi. Həm demokratiya, həm də diktatorluq kütlələrin səhiyyə, təhsil və rifahına iri investisiyalar qoyurdu, çünki, onların istehsal xəttində işləmək üçün milyonlarla sağlam işçiyə və səngərlərdə döyüşmək üçün milyonlarla loyal əsgərə ehtiyacı vardı.

Deməli, iyirminci əsrin tarixi, yüksələn dərəcədə siniflərin, irqlərin və cinslərin qeyri-bərabərliyinin azalması ilə cərəyan edib. 2000-ci ildə dünyada iyerarxiyalar hələ qalsa da, 1900-cü ilə nisbətdə bərabərliyin daha çox bərqərar olduğu yer idi. İyirmi birinci əsrin ilk illərində insanlar eqalitar proseslərin davam edəcəyini və hətta sürətlənəcəyini gözləyirdilər. O cümlədən də qloballaşmanın iqtisadi rifahı dünyaya yayacağını və nəticə olaraq Hindistan və Misir kimi ölkələrdə də adamların Finlandiya və Kanada əhalisinin imkan və imtiyazlarından yararlanacağına ümid edirdilər. Bütöv bir nəsil bu vədləri eşidərək böyümüşdür.

İndi belə çıxır ki, bu vədlər yerinə yetirilməyə bilər. Qloballaşmadan bəşəriyyətin seqmentlərinin fayda götürdüyü yəqindir, lakin həm cəmiyyətlərin içində, həm də cəmiyyətlər arasında qeyri-bərabərliyin artması nişanələri görünür. Bəzi qruplar qloballaşmanın nəticələrini getdikcə daha da monopoliyaya alır, milyardlar isə kənarda qalır. Artıq bu gün ən varlı 1% insan dünya sərvətinin 50%-nə sahibdir. Daha həyəcanverici odur ki, ən varlı 100 adamın malik olduğu varidat, ən kasıb 4 milyard adamınkından artıqdır.[78]

Belə görünür ki, vəziyyət getdikcə pisləşə bilər. Əvvəlki fəsillərdə izah etdiyimiz kimi, süni intellektin inkişafı, çox insanların iqtisadi

və siyasi dəyərini sıfıra endirə bilər. Eyni zamanda, biotexnologi-
yadakı irəliləyişlər, iqtisadi bərabərsizliyi bioloji bərabərsizliyə
çevirə bilər. Super varlılar nəhayət ki, öz ölçüsüz sərvətləri ilə bir
dəyərli nə isə edəcəklər. İndiyə qədər öz status simvollarından
artıq olan az şey ala bilirdilərsə, tezliklə həyatın özünü almaq im-
kanları olacaq. Əgər həyatın uzadılması və həm fiziki sağlamlığın,
həm də dərketmənin inkişaf etdirilməsi sahəsindəki yeni müalicə
metodları çox baha olsa, bəşəriyyət bioloji zümrələrə bölünəcək.
Tarixdə varlılar və aristokratlar həmişə elə düşünüblər ki, onların
başqalarından daha artıq qabiliyyəti var, ona görə də onlar daha
üstündürlər. Deyə biləcəyimiz budur ki, bu həqiqət deyil. Ortalama
qraf, ortalama kəndlidən daha istedadlı deyildi – onun üstünlüyü
ədalətsiz hüquq və iqtisadi diskriminasiyaya əsaslanırdı. 2100-cü
ilə qədər varlılar həqiqətən xarabalıqlarda yaşayanlardan daha is-
tedadlı, daha kreativ və daha yüksək intellektli ola bilərlər. Varlı-
ların və kasıbların qabiliyyəti arasında real uçurum yarananda, bu
fərqi aradan qaldırmaq demək olar ki, mümkün olmayacaq. Əgər
varlı bu üstün qabiliyyətini daha da varlanmağa yönəltsə və daha
çox pul ona daha yaxşı bədən və beyin almaq imkanı versə, zaman
keçdikcə bu uçurum daha da böyüyəcək. 2100-cü ilədək ən varlı 1%
nəinki dünya sərvətinin əksər hissəsinə sahib olar, həm də dünya-
nın gözəlliyini, kreativliyini və sağlamlığını da ala bilər.

İki proses – bioinjinirinq və süni intellekt – birləşib bəşəriyyəti az-
saylı superinsan və aşağı, kütləvi və lazımsız *Homo sapiens* siniflərinə
ayıra bilər. Kütlələr öz iqtisadi və siyasi əhəmiyyətini itirdikcə, artıq
onsuz da məşum olan vəziyyəti bir az da pisləşdiyi üçün dövlət də
onların sağlamlığı, təhsili və rifahına investisiya qoymaq stimulu-
nu ən azı bir qədər itirə bilər. Artıq olmaq çox təhlükəli ola bilər.
Onda, kütlələrin gələcəyi kiçik elitanın xoş niyyətindən asılı olacaq.
Bəlkə bir neçə onillik ərzində bu xoş niyyət mövcud olsun. Lakin,
böhran zamanında – iqlim fəlakətində olduğu kimi – artıq adamları
gəminin bortundan atmaq çox şirnikdirici və asan ola bilər.

Bəlkə Fransa və Yeni Zelandiya kimi, uzunmüddətli liberal əqidə
ənənələri və sosial dövlət praktikası olan ölkələrdə elita kütlələrin
qayğısını çəkməyə davam edəcək, hətta elitanın onlara ehtiyacı ol-
masa da. Lakin daha kapitalist ölkə olan ABŞ-da elita, Amerika rifah

dövlətini sökmək üçün ilk imkandan istifadə edə bilər. Hindistan, Çin, Cənubi Afrika və Braziliya kimi iri ölkələrdə hətta bundan da böyük problemlər olacağı gözləniləndir. O ölkələrdə, adi adamlar öz iqtisadi dəyərlərini itirən kimi qeyri-bərabərlik kosmik sürət ala bilər.

Ona görə də, qloballaşma qlobal birliyə aparmaq əvəzinə "növ yaratmağa" aparıb çıxara bilər: insanın müxtəlif bioloji siniflərə və ya hətta növlərə bölünməsi baş verə bilər. Qloballaşma dünyanı üfüqi ox üzrə birləşdirəcək və milli sərhədləri siləcək, eyni zamanda da bəşəriyyəti şaquli ox üzrə böləcək. ABŞ və Rusiya kimi müxtəlif ölkələrdə hakimiyyətdə olan oliqarxlar birləşib işlərini adi sapienslər kütləsinə qarşı qura bilərlər. Bu baxımdan "elita"nın indiki populist narazılığı əsaslıdır. Əgər ehtiyatlı olmasaq, Silikon Vadisi maqnatlarının və Moskva milyarderlərinin nəvələri, Appalaçi və Sibir kəndçilərinin nəvələrindən üstün növ olacaqlar.

Uzun vədədə, belə ssenari hətta dünyanı deqlobalizasiya da edə bilər, belə ki, üst zümrə, özünün elan etdiyi "sivilizasiya" daxilində toplaşır və özünü xaricdəki "barbar" dəstələrindən ayırmaq üçün qalalar tikir və xəndəklər qazır. İyirminci əsrdə sənaye sivilizasiyası ucuz işçi qüvvəsi, xammal və bazar olaraq "barbar"lardan asılı olub. Ona görə də onları məğlub edərək udub. Lakin, iyirmi birinci əsrdə, post-industrial sivilizasiya süni intellektə, bioinjineriyaya və nanotexnologiyaya əsaslanaraq daha özünəbağlı və özünəkafi bir sistem ola bilər. Təkcə sinif bütövlüklə deyil, bütöv ölkələr, bütöv kontinentlər qeyri-aktual və lazımsız ola bilər. Dronların və robotların qoruduğu istehkamlar özünü sivilizasiya elan etmiş zonanı barbar torpaqlarından ayıracaq və orada kiborqlar bir-birilə döyüşəndə məntiq bombalarından istifadə edəcəklər, bayırdakı zonada isə vəhşi insanlar bir-birilə maçeta və kalaşnikovla vuruşacaqlar.

Bu kitabda, bəşəriyyətin gələcəyi haqqında danışanda mən tez-tez birinci şəxsin cəm halında yazıram. "Bizim" problemlərimiz haqqında "özümüz"ün nəyə ehtiyacımız olduğu barədə. Lakin ola bilər ki, "biz" yoxuq. Yəni "bizim" ən böyük problemlərimizdən biri müxtəlif insan qruplarının tamamilə fərqli gələcəyinin olmasıdır. Ola bilər ki, dünyanın bəzi yerlərində uşaqlara kompüter kodları yazmağı öyrədəcəksiniz, başqa yerlərində isə silahı tez çəkib düz atəş açmağı.

Məlumat kimin əlindədir?

Əgər biz sərvət və hakimiyyətin kiçik elitanın əlinə keçməsinin qarşısını almaq istəyiriksə, əsas məqam məlumatlara mülkiyyət məsələsini tənzimləməkdir. Qədim zamanlarda torpaq dünyada ən vacib mülkiyyət obyekti idi, siyasətçilər torpağa sahib olmaq üçün mübarizə aparırdılar və əgər həddən artıq çox torpaq sahələri az saylı adamların əlində cəmləşirdisə, cəmiyyət aristokratlara və qara camaata bölünürdü. Müasir dövrdə maşınlar və zavodlar torpaqdan daha vacib aktivə çevrildi və siyasi mübarizələr öz fokusunu istehsalın həyati vacib vasitələrinə nəzarət üzərinə keçirdi. Əgər həddən artıq sayda maşın az sayda əllərdə cəmləşirdisə, cəmiyyət kapitalistlərə və proletariata bölünürdü. Lakin iyirmi birinci əsrdə informasiya-məlumat ən vacib aktiv olaraq həm torpağı, həm də maşınları ötüb keçəcək və siyasətçilər informasiya axınlarına nəzarət etmək üçün mübarizə aparacaqlar. Əgər informasiya axınları az sayda əllərdə cəmləşəcəksə, bəşəriyyət müxtəlif növlərə bölünəcək.

İnformasiyaya sahib olmaq uğrunda yarış artıq başlayıb və *Google*, *Baidu* və *Tencent* kimi nəhənglərin başçılığı ilə davam edir. İndiyə qədər bu nəhənglərin "diqqət tacirləri" biznes-modelini qəbul etdikləri görünür.[79] Bizi havayı informasiya, xidmət və əyləncə ilə təmin etməklə diqqətimizi reklamçılara satırlar. Lakin datanəhənglərin hədəfi, yəqin ki, əvvəlki diqqət tacirlərinkindən çox yüksəkdədir. Onların həqiqi biznesi heç də reklam satmaq deyil. Bizim diqqətimizi ələ almaqla, haqqımızda külli miqdarda informasiya toplayırlar və bu hər hansı reklamdan gələn gəlirdən daha qiymətlidir. Biz onların müştəriləri deyilik – onların məhsuluyuq.

Orta vədədə bu informasiya bazası köklü şəkildə fərqli biznes-modelə yol açır və bu biznes modelin ilk qurbanı reklam sənayesi özü olacaq. Yeni model, seçim və alış səlahiyyəti də daxil olmaqla bütün səlahiyyətləri insanlardan alıb alqoritmlərə verir. Alqoritmlər bizim əvəzimizə seçim və alış edəcəklərsə, ənənəvi reklam sənayesi müf- lis olacaq. *Google*-a baxın. *Google* elə bir səviyyəyə çatmaq istəyir ki, biz ondan hər şeyi soruşa bilək və dünyada ən düzgün cavabı alaq. Biz əgər Google-a belə sual versək ki: "Salam, *Google*, avtomobillər haqqında bildiklərinə və mənim haqqımda bildiklərinə (ehtiyac- larım, vərdişlərim, qlobal istiləşməyə münasibətim və hətta Yaxın Şərq məsələsi haqda mövqeyim) əsasən mənə uyğun olan ən yaxşı avtomobil hansıdır?" – nə baş verəcək? Əgər *Google* bizə ağıllı ca- vab verə bilirsə və əgər biz asan manipulyasiya olunan hissimizin yerinə *Google*-a etibar etməyə öyrəşmişiksə, avtomobil reklamı ki- min nəyinə lazımdır?[80]

Uzun vədədə, kifayət qədər informasiyanı və kifayət qədər kom- püter gücünü bir yerə toplamaqla, data-nəhənglər həyatın dərin sirlərinə müdaxilə edə bilərlər və sonra da bu biliklərini yalnız bizim üçün seçimlər etmək və ya bizi idarə etmək üçün deyil, həm də üzvi həyatı yenidən layihələndirmək və qeyri-üzvi həyat formalarını ya- ratmaq üçün istifadə edə bilərlər. Reklam satmaq "nəhəng"lərə qısa zaman vədəsində sərfəli ola bilər, lakin onlar çox zaman tətbiqlərin, məhsulların və kompaniyaların nə qədər pul generasiya etdiklərinə görə yox, onlar vasitəsilə əldə etdikləri informasiyaya görə onlara dəyər verirlər. Populyar tətbiqi proqram biznes-modelə uyğun ol- maya bilər və hətta qısa zaman intervalında maliyyə baxımından zərər də verə bilər, lakin əgər o məlumat "əmirsə" onun dəyəri mil- yardlara ölçülə bilər.[81] Hətta əgər siz bu gün informasiyadan necə pul qazanmağı bilmirsinizsə də, onu əldə etməyə dəyər, çünki, o, gələcəkdə həyata nəzarətin və onu formalaşdırmağın açarı ola bilər. Mən, data-nəhənglərin məhz bu terminlərlə düşündüyünü dəqiq bilmirəm, lakin, onların fəaliyyəti göstərir ki, onlar sadəcə dollar və sent toplamaqdansa, informasiya toplamağa daha böyük dəyər verirlər.

Adi adamlar üçün prosesə müqavimət göstərmək çox çətin ola bilər. Hal-hazırda insanlar özlərinin ən dəyərli aktivlərini – özləri haqqında şəxsi informasiyanı, pulsuz e'mail xidməti və gülməli vi- deoların qarşılığında verməyə həvəslə razılaşırlar. Bu, bir az Afrika və yerli Amerika qəbilələrinin, bilməyərəkdən bütöv ölkələri Avro- pa imperialistlərinə rəngli muncuq və ucuz bər-bəzək qarşılığında vermayinə bənzəyir. Əgər daha sonralar adi adamlar informasiya axınının qarşısını almaq istəsələr, xüsusilə, hətta sağlamlıq və yaşayış məsələləri üzrə də qərar vermək səlahiyyətini bütünlüklə şəbəkəyə verdikləri üçün, bunu etməyin getdikcə daha çətin olduğunu görəcəklər.

İnsanlar və maşınlar o qədər birləşib tamlaşa bilər ki, insanı şəbəkədən ayırsan yaşamaq qabiliyyətini də itirər. Onlar ana bətnindən bir-birilə bağlı olacaqlar və əgər sonrakı həyatda ayrılmaq istəyəcəklərsə, sığorta şirkətləri sizi sığorta etməkdən imtina edəcək, iş sahibləri sizə iş verməyəcək və səhiyyə xidmətləri də sizə xidmətdən imtina edə bilərlər. Sağlamlıq və şəxsiyyət konfidensiallığının böyük döyüşündə, sağlamlıq çox asanlıqla qalib gələcək.

İnformasiya biometrik sensorlar vasitəsilə bədəndən və beyindən ağıllı maşınlara axdıqca, korporasiyalar və dövlət qurumları üçün sizi tanımaq, manipulyasiya etmək və əvəzinizdə qərar qəbul etmək asanlaşacaq. Hətta bundan da ciddi olan odur ki, onlar bədənin və beyinin dərin mexanizmlərini de-şifrə edib həyatı layihələndirmək gücünə sahib ola bilərlər. Əgər biz azsaylı elitanı belə allaha layiq gücü monopoliyaya almaqdan məhrum etmək və bəşəriyyəti bioloji zümrələrə ayrılmaqdan qorumaq istəyiriksə, əsas sual budur: informasiya kimin əlindədir? DNK, mənim beynim və mənim həyatım haqqında məlumatlar mənə məxsusdur, yoxsa hökuməta, korporasiyaya və ya insan kollektivinə?

Hökumətlərə informasiyanı milliləşdirmək mandatı verilməsi, yəqin ki, böyük korporasiyaların hakimiyyətini məhdudlaşdıracaq, lakin bu da mənfur rəqəmsal diktatorluqla nəticələnə bilər. Siyasətçilər bir az musiqiçilər kimidir, onların çaldığı alətlər insanın emosional və biokimyəvi sistemidir. Onlar nitq söyləyir – ölkədə qorxu dalğası yaranır. Tvit yazırlar – nifrət bombası partlayır. Məncə biz, daha mürəkkəb olan aləti bu musiqiçilərə çalmağa verməli deyilik. Siyasətçilər bizim emosional düymələrimizi basıb həyəcan, nifrət, sevinc yaratmaq imkanı əldə etdiyi gündən siyasət sadəcə emosional sirkə çevriləcək. Əgər biz böyük korporasiyaların gücündən qorxmalıyıqsa da, tarix göstərir ki, qüdrətli dövlətlərin əlində yaşayışımızın daha yaxşı olacağı heç də hökm deyil. Məsələn, 2018-ci il üçün deyə bilərəm ki, şəxsən mənim haqqımda informasiya Vladimir Putinin əlində olmağındansa, Mark Zukerberqin əlində olsa yaxşıdır (hərçənd *"Cambridge Analitika"* qalmaqalı burada elə də böyük seçimin olmadığını göstərir, belə ki, Zukerberqə etibar edilmiş məlumatlar Putinə də gedib çata bilər).

Fərdin özü haqqındakı informasiyaya mülkiyyətçiliyi, bu fikirlərin hər birindən daha cəlbedici səslənir, lakin əslində nə demək olduğu aydın deyil. Bizim, torpağa mülkiyyətçiliyin tənzimlənməsi ilə bağlı min illərlə sürən təcrübəmiz var. Bilirik ki, torpaq sahəsinə hasar necə çəkilməlidir, giriş qapısında necə keşikçi olmalıdır və içəri girməyə kimin ixtiyarı var. Son iki yüz il ərzində sənaye sahəsindəki mülkiyyətçilik münasibətinin tənzimlənməsi həddən artıq mürəkkəbləşdirilib. Məsələn mən bu gün General Motors-un, Toyotanın səhmlərini almaqla onların bir hissəsinin mülkiyyətçisi ola bilərəm. Lakin bizim, özlüyündə çətin bir məsələ olan informasiyaya mülkiyyətçiliyin tənzimlənməsində böyük təcrübəmiz yoxdur. Çünki, torpaq və maşınlardan fərqli olaraq, informasiya hər yerdədir, eyni zamanda da heç yerdə deyil, yerini işıq sürətilə dəyişə bilər və onun istədiyiniz sayda surətini çıxara bilərsiniz.

Deməli, daha yaxşı olar ki, hüquqşünasları, siyasətçiləri, filosofları və hətta şairləri öz diqqətini bu çətin məsələnin həllinə çevirməyə çağıraq: siz informasiyaya mülkiyyətçiliyini necə tənzimləyirsiniz? Bu, yəqin ki, zəmanəmizin ən vacib siyasi sualıdır. Əgər bu suala cavab verə bilməsək, bizim sosio-siyasi sistemimiz məhv ola bilər. İnsanlar kataklizmin gəlməsini artıq hiss edirlər. Yəqin ona görə də bütün dünyada insanlar, hələ on il əvvəl sarsılmaz sayılan liberalizmə olan inamlarını itirirlər.

Onda biz indi olduğumuz yerdən irəli necə gedək və biotex və infotex inqilablarının etdiyi çağırışların öhdəsindən necə gələk? Ola bilsin ki, dünyanı dağıdan elə həmin alimlər və iş adamları ilk növbədə hansısa texnoloji həlli işləyib hazırlaya bilərdilər? Məsələn şəbəkə alqoritmləri, bütün məlumatlara kollektiv şəkildə sahib olan və gələcək həyatın inkişafını nəzarətdə saxlaya bilən qlobal insan cəmiyyəti üçün əsas yarada bilərmi? Dünyada qlobal bərabərsizlik artdıqca və sosial gərginlik güclədikcə, ola bilsin ki, Mark Zukerberq özünün 2 milyard dostunu gücləri birləşdirib birlikdə nə isə etməyə çağırsın.

İkinci hissə

SİYASİ
ÇAĞIRIŞLAR

İnfotex və biotexin birləşməsi azadlığın və bərabərliyin köklü müasir dəyərlərini təhdid edir. Texnoloji problemlərin hər hansı həlli qlobal k ooperasiya tələb edir. Lakin millətçilik, din və mədəniyyət bəşəriyyəti düşmən düşərgələrə bölür və qlobal səviyyədə kooperasiyanı çox çətinləşdirir.

5

İcma

İnsanların bədəni var

Kaliforniya zəlzələyə öyrəşib, lakin bununla belə 2016-cı il ABŞ seçkiləri Silikon Vadisi üçün kobud silkələnmə kimi oldu. Kompüter sehrbazları özlərinin problemin bir hissəsi olduqlarını anlayaraq mühəndislərin ən yaxşı edə bildiklərini etdilər: texniki həll yolunu axtardılar. Hər yerdən güclü reaksiya *Facebook*-un Menlo Parkdakı baş qərargahından oldu. Bu, anlaşılandır. *Facebook*-un biznesi sosial şəbəkə xidməti olduğu üçün, sosial müvazinətin pozulmasına qarşı çox həssasdır.

Öz fəaliyyətini üç ay ərzində analiz etdikdən sonra, 16 fevral 2017-ci ildə Mark Zukerberq, qlobal icmanın yaradılmasına və bu layihədə *Facebook*-un roluna aid çox cəsarətli manifest elan etdi.[82] Bunun davamı olaraq, 22 iyun 2017-ci ildə, İcmaların Sammitindəki nitqində Zukerberq dedi ki, zəmanəmizin sosial-siyasi dəyişikliyi – tüğyan edən narkotik asılılıqdan tutmuş, qatil totalitar rejimlərədək – böyük dərəcədə insan icmalarının dezinteqrasiyası ilə əlaqədardır. O, təəssüfünü bildirdi ki, "onilliklər ərzində müxtəlif növ qruplarda üzvlük dörddə-birə qədər azalmışdır. Bu, çoxlu sayda insanın indi başqa yerdə həyatın mənasını və özlərinə dəstək axtarmağa ehtiyacı vardır".[83] Vəd etdi ki, *Facebook* bu icmaların bərpası və yenidən qurulması ilə məşğul olacaq, onun mühəndisləri isə keşişlərinin boyunlarından atdığı işi yerinə yetirəcəklər. "Biz bu icmaların yaradılmasını asanlaşdırmaq üçün bəzi alətləri işə salmağa başlamaq istəyirik".

Sonra dedi ki, "biz layihəni sizə əhəmiyyətli olacaq qrupları təklif etməyi bacarıb-bacarmadığımızı bilmək üçün başladıq. Bunu etmək üçün süni intellekt yaratmağa başladıq və bu işləyir. İlk 6 ayda 50% daha artıq adamın bu əhəmiyyətli icmalara qoşulmasına kömək etmişik". Onun son hədəfi – "Bir milyard adama bu əhəmiyyətli icmalara qoşulmaqda yardımçı olmaqdır... Əgər bunu edə bilsək, yalnız son onilliklərdə müşahidə olunan icmalara üzvlüyün azalmasının qarşısını almaq deyil, sosial mozaikanı gücləndirib dünyanı daha yaxın araya gətirə bilərik". Bu elə vacib bir məqsəddir ki, Zukerberq "*Facebook*-un missiyasını dəyişib, bunu öz üzərinə götürməyə" and içdi.[84] Əlbəttə, Zukerberqin insan icmalarının parçalanması haqqındakı gileyi haqlıdır.

Buna baxmayaraq Zukerberq bu əhdini deyəndən bir neçə ay sonra və bu kitab çapa hazırlandığı bir vaxtda, "*Cambridge Analitika*" qalmaqalı baş verdi – *Facebook*-a etibar edilmiş məlumatlar üçüncü tərəfin əlinə keçmiş və bu məlumatları bütün dünyada seçkiləri manipulyasiya etmək məqsədilə istifadə etmişlər. Bu, Zukerberqin yüksək vədlərini gülünc vəziyyətə salaraq *Facebook*a olan ictimai etibarı sarsıtmışdır. Ümid etmək olar ki, *Facebook* yeni insan icmaları yaratmamışdan əvvəl mövcud icmaların konfidensiallığı və qorunmasını təmin etsin. Yenə də, *Facebook*un ümumi baxışının dərinliyinə nüfuz etmək və araşdırmaq lazımdır ki, təhlükəsizlik gücləndirildikdən sonra onlayn sosial şəbəkələr qlobal insan icmalarının yaradılmasına kömək edə bilərmi?

İyirmi birinci əsrdə insanların Allah səviyyəsinə qədər yüksələ bilmək ehtimalı olsa da, hələlik, 2018-ci ildə biz daş dövrünün heyvanlarına bənzəyirik. İnkişaf etmək üçün hələ də intim icmaların üzvü olmağa ehtiyacımız var. Milyon illər boyunca insanlar üzvlərinin sayı bir neçə düjündən artıq olmayan icmalarda yaşamağa öyrəşiblər. Hətta bu gün də, çoxumuz *Facebook* dostlarımızın sayı ilə qürrələnməyimizə baxmayaraq real olaraq 150-dən artıq adamı tanımağı qeyri-mümkün hesab edirik.[85] Bu qruplarsız insan özünü tənha və yadlaşmış hiss edir.

Təəssüf ki, son iki əsr ərzində intim icmalar həqiqətən dağılmağa başlayıb. Bir-birini həqiqətən tanıyan kiçik insan qruplarını xəyali olan millət və siyasi partiyalar icmaları ilə əvəz etmək cəhdi heç vaxt tam uğur qazana bilməyib. Sizin milli ailədəki milyonlarla qardaşınız və kommunist partiyasındakı milyonlarla yoldaşınız, bir qardaşınızın və ya dostunuzun sizə verə biləcəyi mehribanlığı verə bilməz. Deməli insanlar, getdikcə əlaqəli olan planetdə getdikcə daha da tənhalaşırlar. Zəmanəmizin sosial və siyasi təbəddülatlarının çoxu bu tarazlıq pozulmasından yarana bilər.[86]

Ona görə də Zukerberqin insanları yenidən birləşdirmək barədə baxışı vaxtı çatmış və möhtəşəm təşəbbüsdür. Lakin söz demək fəaliyyət göstərməkdən asandır və bu yanaşmanı həyata keçirmək üçün *Facebook* öz biznes modelini tamamilə dəyişməli ola bilər. Əgər sizin qazancınız insanların diqqətini cəlb edib onu reklamçılara satmaqdan çıxırsa, çətin ki, qlobal icma yarada biləsiniz. Buna baxmayaraq, Zukerberqin hətta belə bir baxış formalaşdırması təqdirə layiqdir. Korporasiyaların çoxu inanır ki, onların işi pul qazanmaq olmalıdır, hökumətlər mümkün qədər az iş görməli, bəşəriyyət isə öz adından vacib qərarların qəbulunu bazar qüvvələrinə etibar etməlidir.[87] Deməli, əgər *Facebook* insan icmalarını qurmaq haqqında üzərinə real ideoloji öhdəlik götürmək istəyirsə, onun gücündən qorxanlar "böyük qardaş" qışqırığı ilə onu itələyib yenidən korporativ baramanın içinə soxmalı deyillər. Əksinə, biz qalan korporasiyaları, institutları və hökumətləri də öz üzərinə ideoloji öhdəliklər götürməyə və *Facebook*un nümunəsindən ibrət almağa çağırmalıyıq.

Təbii ki, insan icmalarının dağılmasına heyfsilənən və onları yenidən qurmaq istəyən təşkilatlar az deyil. Feminizm aktivistlərindən tutmuş islam fundamentalistlərinə qədər hamısı icma qurmaqla məşğuldur və biz bu çalışmalar barəsində növbəti fəsillərdə danışacağıq. *Facebook*un qambitini unikal edən onun miqyasının qloballığı, korporativ dəstəyi və texnologiyaya dərin inamıdır. Zukerberqin sözündən, yeni *Facebook* Sİ yalnız "əhəmiyyətli icmalar"ı müəyyən etmək deyil, həm də "bizim sosial mozaikanı və dünyanı bir yerə toplamaq" işinin öhdəsindən gələ bilər. Bu, Sİ-ni avtomobil sürmək və ya xərçəng xəstəliyinə diaqnoz qoymaq üçün istifadə etməkdən çox-çox böyük ambisiyadır.

Facebook icmasının işə yanaşması aydın şəkildə qlobal miqyasda süni intellektin sosial injinirinq sahəsində mərkəzi planlaşdırmaya tətbiq edilməsi cəhdidir. Ona görə də çox kritik bir testdir. Əgər uğurlu alınsa, yəqin ki, çox belə cəhdlərin şahidi olacağıq və alqoritmlər insan sosial şəbəkələrinin yeni sahibləri kimi qəbul ediləcəklər. Əgər uğursuz olsa, bu, yeni texnologiyaların məhdudluğunu aşkar edəcək – alqoritmlər nəqliyyatın naviqasiyasında və xəstəliklərin müalicəsində yaxşı ola bilər, sosial problemlərin həllinə gəldikdə hələ ki, siyasətçilərə və keşişlərə etibar etməliyik.

Onlayn offlayna qarşı

Son illərdə *Facebook* heyranedici uğurlar əldə edib və hal-hazırda 2 milyard aktiv onlayn istifadəçisi var. Amma buna baxmayaraq yeni baxışını həyata keçirmək üçün onlaynla offlayn arasındakı uçurumun üzərindən körpü salmaq məcburiyyətindədir. İcma onlayn toplantı kimi başlaya bilər, lakin həqiqətən tərəqqi etmək üçün offlayn dünyada da kök salmalıdır. Əgər bir gün hansısa diktator öz ölkəsinə *Facebook*un yolunu bağlasa və ya interneti tamamilə "elektrik enerjisindən ayırsa", cəmiyyətlər buxarlanacaqmı, yoxsa qruplaşıb mübarizə aparacaqlar? Onlar onlayn rabitə olmadan nümayiş təşkil edə biləcəkmi?

Zukerberq öz 17 fevral 2017-ci il manifestində izah edirdi ki, onlayn icmalar offlayn icmaların yaranmasına yardım edəcək. Bəzən bu doğru olur. Lakin çox hallarda onlayn, offlaynın hesabına baş verir və onların arasında fundamental fərq var. Fiziki cəmiyyətlərin virtual cəmiyyətlərlə müqayisə olunmayacaq dərinliyi var. Ən azı yaxın gələcək üçün bu belədir. Əgər mən İsraildəki evimdə xəstə yatıramsa, Kaliforniyadakı onlayn dostlarım mənimlə söhbət edə bilərlər, amma mənə çay və ya şorba verə bilməzlər.

İnsanların bədəni var. Keçən əsr ərzində texnologiya bizi öz bədənimizdən uzaqlaşdırıb. Biz qoxu və dada diqqət vermək qabiliyyətimizi itiririk. Bunun yerinə smartfonları və kompüterləri qəbul etmişik. İndi küçədə nə baş verdiyindən daha çox kiberfəzada nə baş verdiyi ilə maraqlanırıq. İsveçrədə yaşayan dayım oğlu ilə danışmaq daha asandır, nəinki səhər yeməyi vaxtı həyat yoldaşımla; çünki həyat yoldaşım mənə yox, daim smartfona baxır.[88]

Keçmişdə insanlar belə qayğısızlığa yol verə bilməzdilər. Qədim furajirlər həmişə sayıq və diqqətli olublar. Meşədə gəzib göbələk axtararkən torpaqda hər qabarıqlığı görürdülər. Onlar otların ən zəif tərpənişini eşidirdilər ki, orada ilan gizlənib-gizlənmədiyini bilsinlər. Yeməli göbələk tapanda, onu zəhərlidən ayırmaq üçün son dərəcə diqqətlə yoxlayırdılar. Bugünkü bolluq cəmiyyətlərində hər şeydən belə baş çıxarmağa ehtiyac qalmır. Biz mesaj yaza-yaza supermarket rəflərinin arasında gəzib-dolaşa bilirik və sağlamlığa cavabdeh orqanların nəzarətindən keçmiş minlərlə ərzaq arasından seçib istədiyimizi ala bilərik. Amma nəyi seçməyimizdən asılı olmayaraq, son nəticədə onu tələsik şəkildə ekranın qarşısında, e-maili yoxlayarkən və ya televizora baxarkən yeyəcəyik və heç həqiqi dadının nə olduğuna da fikir verməyəcəyik.

Zukerberq deyir ki, *Facebook* "sizə təcrübənizi başqaları ilə bölüşmək üçün öz alətlərini təkmilləşdirməkdə davam etmək istəyir".[89] Lakin insanların həqiqətən ehtiyacı ola biləcək alət onları öz təcrübələrinə birləşdirən alətdir. "Təcrübə mübadiləsi" adı ilə insanlara, başlarına nə gəldiyi və kənardakıların gözündə bunun necə göründüyünü anlaması təşviq edilir. Əgər bir həyəcanlı nə isə baş versə *Facebook* istifadəçilərinin instinkti smartfonlarını çıxarmaq, bunu onlayn yerləşdirmək və "like" gözləməkdir. Bu prosesdə onlar öz hissiyyatını çətin ki, şüurlu şəkildə duya bilsin, onların hissiyyatını getdikcə daha çox internet reaksiyası müəyyən edir.

Öz bədəninə, hissiyyatına və fiziki mühitə qarşı özgələşən insanlar, sanki yadırğamış və kələfin ucunu itirmiş kimidirlər. Alimlər belə özgələşmə hissinin səbəblərini dini və milli bağların zəifləməsində görür, lakin öz bədəninlə əlaqənin itirilməsi yəqin ki, daha vacib fenomendir. İnsanlar milyon illər dinsiz və millətsiz yaşayıb – yəqin ki, iyirmi birinci əsrdə də elə yaşaya bilərlər. Lakin onlar bədənləri ilə əlaqəni itirib xoşbəxt yaşaya bilməzlər. Əgər bədən cisminizdə özünüzü rahat duya bilmirsinizsə, dünyada da özünüzü heç vaxt rahat hiss edə bilməzsiniz.

İndiyə qədər *Facebook*un biznes modeli insanı öz vaxtını daha çox onlayn keçirməyə təşviq edirdi, – hətta başqa fəaliyyətlər üçün az vaxtı və enerjisi qalsa belə. İndi insanlar öz fiziki ətrafına, bədəninə və hissinə fikir verməyə, yalnız çox vacib olanda onlayn olmağa təşviq edən yeni modeli qəbul edə biləcəkmi? Bu model haqqında səhmdarlar nə düşünəcək? (Belə alternativ modelin layihəsi bu yaxınlarda köhnə *Google* əməkdaşı və texnika filosofu Tristan Harris tərəfindən təklif edilmişdi və "vaxtın yaxşı keçirilməsi" adlanırdı).[90]

Onlayn münasibətlərin məhdudiyyəti həm də Zukerberqin sosial qütbləşmə problemini həll etməsi imkanlarını zəiflədir. O, haqlı olaraq göstərir ki, adamları əlaqələndirmək və onlar fikir müxtəlifliyinin təsirinə açıq etmək sosial ayrılığı aradan qaldırmayacaq, çünki, "adamlara əks perspektivdən mövqeyin göstərilməsi əslində başqa perspektivləri çərçivəyə salaraq yabançı hesab edib qütbləşməni bir az da dərinləşdirir". Bunun yerinə Zukerberq təklif edir ki, "fikir mübadiləsinin təkmilləşməsi üçün, insanların bir-birinin fikrini bilməkdənsə, insan kimi bir-birini tanıması ən yaxşı yanaşma üsuludur. Bunun üçün *Facebook* unikal şəkildə uyğun gəlir. Əgər biz insanlarla ümumi baxışlarımıza uyğun – idman komandaları, TV şousu, maraqlar, – əlaqə yaradırıqsa, razılaşmadığımız məsələlər üzrə dialoq qurmaq daha asan olar".[91]

Amma yenə də bir-birimizi "bütöv" şəkildə tanımaq çox çətindir. Bu, çox vaxt, həm də birbaşa fiziki ünsiyyət tələb edir. Yuxarıda qeyd etdiyimiz kimi, ortalama Homo sapiensin təxminən 150 adamdan artıq adamı tanımaq imkanı yoxdur. İdeal olaraq, cəmiyyət yaradılması yekunda sıfır-nəticəli oyun deyil. İnsanlar eyni zamanda müxtəlif qruplara loyallıqla yanaşa bilərlər. Təəssüf ki, intim əlaqələr sıfır-nəticəli oyundur. Müəyyən nöqtədən sonra sizin İranda və ya Nigeriyadakı onlayn dostunuzu tanımaq üçün sərf etdiyiniz vaxt və enerji, yaxın qonşularınızı tanımaq imkanı hesabına olacaq.

*Facebook*un kritik testi o vaxt işə keçəcək ki, mühəndislər insanları internetdəki alış-verişə daha az vaxt sərf edib, vaxtın çoxunu dostlar ilə mənalı keçirməyə imkan yaradan yeni alətlər işləyib hazırlasınlar. *Facebook* bu aləti qəbul edəcək, yoxsa etməyəcək? *Facebook* inamın həqiqi sıçrayışını və sosial qayğıları üstün sayacaq, yoxsa maliyyə maraqlarını? Əgər bunu etsə və müflislikdən yan keçə bilsə, bu, olduqca mühüm transformasiya olacaq.

Diqqəti daha çox rüblük hesabatlara deyil, offlayn dünyaya vermək həm də *Facebook*un vergi siyasətinə təsir göstərəcək. Amazon, *Google, Apple* və bir neçə texnika nəhəngləri kimi *Facebook* da dəfələrlə vergidən qaçmaqda ittiham edilib.[92] İnternet fəaliyyətlərinin vergiyə cəlb edilməsindəki çətinlik, bu qlobal korporasiyların kreativ mühasibatdan istifadəsini asanlaşdırır. Əgər siz adamların əsasən onlayn həyat sürdüklərini düşünürsünüzsə və onların onlayn olmaları üçün zəruri alətləri təmin edirsinizsə, hökumətə vergi ödəməsəniz belə, özünüzü faydalı sosial xidmət təminatçısı hesab edə bilərsiniz. Lakin, insanların bədəni olduğunu və onların yollara, xəstəxanalara və kanalizasiya sistemlərinə ehtiyacı olduğunu unutmayanda vergidən qaçmağa haqq qazandırmaq çox çətin olur. İcmanı tərifləyib onun vacib işlərinin maliyyələşməsindən necə imtina edə bilərsiniz?

Biz *Facebook*un öz biznes modelini dəyişəcəyinə, offlayn meylli vergi siyasəti yürüdəcəyinə, dünyanı birləşdirməyə kömək edəcəyinə və bütün bunlarla belə mənfəətli şirkət olaraq qalacağına yalnız ümid edə bilərik. Lakin bizim, *Facebook*un öz qlobal icma yanaşmasını gerçəkləşdirmək qabiliyyətinə qarşı gözləntimiz qeyri-real olmamalıdır. Tarixən korporasiya sosial və siyasi inqilablara liderlik etmək üçün ideal alət olmayıb. Real inqilablar tez və ya gec qurbanlar tələb edir, korporasiyalar, onların işçiləri, səhmdarları isə bu qurbanları vermək istəmirlər. Ona görə də inqilabçılar kilsələr, siyasi partiyalar və ordular yaradırlar. Ərəb dünyasında *Facebook* və Tvitter inqilabı adlandırılan hadisələr ümidverici onlayn icmalardan başladı, lakin onlar natəmiz offlayn dünyaya çıxan kimi dini fanatiklərin və hərbi xuntanın əlinə keçdi. Əgər *Facebook*un məqsədi qlobal inqilabı qızışdırmaqdırsa, onlaynla offlayn arasındakı uçurumun üzərindən körpü salmaq işini çox yaxşı görməlidir. O da, başqa onlayn nəhənglər də insanları audio-vizual heyvanlar kimi görməyə meyllidir – on barmaqla əlaqəli iki göz və iki qulaq, ekran və kredit kartı. Bəşəriyyəti birləşdirməkdə həlledici addım insanların bədəni olduğunun mənasını qiymətləndirməkdir.

Təbii ki, bu qiymətləndirmənin əks tərəfi də var. Texniki nəhənglərin onlayn alqoritmlərin məhdudluğunu anlamaları onları yalnız öz təsir dairələrini genişləndirməyə sövq edə bilər. "*Google* Glass" kimi cihazlar və "Pokemon Go" kimi oyunlar, onlaynla offlayn arasındakı fərqi aradan götürmək, onları vahid genişlənmiş reallıqda birləşdirmək üçün yaradılmışdır. Hətta ondan da dərin səviyyədə, biometrik sensorların və birbaşa beyin-kompüter interfeyslərin məqsədi elektron maşınlar və üzvi bədən arasındakı sərhədi silmək və həqiqətən dərimizin altına girməkdir. Texniki nəhənglər insan bədəni ilə dil tapandan sonra, indi bizim gözlərimiz, barmaqlarımız və kredit kartlarımızla manipulyasiya etdikləri kimi, bütün bədənimizlə də eyni şeyi edəcəklər. Biz, onlaynla offlaynın ayrı nəsnələr olduğu köhnə vaxtlar üçün darıxa bilərik.

6

Sivilizasiya

Dünyada yalnız bir sivilizasiya var

Mark Zukerberqin bəşəriyyəti internetdə birləşdirməyi arzuladığı bir vaxtda offlayn dünyada bu yaxınlarda baş verən hadisələrin "sivilizasiyaların toqquşması" tezisinə yeni nəfəs verdiyi müşahidə olunur. Bir çox alimlər, siyasətçilər və adi adamlar inanır ki, Suriyadakı vətəndaş müharibəsi, İŞİD-in yaranması, Breksit qarışıqlığı və Avropa Birliyindəki qeyri-sabitlik hamısı "Qərb sivilizasiyası" və "İslam sivilizasiyası" arasındakı toqquşmanın nəticəsidir. Qərbin demokratiyanı və insan hüquqlarını müsəlman ölkələrinə zorla qəbul etdirmək cəhdləri islam aləminin sərt əks-reaksiyasına səbəb oldu, müsəlmanların immiqrasiya dalğası islamçıların terrorist hücumları ilə birlikdə avropalı seçiciləri öz multikultural xəyallarından əl çəkib yerli ksenofobik eyniyyətinə qayıtmağa məcbur etdi.

Bu tezisə görə bəşəriyyət həmişə müxtəlif sivilizasiyalara bölünüb və bu sivilizasiya üzvlərinin dünyaya baxışı həmişə barışmaz olub. Barışmaz dünyagörüş sivilizasiyalar arasındakı konfliktləri qaçılmaz edir. Təbiətdə müxtəlif növlər amansız təbii seçmə qanununa görə yaşayış uğrunda mübarizə apardıqları kimi, sivilizasiyalar tarixində də dəfələrlə baş verən toqquşmalar olub və uyğunlaşıb ən güclü olanlar sağ qalıb ki, bizə tarix nağılını danışsınlar. Bu amansız faktı görmək istəməyənlər – istər liberal siyasətçilər olsun, istər başı buludlarda olan mühəndislər olsun – bunu öz riskləri hesabına edirlər.[93]

"Sivilizasiyaların toqquşması" tezisinin uzağa gedib çıxan siyasi fəsadları var. Onun tərəfdarları iddia edir ki, "qərbi müsəlman dünyası ilə" barışdırmaq üçün edilən hər hansı cəhd uğursuzluğa məhkumdur. Müsəlman ölkələri heç vaxt Qərb dəyərlərini qəbul etməyəcək və qərb ölkələrinin də müsəlman azlıqları daxilinə alması heç vaxt uğurlu ola bilməz. Ona görə də ABŞ Suriya və İraqdan immiqrantları qəbul etməməlidir və Avropa Birliyi də multikulturalizm adlanan xətadan əl çəkib heç nəyi vecinə almadan öz qərbli kimliyinin arxasınca getməlidir. Uzun zaman perspektivində təbii seçmənin sınağından yalnız bir sivilizasiya keçib yaşaya bilər və Brüsseldəki bürokratlar Qərbi müsəlman təhlükəsindən xilas etmək istəməsələr, onda bunu Britaniya, Danimarka və ya Fransa etməlidir.

Bu tezis geniş yayılmış olsa da, insanları çaşdırmaqdır. İslam fundamentalizmi həqiqətən köklü bir çağırış ola bilər, lakin onun "sivilizasiyaya" çağırışı unikal Qərb fenomeni deyil, qlobal sivilizasiyanı hədəfə alır. İran və ABŞ-ın İŞİD-də qarşı birləşməsi boş yerə deyil. Hətta İslam fundamentalistləri də bütün orta əsr ritorikalarına baxmayaraq, yeddinci əsr Ərəbistanından daha artıq müasir qlobal mədəniyyətə istinad edirlər. Onlar orta əsr kəndlilərinin və tacirlərinin deyil, yadlaşmış müasir gənclərin qorxu və ümidlərini körükləyirlər. Pankaj Mişra və Kristifer de Bellayın inandırıcı şəkildə iddia etdikləri kimi, radikal islamçılar Məhəmməd peyğəmbər qədər də Marksın və Fukonun təsiri altındadır və həm də Əməvi və Abbasi xəlifələrinin varisləri olduqları qədər də on doqquzuncu əsr Avropa anarxistlərinin varisləridir.[94] Ona görə də daha diqqətlə baxanda, hətta İslam Dövləti də (İŞİD) sirli özgə planet mədəniyyətinin deyil, qlobal mədəniyyət ağacının budaqlarından biridir.

Daha vacib olan odur ki, "sivilizasiyaların toqquşması"nın istinad etdiyi tarixlə biologiyanın arasındakı analogiya həqiqətə uyğun deyil. Kiçik qəbilələrdən tutmuş böyük sivilizasiyalara qədər insan qruplarının heyvan növlərindən köklü fərqi var və tarixi konfliktlər təbii seçmə prosesindən çox fərqlənir. Heyvan növlərinin bir neçə min nəsildə davam edən obyektiv eynilikləri var. Heyvanın şimpanze və ya qorilla olması onun inancından deyil, genindən asılıdır və müxtəlif genlər konkret məlum sosial davranışı diktə edir. Şimpanzelər dişi və erkəklərdən ibarət qarışıq qrup halında yaşayır. Onlar hər iki cinsdən ibarət öz tərəfdarlarının koalisiyasını yaradıb hakimiyyət uğrunda mübarizə aparır. Qorillalar isə əksinə, vahid

108

erkək dominant qorilla öz hərəmxanasını yaradır və adətən onun statusuna iddiası olan hər hansı yetişmiş erkəyi qovur. Bildiyimizə görə, eyni sosial sistem yalnız son onilliklərdə yaranmayıb, yüz min illərdir ki, davam edir.

İnsanlar arasında belə şey tapa bilməzsiniz. Bəli, insan qruplarının konkret sosial sistemi ola bilər, lakin bunu müəyyən edən genetika deyil və onlar nadir hallarda bir neçə yüz ildən artıq davam gətirə bilir. Məsələn, iyirminci əsr almanları haqqında düşünün. Yüz ildən də qısa bir müddətdə almanlar özlərini altı çox müxtəlif sistemdə təşkil etdilər: Hohenzollern İmperiyası, Veymar Respublikası, Üçüncü Reyx, Almaniya Demokratik Respublikası (Şərqi Almaniya), Almaniya Federativ Respublikası (Qərbi Almaniya) və nəhayət, birləşmiş Almaniya. Təbii ki, almanlar dillərini və bratvurst sardelkası ilə pivəyə sevgilərini saxladılar. Ancaq, hansısa bir unikal alman mahiyyəti varmı ki, onları bütün başqa millətlərdən fərqləndirsin və II Vilhelmin vaxtından Angela Merkelə qədər dəyişməz qalsın?! Və siz nədəsə rastlaşırsınızsa, həmin şey min və ya beş min il əvvəl də mövcud idimi?

Avropa Konstitusiyasının preambulası öz ilham mənbəyinin: "universal dəyərlər olan insan şəxsiyyətinin toxunulmaz və ayrılmaz hüquqlarının, demokratiyanın, bərabərliyin, azadlığın və qanunun aliliyinin təşəkkül tapdığı Avropanın mədəni, dini və humanist mirasından" olduğunu bəyan etməklə başlayır.[95] Bu, belə təəssürat yarada bilər ki, Avropa sivilizasiyasını müəyyən edən insan hüquqları, demokratiya, bərabərlik və azadlıq dəyərləridir. Saysız-hesabsız nitqlər və sənədlər qədim Afina demokratiyasından bugünkü Avropa birliyinə birbaşa cızıq çəkir, Avropa azadlıq və demokratiyasının 2500 illiyini təntənəli şəkildə qeyd edir. Bu, əlinə filin quyruğunu alıb filin fırçaya bənzəyən bir heyvan olduğunu düşünən kor adamı xatırladır. Bəli, demokratiya ideyaları əsrlər boyu Avropa mədəniyyətinin bir hissəsi olub, lakin heç vaxt mədəniyyət tam olaraq bu ideyalardan ibarət olmayıb. Bütün şöhrətinə və nüfuzuna baxmayaraq, Afina demokratiyası təxminən 200 il müddətində, Balkan yarımadasının kiçik bir bucağında mövcud olub. Əgər Avropa sivilizasiyasını son 25 əsr ərzində müəyyən edən demokratiya və insan hüquqları olubsa, onda Sparta və Yuli

Sezar, səlibçilər və konkistadorlar, inkvizasiya və qul ticarəti, XIV Lui və Napoleon, Hitler və Stalinlə nə edək? Onlar əcnəbi sivilizasiyalardan gəlmiş çağırılmamış qonaqlar oublarmı?!

Əslinə qalanda Avropa sivilizasiyası avropalıların düşündüyüdür, xristianlıq xristianların düşündüyü olduğu kimi, eynilə də müsəlmanların və yəhudilərin dini onların düşündüyü olduğu kimi. Və ötən əsrlər ərzində onların düşündüyü kifayət qədər müxtəlif olub. İnsan qruplarını müəyyən edən varislik deyil, daha çox məruz qaldıqları dəyişiklik olur, lakin buna baxmayaraq, onların təhkiyə bacarığı olduğuna görə özlərinə qədim eyniliklər yarada bilirlər. Başlarına hansı inqilabların gəlməsindən asılı olmayaraq, onlar adətən köhnə ilə təzəni eyni ipliyə əyirə bilirlər.

Hətta bir fərd də şəxsiyyət səviyyəsindəki inqilabi dəyişikliyi bütöv və güclü həyat hekayətinə çevirə bilər: "Mən bir zamanlar sosialist idim, sonra kapitalist oldum; Mən Fransada doğulmuşam, indi isə ABŞ-da yaşayıram; Mən evlənmişdim, sonra boşandım; Mənim xərçəng xəstəliyim vardı, sonra sağaldım". Eynilə də, məsələn almanlar kimi insan qrupu, özünü məruz qaldığı dəyişikliyə görə müəyyən edir: "Bir zamanlar biz nasist idik, lakin dərsimizi almışıq və indi sülhsevər demokratlarıq." Sizin, əvvəl II Vilhelmdə, sonra Hitlerdə və nəhayət Merkeldə özünü göstərən hansısa unikal alman mahiyyəti axtarmağa ehtiyacınız yoxdur. Bu köklü dəyişiklik məhz alman olmağı müəyyən edən faktorlardır. 2018-ci ildə alman olmaq nasizmin çətin mirası ilə mücadilə etmək, liberal və demokratik dəyərləri dəstəkləmək deməkdir. Kim bilir, 2050-ci ildə bu nə demək olacaq.

Adamlar çox zaman dəyişikliyi görmək istəmirlər, – xüsusilə də söhbət köklü siyasi və dini dəyərlərdən gedəndə. İsrar edirik ki, bizim dəyərlər qədim sələflərdən qalmış qiymətli mirasdır. Lakin bizə bunu deməyə imkan verən sələflərimizin çoxdan ölmüş olması, özləri haqda danışa bilməməsidir. Məsələn, yəhudilərin qadınlara münasibətinə baxaq. Bu gün ultra-ortadoks yəhudilər publik dairələrdən olan qadınların təsvirini göstərməyi yasaq hesab edirlər. Ultra-ortadokslara yönəlmiş reklam plakatlarında adətən kişilərin və oğlanların şəkli olur, heç vaxt qadınların və qızların şəkli olmur.[96]

110

2011-ci ildə Bruklində nəşr olunan Di Tzaytunq (*Di Tzeitung*) qəzetində Obama administrasiyasının şəkli verilmişdi, lakin orada olan qadınların, o cümlədən dövlət katibi Hillari Klintonun şəkli rəqəmsal üsulla silinmişdi. Qəzet bunun "yəhudilərin abır qanunlarına görə" məcburən etdikləri haqda şərh verdi. Oxşar qalmaqallı hadisə "HaMevaser" qəzetinin, "Şarl Hebdo"dakı qətlə qarşı nümayişdən Angela Merkelin şəklini siləndə olmuşdu, – yəni onun obrazı imanlı oxucuların başında şəhvətli fikirlər yaratmasın deyə. Üçüncü ultra-ortadoks qəzetin – "Hamodia"nın naşiri bu redaksiya siyasətini belə müdafiə etmişdi: "Bizi min illərin yəhudi ənənələri dəstəkləyir".[97]

Heç yerdə qadını görməyə qarşı yasaq sinaqoqda olduğundan sərt deyil. Ortadoks sinaqoqlarda qadınlar kişilərdən diqqətlə ayrılmalı, yalnız özlərinə aid, pərdə ilə ayrılmış məhdud zonada olmalıdır ki, heç bir kişi ibadət edəndə və ya müqəddəs yazıları oxuyanda təsadüfən qadının siluetini də olsa görməsin. Lakin, əgər bütün bunlar min illər tarixi olan yəhudi ənənələri və dəyişməz ilahi qanunlara söykənirsə, onda bəs arxeoloqlar Mişnah və Talmudun vaxtından qalmış sinaqoqları qazıb çıxaranda orada gender seqreqasiyası nişanələrinin olmaması faktını necə izah etmək olar? Əksinə, onların tapdıqları döşəmə və divar mozaikalarında bir çox qadınlar "xəfif" geyimdə təsvir olunublar. Mişnahı və Talmudu yazan ravvinlər müntəzəm olaraq bu sinaqoqlarda ibadət edib, oxuyublar, lakin bu gün ortadoks yəhudilər onları qədim adətlərin ikrah doğuran şəkildə təhqir edilməsi sayardılar.[98]

Oxşar təhriflər bütün dinlərdə var. İslam Dövləti (İŞİD) qürrələnir ki, islamın xalis və ilkin versiyasına qayıdıb; əslində isə onların islama baxışı tamamilə yeni baxışdır. Onların çoxlu müqəddəs mətnlərdən sitat gətirdiyi doğrudur, lakin onlar sitat gətirməkdə, hansını göstərib, hansını görməzliyə vurmaqda və necə təfsir verməkdə çox ehtiyatlıdırlar. Əslində onların müqəddəs mətnlərin təfsirinə belə sərbəst yanaşması özü müasir yanaşmadır. Ənənəvi olaraq müqəddəs mətnlərin təfsiri oxumuş üləmaların – Qahirədəki Əl-Əzhar kimi nüfuzlu qurumlarda müsəlman hüququ və teologiyanı öyrənmiş alimlərin monopoliyasında idi. İslam Dövlətinin liderləri arasında belə səlahiyyəti olanlar lap az idi. Və

111

ən möhtərəm üləmalar Əbu Bəkr əl-Bağdadini və onun ətrafındakı nadan cinayətkarları qovmuşdular.[99]

Bundan İslam Dövlətinin (İŞİD) bəzi adamların iddia etdiyi kimi "qeyri-islami" və ya "anti-islami" olduğu qənaəti hasil olmur. Xüsusilə Barak Obama kimi xristian liderləri ehtiyatsızlıq edib, Əbu Bəkr əl-Bağdadi kimi özünə əmin olan müsəlmanlara müsəlman olmaq nə demək olduğunun mənasını deyəndə çox ironiya yaranır. İslamın əsl mahiyyəti haqqında qızğın mübahisə, sadəcə olaraq mənasız işdir.[100] İslamın konkret DNK-sı yoxdur. İslam, müsəlmanların onun haqqında düşündükləridir.[101]

İnsanı heyvan növlərindən fərqləndirən cəhətlər daha dərindir. Heyvan növləri tez-tez bölünür, ancaq heç vaxt birləşmir. 7 milyon il əvvəl şimpanzelərin və qorillaların eyni əcdadları var idi. Bu vahid əcdadın növü, son nəticədə hərəsi öz təkamül yolu ilə gedən iki populyasiyaya bölündü. Bu baş verəndən sonra geriyə yol olmadı. Müxtəlif növlərə mənsub fərdlər birlikdə məhsuldar nəsil törədə bilmədiyi üçün növlər heç vaxt birləşmir. Qorilla şimpanzeylə, zürafə fillə, it pişiklə heç vaxt birləşə bilməz.

İnsan qəbilələri isə əksinə, zamanla daha böyük qəbilələrdə birləşirdilər. Müasir almanlar bir-birinə, çox da uzaq olmayan zamanlarda elə də məhəbbət bəsləməyən saksonların, prussiyalıların, şvabların və bavariyalıların birləşməsindən əmələ gəlib. Otto fon Bismark (Darvinin "Növlərin təkamülü" əsərini oxuyandan sonra) guya deyib ki, bavariyalı avstriyalı ilə insan arasında çatışmayan həlqədir.[102] Fransızlar frankların, normanların, bretonların, qaskonların və provansların birləşməsindən yaranıb. Bu arada ingilislər, şotlandlar, uelslilər və irlandlar da La-Manş boyunca britonlardan qaynayıb-qarışıb təşəkkül tapıblar. Elə də uzaq olmayan gələcəkdə almanlar, fransızlar və britaniyalılar birləşib avropalılar ola bilərlər.

Birləşmə daim davam etmir, Londondakı, Edinburqdakı və Brüsseldəki adamlar bunu yaxşı bilirlər. Breksit həm Britaniya Krallığının, həm də Avropa Birliyinin dağılmasının başlanğıcı ola bilər. Lakin uzun zaman müddətində tarixin inkişaf istiqaməti aydındır. On min il bundan əvvəl bəşəriyyət saysız-hesabsız təcrid olunmuş qəbilələrə bölünmüşdü. Hər minillik keçdikcə onlar qaynayıb daha böyük qruplarda birləşərək daha az sayda ayrıca sivilizasiyalar yaradıblar. Son nəsillərdə bir neçə qalmış sivilizasiya qarışaraq vahid qlobal sivilizasiyanı yaratdı. Siyasi, etnik və mədəni fərqlər qalır, lakin onlar fundamental vahidliyə xələl gətirmir. Əslində bəzi fərqlilik strukturun ümumiyyətlə hər şeyi əhatə etməsinə görə yaranır. Məsələn, iqtisadiyyatda vahid bazar olmasa, əməyin bölünməsi uğur qazana bilməz. İxtisaslaşmış çörəkbişirənlər və fermerlər olmasa, siz təbabət və ya hüquq sahəsində ixtisaslaşa bilməzsiniz.

İnsanların birləşməsi prosesi iki müxtəlif formada baş verir: ayrı-ayrı qruplar arasında əlaqələrin yaranması və qruplar arasında homogenləşmə praktikası vasitəsilə. Əlaqələr hətta davranışları çox fərqli qalan qruplar arasında da yarana bilər. Əslində, əlaqələr lap qanlı düşmənlər arasında da yarana bilər. Müharibə özü ən güclü insan əlaqələri yarada bilər. Tarixçilər iddia edir ki, qlobalizasiya özünün zirvəsinə ilk dəfə 1913-cü ildə çatmışdı, sonra dünya müharibələri və soyuq müharibə dövründə uzunmüddətli eniş mərhələsi keçdi və yalnız 1989-cu ildən sonra yenidən vüsət almağa başladı.[103] Bu, iqtisadi qlobalizasiya üçün doğru ola bilər, lakin başqa və onun qədər vacib olan hərbi qlobalizasiyanın dinamikasını nəzərə almır. Müharibə özü ideyaları, texnologiyaları və insanları kommersiyadan daha tez yayır. 1918-ci ildə Birləşmiş Ştatlar Avropaya 1913-cü ildə olduğundan daha yaxın əlaqədə idi, sonra iki müharibə arasında ayrıldılar və İkinci Dünya Müharibəsi və soyuq müharibə dövründə taleləri sıx tellərlə bir-birinə bağlanmış oldu.

Müharibə həm də insanları bir-biri üçün çox maraqlı edir. ABŞ Rusiya ilə heç vaxt soyuq müharibə dövründə olduğundan daha sıx əlaqədə olmayıb – Moskva koridorlarındakı hər öskürək, adamları Vaşinqton pillələri ilə yuxarı-aşağı qaçmağa göndərirdi. İnsanlar öz ticarət partnyorlarından daha çox öz düşmənlərinin vəziyyətindən qayğılanır. Amerikada Tayvan haqqında hər bir filmə qarşı Vyetnam haqqında əlli film çəkilib.

Orta əsrlər olimpiadası

İyirmi birinci əsrin əvvəlində dünya müxtəlif qruplar arasında əlaqələr yaratmaqdan çox uzağa gedib. Yer kürəsindəki insanlar yalnız əlaqədə deyil, getdikcə daha artıq dərəcədə eyni inancları və təcrübələri bölüşürlər. Min illər əvvəl Yer planeti onlarla müxtəlif siyasi modellər üçün münbit zəmin yaratmışdı. Siz Avropada müstəqil şəhər-dövlətlərlə və kiçik teokratiyalarla rəqabət edən feodal knyazlıqlar tapa bilərdiniz. Müsəlman dünyasında universal suverenliyə iddia edən xilafət vardı. Lakin həm də padşahlıqlar, sultanlıqlar və əmirliklər vardı. Çin imperiyaları özlərini yeganə qanuni siyasi qurum sayırdılar, halbuki, şimal və qərbdə qəbilə konfederasiyaları bir-birilə qızğın şəkildə döyüşməyində idi. Hindistan və Cənub-Şərqi Asiyada rejimlər kaleydoskopu vardı, Amerikada, Afrikada və Avstraliyada dövlət quruluşları kiçik ovçu-toplayıcı dəstəsindən tutmuş, böyüyən imperiyalar formasına kimi vardı. Təəccüblü deyil ki, qonşu insan qrupları beynəlxalq hüquq bir yana qalsın, hətta ümumi diplomatik prosedurların razılaşdırılmasında da çətinlik çəkirdilər. Hər cəmiyyətin öz siyasi paradiqması vardı və özgənin siyasi konsepsiyasını anlamaqda və hörmət göstərməkdə çətinlik çəkirdilər.

Bu gün əksinə, indi hər yerdə vahid siyasi paradiqma qəbul olunur. Planet təxminən 200 suveren dövlətə bölünüb və hamısı da ümumi şəkildə eyni diplomatik protokol və beynəlxalq hüquq əsasında razılaşıb. İsveç, Nigeriya, Tailand və Braziliya bizim atlaslarda eyni rəngli formada göstərilib; hamısı BMT-nin üzvüdür; çoxsaylı fərqlərə baxmayaraq, hamısı suveren dövlət kimi qəbul olunur və eyni hüquq və imtiyazlardan istifadə edir. Həqiqətən onlar, ən azı simvolik də olsa çoxlu siyasi ideyaları və təcrübələri – nümayəndəlik qurumları, siyasi partiyalar, ümumi seçki hüququ və insan haqları kimi dəyərləri bölüşürlər.

London və Parisdə olduğu kimi Tehranda, Moskvada, Keyptaunda və Dehlidə də parlamentlər var. Fələstinlilər və israillilər, ruslar və ukraynalılar, türklər və kürdlər qlobal ictimai fikri öz xeyirlərinə qazanmaq üçün bir-birilə rəqabət edəndə eyni insan hüquqları, dövlət suverenliyi və beynəlxalq hüquq mükaliməsi çərçivəsində çıxış edirlər.

Dünyada müxtəlif tip "uğursuz dövlətlər" ola bilər, lakin dünya uğurlu dövlət üçün yalnız bir paradiqma tanıyır. Beləliklə, qlobal siyasət Anna Karenina prinsipi ilə hərəkət edir: uğurlu dövlətlər bir-birinə bənzəyir, lakin hər uğursuz dövlət öz yolu ilə uğursuzluğa düçar olur – dominant siyasi paketin bu və ya digər inqrediyentinin çatışmaması ucbatından. İslam Dövləti bu yaxınlarda bu paketi qəbul etməməyi və tamamilə rədd etməyilə və eyni zamanda da tamamilə fərqli bir siyasi quruluş – universal xilafət qurmaq cəhdi ilə özünü göstərdi. Məhz ona görə də süquta uğradı. Çoxsaylı partizan qüvvələri və terror təşkilatları yeni ölkələr yaradır və ya mövcud olanları işğal edirdi. Lakin onlar həmişə bunu qlobal siyasi qaydalara uyğun edirdilər. Hətta Taliban da suveren Əfqanıstan höküməti kimi beynəlxalq səviyyədə tanınması üçün çalışırdı. İndiyə qədər qlobal siyasət prinsiplərini qəbul etməyən heç bir qrup hər hansı əhəmiyyətli əraziyə davamlı nəzarət edə bilməyib.

Qlobal siyasi paradiqmanın gücünü yəqin ki, müharibə və diplomatiyanın sərt siyasi məsələlərinə görə deyil, ən yaxşısı 2016 Rio olimpiadası kimi bir hadisəyə görə qiymətləndirmək doğru olar. Vaxt tapıb oyunların təşkili haqqında düşünün. 11.000 atlet, dininə, zümrəsinə və ya dilinə görə deyil, milli mənsubiyyətinə görə nümayəndəliklərə bölünmüşdü. Buddist, proletar, ingilisdilli nümayəndəliklər yox idi. Bir neçə haldan başqa – əsasən tayvanlılar və fələstinlilər olmaqla – atletlərin milli mənsubiyyətini müəyyən etmək asan iş idi.

5 avqust 2016-cı ildəki açılış mərasimində marşla gedirdilər, hər qrup öz bayrağını yelləyirdi. Hər dəfə Maykl Felps qızıl medal qazananda "Ulduz bayrağı"nın sədaları altında ulduzlu-zolaqlı bayraq qaldırılırdı. Emili Andeol qalib gəlib cüdoda qızıl medal qazananda fransızların üçrəngli bayrağı qaldırılıb "Marselyoza" çalınırdı.

Çox rahatdır, dünyanın hər ölkəsinin eyni universal modelə uyğun öz himni var. Demək olar ki, bütün himnlər bir neçə dəqiqəlik orkestr pyesləridir, yalnız xüsusi zümrədən olan sülalə ruhanilərinin 20 dəqiqəyə oxuya biləcəyi mahnı deyil. Hətta Səudiyyə Ərəbistanı, Pakistan və Konqo kimi ölkələr də öz himnləri üçün Qərb musiqi razılaşmalarını qəbul ediblər. Onların çoxu Bethovenin bəstələdiyi musiqiyə bənzəyir (siz dostunuzla bir axşamı YouTube-da keçirməklə, himnləri səsləndirib hansının hansı ölkəyə məxsus olduğunu tapmağa cəhd edə bilərsiniz). Hətta himnlərin sözlərinin mənası da demək olar ki, bütün dünya üzrə eynidir və siyasətin və qrup loyallığının ümumi konsepsiyasını əks etdirir. Məsələn sizin fikrinizcə aşağıdakı himn hansı ölkəyə məxsusdur? (ölkənin adını ümumi "mənim ölkəm" ifadəsinə dəyişmişəm).

Mənim ölkəm, mənim vətənim,
Qanımı tökdüyüm torpaq,
Həmin torpaqda durmuşam ki,
Vətənimə keşik çəkim.
Mənim ölkəm, mənim ölkəm,
Xalqım mənim, yurdum mənim,
Gəlin birlikdə deyək,
«Vətənimiz birləşir!»
Yaşasın mənim ölkəm,
Yaşasın dövlətim mənim,
Millətim, vətənim, gözəlliyi şəfəq saçır,
Onun ruhunu oyadın, özünü də oyadın,
Böyük vətən eşqinə!
Böyük vətənim, müstəqil və azad,
Sevdiyim evim, ölkəm,
Böyük vətənim, müstəqil və azad,
Mənim böyük ölkəm!

Cavab İndoneziyadır. Ancaq mən cavabın Polşa, Nigeriya və ya Braziliya olduğunu desəydim, təəccüblənərdinizmi?

Milli bayraqlar da eyni darıxdırıcı hekayətdir. Bircə istisna ilə bütün bayraqlar, üzərində çox məhdud rəng repertuarı, zolaqlar və həndəsi fiqurlar olan dördbucaqlı parça kəsiyidir. Nepal bu sırada qəribə ölkədir – bayrağı iki üçbucaqlıdan ibarətdir. (Amma hələ ki, olimpiadada medal qazanmayıb). İndoneziya milli bayrağının yuxarısı qırmızı, aşağısı ağdır. Polşa bayrağı əksinə – yuxarısı ağ, aşağısı qırmızı. Monako bayrağı İndoneziya bayrağının tamamilə eynidir. Daltonik adam Belçika, Çad, Fildişi Sahili, Fransa, Qvineya, İrlandiya, İtaliya, Mali və Rumıniya bayraqları arasındakı fərqi çətin ki, deyə bilsin – hamısı müxtəlif rənglərdəki üç şaquli zolaqdan ibarətdir.

Bu ölkələrin bəziləri bir-birilə ağır müharibələr edib, lakin tufanlı iyirminci əsrdə olimpiya oyunlarının yalnız üçü müharibəyə görə keçirilməyib (1916, 1940, 1944). 1980-ci ildə ABŞ və onun tərəfdarları Moskva Olimpiadasını boykot etdilər, 1984-cü ildə Sovet bloku ölkələri Los Anceles Olimpiadasını boykot etdi və bir neçə dəfə Olimpiadalar siyasi burulğanların arasına düşüb (ən mühümü 1936-cı ildə, nasist Berlin oyunları qəbul edəndə və 1972-də Fələstin terroristləri Münhen Olimpiadasında İsrail heyətinin üzvlərini öldürəndə). Lakin ümumi götürəndə siyasi mübahisələr olimpiya layihəsini poza bilməyib.

İndi, gəlin 1000 il əvvələ qayıdaq. Fərz edək ki, siz 1016-cı ildə Rioda orta əsrlərin Olimpiya oyunlarını keçirmək istəyirsiniz. O vaxt Rionun Tupi hindularının kiçik bir qəsəbəsi olduğunu və asiyalıların, afrikalıların və avropalıların heç Amerikanın varlığından belə xəbəri olmadığını unudun.[104] Təyyarənin olmadığı halda dünyanın ən güclü atletlərinin Rioya necə daşınacağı problemini də unudun. Onu da unudun ki, dünyada cəmi bir neçə idman növü hamıya tanış idi və hətta bütün adamlar qaça bilirdisə də, hər kəs qaçış yarışlarının qaydaları ilə razılaşa bilməzdi. İndi özünüzdən soruşun, yarış nümayəndələrini necə qruplaşdırmaq lazımdır? Bu gün Beynəlxalq Olimpiya Komitəsi Tayvan və Fələstin məsələlərini müzakirə etmək üçün külli miqdarda vaxt sərf edir. İndi bu vaxtı on minə vurun ki, orta əsr olimpiadasının siyasi xəttini hazırlayıb keçirmək üçün sizə lazım olan vaxtı müəyyən edəsiniz.

Əvvələ 1016-cı ildə Çinin Sonq İmperiyası yer üzündə özünə bərabər siyasi subyekt tanımırdı. Ona görə də onun nümayəndə heyətinə Koreyanın Koryo və Vyetnamın Dai Ko Viet krallıqları ilə – hələ dənizlərin o biri sahillərindəki primitiv barbarların nümayəndə heyətlərini demirəm – eyni statusu vermək ağlasığmaz rəzalət olardı.

Bağdaddakı xəlifə də universal hegemonluğa iddia edirdi və sünni müsəlmanların çoxu onu özlərinə ali rəhbər hesab edirdi.

117

Praktikada isə, xəlifə Bağdadın özünü çətin ki, tam idarə edə bilirdi. Yaxşı bəs onda bütün sünni atletlər vahid xilafət nümayəndə heyətinin üzvü olmalı idi, yoxsa onlar sünni dünyasının çoxlu sultanlıq və əmirliyinin onlarla nümayəndə heyətində olmalı idi? Həm də niyə sultanlıq və əmirliklərdə dayanaq ki? Ərəbistan səhrası, Allahdan başqa heç kimi saymayan çoxsaylı bədəvi qəbilələrlə dolu idi. Onlar da hərəsi oxatma və ya dəvə cıdırı yarışlarına müstəqil nümayəndə heyəti göndərməli idi? Avropa da eyni qədər başağrısı verəcəkdi. Norman şəhəri İvridən olan atlet, yerli İvri lordu Normand Qrafının bayrağı altında gedəcəkdi, yoxsa daha zəif olan Fransa Kralının?

Bu siyasi qurumların çoxu bir neçə il ərzində yaranıb və yox olub. Siz 1016 Olimpiadasına hazırlıq gördüyünüz üçün hansı nümayəndəliklərin iştirak edəcəyini əvvəldən bilmək imkanınız olmayacaq, çünki, növbəti ilə qədər hansı siyasi qurumun ayaq üstə qalacağını heç kim bilməyəcək. Əgər İngiltərə krallığı öz nümayəndələrini 1016 Olimpiadasına göndərsə, atletlər öz medalları ilə dönüb geri qayıdanda görəcəklər ki, danimarkalılar Londonu işğal edib və İngiltərə qonşuları Danimarka, Norveç və İsveçin bir hissəsi ilə birlikdə Kral Böyük Knutun Şimal Dənizi İmperiyasına qatılıb. Bir 20 il də keçəndən sonra imperiya dağılacaq, lakin bundan 30 il keçəndən sonra İngiltərə yenə işğal ediləcək, bu dəfə onu Normand Hersoqu işğal edəcək.

Demək artıqdır ki, belə ötəri siyasi quruluşların əksəriyyətində nə çalınacaq himn vardı, nə də qaldırılacaq bayraq. Siyasi simvolların təbii ki, böyük əhəmiyyəti vardı, lakin Avropa siyasətçilərinin simvolik dili İndoneziya, Çin və ya Tupi siyasətçilərinin simvolik dilindən çox fərqli idi. Qələbəni qeyd etmək üçün ümumi protokolu razılaşdırmaq yəqin ki, mümkün olmazdı.

Deməli, siz 2020 Tokio oyunlarını izləyəndə unutmayın ki, baxdığınız yarışlar, əslində heyrətamiz qlobal razılaşmanın nəticəsidir. Bir nümayəndə qızıl medal qazanır, ölkəsinin bayrağı qaldırılır, o ölkənin adamlarında milli qürur hissi yüksəlir. Bəşəriyyətin belə tədbiri hazırlaya bilmək qabiliyyəti isə ondan çox-çox böyük qürur hissi keçirməyə dəyən bir səbəbdir.

Bir dollar onların hamısını idarə edir

Keçmiş zamanlarda insanlar yalnız müxtəlif siyasi sistemləri deyil, həm də ağlasığmaz sayda müxtəlif iqtisadi modelləri təcrübədən keçirirdi. Rus boyarları, Hind maharacaları, Çin mandarinləri və Amerika qəbilə başçılarının pul, ticarət, vergi və işçilik haqqındakı düşüncələri çox fərqli idi. Bu gün, əksinə, demək olar ki, hamı kiçik variasiyalarla eyni kapitalist yanaşmasına inanır və biz hamımız vahid qlobal istehsal mexanizminin dişcikləriyik. Sizin Konqoda və ya Monqolustanda, Yeni Zelandiyada və ya Boliviyada yaşamağınızdan asılı olmayaraq, gündəlik işiniz və iqtisadi rifahınız eyni iqtisadi nəzəriyyə, eyni korporasiya və banklar, eyni kapital axınından asılıdır. Əgər İsrailin və İranın maliyyə nazirləri nahar yeməyində görüşsələr, bir-birilə ümumi iqtisadi dildə danışacaqlar və bir-birinin problemlərinə anlaşıqlı simpatiya ilə yanaşacaqlar.

İslam Dövləti Suriyanın və İraqın ərazilərini işğal edəndə on minlərlə adamı qətlə yetirir, arxeoloji əraziləri məhv edir, abidələri yıxır və əvvəlki rejimlərin simvollarını, eləcə də Qərb mədəniyyətinin ifadəsi olan simvolları sistematik şəkildə dağıdırdı.[105] Lakin, o döyüşçülər yerli banklara girib, üzərində Amerika prezidentlərinin şəkli və ingilis dilində Amerika siyasi və dini ideallarını vəsf edən şüarlar olan dollar saxlanclarını tapanda, Amerika imperializminin simvollarını yandırmırdılar. Çünki dollar əskinasına universal şəkildə, bütün siyasi və dini rejimlər hörmət edir. Onun bir daxili dəyəri olmasa da – dollar əskinasını yeyə və ya içə bilməzsiniz – dollara və Federal Ehtiyat sisteminin müdrikliyinə olan etibar elə möhkəmdir ki, hətta islam fundamentalistləri, Meksika narkobaronları və Şimali Koreya müstəbidləri də bu etibar məsələsində həmrəydir.

Lakin, müasir insanlığın yekcins olması, təbiət və insan bədəni mövzusunda özünün ən bariz ifadəsini tapır. Min il əvvəl əgər siz xəstələnirdinizsə, buna münasibət böyük dərəcədə sizin harada yaşamağınıza bağlı idi. Avropada yaxın ibadət yerində sizə deyəcəkdilər ki, Allahın acığına gəlibsiniz və sağalmaq üçün kilsəyə ianə verməlisiniz, müqəddəs yerləri ziyarət etməlisiniz və Allahın sizi bağışlaması üçün qızğın şəkildə ibadət etməlisiniz. Alternativ olaraq kənd cadugəri sizə izah edə bilər ki, qəlbinizə cin girib və o mahnı oxumaqla, rəqs etməklə və qara xoruzun qanı vasitəsilə həmin cini bədəninizdən çıxara bilər.

Orta Şərqdə klassik ənənələr əsasında dərs almış həkimlər sizə deyə bilərdi ki, bədəninizin dörd elementinin tarazlığı pozulub və onun harmoniyasını bərpa etmək üçün pəhriz saxlamalı və pis qoxu verən miksturalar içməlisiniz. Hindistanda, ayurvedik ekspertlər, doşa adlanan üç bədən elementinin arasında tarazlığın pozulduğu haqda öz nəzəriyyələrini irəli sürüb otlarla müalicə, masaj və yoqa pozaları təyin edəcəkdilər. Çin həkimləri, Sibir şamanları, Afrika cadu doktorları, Hindu təbibləri – hər imperiya, krallıq və qəbilənin öz ənənəsi və eksperti olacaqdı və hərəsi də insan bədəninə və xəstəliyin təbiətinə müxtəlif cür yanaşacaq, eləcə də öz ritualını, öz məlhəmini və öz dərmanlarını təklif edəcəkdi. Onların bəziləri təəccüblü dərəcədə yaxşı işləyirdi, bəziləri isə barələrində ölüm hökmü çıxarılmağa lap yaxın idi. Avropa, Çin, Afrika və Amerika təbabət praktikasının ümumi cəhəti bu idi ki, hər yerdə uşaqların ən azı üçündən biri yetkinlik yaşına çatmadan ölürdü və orta ömür müddəti 50 yaşdan xeyli aşağı idi.[106]

Bu gün əgər xəstələnirsinizsə, harada yaşamağınızın fərqi az olur. Torontoda, Tokioda, Tehranda və ya Tel-Əvivdə siz bir-birinə bənzəyən xəstəxanalara düşəcəksiniz, orada eyni universitetlərdə elmi nəzəriyyələri öyrənmiş ağ xalatlı həkimlərlə rastlaşacaqsınız. Onlar eyni protokollara riayət edib, eyni testlər aparacaq və eyni diaqnozu qoyacaqlar. Sonra eyni beynəlxalq dərman şirkətlərinin istehsal etdiyi eyni dərmanları təyin edəcəklər. Hələ də bəzi kiçik fərqlər var, lakin Kanada, Yapon, İran və İsrail həkimlərinin insan bədəni və xəstəliklərinə yanaşmaları demək olar ki, eynidir. İslam Dövləti Raqqa və Mosulu tutduqdan sonra oradakı xəstəxanaları uçurmadılar. Əksinə, bütün dünyadakı müsəlman həkimlərə və tibb personalına müraciət etdilər ki, gəlib orada öz könüllü xidmətlərini göstərsinlər.[107] Yəqin ki, hətta islamçı doktorlar və tibbi personal da bədənin hüceyrələrdən ibarət olduğuna, xəstəliklərin patogenlərdən yarandığına və antibiotiklərin bakteriyaları öldürdüyünə inanır.

Bəs bu hüceyrə və bakteriyalar nədən ibarətdir? Həqiqətən, bütün dünya nədən təşkil olunub? Min il əvvəl hər mədəniyyətin kainat və kosmik şorbanın əsas inqrediyentləri haqqında öz hekayəti vardı. Bu gün, bütün dünyadakı oxumuş adamların maddə, enerji, zaman və məkan haqqında tamamilə eyni baxışları var. Məsələn Şimali Koreya və İran nüvə proqramlarını götürün. Bütün problem bundan ibarətdir ki, iranlıların və Şimali koreyalıların fizikaya baxışı, israillilərin və amerikalıların baxışı ilə eynidir. Əgər iranlılar və Şimali koreyalılar $E=MC^4$ olduğuna inansaydılar İsrail və ABŞ öz nüvə proqramları haqqında heç bir narahatlıq keçirməzdi.

İnsanların dini və milli mənsubiyyətləri hələ də müxtəlifdir. Lakin praktik işlərə – dövləti, iqtisadiyyatı, xəstəxananı necə qurmaq və ya bombanı necə düzəltmək məsələsinə – gəldikdə demək olar ki, bizim hamımız eyni sivilizasiyaya mənsubuq. Şübhəsiz ki, ziddiyyətlər də var, amma bütün sivilizasiyaların daxilində mübahisələr olur. Əslində onları müəyyən edən də bu mübahisələrdir. Oxşarlıqlarını qeyd etmək istəyəndə insanlar adətən ümumi xüsusiyyətlərinin baqqal siyahısını tərtib edirlər. Bu, səhvdir. Ümumi konfliktlərinin və ziddiyyətlərinin siyahısını tutsaydılar daha düzgün olardı. Məsələn, 1618-ci ildə Avropada vahid dini mənsubiyyət yox idi – bunu müəyyən edən dini konfliktlər idi. 1618-ci ildə avropalı olmaq, katoliklər və protestantlar, kalvinistlər və lüteranlar arasındakı cüzi fərqlərə dirənib qalmaq və bu fərqlərə görə ölmək və öldürməyə hazır olmaq demək idi. Əgər 1618-ci ildə insan övladı bu konfliktlərə məhəl qoymurdusa o, ya türk idi, ya da hindli, əminliklə deyə bilərik ki, avropalı deyilmiş.

Eynilə 1940-cı ildə Britaniya və Almaniyanın siyasi dəyərləri çox fərqli idi, lakin onların ikisi də "Avropa sivilizasiyası"nın ayrılmaz hissələri idi. Hitler Çerçilldən daha az avropalı deyildi. Əksinə, onlar arasındakı kəskin mübarizə, tarixin müəyyən qovşaqlarında avropalı olmağın nə demək olduğunu müəyyən edirdi. Müqayisə üçün, ovçu-toplayıcı kunq 1940-cı ildə avropalı deyildi, çünki irq və imperiya konfliktləri onun üçün mənasız iş idi.

Hər kəsin münaqişə etdiyi adamlar çox vaxt öz ailə üzvləri olur. Eynilik razılıqdan daha artıq konflikt və mübahisələrlə müəyyən olunur. 2018-ci ildəki avropalı üçün bu nə deməkdir? Bu, ağ dərili olmaq, İsa Məsihə inanmaq və ya azadlığı dəstəkləmək deyil. Daha yaxın olan, immiqrasiya, Avropa Birliyi və kapitalizmin məhdudiyyətləri haqqında coşqu ilə danışmaqdır. Bu, həm də özündən israrla "mənim kimliyimi müəyyən edən nədir?" soruşmaqdır və həm də əhalinin yaşlaşmasından, azğın istehlakçılıqdan və qlobal istiləşmədən narahat olmaqdır. İyirmi birinci əsr avropalıları öz konflikt və dilemmalarında 1618-ci və 1940-cı il sələflərindən fərqlənirlər, ancaq getdikcə daha çox Çindən və Hindistandan olan partnyorlarına bənzəyirlər.

Gələcəkdə bizi hansı dəyişiklik gözləsə də, yəqin ki, eyni sivilizasiya çərçivəsində qardaşlıq mübarizəsi olacaq, yad sivilizasiyaların toqquşması yox. İyirmi birinci əsrin çağırışları təbiətcə qlobal olacaq. İqlim dəyişiklikləri ekoloji fəlakətin tətiyini çəksə nə baş verəcək? Kompüterlər getdikcə daha çox məsələlərdə insanı üstələyəndə və çox işlərdə onların yerini tutanda nə olacaq? Biotexnologiya bizə insanı inkişaf etdirmək və ömrünü uzatmaq imkanı yaradanda necə olacaq? Şübhə yoxdur ki, bu məsələlər üzrə böyük mübahisələr və qızğın konfliktlər olacaq. Ancaq bu mübahisələr və konfliktlər çətin ki, bizi bir-birimizdən tamam təcrid etsin. Tamamilə əksinə. Onlar bizi daha da müstəqil edəcək. Hərçənd bəşəriyyət harmonik cəmiyyət qurmaqdan çox uzaqdadır, biz hamımız vahid davakar qlobal sivilizasiyanın üzvləriyik.

Onda, dünyanı basmış millətçilik dalğalarını necə izah etmək olar? Ola bilsin ki, biz qloballaşma ilə bağlı öz entuziazmımızda köhnə yaxşı millətləri unutmuşuq? Ənənəvi millətçiliyin qayıtması bizim ümidsiz vəziyyətə düşmüş qlobal böhranın çarəsi ola bilərmi? Əgər qloballaşma özü ilə bu qədər problem gətirirsə, ondan niyə sadəcə imtina etməyək?

7
Millətçilik

Qlobal problemlərə qlobal cavablar vermək lazımdır

Hal-hazırda bütün bəşəriyyətin vahid, ümumi çağırış və imkanları bölüşən sivilizasiya təşkil etdiyini nəzərə alanda, niyə britaniyalılar, amerikalılar, ruslar və çox sayda başqa qruplar millətçilik təcridinə üz tutuqları haqqında sual doğur. Millətçiliyə qayıdış real olaraq bizim qlobal dünyanın misilsiz problemlərini həll edə biləcəkmi, yoxsa bu, insanlığın və bütün biosferin sürüklənə biləcəyi fəlakəti görmək istəmədən reallıqdan qaçıb gizlənməkdir?

Bu suala cavab vermək üçün əvvəlcə geniş yayılmış bir əfsanəni dağıtmalıyıq. Ümumiyyətlə qəbul olunmuş fikrin əksinə olaraq millətçilik insan psixikasının təbii və əbədi xüsusiyyəti deyil və insan biologiyasında onun əsasları yoxdur. O fikir tam doğrudur ki, insanlar, genlərinə qrup loyallığı möhürlənmiş sosial heyvanlardır. Lakin yüz min illər əvvəl *Homo sapiens* və onun insanabənzər əcdadları, sayları bir neçə düjün adamı keçməyən kiçik intim icmalarda yaşayırdılar. İnsanlarda, məsələn qəbilə, uşaqlıq dostları və ya ailə biznesi kimi kiçik qruplara asanlıqla loyallıq yaranır, lakin, insanların heç tanımadıqları milyonlarla adama loyal olması təbii hiss deyil. Belə kütləvi loyallıq son bir neçə min ildə zühur edib, təkamül tarixi baxımından desək, – dünən səhər, və sosial cəhətdən təşkilatlanmaq üçün çox böyük səy göstərməyi tələb edir.

İnsanlar milli kollektivlər yaratmaq əziyyətini ona görə üzərlərinə götürdülər ki, qarşılarındakı problemləri həll etmək hər hansı bir qəbilə-tayfanın işi deyildi. Məsələn min illər əvvəl Nil çayı sahilində yaşayan qədim tayfaları götürün. Çay onların həyat gücünün mənbəyi idi, əkinləri suvarır, yükləri daşıyırdı. Lakin o, davranışı proqnoz edilə bilməyən müttəfiq idi. Yağış az yağanda insanlar acından ölürdü; çox yağanda sahillərini basır, bütöv kəndləri dağıdırdı. Heç bir qəbilə bu problemi özü həll edə bilməzdi, çünki hər qəbilənin çayın çox kiçik bir hissəsinə gücü çatardı, yəni bir neçə yüz nəfərdən artıq işçi qüvvəsi səfərbər edə bilməzdi. Yalnız nəhəng bəndlərin tikilməsi və yüzlərlə kilometr uzunluğunda kanalların qazılması qüdrətli çayın qarşısının alınmasına və cilovlanmasına ümid verə bilərdi. Qəbilələrin tədriclə bir millət çərçivəsində koalisiyaya girməsinin bir səbəbi elə budur ki, bənd və kanalların tikilməsinə gücləri çatsın, çayın axınını tənzimləyə bilsinlər, yoxsul illər üçün taxıl ehtiyatları və ölkəboyu nəqliyyat və rabitə sistemi yarada bilsinlər.

Belə üstünlükləri olmasına baxmayaraq, qəbilə və tayfaların vahid millətə transformasiya olunması heç vaxt asan olmayıb: nə qədimdə, nə də bu gün. Belə millət ilə identifikasiya etməyin çətinliyini anlamaq üçün özünüzə: "Mən bu adamları tanıyırammı?" sualını verin. Mən iki bacımın və on bir kuzenimin adını çəkə bilərəm, bütün gün onların şəxsiyyəti, qəribəlikləri və əlaqələri haqqında danışa bilərəm. Mənimlə eyni ölkənin vətəndaşlığını bölüşən 8 milyon adamın adını çəkə bilmərəm, onların əksəriyyəti ilə heç vaxt görüşməmişəm və gələcəkdə görüşəcəyimin ehtimalı da sıfıra yaxındır. Mənim, heç nəyə baxmayaraq, bu mübhəm kütləyə qarşı loyallığım, heç də ovçu-yığımçı əcdadlarımdan gələn bir qabiliyyət deyil, yaxın tarixin möcüzəsidir. Homo sapiensin yalnız anatomiyası və təkamülü ilə tanış olan marslı bioloq, heç vaxt bu meymunların milyonlarla sayda tanımadıqları ilə icma əlaqəsi qurmaq qabiliyyətinə inana bilməz. Məni "İsrail"ə və onun 8 milyon sakininə loyal etmək üçün sionist hərəkatı və İsrail dövləti nəhəng təhsil, təbliğat və bayraq dalğalandırmaq aparatı, eləcə də milli təhlükəsizlik, səhiyyə və rifah sistemi yaratmalı olub.

Bu, milli bağların nə isə bir yanlış şey olduğu demək deyil. Böyük sistemlərin kütləvi loyallıq olmadan işləməsi mümkün deyil və insan empatiyasının dairəcə genişlənməsinin, şübhəsiz ki, öz məziyyətləri var. Patriotizmin mötədil formaları insanın ən xeyirxah yaradıcılıqları sırasında yer tutur. Öz millətinin unikal olduğuna, mənim sadiqliyimə layiq olan və onun mənsubları qarşısında mənim xüsusi öhdəliyim olduğuna inanmaq, məni başqalarının qayğısını çəkməyə və onların adından qurbanlar verməyə təşviq edir. "Millətçilik olmasaydı biz hamımız liberal cənnətdə yaşayardıq" fikri çox təhlükəli səhvdir. Daha ehtimallısı, biz qəbilə xaosunda yaşayardıq. İsveç, Almaniya və İsveçrə kimi sülhsevər, firavan və liberal ölkələrin güclü millətçilik hissləri var. Möhkəm milli əlaqələri olmayan ölkələr Əfqanıstan, Somali və Konqo kimi zəif inkişaf etmiş ölkələrdir.[108]

Problem o vaxt başlayır ki, səmərəli patriotizm şovinist ultranasionalizmə çevrilir. Bütün millətlər üçün doğru olan "Mənim millətim unikaldır" ideyası əvəzinə, "Mənim millətim hamısından üstündür, loyallığım bütünlüklə onadır, başqa heç kimin qarşısında az da olsa əhəmiyyətli öhdəliyim yoxdur". Bu, zorakı konfliktlər üçün münbit zəmindir. Nəsillər boyu millətçiliyin ən əsas tənqidi onun müharibəyə gətirib çıxaracağı proqnozudur. Lakin millətçilik və zorakılıq arasındakı əlaqə millətçi iğtişaşların qarşısını çətin ki ala bilsin, xüsusilə də əgər hər millət özünün hərbi ekspansiyasını qonşuların fırıldağından qorunmaq üçün etdiyini deyir. Ölkə öz vətəndaşlarını yüksək təhlükəsizlik və rifah səviyyəsilə təmin etdikcə, onlar da bunu öz qanları ilə ödəməyə hazır olacaqlar. On doqquzuncu əsrdə və iyirminci əsrin əvvəllərində millətçilik ideyası hələ çox cəlbedici görünürdü. Millətçilik görünməmiş miqyasda və çox dəhşətli münaqişələrə aparıb çıxarsa da, müasir milli dövlətlər həm də böyük səhiyyə, təhsil və rifah sistemi qurur. Milli səhiyyə xidmətləri Paşendeyl və Verdun [Birinci Dünya Müharibəsinin ən böyük döyüşləri] döyüşlərinə dəyər qazandırır.

1945-ci ildə hər şey dəyişdi. Nüvə silahının kəşfi millətçilik məsələsindəki tarazlığı kəskin şəkildə pozdu. Hirosimadan sonra insanlar millətçiliyin sadəcə müharibəyə aparıb çıxaracağından qorxmurdular – nüvə müharibəsinə aparıb çıxaracağından qorxurdular. Total müharibə insanların beyninə yol tapıb onu didirdi və heç də az olmayan dərəcədə atom bombasına görə, mümkün olmayan hadisə baş verdi və millətçilik cini geri basılıb yarımçıq da olsa öz butulkasına girdi. Nil hövzəsindən olan qədim kəndlilər loyallığını tayfalardan daha böyük bir səltənətə dəyişərək təhlükəli bir çayı cilovlaya bildikləri kimi, nüvə əsrində də qlobal cəmiyyət müxtəlif millətlərdən yüksəyə qalxdı, çünki nüvə əjdahasının qarşısını yalnız belə cəmiyyət ala bilərdi.

1964-cü il prezidentlik kampaniyası çərçivəsində namizəd Lindon Conson efirdə məşhur Deyzi reklamını – televiziya tarixində ən uğurlu təbliğat nümunəsindən birini etdi. Klip balaca qızın çobanyastığı çiçəyinin ləçəklərini qoparıb saymağı ilə başlayır, lakin qızcığaz sayıb ona çatanda metallik kişi səsi tərsinə, raket buraxılışındakı kimi 10-dan sıfıra qədər sayır. Sıfıra çatanda ekranı nüvə partlayışı bürüyür və namizəd Conson Amerika xalqına müraciət edərək deyir: "Bu, seçimdir. Dünyanı Allahın yaratdığı uşaqların yaşayacağı yerə çevirək, yoxsa qaranlığa qərq olaq. Biz bir-birimizi sevməli, ya da ölməliyik".[109] Biz, "müharibə etmək əvəzinə seviş" şüarını 1960-cı illərin sonunda kontr-mədəniyyət ilə assosiasiya edirik, lakin əslində 1964-də bu, hətta Conson kimi inadkar siyasətçilər arasında da qəbul edilən müdriklik idi.

Müvafiq olaraq "soyuq müharibə" dövründə də millətçilik beynəlxalq siyasətin qlobal yanaşmasının arxa planına keçmişdi və "soyuq müharibə" bitəndə qloballaşma gələcəyin qarşısıalınmaz dalğası kimi görünürdü. Belə gözlənilirdi ki, insanlıq, millətçi siyasəti ən çoxu yalnız pis məlumatlanmış, inkişaf etməmiş ölkə əhalisi arasında yer tapa biləcək, keçmiş zamanın primitiv qalığı kimi tamamilə arxada qoyacaq. Son illərin hadisələri göstərir ki, millətçilik hələ də Rusiya, Hindistan və Çin kimi ölkələr bir yana qalsın, Avropa və ABŞ vətəndaşları arasında da güclü mövqeyə malikdir. Qlobal kapitalizmin şəxssiz güc təsirilə yadlaşmış və öz milli səhiyyə, təhsil və rifah sistemlərinin taleyi barəsində qorxuya düşən bütün dünyadakı insanlar, milli müstəvidə özlərinə inam və məna axtarırlar.

Lakin Deyzi klipində Consonun qaldırdığı məsələ, hətta 1964-cü illə müqayisədə bu gün daha aktual səslənir. Biz dünyanı ya bütün insanların birlikdə yaşayacağı bir məkan edəcəyik, ya da hamımız qaranlığa qərq olacağıq? Donald Tramp, Tereza Mey, Vladimir Putin, Narendra Modi və onların kolleqaları bizim milli sentimentimizə çağırış etməklə dünyanı xilas edə biləcəklərmi, yoxsa indiki millətçilik daşqını qarşılaşdığımız çıxılmaz qlobal problemlərdən qaçıb gizlənmək formasıdır?

Nüvə çağırışı

Gəlin bəşəriyyətin tanıdığı düşməndən başlayaq: nüvə müharibəsi. Kuba böhranından iki il sonra 1964-cü ildə efirə gedən Deyzi klipindəki nüvə fəlakəti aşkarca təhdid idi. Alimlər və adi insanlar fəlakətin qarşısını almaq üçün bəşəriyyətdə müdrikliyin çatışmayacağı və soyuq müharibənin odlu müharibəyə çevriləcəyinin yalnız zaman məsələsi olduğundan qorxurdular. Əslində bəşəriyyət nüvə təhdidinin öhdəsindən uğurla gəldi. Amerikalılar, sovetlər, avropalılar və çinlilər minilliklər ərzində həyata keçirilən geosiyasəti dəyişdilər, bununla da soyuq müharibə az qanla başa çatdı və dünyanın yeni beynəlxalq düzəni görünməmiş sülh erasına qədəm qoydu. Bütün növ müharibələr azaldı, ancaq nüvə müharibəsi təhlükəsinin qarşısı tamam alınmadı. 1945-ci ildən bəri açıq təcavüz vasitəsilə təəccüblü dərəcədə az sərhədlər dəyişmişdi və çox ölkələr müharibəni siyasi alət standartı kimi istifadə etməyi dayandırmışdı. 2016-cı ildə Suriyada, Ukraynada və bir neçə başqa qaynar nöqtələrdə müharibə getməsinə baxmayaraq, piylənmədən, avtomobil qəzasından və ya intihardan ölənlərlə müqayisədə müharibə səbəbindən ölənlər daha az idi.[110] Bu, zamanımızın bəlkə də ən böyük siyasi və mənəvi nailiyyətidir.

Təəssüf ki, biz o qədər öyrəşmişik ki, artıq bunu öz-özünə başa gələn adi hal kimi qəbul edirik. İnsanlar həm də buna görə alovla oynamaqda eyib görmürlər. Rusiya və ABŞ bu yaxınlarda yeni nüvə silahlanması yarışına başlayıblar, yeni qiyamət gününün maşınlarını hazırlayırlar ki, son onilliklərdə o qədər əziyyətlə qazanılmış nailiyyəti heçə endirib bizi yenidən nüvə fəlakətinə sürükləsinlər.[111] Bu arada, ictimaiyyət də həyəcanlanmağı dayandırıb bombanı sevməklə məşğuldur (Doktor Stranclavın dediyi kimi) və ya özünün mövcudluğunu unudub.

Britaniyada – əsas nüvə güclərindən biri – Breksit debatı əsasən iqtisadi və immiqrasiya məsələləri ətrafında gedirdi, AB-nin Avropa və qlobal sülhə həyati vacib töhfəsi isə nəzərə alınmırdı. Əsrlər boyu dəhşətli qırğınlardan sonra fransızlar, almanlar, italyanlar və britaniyalılar nəhayət kontinental harmoniyanı təmin edən mexanizmi yalnız ona görə qurmuşdular ki, Britaniya ictimaiyyəti qayka açarını möcüzə-maşına atsın.

Nüvə müharibəsinin qarşısını alan və qlobal sülhü qoruyan internasionalist rejimi qurmaq olduqca çətin başa gəlmişdi. Şübhə yoxdur ki, bizim bu rejimi dünyanın dəyişən şərtlərinə uyğunlaşdırmalıyıq, – məsələn, ABŞ-a daha az ümid olub, Çin, Hindistan kimi qeyri-qərb dövlətlərinə daha böyük rol oynamağı həvalə etməklə.[112] Lakin bu rejimi tamamilə ləğv edib millətçi siyasət yeritmək məsuliyyətsiz qumar oyunu olardı. Doğrudur ki, on doqquzuncu əsrdə bəşər sivilizasiyasını dağıtmadan millətçilik oyunu oynayan ölkələr olub. Lakin o, Hirosimadan əvvəlki zaman idi. O zamandan indiyə nüvə silahları verilə biləcək qurban sayını artırıb, siyasətin və müharibənin fundamental təbiətini dəyişib. İnsanlar uran və plutoniumu necə zənginləşdirmək lazım olduğunu biləndən sonra onların sağ qalması nüvə müharibəsinin qarşısını almaqda ayrıca bir millətin maraqlarından nə qədər imtiyazlı olmasından asılı olub. "Əvvəl bizim ölkəmizdir!" qışqıran qısqanc millətçilər özlərindən soruşmalıdır: beynəlxalq əməkdaşlıq sistemi olmadan onların ölkəsi nüvə fəlakətindən dünyanı qoruya bilərmi, – heç olmasa özünü qoruya bilərmi?

Ekoloji problem

Gələcək onilliklərdə bəşəriyyətin üz-üzə qala biləcəyi mövcudiyyətə təhlükə olan nüvə müharibəsi probleminin üzərinə bir də 1964-cü ildə siyasi radarlarda qeydə alınmayan problem var: ekoloji fəlakət. İnsanlar qlobal biosferin tarazlığını çoxsaylı yerlərdən pozurlar. Biz ətraf mühitdən getdikcə daha çox resurs alırıq və geriyə də saysız-hesabsız tullantı və zəhər atır və bununla torpağın, suyun və atmosferin tərkibini dəyişirik.

Milyon illər ərzində yaranmış kövrək ekoloji tarazlığı hansı saysız-hesabsız yollarla pozduğumuzu heç özümüz də bilmirik. Məsələn, fosforun gübrə kimi istifadəsinə baxın. Kiçik dozalarda bu, böyüyən bitki üçün qidadır. Lakin artıq miqdarda olanda bu, zəhərə çevrilir. İndiki sənaye fermerçiliyi süni şəkildə sahələrə külli miqdarda fosfor verilməsinə əsaslanır, yüksək fosfor tutumlu təsərrüfat tullantıları çayları, gölləri və okeanları zəhərləyir, su hövzələrinə dağıdıcı təsir göstərir. Ayovada qarğıdalı yetişdirən fermer bu yolla Meksika körfəzindəki balıqları məhv edə bilər.

Belə fəaliyyətlərin nəticəsi olaraq təbii mühitin deqradasiyası baş verir, heyvanlar və bitkilər, eləcə də Avstraliya Böyük Bayer Rifi və Amazon meşələri kimi bütöv ekosistem məhv olur. *Homo sapiens* min illərdir ekologiyanın serial killeri kimi davranır; indi artıq kütləvi ekologiya qatilinə çevrilib. Əgər indiki kimi davam etsək, yalnız həyat formalarının böyük hissəsinin məhvi deyil, həm də insan sivilizasiyasının bünövrəsini məhv edə bilərik.[113]

Hamısından təhlükəli olanı iqlimin dəyişməsi perspektividir. İnsanlar yüz min illərdir ki, planetdə yaşayır və bir neçə buzlaşma və istiləşmə dövründən sağ çıxıblar. Lakin kənd təsərrüfatı, şəhərlər və mürəkkəb cəmiyyətlərin mövcudluğu 10.000 ildən artıq deyil. Holosen adlanan bu müddətdə Yerdəki iqlim nisbi sabit olub. Holosen standartından hər hansı kənarlaşma insan cəmiyyətinin əvvəllər görmədiyi nəhəng problemlərə gətirib çıxaracaq. Bu, milyardlarla insanın heyvan yerinə açıq eksperimentə qoyulmasıdır. Əgər insan sivilizasiyası son nəticədə yeni mühitə adaptasiya ola bilsə də, bu adaptasiya müddətində nə qədər qurban verəcəyi heç kimə məlum deyil.

Bu dəhşətli eksperiment artıq başlayıb. Nüvə müharibəsindən fərqli olaraq – bu gələcəkdə mümkün hadisədir – iqlim dəyişməsi günümüzün reallığıdır. Elm adamları bu fikirlə razılaşır ki, insan fəaliyyəti, xüsusilə də karbon dioksid kimi parnik effekti yaradan qazların ətraf mühitə yayılması yer kürəsinin iqlimini qorxunc sürətlə dəyişir.[114] Geri dönməyən kataklizm baş verənədək bizim nə qədər karbon dioksid qazını atmosferə buraxa biləcəyimizi dəqiq heç kəs bilmir. Lakin ən yaxşı elmi proqnozlarımız göstərir ki, əgər biz növbəti 20 il ərzində parnik qazlarının atmosferə atılmasının qarşısını kəskin almasaq, ortalama qlobal temperatur 2 dərəcə yüksələcək[115] və bu da səhraların genişlənməsi, buzlaqların yoxa çıxması, okean səviyyəsinin yüksəlməsi, eləcə də qasırğa və tufan kimi ekstremal iqlim hadisələrinin daha intensivləşməsi ilə nəticələnəcək. Bu dəyişiklik də öz növbəsində kənd təsərrüfatı məhsulları istehsalını pozacaq, şəhərləri daşqınlar basacaq, dünyanın böyük hissəsi yaşayış üçün yararsız olacaq və yüz milyonlarla qaçqını özünə yeni yaşayış məskəni axtarmağa göndərəcək.[116]

Bundan başqa biz elə sürətlə sınma nöqtələrinə yaxınlaşırıq ki, ondan sonra parnik qazlarının atmosferə atılmasının kəskin azalması da bu gedişi geri çevirə və dünya miqyaslı faciənin qarşısını ala bilməyəcək. Məsələn, qlobal istiləşmə qütb buzlaqlarını əridir və Yerdən kosmik fəzaya daha az günəş şüası qayıdır. Bu, o deməkdir ki, planet daha çox istilik udur, temperatur daha da yüksəlir və buzlaqlar daha sürətlə əriyir. Bu, geri əlaqə həlqəsi kritik sərhədi keçən kimi proses aradan qaldırıla bilməyən impuls alır və insanlar kömür, neft və qaz yandırmasa da qütb regionundakı bütün buzlar əriyəcək. Deməli, qarşımızdakı təhlükəni etiraf etmək azdır. Çox vacib olan odur ki, məhz indi nə isə etmək lazımdır.

Təəssüf ki, 2018-ci ildə, parnik qazlarının atmosferə buraxılması azalmaq əvəzinə artmaqda davam edir. Mədən yanacağından istifadəni tərgitmək üçün bəşəriyyətin lap az zamanı qalıb. Bizim bu gün reabilitasiyaya ehtiyacımız var. Gələn il, gələn ay yox, – bu gün. "Salam, mən homo sapiensəm, mədən yanacağı narkomanı".

Bəs millətçilik bu həyəcanlı mənzərənin harasında yer tutur? Ekoloji təhlükəyə qarşı millətçiliyin bir cavabı varmı? Hər hansı bir millət, güclü millət olarsa, təkbaşına qlobal istiləşmənin qarşısını ala bilərmi? Ayrı-ayrı ölkələr əlbəttə ki, "yaşıl" siyasət yürüdə bilərlər və bunun iqtisadiyyat və ətraf mühitə təsiri yaxşı olar. Hökumətlər ətraf mühitə karbon buraxılmasına görə vergi müəyyən edə bilər, neft və qazın qiyməti üzərinə kənar effektlər üçün xərcləri qoya bilər, ətraf mühitə nəzarəti gücləndirə bilər, təbiəti çirkləndirən sahələrin subsidiyasını kəsə bilər və bərpa olunan enerjiyə keçidi təşviq edə bilər. Onlar həm də təbiətsevər inqilabi texnologiyaların tədqiqatı və inkişafı üçün daha çox investisiya ayıra bilərlər, – məsələn, Manhetten ekoloji layihəsi kimi. Son 150 ildəki çox nailiyyətlərə görə daxiliyanma mühərrikinə minnətdar olmaq lazımdır, lakin biz fiziki və iqtisadi ətraf mühiti sabit saxlamaq istəyiriksə, o, istirahətə göndərilməli, yerini mədən yanacağı yandırmayan yeni texnologiya tutmalıdır.[117]

Texnoloji sıçrayışlar enerjidən başqa sahələrdə də faydalı olar. Məsələn, "təmiz ət" istehsalı potensialına baxaq. Hal-hazırda ətçilik sənayesi milyardlarla canlı varlığa deyilməyəcək dərəcədə əzab verməklə işini qurtarmır, həm də qlobal istiləşmənin başlıca səbəblərindən biri, antibiotik və zəhərlərin əsas istehlakçılarından və havanı, torpağı və suyu çirkləndirən mənbələrdən biridir. Mexaniki Mühəndislik İnstitutunun 2013-cü il hesabatına görə, 1 kq mal əti istehsal etmək üçün 15 ton təmiz su sərf olunur, müqayisə üçün 1 kq kartof istehsalı üçün 287 litr su tələb olunur.[118]

Çin və Braziliya kimi ölkələrdə rifah halı yüksəldikcə və milyonlarla əlavə adam kartof yeməkdən requlyar olaraq ət yeməyə keçdikcə təbiətə düşən təzyiq də artır. Çinliləri və braziliyalıları – hələ amerikalıları və almanları demirik – steyk, hamburger və sosis yeməmək lazım olduğuna inandırmaq çox çətindir. Bəs alimlər hüceyrədən ət yetişdirmək yolunu tapsalar? Hamburger istəyirsənsə, bütöv bir inək böyüdüb sonra kəsmirsən (sonra da cəmdəyi min kilometrlərlə daşımırsan), yalnız hamburger yetişdirirsən.

Bu, elmi-fantastika kimi səslənə bilər, amma dünyanın ilk təmiz hamburgeri 2013-cü ildə hazırlanıb və yeyilib. Qiyməti $330.000 olub. Dörd il aparılan tədqiqat və axtarışdan sonra hamburgerin qiyməti düşüb oldu $11 və bir on il də tədqiqat və axtarış aparılandan sonra sənaye üsulu ilə istehsal olunan ətin qiyməti qəssabın satdığı ətin qiymətindən ucuz olacaq. Bu texnoloji inkişaf milyardlarla heyvanı mənfur əzabdan xilas edər, milyardlarla insanı aclıqdan qurtarar və eyni zamanda da ekoloji böhranın qarşısını almağa kömək edər.[119]

Ona görə də, iqlim dəyişikliyindən qaça bilmək üçün hökumətlərin, korporasiyaların və fərdi adamların edə biləcəyi çox şeylər var. Lakin effektiv olmaq üçün onlar bunu qlobal səviyyədə etməlidir. Söhbət iqlimə gələndə ölkələr sadəcə suveren deyil. Onlar dünyanın o biri başında olan hadisələrdən asılı olurlar. Kiribati Respublikası – Sakit okeanda ada-ölkə – atmosfera parnik qazlarının buraxılmasını sıfıra endirə bilər, buna baxmayaraq, əgər başqa ölkələr də belə etməsə qalxan dalğaların altında qala bilər. Çad ölkədəki hər evin damında günəş paneli qoya bilər, amma uzaqdakı əcnəbilərin məsuliyyətsiz ekoloji siyasəti nəticəsində yenə də qeyri-məhsuldar səhra olacaq. Hətta Çin və Yaponiya kimi güclü ölkələr də ekoloji baxımdan suveren deyil. Şanxay, Honq Konq və Tokio şəhərlərini dağıdıcı daşqınlardan və tufanlardan qorumaq üçün çinli və yapon rusları və amerikalıları "adəti biznes"dən əl çəkmək lazım olduğuna inandırmalıdır.

İqlim dəyişməsi kontekstində milli izolyanizm nüvə müharibəsi kontekstində olduğundan da təhlükəlidir. Tammiqyaslı nüvə müharibəsi bütün ölkələri dağıtmaq təhlükəsi yaradır, deməli, bütün ölkələrin bunun qarşısını almaqda öz payı var. Qlobal istiləşmə isə əksinə, hər ölkəyə müxtəlif təsir göstərəcək. Bəzi ölkələr, məsələn Rusiya, əslində bundan nəzərə çarpacaq dərəcədə xeyir görə bilər. Rusiyanın sahil aktivləri nisbətən azdır, ona görə də o, Çin və Kiribati ilə müqayisədə dəniz səviyyəsinin qalxmasından daha az narahatdır. Əgər temperaturun qalxması Çadı səhraya çevirərsə, eyni zamanda da Sibiri dünyanın qida anbarı edə bilər. Bundan başqa, buzlar uzaq şimalda əridiyi üçün Rusların dominant olduğu Arktika dəniz yolu qlobal kommersiyanın arteriyasına, Kamçatka isə Sinqapur kimi dünyanın yol ayrıcına çevrilə bilər.[120]

Eynilə, belə görünür ki, mədən yanacağının bərpa olunan enerji ilə əvəz olunması bəzi ölkələrə o birilərindən daha xoş təsir edər. Çin, Yaponiya və Cənubi Koreya böyük həcmdə neft və qaz idxalından asılıdırlar. Bu yükdən azad olmağa çox şad olarlar. Rusiya, İran və Səudiyyə Ərəbistanı isə neft və qaz ixracından asılıdırlar. Əgər neftin və qazın yerini günəş və külək enerjisi tutsa onların iqtisadiyyatı dağılar.

Ona görə də Çin, Yaponiya və Kiribati kimi ölkələr atmosferə qlobal karbon buraxılmasını mümkün qədər tez aradan qaldırmaq tərəfdarı olsalar da, Rusiya və İran kimi başqa ölkələr bu məsələdə çox da həvəs göstərməyəcək. Hətta ABŞ kimi istiləşmədən çox şey itirə biləcək ölkələrdə də millətçilər təhlükəni qiymətləndirə bilməyən nadan və eqoist ola bilərlər. Kiçik, lakin çox şey deyən misal 2018-ci ilin yanvarında baş verdi. Bərpa olunan enerjiyə keçid prosesini ləngitmək hesabına olsa da, ABŞ yerli istehlakçıları dəstəkləmək üçün xaricdə düzəlmiş günəş panellərinə və avadanlığına 30% rüsum qoydu.[121]

Atom bombası elə aydın və aşkar təhlükədir ki, ona heç kim saymazlıqla yanaşa bilməz. Qlobal istiləşmə isə onun əksinə olaraq dumanlı və uzunmüddətli problemdir. Ona görə də hər dəfə, uzunmüddətli ətraf mühit mülahizəsi baxımından qısamüddətli ağrılı qurban vermək söhbəti düşəndə millətçilər təcili milli maraqları irəli çəkməyə meylli olur və bununla özlərini əmin edirlər ki, ətraf mühit haqqında sonra narahat ola bilərlər və ya bu işi başqa yerdəki adamların boynuna yıxmaq istəyirlər. Alternativ olaraq onlar sadəcə bu problemin mövcud olmadığını iddia edə bilərlər. Təsadüfi deyil ki, iqlim dəyişikliyinə skeptik baxış sağçı millətçilərin imtiyazıdır. Siz çətin ki, "iqlim dəyişikliyi Çin əsatiridir" deyən sol sosialist tapasınız. Qlobal istiləşmə probleminə millətçi cavab olmadığı üçün bəzi millətçi siyasətçilər belə problemin ümumiyyətlə mövcud olmadığına inanırlar.[122]

Texnoloji problemlər

Eyni dinamika yəqin ki, XXI əsrin üçüncü mövcudiyyət təhlükəsi zəhərinə qarşı millətçilik dərmanını mənasız edir: texnoloji pozulma. Əvvəlki fəsillərdə gördüyümüz kimi info və bio texnologiyaların birləşməsi dünyanın sonu ssenarilərinə – rəqəmsal diktaturadan tutmuş, qlobal gərəksiz sinfin yaranmasına qədər – qapı açır. Bu təhlükələrə qarşı millətçilərin cavabı nədir?

Millətçilərin cavabı yoxdur. İqlim dəyişməsində olduğu kimi texnoloji pozulma məsələsində də elədir, təhlükəni sovuşdurmaq üçün millətçilik çərçivəsi yararsızdır. Tədqiqat və araşdırma bir ölkənin monopoliyası olmadığı üçün, hətta supergüc olan ABŞ da buna məhdudiyyət qoya bilməz. Əgər ABŞ özündə insan embrionunun genetik tədqiqatına qadağa qoysa, Çin alimlərini bunu etməkdən çəkindirə bilməyəcək. Və əgər nəticə Çinə əhəmiyyətli iqtisadi və ya hərbi üstünlük verirsə, ABŞ öz qadağasını ləğv etməyə meyllənəcək. Xüsusilə itin iti yediyi ksenofob dünyada, hətta bir ölkə belə yüksək riskli və lakin yüksək gəlirli texnologiya yolunu tutsa, o biri ölkələr də həmən işi etməyə məcbur olacaqlar, çünki, geridə qalmağı heç kim qəbul edə bilməz. Yaşayış uğrunda belə

133

mübarizənin olmamağı üçün bəşəriyyətin yəqin ki, qlobal kimliyinin və loyallığının olmasına ehtiyac var.

Bundan başqa, əgər nüvə müharibəsi və iqlim dəyişikliyi bəşəriyyətin fiziki mövcudluğuna təhlükədirsə, pozucu texnologiyalar bəşər təbiətinin özünü dəyişə bilər və buna görə də insanların dərin etik və dini inancları ilə bağlıdır. Hər adam nüvə müharibəsi və ekoloji fəlakəti aradan qaldırmalı olduğumuza razılaşırsa, bioinjineriya və süni intellektin insanı mükəmmələşdirib yeni həyat formaları yaratması haqqında insanlarda müxtəlif fikirlər var. Əgər bəşəriyyət qlobal qəbul edilmiş etik prinsipləri hazırlayıb tətbiq edə bilməsə, bu, Doktor Frankenşteynin açılış mövsümü olacaq.

İş gəlib bu etik prinsiplərin formalaşmasına çatanda millətçilik hər şeydən əvvəl təxəyyülün yoxa çıxmasından əziyyət çəkməyə başlayır. Millətçilər əsrlərlə davam edən ərazi münaqişələri anlayışı ilə düşünürlər, XXI əsrin texnoloji inqilabları isə həqiqətən kosmik terminlərlə anlaşılandır. Dörd milyard il üzvi həyat təbii seçmə ilə təkamül prosesindən keçəndən sonra, elm, intellektin layihələndirdiyi qeyri-üzvi dövrə qədəm qoyur. Bu prosesdə yəqin *Homo sapiens* özü də yoxa çıxacaq. Bu gün biz hələ hominid ailəsindən olan meymunlarıq. Hələ də bədən strukturumuz, fiziki qabiliyyətimiz və mental imkanlarımız neandertallar və şimpanzelərlə çox cəhətdən oxşardır. Yalnız əllərimiz, gözlərimiz və beynimiz deyil, həm də istəklərimiz, sevgimiz, acığımız və sosial bağlarımız aşkarca hominiddir. Bir-iki əsr ərzində biotexnologiya və süni intellektin kombinasiyası, hominid kifindən tamamilə azad olan cismani, fiziki və mental nişanələrin yaranmasına gətirib çıxara bilər. Bəziləri hətta şüurun üzvi strukturdan ayrıla biləcəyinə və bioloji və fiziki məhdudiyyətlər olmadan kiberfəzada səyahət edəcəyinə inanır. O biri tərəfdən, biz, intellektin şüurdan tamamilə ayrılmasının şahidi ola bilərik və süni intellektin inkişafı ona gətirib çıxara bilər ki, dünyada yüksək intellektli, lakin tamamilə şüursuz varlıqlar dominant olar.

İsrail, rus və ya fransız millətçiliyi bu haqda nə deyə bilər? Həyatın gələcəyi haqda müdrik qərarlar vermək üçün biz millətçi dünyagörüşündən uzağa getməliyik və hadisələrə qlobal və ya hətta kosmik perspektivdən baxmalıyıq.

Yer kosmik gəmisi

Bu problemlərin hər biri – nüvə müharibəsi, ekoloji fəlakət və texnoloji dağıdıcılıq – insan sivilizasiyasının gələcəyini təhdid etmək üçün kifayət edir. Lakin hamısı bir yerdə olanda görünməmiş mövcudiyyət böhranına gətirib çıxarır, xüsusilə də ona görə ki, görünür onlar bir-birini gücləndirir və dərinləşdirir.

Məsələn, bildiyimiz kimi ekoloji fəlakət insan sivilizasiyasının varlığını təhlükə altına qoysa da, çətin ki, süni intellekt və biotexnologiyanın inkişafını dayandıra bilsin. Əgər siz okean səviyyəsinin qalxmasını, ərzaq ehtiyatının azalmasını və kütləvi miqrasiyanın bizim diqqətimizi alqoritm və genlərdən ayıracağını düşünürsünüzsə, bir də düşünün. Ekoloji böhran dərinləşdikcə yüksək riskli, yüksək gəlirli texnologiyalar yəqin ki, yalnız sürətlənəcək.

Həqiqətən, iqlimin dəyişməsi iki dünya müharibəsinin oynadığı rolu oynaya bilər. 1914 və 1918-ci illər arasında, yenə də 1939 və 1945-ci illərdə texnologiyanın inkişafı kosmik sürətlə gedirdi, çünki, total müharibəyə cəlb olunmuş ölkələr ehtiyatı və iqtisadiyyatı bir kənara atıb müxtəlif cəsarətli və fantastik layihələrə nəhəng investisiyalar yönəldirdi. Bu layihələrin çoxu uğursuz oldu, amma bəziləri tank, radar, zəhərli qaz, səsdən sürətli reaktiv təyyarə, kontinentlərarası raket və nüvə bombası istehsalı ilə nəticələndi. İqlim problemləri ilə qarşılaşmış ölkələr də eyni şəkildə ümidini dağıdıcı texnologiya qumarına bağlaya bilərlər. Bəşəriyyət süni intellekt və bioinjinirinq barəsində çox əsaslı təlaş keçirir, lakin böhran zamanlarında insanlar riskli işlərə girişirlər. Sizin bu dağıdıcı texnologiyaların idarə edilməsi haqqında nə düşündüyünüzdən asılı olmayaraq, əgər iqlim dəyişməsi qlobal ərzaq qıtlığı, şəhərləri sel basması və milyonlarla qaçqının sərhədləri keçməsinə səbəb olursa, həmin qaydalar işləyib-işləməyəcəyi haqqında özünüzdən soruşun.

Texnoloji pozuntular apokaliptik müharibə təhlükəsini təkcə gərginliyi artırmaqla deyil, həm də nüvə gücü balansını pozmaqla yüksəldə bilər. 1950-ci ildən başlayaraq super güclər bir-birilə konfliktdən ona görə qaça bildilər ki, onlar müharibənin qarşılıqlı məhvə aparacağını gördülər. Lakin yeni növ hücum və müdafiə silahları yarandıqca, inkişaf edən supergüc cəza görmədən düşməni vura biləcəyini düşünə bilər. Və əksinə, zəifləyən ölkə öz ənənəvi silahlarının tezliklə köhnəlmiş olacağından qorxa bilər və ona görə də onlar əldən getməmiş istifadə etmək həvəsinə düşər. Ənənəvi olaraq nüvə qarşıdurması hiper rasional şahmat oyunu xatırladıb. Oyunçular rəqib fiqurları üzərində nəzarəti ələ almaq üçün kiber-hücum etsə və ya anonim üçüncü tərəf piyadanı hərəkət etdirsə və bundan heç kimin xəbəri olmasa, və ya AlfaZero adi şahmatdan nüvə şahmatına keçsə nə baş verəcək?

Müxtəlif problemlərin bir-birini dərinləşdirdiyi kimi, bir prob-lemin həlli üçün vacib olan xoş niyyətlər də o biri cəbhədəki problemlər səbəbilə heçə endirilə bilər. Silahlanma yarışına güc verən ölkələr çətin ki, Sİ-nin məhdudlaşdırılmasına razılaşsın, öz rəqiblərinin texnoloji nailiyyətlərini ötüb keçmək istəyən ölkələrə isə iqlimin dəyişməsinə qarşı tədbirlər planı üzrə razılığa gəlmək çox çətin olacaq. Dünya rəqabət edən ölkələrə bölündüyü üçün, eyni zamanda hər 3 problemin öhdəsindən gəlmək çətindir – hətta bir cəbhədə uğursuzluq belə fəlakətlə nəticələnə bilər.

Yekunda deyək ki, dünyadakı millətçilik dalğası zamanı geriyə, 1939 və ya 1914-cü ilə qaytara bilməz. Texnologiya hər şeyi dəyişərək elə qlobal ekzistensial təhlükə şəbəkəsi yaradıb ki, heç bir ölkə təkbaşına bu təhlükəni aradan qaldıra bilməz. Ümumi düşmən ümumi kimliyi bərqərar etmək üçün ən yaxşı katalizdir və bəşəriyyətin indi ən azı üç belə düşməni var – nüvə müharibəsi, iq-lim dəyişikliyi və texnoloji pozuculuq. Əgər bu ümumi təhlükələrə baxmayaraq insanlar özlərinin məxsusi milli loyallığını hər şeydən üstün tutsalar, nəticə 1914 və 1939-da olduğundan qat-qat pis ola bilər.

Daha yaxşı yol Avropa Birliyi Konstitusiyasında təsbit olunmuş yoldur: "milli kimlikləri və tarixləri ilə fəxr edən Avropa ölkələri əvvəlki ziddiyyətlərini rəf etməkdə və daha sıx birləşərək ümumi talelərini müəyyən etməkdə tam qətiyyətlidir".[123] Bu, bütün milli kimliklərin, yerli adətlərin ləğv edilməsi və bəşəriyyəti homogen boz maddəyə çevirmək deyil. Nə də bütün patriotizm təzahürlərini yamanlamaq deyil. Əslində Avropa Birliyi kontinental hərbi və iq-tisadi müdafiəni təmin etməklə Flandriya, Lombardiya, Kataloniya və Şotlandiya kimi yerlərdə yerli patriotizmə rəvac verib. Alman

işğalından qorxmayanda və qlobal istiləşmə, eləcə də qlobal korpo-
rasiyalara qarşı ümumi Avropa cəbhəsinə güvənəndə müstəqil Şot-
landiya və ya Kataloniya qurulması ideyası çox cəlbedici səslənir.

Ona görə Avropa millətçiləri buna belə asan bir iş kimi baxırlar.
Millətə qayıdış haqqında çox danışmaqlarına baxmayaraq, az avro-
palı tapılar ki, buna görə öldürməyə və ölməyə hazır olsun. Şotland-
lar Uilyam Vallas və Robertin zamanında London hakimiyyətindən
ayrılmaq istəyəndə bunun üçün ordunu ayağa qaldırmalı oldular.
Bundan fərqli olaraq 2014-cü ilin şotland referendumunda heç kimin
burnu da qanamadı və əgər növbəti dəfə şotlandlar müstəqilliyin
lehinə səs versələr, onların yenə də Bannokbern döyüşünü təkrar
etməli olacaqlarının ehtimalı çox aşağıdır. Katalonların İspaniya-
dan ayrılmaq cəhdi daha əhəmiyyətli zorakılıqla müşayiət olundu,
lakin yenə də Barselonadakı 1939 və ya 1714-cü il qırğınından çox
uzaq idi.

Dünyanın qalan hissəsinin Avropa nümunəsindən dərs ala
biləcəyinə ümid edək. Hətta vahid planetdə də mənim ölkəmin uni-
kal olduğunu və onun qarşısında xüsusi vəzifələrimin olduğunu
iddia edən patriotizmi mədh eləməyə kifayət qədər yer tapılacaq.
Lakin əgər biz yaşamaq və inkişaf etmək istəyiriksə, bəşəriyyətin
belə lokal loyallığı qlobal ictimaiyyət qarşısında əhəmiyyətli
dərəcəli öhdəliklərlə tamamlamaqdan başqa seçimi yoxdur. Adam
eyni vaxtda həm öz ailəsinə, həm qonşusuna, həm sənətinə və həm
də millətinə loyal olmalıdır – bəs niyə bu siyahıya bəşəriyyəti və Yer
planetini də əlavə etməyək?! Doğrudan da, insanın çoxlu loyallığı
olanda, onların arasındakı konfliktlər bəzən qaçılmaz olur. Amma
kim deyib ki, həyat sadədir? Öhdəsindən gəlmək lazımdır.

Əvvəlki əsrlərdə milli kimliyin bərqərar olması ona görə zəruri
idi ki, insanlar elə problem və imkanlarla qarşılaşırdı ki, yerli qəbilə-
tayfanın onların öhdəsindən gəlməsi mümkün deyildi və bunun
üçün ölkəmiqyaslı kooperasiya ümidverici görünürdü. İyirmi bi-
rinci əsrdə millətlər özlərini qədim qəbilələrin yerində görür: onlar
artıq əsrin ən vacib çağırışlarına cavab vermək iqtidarında olan qu-
ruluş deyil. Bizim yeni qlobal kimliyə ehtiyacımız var, çünki, milli
qurumlar görünməmiş qlobal çətinliklərin öhdəsindən gəlmək iq-
tidarında deyil. Bizim indi qlobal ekologiyamız, qlobal iqtisadiy-

yatımız və qlobal elmimiz var – ancaq siyasətimiz hələ də yalnız milli siyasətdir. Bu uyğunsuzluq imkan vermir ki, siyasi sistem bizim əsas problemlərimizə effektiv qarşı dursun. Effektiv siyasət yeritmək üçün ya ekologiyanı, iqtisadiyyatı və elmin irəliləyişini de-qloballaşdırmalı, ya da siyasətimizi qloballaşdırmalı! Ekologiyanın de-qloballaşması mümkün olmadığı üçün və iqtisadiyyatın de-qloballaşmasının dəyəri də yəqin ki, qeyri-mümkün dərəcədə yüksək olduğu üçün yeganə real yol siyasətin qloballaşmasıdır. Bu, şübhəli və qeyri-real baxış olan "qlobal hökumət" qurmaq deyil. Əksinə, siyasətin qloballaşması ölkədaxili və hətta şəhərdaxili siyasi dinamikanın qlobal problemlərin həllində və maraqların qarşılanmasında daha böyük çəkiyə malik olması deməkdir.

Millətçi əhval-ruhiyyə bu məsələdə çətin ki, yardımçı olsun. Bəlkə, onda dünyanı birləşdirmək üçün bəşəriyyətin universal dini ənənələrinə müraciət edək? Yüz illər əvvəl xristianlıq və islam kimi dinlər artıq lokal miqyasda deyil, qlobal düşünürdü və maraqlandıqları həyatın böyük məsələləri idi, ayrı-ayrı millətlərin siyasi mübarizəsi deyildi. Lakin ənənəvi dinlər hələ də cari vəziyyətə uyğundurmu? Onlar dünyanı şəkilləndirmək gücünü saxlayırmı, yoxsa yalnız müasir qüdrətli dövlətlərin, iqtisadiyyatın və texnologiyanın ora-bura atdığı keçmişdən qalmış ətalətli əmanətdir?

8

Din

Tanrı indi millətlərə xidmət edir

Hələ ki, müasir ideologiyalar, elm ekspertləri və milli hökumətlər, ortaya bəşəriyyətin gələcəyi üçün həyat qabiliyyətli baxış qoya bilməyiblər. Belə baxış insanlarda dini ənənələrin dərinliyindən qaynaqlana bilərmi? Bəlkə də, cavab bütün bu zaman ərzində Bibliya, Quran və ya Vedaların səhifələrində bizi gözləyir.

Sekulyar insanlar buna yəqin ki, istehza və tərəddüdlə yanaşar. Müqəddəs yazılar orta əsrlərdə bu işə uyğun ola bilərdi, amma süni intellekt, bioinjineriya, qlobal istiləşmə və kibermüharibələr dövründə onlar bizə nə yol göstərə bilər? Lakin sekulyar insanlar azlıq təşkil edir. Milyardlarla insan təkamül nəzəriyyəsinə deyil, Qurana və Bibliyaya iman gətirir; dini hərəkatlar Hindistan, Türkiyə və ABŞ kimi müxtəlif ölkələrin siyasətini formalaşdırır və dini düşmənçilik Nigeriyadan tutmuş Filippinə qədər mövcud olan konfliktləri qızışdırır.

Yaxşı, xristianlıq, islam və hinduizm qoyulan suala cavab vermək üçün nə qədər relevant, uyğundur? Üz-üzə qaldığımız əsas problemlərin həllində onlar bizə kömək edə bilərlərmi? İyirmi birinci əsr dünyasında ənənəvi dinlərin rolunu anlamaq üçün biz gərək üç tip problemi bir-birindən ayıraq:

- Texniki problemlər. Məsələn, quraqlıq ölkələrin fermerləri qlobal istiləşmənin yaratdığı sərt quraqlığa qarşı nə etməlidir?
- Siyasət problemləri. Məsələn, qlobal istiləşmənin qarşısını almaq üçün hökumətlər ilk növbədə hansı tədbirləri görməlidir?
- Kimlik problemləri. Məsələn, elə insan kollektivi varmı ki, qlobal istiləşmə ilə qlobal miqyasda məşğul olsun, yoxsa insan-

139

lar elə konkret öz "qəbilə"lərinin maraqları çərçivəsində bununla məşğul olmalıdır?

Növbəti səhifələrdə görəcəyimiz kimi, ənənəvi dinlər texniki və siyasi problemlərin həlli üçün uyğun deyil. Kimlik problemi üçün isə əksinə, yüksək dərəcədə uyğundurlar – amma çox hallarda onlar problemin potensial həllindən daha çox problemin əsas hissəsini yaradırlar.

Texniki problemlər: xristian kənd təsərrüfatı

Keçmiş zamanlarda din, məsələn kənd təsərrüfatı kimi, geniş dairəli dünyəvi texniki problemlərin həlli üçün məsul idi. Dini təqvimlər nə vaxt əkmək, məhsulu nə vaxt toplamaq vaxtını müəyyən edir, məbəd ritualları isə yağıntı və ziyanvericilərə qarşı mübarizə tədbirlərini təmin edirdi. Quraqlıq və çəyirtkə hücumu olanda fermerlər kahinlərə müraciət edirdilər ki, onlar tanrılarla əlaqə yaradıb məsələnin həllinə yardım etsinlər. Təbabət də dini sferaya aid idi. Demək olar ki, hər peyğəmbər, quru və şaman eyni zamanda həm də təbib idi. Məsələn İsa peyğəmbər vaxtının çoxunu xəstələrin sağalması, korların görməsi, lalların danışması və dəlilərin ağıllanması ilə məşğul idi. Qədim Misirdə və ya orta əsrlər Avropasında yaşayırdınızsa, əgər xəstələnsəniz, həkimə yox, türkəçarəçinin yanına və xəstəxanaya deyil, məşhur ziyarətgaha gedirdiniz.

Son zamanlar bioloqlar və cərrahlar öz işlərində kahinləri və möcüzəçiləri üstələyiblər. Əgər indi Misirə çəyirtkə hücum etsə misirlilər Allahdan kömək istəyəcəklər – niyə də istəməsinlər? – amma eyni zamanda güclü pestisidlər və həşərata qarşı dözümlü taxıl növləri yaratmaq üçün kimyaçıları, entomoloqları və genetikləri çağırmağı da unutmayacaqlar. Əgər mömin hindlinin uşağı ağır qızılca xəstəliyinə tutulubsa, uşağın atası Dhabvantariyə ibadət edib dua oxuyacaq və yaxındakı məbədə gedib camaata çiçək və şirniyyat paylayacaq – lakin bütün bunlar uşağı yaxındakı xəstəxanaya qoyub, qayğısını çəkməyi həkimlərə tapşırandan sonra olacaq. Hətta, psixiatriya cinşünaslığı və Prozac antidepressantı eksorsizmi əvəz etdikcə, din təbiblərinin son qalası olan ruhi xəstəliklərə baxılması da yavaş-yavaş alimlərin əlinə keçir.

Elmin qələbəsi o qədər tam oldu ki, bizim dinə olan münasibətimiz dəyişdi. Daha kənd təsərrüfatı və təbabəti dinlə bağlamırıq. Hətta bir çox fanatiklər indi kollektiv yaddaşsızlıqdan əziyyət çəkir və bu işlərin bir zamanlar ənənəvi dinlərin sərəncamında olduğunu unutmağa üstünlük verirlər. Fanatiklər deyir: "Hə, nə olsun ki, biz mühəndislərə və həkimlərə müraciət edirik? Bu, heç nəyi sübut etmir. Kənd təsərrüfatını və təbabəti müəyyən edən səbəb birinci növbədə din olub". Ənənəvi dinlər təsir gücünü ona görə itirib ki, səmimi olsaq, onlar nə kənd təsərrüfatı, nə də təbabətdə işə elə də yaxşı yaramırdı. Kahinlərin və quruların həqiqi təcrübəsi heç vaxt yağış yağdırmaq, müalicə etmək, əvvəlcədən xəbər vermək və ya möcüzə göstərmək olmayıb. Əslində onların işi həmişə interpretasiya vermək olub. Ruhani yağış rəqsini necə oynayıb quraqlığa son qoymağı bilən adam deyil. O, yağış rəqsindən sonra niyə yağış yağmadığını və hətta bizim ibadətlərimizi eşitməsə də niyə biz Tanrımıza inanmaqda davam etməli olduğumuzu əsaslandıran adamdır.

Lakin dini liderlərin məhz interpretasiyada dahi olmaqları, onları alimlərlə müqayisədə əlverişsiz vəziyyətə salır. Alimlər də çətin yerlərin üstündən keçmək və hadisəni istədikləri kimi yozmağı yaxşı bacarırlar, lakin hər halda, elmin nişanəsi uğursuzluğu etiraf etmək və başqa üsulun tətbiqinə cəhd etməkdir. Ona görə alimlər tədricən daha yaxşı bitki yetişdirməyi və dərman istehsal etməyi öyrənirlər, ruhanilər və qurular isə daha yaxşı bəhanələr tapıb izah verməyi. Əsrlər ərzində hətta həqiqi möminlər də fərqi hiss ediblər və ona görə də texniki sahələrdə dinin hökmranlığı zəifləyib. Və bu da, bütün dünyanın getdikcə vahid sivilizasiyaya çevrilməsinin səbəblərindən biridir. Bir şey həqiqətən işləyəndə hamı onu qəbul edir.

Siyasət problemləri: müsəlman iqtisadiyyatı

Elm texniki suallarımıza – məsələn qızılcanı necə müalicə etmək lazımdır kimi, – aydın cavab versə də, siyasətə aid suallar barəsində alimlərin cavabları fərqlidir. Qlobal istiləşmənin fakt olduğu barədə

demək olar ki, bütün alimlər yekdildir, lakin bu təhlükəyə qarşı iq-
tisadi reaksiya barəsində onların arasında konsensus yoxdur. Bu, o
demək deyil ki, ənənəvi dinlər bu məsələnin həllində bizə kömək
edə bilər. Qədim yazılar müasir iqtisadiyyat üçün sadəcə olaraq
yaxşı bələdçi deyil və əsas sınma xətti – məsələn kapitalistlərlə
sosialistlər arasında – ənənəvi dinlər arasındakı bölgü ilə uzlaşmır.

Doğrudur, İsrail və İran kimi ölkələrdə ravvinlər və ayətüllahların
hökumətin iqtisadi siyasətinə birbaşa təsir imkanları var, hətta ABŞ
və Braziliya kimi daha sekulyar ölkələrdə də dini liderlər, vergidən
başlamış ətraf mühitin idarə edilməsinə qədər mövzularda ictimai
fikrə təsir göstərirlər. Lakin yaxından baxanda ənənəvi dinlərin
elmi nəzəriyyələrdən sonra, həqiqətən ikinci skripka rolunu oy-
nadığı görünür. Ayətüllah Xamneyinin İran iqtisadiyyatına kritik
təsir göstərəcək qərar qəbul etməyə ehtiyacı olanda, lazım olan ca-
vabı Quranda tapa bilmir, çünki, yeddinci əsr ərəblərinin bugünkü
sənaye iqtisadiyyatı və qlobal maliyyə bazarının problemləri və im-
kanları haqqında bildikləri kifayət etmir. Ona görə də o, və ya onun
köməkçiləri Karl Marks, Milton Fridman, Fridrix Hayek və eləcə
də müasir iqtisadiyyat elminə müraciət etməlidirlər. Faiz dərəcəsini
yüksəltmək, vergiləri azaltmaq, dövlət əmlakını özəlləşdirmək və
ya beynəlxalq tarif razılaşması imzalamaq qərarına gələndən sonra
Xamneyi öz dini bilikləri və nüfuzundan istifadə edərək elmi cavaba
bu və ya digər Quran ayəsi donunu geydirə bilər və kütlələrə bunu
Allahın istəyi kimi təqdim edə bilər. Amma don, az şey deməkdir.
Siz şiə İranı, sünni Səudiyyə Ərəbistanı, yəhudi İsraili, hundu Hin-
distanı və xristian Amerikasının iqtisadi siyasətlərini müqayisə
etsəniz elə bir fərq görə bilməzsiniz.

On doqquzuncu və iyirminci əsrlərdə müsəlman, yəhudi, hindu
və xristian mütəfəkkirləri müasir materializmə, rəhmsiz kapitalizmə
və bürokratik dövlətin ifratçılığına qarşı çıxış edirdilər. Əgər onla-
ra şans verilərsə, müasir dövrün bütün çətinliklərini həll edib, öz
dinlərinin əbədi ruhi dəyərlərinə əsaslanan, tamamilə fərqli sosial-
iqtisadi sistem yaradacaqlarını vəd edirdilər. Onların bir neçə şan-
sı olub və etdikləri ən diqqətəlayiq dəyişiklik müasir iqtisadiyyat
binasının fasadını rəngləmək və damına böyük aypara, xaç, David
ulduzu və ya om qoymaq olub.

Yağış yağdırmaq məsələsində olduğu kimi, söhbət iqtisadiyyata gələndə də din alimlərinin mətni interpretasiya etmək üzrə uzun müddət cilalanmış təcrübələri dini yersiz edir. Xamneyi hansı iqtisadi siyasətə üstünlük verəcəyindən asılı olmayaraq, həmişə onu Qurana uyğunlaşdıra biləcək. Deməli, Quranın yeri həqiqi bilik mənbəyi olmaqdan, sadəcə hakimiyyət mənbəyi olmağa qədər enib. Mürəkkəb iqtisadi dilemma ilə rastlaşanda siz diqqətlə Marksı və Hayeki oxuyursunuz və onlar iqtisadi sistemi anlamağa, hər şeyə yeni bucaqdan baxmağa və potensial həll yolları haqqında düşünməyə kömək edirlər. Cavab formalaşandan sonra Qurana müraciət edirsiniz, onu diqqətlə oxuyub elə bir surə tapmağa çalışırsınız ki, ona kifayət qədər yaradıcı yanaşanda, sizin Marks və Hayekdən aldığınız həll yollarına haqq qazandıra bilər. Hansı həll yolu tapmağınızdan asılı olmayaraq, əgər siz yaxşı Quran alimisinizsə, bu həlli həmişə əsaslandıra biləcəksiniz.

Eyni baxış xristianlıq üçün də doğrudur. Xristianlıq mənsubu asanlıqla kapitalist də ola bilər, sosialist də və hətta İsa peyğəmbərin söylədiyi bəzi şeylər birbaşa kommunizmi xatırlatdığına baxmayaraq, soyuq müharibə vaxtı yaxşı Amerika kapitalisti çox da fərqinə varmadan "Dağüstü moizə"ni oxuyurdu. "Xristian iqtisadiyyatı", "müsəlman iqtisadiyyatı" və ya "hindi iqtisadiyyatı" adında bir şey yoxdur.

Bibliyada, Quranda və ya Vedalarda iqtisadi ideyaların olmadığını demək olmaz, – sadəcə o ideyalar indi aktual deyil. Mahatma Qandinin oxuduğu Vedalar ona müstəqil Hindistanı, hərəsi özünün xadi parçasını toxuyan, az ixrac edən, ondan da az idxal edən, özünə yetərli olan aqrar icmaların məcmusu kimi təsəvvür etdirdi. Onun ən məşhur şəkli öz əli ilə pambıq əyirən fotosudur və o, cəhrənin yavaşca fırlatdığı təkərini Hindistan milli hərəkatının simvolu etdi.[124] Lakin bu təbiətlə həmahənglik baxışı sadəcə olaraq müasir iqtisadi reallıqlara uyğun deyildi və ona görə də Qandinin rupi əskinasları üzərindəki təbəssümlü baxışından başqa o həmahənglikdən bir şey qalmadı.

Ənənəvi doqmalarla müqayisədə müasir iqtisadi nəzəriyyələr o qədər aktualdır ki, hətta guya dini sayılan konfliktləri də iqtisadi terminlərlə izah etmək adi hal olub, halbuki əksini etmək heç kimin ağlına gəlmir. Məsələn, bəziləri iddia edir ki, Şimali İrlandiyadakı katoliklər və protestantlar arasındakı münaqişəni qızışdıran daha çox sinfi konfliktlər idi. Müxtəlif tarixi hadisələrə görə Şimali İrlandiyanın yuxarı zümrəsi əsasən protestantlar olub, aşağı zümrə isə katoliklər. Ona görə də, əslində bu varlılarla yoxsullar arasındakı mübarizə, ilk baxışda Məsihin təbiəti haqqında teoloji konflikt kimi görünürdü. Bunun əksi olaraq, çox az sayda adam iddia edə bilər ki, 1970-ci illərdəki Cənubi Amerikada kommunist partizanlarla kapitalist torpaq sahibləri arasındakı konflikt, xristian teologiyası üzrə daha dərin ixtilafın pərdələnməsi üçün idi.

Yaxşı, iyirmi birinci əsrin böyük sualları qarşısında din nəyi dəyişə bilər? Məsələn, insanların həyatı – hansı sənəti öyrənmək, harada işləmək və kiminlə evlənmək – haqqında qərar qəbul etməyi süni intellektə həvalə etmək olarmı? Bu məsələ barəsində müsəlmanların mövqeyi necədir? Bəs yəhudilərin mövqeyi? Burada "müsəlman" və ya "yəhudi" mövqeyi yoxdur. Bəşəriyyət yəqin ki, iki düşərgəyə bölünəcək – Sİ-yə kifayət qədər əhəmiyyətli səlahiyyət vermək tərəfdarlarına və bunun əleyhdarlarına. Müsəlmanlar və yəhudilər yəqin ki, hər iki tərəfdə olacaqlar, eləcə də Quran və Talmudun təfsiri vasitəsilə hər hansı mövqeyə bərəat qazandıracaqlar.

Əlbəttə ki, dini qruplar konkret bir məsələ barəsində öz yanaşmalarını sərtləşdirə və onu guya müqəddəs və əbədi olan doqmaya çevirə bilərlər. 1970-ci illərdə Latın Amerikasında teoloqlar Azadlıq Teologiyası icad edib İsa Məsihi bir az Çe Gevaraya oxşatmışdılar. Eyni cür də İsa Məsihi asanlıqla qlobal istiləşmə debatlarına cəlb etmək olar və bununla da cari siyasi vəziyyətin əbədi dini prinsipdən yaranmış olduğunu iddia etmək olar.

Bu proses artıq başlamışdır. Ətraf mühit haqqında qanunlara qarşı müxalifət bəzi Amerika yevangelistləri pastorlarının "alov və kükürd" moizələrində özünü göstərməkdədir, Papa Fransisk isə İsa Məsih naminə qlobal istiləşməyə qarşı mübarizəyə başçılıq edir (onun ikinci müraciəti "Laudato si" bunu təsdiq edir).[125] Yəni, görünür 2070-ci ildə ətraf mühit məsələləri üzrə qərar qəbul edərkən sizin yevangelist, yoxsa katolik olmağınızın fərqi olacaq. Demək artıqdır ki, yevangelistlər karbon qazı buraxılmasına qarşı hər hansı

144

məhdudiyyətin əleyhinə, katoliklər isə İsa Məsihin bizə məhz ətraf mühiti qorumağı tapşırdığına inanmaqda davam edəcəklər.

Siz onların avtomobillərində də bu fərqi görəcəksiniz. Yevangelistlər benzinlə işləyən böyük SUV avtomobillərdə gəzəcəklər, mömin katoliklər isə səliqəli, elektriklə işləyən və bamperində "Planeti yandıran cəhənnəmdə yanacaq" yazılmış avtomobillərdə. Ancaq onlar öz mövqelərini müdafiə etmək üçün Bibliyadan müxtəlif parçalara istinad edə bilərlər, real fərqli olan mənbə isə Bibliya deyil, müasir elmi nəzəriyyələr və siyasi hərəkatlar olacaq. Bu baxış perspektivindən dinin real olaraq zəmanəmizin böyük siyasət debatına verəcəyi böyük töhfəsi yoxdur. Karl Marksın iddia etdiyi kimi, onun ancaq parıldayan zahiri var.

Kimlik problemləri: qum üzərindəki xətlər

Amma Marks dinin güclü texnoloji və iqtisadi qüvvələri gizlədən üstqurum olmasını rədd edəndə mübaliğəyə yol verib. Hətta əgər İslam, Xristianlıq və ya Hinduizm müasir iqtisadi strukturun üzərində rəngli dekorasiya ola bilirsə, insanlar adətən dekorasiyaya görə tanınır və onların kimliyi çox vacib tarixi qüvvədir. İnsanın qüvvəsi kütləvi kooperasiyadan asılıdır, kütləvi kooperasiya kütləvi kimliklər yaradır – və bütün kütləvi kimliklər uydurma hekayətlərdir, nə elmi faktlara, nə də heç iqtisadi zərurətə istinad etmir. İyirmi birinci əsrdə insanların yəhudilərə və müsəlmanlara və ya ruslara və polyaklara bölünməsi hələ də dini miflərə bağlılıqdan asılıdır. Nasistlərin və kommunistlərin insanın irqi və sinfi kimliyini elmi şəkildə müəyyən etmək cəhdləri təhlükəli psevdo-elmə çevrildi və o vaxtdan alimlər insanın "təbii" kimliyini müəyyən etmək məsələsinə çox həvəssiz yanaşırlar.

Deməli, iyirmi birinci əsrdə dinlər yağış yağdırmır, xəstəliyi sağaltmır, bomba düzəltmir – onlar ancaq kimin "biz", kimin "onlar" olmasını, kimi sağaltmalıyıq, kimi bombalamalıyıq məsələlərini müəyyən edirlər. Əvvəldə dediyimiz kimi, praktik planda İran şiələri və Səudiyyə Ərəbistanı sünniləri və İsrail yəhudiləri arasında təəccüblü dərəcədə az fərq var. Onlar hamısı bürokratik milli

145

dövlətlərdir, hamısı bu və ya digər dərəcədə kapitalist siyasəti yeridir, hamısı uşaqlarını poliomelitə qarşı vaksinasiya edir, hamısı bomba düzəltməyi kimyaçılara və fiziklərə həvalə edir. Şiə bürokratiyası, sünni kapitalizmi və ya yəhudi fizikası adında bir şey mövcud deyil. Yaxşı, bəs insanları özlərini unikal hiss etməyə, bir insan cəmiyyətinə loyal, digərinə isə düşmən olmağa necə məcbur etmək olar?

İnsanlığın narın qumu üzərində sərt xətlər çəkmək üçün dinlər adətlər, rituallar, mərasimlərdən istifadə edirlər. Şiələr, sünnilər və ortadoks yəhudilər müxtəlif cür paltar geyinirlər, müxtəlif dualar oxuyurlar və müxtəlif qadağalara riayət edirlər. Bu, fərqli dini adətlər gündəlik həyata gözəllik gətirir və insanları daha xeyirxah və iltifatlı olmağa sövq edir. Gündə beş dəfə müəzzinin melodik səsi bazarların, iş yerlərinin, fabriklərin səs-küyündən yüksəyə qalxır və müsəlmanları fani dünyanın qarışıqlığındakı qaçaqaça fasilə verib əbədi həqiqətlə ünsiyyətə cəhd etməyə çağırır. Onların hindli qonşuları eyni məqsədə gündəlik pujalar və mantraları oxumaqla çatırlar. Hər həftə cümə günlərinin axşamı yəhudilər sevinc, minnətdarlıq və birlik yeməyinə otururlar. İki gün sonra, bazar günü səhər yevangelist xorları milyonlarla adamın həyatına ümid gətirir, cəmiyyətdə güclü etibar və bağlılıq əlaqələri yaradır.

Başqa dini ənənələr dünyaya eybəcərlik gətirir, insanları rəzil və rəhmsizcəsinə davranmağa vadar edir. Dinin körüklədiyi qadına nifrət və kasta diskriminasiyası haqqında yaxşı bir şey demək çətindir. Ancaq eybəcər və ya gözəl olmasından asılı olmayaraq, belə dini qaydalar bəzi insanları birləşdirir və qonşularından fərqləndirib ayırır. Kənardan baxanda insanları ayıran dini ənənələr əhəmiyyətsiz şey kimi görünür və Freyd insanların beyinlərini belə şeylərlə məşğul etməsinə gülür, belə şeyləri "kiçik fərqlərin narsisizmi[126]" adlandırırdı. Lakin tarixdə və siyasətdə kiçik fərqlər çox uzaq yol gedə bilər. Məsələn siz gey və ya lesbian olsanız, hansı ölkədə – İsraildə, İranda və ya Səudiyyə Ərəbistanında yaşamağınız həyat və ölüm məsələsi olacaq. İsraildə bu məsələ qanunun müdafiəsi altındadır, hətta bəzi ravvinlər iki qadının nikahını da kəsirlər. İranda gey və lesbianlar sistematik olaraq təqib edilir və bəzən edam edilirlər. Səudiyyə Ərəbistanında lesbian 2018-ci ilə qədər heç avtomobil də sürə bilməzdi – lesbian olduğu üçün yox, qadın olduğu üçün.

Yəqin ki, bu gün dünyada ənənəvi dinlərin gücünü və əhəmiyyətini saxlamaq üçün ən yaxşı nümunə Yaponiyadır. 1853-cü ildə Amerika donanması Yaponiyanı dünyaya açılmağa məcbur etdi. Cavabında Yaponiya dövləti sürətli və olduqca uğurlu müasirləşmə yoluna çıxdı. Bir neçə onillik ərzində Yaponiya elmə, kapitalizmə, Çinə və Rusiyaya qalib gəlmək, Tayvan və Koreyanı işğal etmək üçün son hərbi texnologiyalara əsaslanan güclü bürokratik dövlətə çevrildi və son nəticədə Amerika dəniz donanmasını Perl Harborda batırdı və avropalıların Uzaq Şərqdəki hökmranlığına son qoydu. Ancaq Yaponiya Qərbin olduğu kimi kor-koranə surətini köçürmədi. Qızğın şəkildə özünün unikal kimliyini qorumaqda və yaponların elmə, müasirliyə və ya qlobal ictimaiyyətə deyil, məhz Yaponiyaya sadiq olmasını təmin etdi.

Bu məqsədlə Yaponiya, yapon kimliyinin məhək daşı kimi öz doğma dini olan sintonu dəstəkləyir. Əslində Yaponiya dövləti yenidən kəşf olunmuş sintodur. Ənənəvi sinto müxtəlif bütlər, ruhlar və kabusların qarışından ibarət həftəbecər inanc idi və hər kəndin və məbədin öz sevimli bütü və yerli adətləri vardı. On doqquzuncu əsrin sonlarında və iyirminci əsrin əvvəllərində Yaponiya dövləti sintonun rəsmi versiyasını yaratdı və çoxsaylı yerli adət-ənənələri dəstəkləmədi. Bu "dövlət sintosu", yapon elitasının Avropa imperializmindən əxz etdiyi çox müasir millət və irq ideyaları ilə qovuşdu. Buddizmdəki, konfutsilikdəki və feodal samuray əxlaqındakı dövlət üçün faydalı olacaq hər hansı element bura əlavə edildi. Bunların üzərinə də sinto ali prinsip kimi, günəş tanrısı Amaterasunun birbaşa varisi olan Yapon İmperatoruna və canlı tanrıdan heç də az olmayan dərəcədə dövlətin özünə səcdəni təsbit edirdi.[127]

İlk baxışda bu yeni və köhnənin qəribə qarışığı müasirliyə sürətli istiqamət götürmüş dövlət üçün namünasib seçim kimi görünür. Canlı tanrı? Animizm ruhu? Feodal əxlaq? Bunlar müasir sənaye dövlətindən daha çox neolit dövrünün qəbilə idarəçiliyi kimi səslənir.

Ancaq bu, möcüzə kimi işləyir. Yaponlar eyni zamanda öz dövlətlərinə fanatik sədaqəti saxlamaqla ağlasığmaz dərəcədə tez müasirləşdi. Dövlət sintosu uğurunun məşhur simvolu o faktdır ki, yüksək dəqiqliklə idarə olunan raketləri işləyib-hazırlayan və istifadə edən ilk dövlət Yaponiya olmuşdu. ABŞ "ağıllı bomba"nı atmamışdan onilliklər əvvəl və nasist Almaniyası V-2 raketləri ilə silahlanmağa yeni başlayanda Yaponiya dəqiq idarə olunan raketlərlə müttəfiqlərin onlarla gəmisini batırmışdı. Biz o raketləri kamikadze kimi tanıyırıq. Bugünkü dəqiq idarə olunan raketlərin yönəldilməsi kompüter vasitəsilə olursa, kamikadzelər partlayıcılarla doldurulmuş və bir istiqamətli səmtə uçmağa hazır olan insan-pilotların idarə etdiyi adi təyyarələr idi. Bu hazırlıq sinto-dövlətin dəstəklədiyi özünü qurban vermək ruhunun məhsulu idi. Bununla kamikadze, tam müasir texnologiya ilə tam müasir dinin tələblərini özündə birləşdirirdi.[128]

Şüurlu şəkildə və ya bilməyərəkdən çox sayda dövlət bu gün Yaponiya nümunəsinin arxasınca gedir. Onlar unikal milli kimliyini qoruyub saxlamaq üçün müasirliyin alət və strukturunu qəbul edib eyni zamanda ənənəvi dinlərinə istinad edirlər. Yaponiyadakı dövlət sintosunun rolunu az və ya çox dərəcədə Rusiyada pravoslav xristianlıq, Polşada katoliklik, İranda islam, Səudiyyə Ərəbistanında vəhhabilik, İsraildə iudaizm oynayır. Konkret dinin nə qədər arxaik görünməsi əhəmiyyətli deyil, bir az fantaziya və yeni interpretasiya ilə onu demək olar ki, həmişə ən müasir cihazlarla ən mürəkkəb müasir qurumlarla əlaqələndirmək olar.

Bəzi hallarda dövlətlər unikal özünəməxsusluğunu möhkəmləndirmək üçün tamamilə yeni din yarada bilərlər. Bunun ən bariz nümunəsi Yaponiyanın keçmiş koloniyası Şimali Koreyadır. Şimali Koreya rejimi öz təbəələrinə fanatik dövlət dini olan çuçxeni təlqin edir. Bu, marksizm-leninizmin, qədim Koreya ənənələrinin, Koreya irqinin unikal təmizliyinə rasist inamı və Kim İr Senin nəsil xəttinin ilahiləşdirilməsinin qarışığından ibarət bir inancdır. Kim ailəsinin günəş allahının törəmələri olduğunu heç kim iddia etməsə də, onlara, tarixdə hər hansı bir tanrıya olduğundan daha artıq səcdə edirlər. Yəqin Yapon İmperiyasının son nəticədə necə məğlub edildiyini fikirlərində tutaraq, Şimali Koreya çuçxesi nüvə silahının bu qarışığa əlavə olunmasını israr edir və bunun inkişafını müqəddəs borc kimi təqdim edərək hər cür yüksək qurban getməyə layiq olduğu təsəvvürünü yaradır.[129]

Millətçilik köləsi

Texnologiyanın necə inkişaf edəcəyindən asılı olmayaraq gözləmək olar ki, dini kimlik və rituallar barəsində mübahisələr yeni texnologiyaların istifadə edilməsinə öz təsirini göstərməkdə davam edəcək və dünyanı alovlandırmağa kifayət edəcək gücə sahib ola bilər. Orta əsr mətnləri üzrə doktrinal mübahisələri həll etmək üçün ən müasir nüvə silahları və kiberbombalar işə salına bilər. İnsanların gücü kütləvi kooperasiyaya əsaslandıqca və kütləvi kooperasiya da yayılmış uydurmalara inamdan qaynaqlandıqca, dinlər, ayinlər və rituallar zərurət olaraq qalacaq.

Təəssüf ki, bütün bunlar ənənəvi dinləri bəşəriyyətin vəziyyətdən çıxış yoluna deyil, onun problemlərinin bir hissəsinə çevirir. Dinlər hələ də, milli özünəməxsusluğu möhkəmləndirməyə və hətta üçüncü dünya müharibəsini alovlandırmağa yetəcək böyük siyasi qüvvəyə malikdir. Lakin məsələ iyirmi birinci əsrin problemlərini qızışdırmaq deyil, həll etməyə gəlib çatanda, onlar çox şey təklif etmirlər. Çox ənənəvi dinlər universal bəşəri dəyərlərə inandıqlarını və kosmik həqiqətləri rəhbər tutduqlarını iddia edirlərsə də, bu gün əsasən müasir millətçiliyin köləsi rolunda çıxış edirlər, – Şimali Koreya, Rusiya, İran, ya da İsrail olsun, heç fərqi yoxdur. Ona görə də onlar üçün milli fərqlərin üstündən keçib nüvə müharibəsi, ekoloji fəlakət və texnoloji pozuntuların yaratdığı qlobal təhlükəni aradan qaldırmaq daha da çətinləşir.

Beləliklə, qlobal istiləşmə və nüvə silahlarının yayılması gündəliyə gələndə şiə ruhaniləri iranlıları bu problemlərə dar İran baxış bucağından təşviq edir, yəhudi ravvinləri israillilər İsrailin mənfəətini rəhbər tutmağa ilhamlandırır, pravoslav keşişlər isə ilk növbədə və başlıca olaraq Rusiyanın maraqlarını güdməyə sövq edirlər. Son nəticədə biz Allahın seçdiyi millətik, millətə nə xeyirlidirsə, Allaha da o xoşdur. Əlbəttə ki, millətçi münaqişələri rədd edib universal dünyagörüşünü qəbul edən din müdrikləri də var. Təəssüf ki, bu günlər həmin müdriklərin böyük siyasi qüvvəsi yoxdur.

Biz çəkiclə zindanın arasında, tələdə qalmışıq. Bu gün bəşəriyyət vahid sivilizasiyadır və nüvə müharibəsi, ekoloji fəlakət və texnoloji pozuntu problemləri yalnız qlobal səviyyədə həll oluna bilər. O biri tərəfdən, millətçilik və din hələ də insan sivilizasiyasını müxtəlif və çox zaman da düşmən düşərgələrə bölür. Qlobal problemlər və lokal kimliklər arasındakı bu ziddiyyət bu gün dünyanın ən böyük multikultural eksperimentindəki böhranda – Avropa Birliyində özünü göstərir. Universal liberal dəyərlər əsasında qurulduğu vəd edilən AB, inteqrasiya və immiqrasiya çətinlikləri səbəbilə dezinteqrasiya uçurumunun kənarında öz müvazinətini zorla saxlamaqdadır.

9

İmmiqrasiya

Bəzi ölkələr o birilərindən
daha yaxşı ola bilər

Qloballaşmanın bütün planetdə dünyagörüşü fərqlərini azaltmasına baxmayaraq, eyni zamanda, tanış olmayan adamlarla rastlaşmaq və onların qəribəliyindən məyus olmaq ehtimalını da yüksəldib. Anqlo-sakson İngiltərə ilə hind Pala İmperiyası arasındakı fərq, müasir Britaniya və Hindistan arasındakı fərqdən böyük idi – amma Kral Böyük Alfredin zamanında *"British Airways"* Dehli ilə London arasında uçuş təklif etmirdi.

Getdikcə daha çox insan daha çox sərhədi addayıb iş, təhlükəsizlik və daha yaxşı gələcək arxasınca getdikcə, tanımadığınız qərib adamların qarşısında durmaq, onları assimilyasiya etmək və ya qovmaq, daha qeyri-mütəhərrik zamanlarda formalaşmış siyasi sistemləri və kollektiv kimlikləri təhdid edir. Heç yerdə problem Avropada olduğu qədər kəskin deyil. Avropa Birliyi fransızlar, almanlar, ispanlar və yunanlar arasında mədəniyyət fərqlərinin aradan qaldırılacağı vədi üzərində qurulmuşdu. Avropalılarla Afrika və Orta Şərqdən olan miqrantlar arasındakı mədəni fərqləri saxlamağa iqtidarsızlığı səbəbindən isə yıxıla bilər. Taleyin ironiyası kimi bu, Avropanın tərəqqi edən multikultural sisteminin qurulmasındakı uğuru ilk növbədə çoxsaylı miqrantları özünə cəlb etdi. Suriyalıların Səudiyyə Ərəbistanına, İrana, Rusiyaya və ya Yaponiyaya deyil, məhz Almaniyaya immiqrasiya istəkləri, Almaniyanın yaxınlıqda olması və o biri yerlərdən daha varlı olması ilə bağlı deyil, immiqrantların qarşılanması və cəmiyyətə qəbul edilməsindəki daha yaxşı göstəricisinə görədir.

Böyüyən qaçqın və immiqrant dalğası avropalılar arasında müxtəlif reaksiyalar yaradır və Avropanın kimliyi və gələcəyi haqqında qızğın müzakirələrə səbəb olur. Bəzi avropalılar Avropanın qapılarını çırparaq bağlamağı tələb edirlər: onlar Avropanın multikulturalizm və tolerantlıq ideyalarına xəyanət edirlər, yoxsa fəlakətin qarşısını almaq üçün ağlabatan addım atmağı təklif edirlər? Başqaları qapıları daha da geniş açmağa çağırır: onlar köklü Avropa dəyərlərinə sadiqlik göstərir, yoxsa Avropa layihəsini qeyri-mümkün gözləntilərlə yükləmək günahını daşıyırlar? İmmiqrasiya barəsində bu müzakirələr tez-tez hamının qışqırdığı və heç kəsin o biriləri dinləmədiyi mərəkəyə çevrilir. Məsələni aydınlaşdırmaq üçün yəqin, immiqrasiyaya bir problem olaraq üç təməl şərt və ya bəndlə baxmaq faydalı olar:

Şərt 1: Qəbul edən ölkə immiqrantların gəlməsinə icazə verir.

Şərt 2: Qarşılığında immiqrantlar ən azı qəbul edən ölkənin əsas normalarını və dəyərlərini qəbul və riayət etməlidir, hətta bu, onların ənənəvi norma və dəyərlərinin ziddinə olsa belə.

Şərt 3: Əgər immiqrantlar yetərli dərəcədə assimilyasiya olurlarsa, bir müddətdən sonra onları qəbul edən ölkənin vətəndaşları ilə bərabər və tamhüquqlu vətəndaşı olur. "Onlar", "biz"ə çevrilir.

Bu şərtlər, oradakı terminlərin hər birinin dəqiq mənası haqqında üç müxtəlif debat aparılmasını zəruri edir. Dördüncü debat bu şərtlərin yerinə yetirilməsinə aiddir. Adamlar immiqrasiya barəsində mübahisə edəndə bu dörd debatı qarışdırır və nəticədə mübahisənin həqiqətən nədən ibarət olduğunu heç kim anlaya bilmir. Ona görə də ən yaxşısı hər debata ayrılıqda baxmaqdır.

Debat 1: İmmiqrasiya məsələsinin birinci maddəsində sadəcə deyilir ki, qəbul edən ölkə immiqrantlara həmin ölkəyə gəlməyə icazə verir. Ancaq bu, bir vəzifə olaraq başa düşülməlidir, yoxsa bir iltifat olaraq? Qəbul edən ölkə qapılarını hər kəsə açmağa borcludur, yoxsa onun seçmək və hətta immiqrasiyanı ümumiyyətlə dayandırmaq haqqı var? Belə çıxır ki, immiqrasiya tərəfdarları bu ölkələr yalnız qaçqınları qəbul etmək yox, həm də iş və daha yaxşı gələcək axtarıb yoxsulluqdan əziyyət çəkən ölkələrin insanları qarşısında mənəvi borcu olduğunu düşünür. Xüsusilə qloballaşmış dünyada, bütün insanların bütün insanlar qarşısında mənəvi öhdəliyi var və bu öhdəliyi yerinə yetirməkdən imtina edənlər eqoist və hətta rasistdir.

Bundan başqa, immiqrasiya tərəfdarları qeyd edirlər ki, immiqrasiyanı tamamilə dayandırmaq mümkün deyil və nə qədər hasar-divar çəksək də, çarəsiz insanlar ölkəyə girməyə həmişə yol tapacaqlar. Ona görə də insan traffiki, qanunsuz işçi və sənədsiz uşaq qaçaqmalçılığı ilə məşğul olan böyük cinayət şəbəkəsi yaratmaqdansa, immiqrasiyanı leqallaşdırıb onunla açıq məşğul olmaq daha yaxşıdır.

İmmiqrasiya əleyhdarları da cavab verir ki, əgər kifayət qədər güc göstərsən, immiqrasiyanı tamam dayandıra bilərsən və yəqin ki, qonşu ölkədəki qəddar təqibdən xilas olmaq istəyən qaçqınlardan başqa heç vaxt, heç kimə qapılarınızı açmaq öhdəliyiniz yoxdur. Türkiyənin çarəsiz qalmış Suriya qaçqınlarına sərhədi açmaq kimi mənəvi öhdəliyi ola bilər. Lakin əgər həmin qaçqınlar sonradan İsveçə getmək istəyirlərsə, İsveçin onları qəbul etmək öhdəliyi yoxdur. İş və rifah axtaran qaçqınlara gəldikdə isə, onları qəbul etmək və ya etməmək və ya hansı şərtlərlə qəbul etmək – bu tamamilə qəbul edən ölkənin öz işidir.

İmmiqrasiya əleyhdarları qeyd edirlər ki, hər bir insan kollektivinin ən təməl haqqı, özünü işğaldan – ordu və ya miqrantlarla, fərqi yoxdur – müdafiə etməkdir. Firavan liberal demokratiya qurmaq üçün isveçlilər ağır zəhmətlər çəkib, çox qurban veriblər və suriyalılar bunu etməkdə aciz olublarsa, isveçlilərin bunda günahı yoxdur. Əgər hər hansı səbəbdən isveçli seçicilər daha suriyalı immiqrantların ora gəlməsini istəmirlərsə, imtina onların hüququdur. Əgər onlar immiqrantları qəbul edirlərsə, tam şəkildə aydın olmalıdır ki, bu onların iltifatıdır, amma heç vəchlə borcunu yerinə yetirməsi deyil. Bu da o deməkdir ki, İsveçə gəlməsinə icazə verilmiş immiqrantlar, öz yerlərinə gəlmiş kimi tələblər siyahısı ilə gəlməli deyil, verilmiş icazəyə görə minnətdarlıq hissi ilə gəlməlidirlər.

Bundan başqa, – deyirlər, immiqrasiya əleyhdarları, – ölkə istədiyi immiqrasiya siyasəti yürüdə bilər, immiqrantların yalnız kriminal profilini və ya professional istedadını yoxlamaq deyil, hətta hansı dinə mənsub olduğu kimi məsələlərin də fərqi ola bilər. Əgər İsrail kimi ölkə yalnız yəhudilərə icazə verirsə və Polşa kimi ölkə orta şərqdən olan qaçqınlar yalnız xristian olduqda onları qəbul etməyə razılaşırsa, bu, xoşagəlməz görünə bilər, lakin tamamilə İsrail və ya Polşa seçicilərinin hüquqları çərçivəsindədir.

Məsələni mürəkkəbləşdirən odur ki, çox hallarda adamlar istəyir ki, öz tortları olsun və onu yesinlər. Çox ölkələr qeyrilegal immiqrasiyaya barmaqarası baxır və ya hətta əcnəbi işçiləri müvəqqəti olaraq işə də götürürlər, çünki əcnəbilərin enerjisindən, istedadından və ucuz işçi qüvvəsindən xeyir görmək istəyirlər. Lakin, sonradan həmin adamların statusunu leqallaşdırmaqdan imtina edirlər və immiqrasiyanın əleyhinə olduqlarını deyirlər. Uzun müddət intervalında bu, Qatar və o biri Körfəz Dövlətlərində olduğu kimi, tam vətəndaşlardan ibarət yuxarı zümrənin aciz qalmış əcnəbilərdən ibarət aşağı zümrəni istismar etməsilə səciyyələnən iyerarxal cəmiyyət yarada bilər.

Hələ ki, bu debat təşkil edilməyib, immiqrasiya haqqında növbəti suallara cavab vermək çox çətindir. İmmiqrasiya tərəfdarları insanların arzu etdiyi ölkəyə immiqrasiya etmək hüququna malik olduğunu hesab etdikləri üçün qəbul edən ölkələr onları qəbul etməyə borcludur. Onlar insanların immiqrasiya hüququnun pozulmasına və ölkələrin onları qəbul etmək öhdəliyindən boyun qaçırmasına mənəvi qəzəblənməklə reaksiya verirlər. İmmiqrasiya əleyhdarları belə baxışdan heyrətə gəlirlər. Onlar immiqrasiyaya imtiyaz, qəbul etməyə isə iltifat kimi baxırlar. Öz ölkələrinə girməyə etiraz etdikləri üçün insanları rasist və ya faşist adlandırmaq nə dərəcədə doğrudur?

Təbii ki, əgər immiqrantlara icazə verilməsi də vəzifə deyil, iltifatdırsa, immiqrantların yeni ölkədə yerləşməsi, onlara və onların törəmələrinə qarşı çoxsaylı vəzifələr müəyyən edir. Məsələn, bu gün siz ABŞ-da antisemitizmə haqq qazandırıb deyə bilməzsiniz ki, "biz sizin ulu nənənizi 1910-cu ildə ölkəyə buraxmaqla ona böyük iltifat göstərmişik, ona görə sizinlə istədiyimiz kimi rəftar edə bilərik."

Debat 2: İmmiqrasiya məsələsinin ikinci maddəsində deyilir ki, əgər biz ölkəyə gəlməyə icazə versək, immiqrantların yerli mədəniyyətə assimilyasiya olmaq təəhhüdü yaranacaq. Ancaq bu assimilyasiya hara qədər getməlidir? Əgər immiqrantlar patriarxal cəmiyyətdən liberal cəmiyyətə köçüblərsə, feminist olmalıdırlarmı? Əgər onlar dindar cəmiyyətdən gəliblərsə, sekulyar dünyagörüşünü qəbul etməlidirlərmi? Öz milli geyimlərindən və qida qadağalarından imtina etməlidirlərmi? İmmiqrasiya əleyhdarları maneəni yuxarı qoymağa meyl edirlər, tərəfdarları isə çox aşağı.

İmmiqrasiya tərəfdarları iddia edirlər ki, Avropanın özü yüksək dərəcədə rəngarəngdir və onun yerli əhalisi geniş spektrli mövqe, vərdiş və dəyərlər daşıyıcısıdır. Avropanı mütəhərrik və güclü edən də budur. Əgər əslində azacıq sayda avropalı o sayaq kimlik daşıyıcısıdırsa, niyə immiqrantlar hansısa xəyali Avropa kimliyinə uyğun olmalıdır ki? Əgər Britaniya vətəndaşlarının çoxu heç kilsəyə getmirsə, siz Britaniyaya gəlmiş müsəlman immiqrantların xristian olmağını istəyirsiniz? Tələb etmək istəyirsiniz ki, Pəncabdan gəlmiş immiqrant karri və masala yeməyi tərgidib balıq və çips, bir də Yorkşir puddinqi yesin? Əgər Avropanın həqiqətən real köklü dəyərləri varsa, bu, tolerantlıq və azadlıq kimi liberal dəyərlərdir və bu o deməkdir ki, avropalılar immiqrantlara qarşı da tolerantlıq göstərməli və onların öz adətlərinə riayət etmələrinə mümkün qədər çox imkan verməlidirlər, yalnız bu, başqalarının azadlığını və hüququnu pozmamaqla həyata keçirilməlidir.

İmmiqrasiya əleyhdarları razılaşırlar ki, tolerantlıq və azadlıq ən vacib Avropa dəyərləridir və çox immiqrant qruplarını – xüsusilə müsəlman ölkələrindən olanları – tolerant olmamaqda, qadınlara nifrətdə, homofobluqda və antisemitizmdə ittiham edirlər. Məhz Avropa tolerantlığı dəyərləndirdiyi üçün həddən ziyadə qeyri-tolerant olanları öz içərisinə buraxa bilməz. Tolerant cəmiyyət kiçik qeyri-liberal azlıqları idarə edə bilsə də, belə ekstremistlərin sayı müəyyən sərhədi keçəndə, bütün cəmiyyətin təbiəti dəyişir. Əgər Avropa Orta Şərqdən həddən artıq sayda immiqrantın gəlməsinə icazə versə, sonda özü də Orta Şərq kimi görünəcək.

Başqa immiqrasiya əleyhdarları bir az da uzağa gedir. Onlar göstərir ki, milli cəmiyyət heç də bir-birinə tolerant yanaşan adamların toplumu deyil. Belə ki, immiqrantların Avropa tolerantlıq standartlarına riayət etməsi heç də kifayət deyil, – onlar həm də, nə olmasından asılı olmayaraq, Britaniya, alman və ya İsveç mədəniyyətinin çoxsaylı unikal xüsusiyyətlərini qəbul etməlidir. Onların ölkəyə gəlməsinə icazə verməklə yerli mədəniyyət öz üzərinə böyük risk və nəhəng məsrəflər götürür. Özünü məhvə aparmağa dəyəcək

155

heç bir səbəb yoxdur. Bu, son nəticədə tam bərabərlik təklif edir, ona görə də tam assimilyasiya tələb etməlidir. Əgər immiqrantların Britaniya, alman və ya İsveç mədəniyyətlərinin qəribəlikləri ilə problemləri varsa, başqa yerə getməkdə azaddırlar. Bu debatın iki əsas məsələsi immiqrantların qeyri-tolerant olması və Avropa kimliyi barəsindəki fikir ayrılığıdır. Əgər immiqrantlar həqiqətən sağalmaz qeyri-tolerantlıqda günahkardırsa, indi immiqrasiyanı təşviq edən çox liberallar gec-tez, özləri üçün acı da olsa buna müxalif mövqeyə keçəcəklər. Və əksinə, əgər immiqrantların çoxu liberal olsa və dinə, gender məsələlərinə və siyasətə münasibətdə geniş dünyagörüşü nümayiş etdirsələr, bu, immiqrasiya əleyhdarlarının ən effektiv arqumentlərinin kəsərini sıfıra endirəcək.

Amma yenə də Avropanın unikal milli kimliyi məsələsi açıq qalır. Tolerantlıq universal dəyərdir. Fransaya gedən immiqrantların qəbul etməli olduğu elə unikal fransız normaları və dəyərləri varmı və Danimarkaya gedən immiqrantların riayət etməli olduğu elə unikal Danimarka normaları və dəyərləri varmı? Avropalılar bu məsələdə acı şəkildə fikir ayrılığı nümayiş etdirdikcə, immiqrasiya haqqında aydın siyasətləri olmayacaq. Və əksinə, avropalılar kim olduqlarını bilən kimi, 500 milyon avropalı bir milyon qaçqını qəbul etməkdə və ya bundan imtina etməkdə heç bir çətinlik çəkməyəcək.

Debat 3: İmmiqrasiya məsələsinin üçüncü bəndi deyir ki, əgər immiqrantlar həqiqətən assimilyasiya üçün səmimi səy göstərirlərsə, – və xüsusilə də tolerantlıq dəyərini qəbul edirlərsə – qəbul edən ölkənin vəzifəsi onlara birinci dərəcəli vətəndaş kimi münasibət bəsləməkdir. Amma immiqrantların cəmiyyətin tam vətəndaşı olması üçün nə qədər vaxt lazımdır? Əlcəzairdən gəlmiş ilk nəsil immiqrantlar iyirmi il ölkədə yaşayandan sonra da tam fransız sayılmırsa, bundan incidilərlərmi? Babaları 1970-ci illərdə Fransaya gəlmiş üçüncü nəsil immiqrantlar necə?

İmmiqrasiya tərəfdarları sürətli qəbula meyllidirlər, əleyhdarları isə uzun sınaq müddəti verilməsinə. Tərəfdarlar üçün, əgər üçüncü nəsil tamhüquqlu vətəndaş sayılmırsa, bu, o deməkdir ki, qəbul edən ölkə öz öhdəliyini yerinə yetirmir və əgər bu, gərginliyə, antoqonizmə və hətta zorakılığa səbəb olursa, qəbul edən ölkə öz riyakarlığından başqa heç kimi günahlandırmamalıdır. İmmiqrasiya əleyhdarları üçün bu şişirdilmiş gözləntilər problemin böyük hissəsidir. İmmiqrantlar səbirli olmalıdır. Əgər sizin nənə-babalarınız bura cəmi qırxca il əvvəl gəliblərsə və sizə yerli adam kimi baxılmadığı üçün indi küçələrdə qarışıqlıq salırsınızsa, onda sınaqdan keçmədiniz.

Bu debatın köklü məsələsi şəxsi zaman çərçivəsi ilə kollektiv zaman çərçivəsinin arasındakı fərqdir. İnsan kollektivi baxış nöqtəsindən qırx il qısa müddətdir. Bir neçə onillik ərzində cəmiyyətin əcnəbi qrupu içinə hopdurmasını gözləmək inandırıcı məsələ deyil. Keçmiş sivilizasiyaların – Roma imperiyası, Müsəlman Xilafəti, Çin İmperiyası və Birləşmiş Ştatlar kimi – əcnəbiləri assimilyasiya etməsi və tam bərabər vətəndaşa çevirməsi üçün transformasiya prosesinin başa çatması onilliklər deyil, əsrlər çəkib.

Şəxsi baxış nöqtəsindən isə qırx il əbədiyyət qədər uzun görünə bilər. Nənə-babası iyirmi il əvvəl Fransaya immiqrasiya etdikdən sonra orada doğulmuş yeniyetmə üçün onların Əlcəzairdən Marselə köç etməsi qədim tarixdir. Yeniyetmə orada doğulub, onun bütün dostları orada doğulub, danışdığı dil ərəb deyil, fransızcadır və hətta Əlcəzairi də heç vaxt görməyib. Onun evi bildiyi yeganə yer Fransadır. Və indi adamlar ona deyir ki, bura onun evi deyil və "geri", heç vaxt yaşamadığı yerə qayıtmalıdır.

Bu, ona bənzəyir ki, siz Avstraliyadan evkalipt ağacının toxumunu gətirib Fransada əkirsiniz. Ekoloji baxımdan evkalipt ağacı "işğalçı" növdür və nəsillər gəlib keçməlidir ki, botaniklər onu yenidən təsnif edib yerli Avropa bitkilərinə aid etsinlər. Lakin ayrıca ağacın özünün "nəzər nöqtəsi"ndən o, fransız ağacıdır. Ona fransız suyu verməsəniz, quruyacaq. Əgər onu qazıb çıxarsanız, yerli palıd və qayınlar kimi öz kökünü necə fransız torpağının dərinliyinə işlətdiyini görəcəksiniz.

Debat 4: İmmiqrasiya məsələsinin dəqiq müəyyən edilməsi barəsində bu fikir ayrılığının başında duran, son nəticədə bunun həqiqətən işləməsi və ya işləməməsidir. Hər iki tərəf öz öhdəliklərini yerinə yetirirmi?

İmmiqrasiya əleyhdarları iddia edirlər ki, immiqrantlar 2-ci şərti yerinə yetirmirlər. Onlar assimilyasiya olmağa səy göstərmir və həddən artıq çoxunun qeyri-tolerant və fanatik dünyagörüşü var.

Ona görə də qəbul edən ölkənin 3-cü şərti yerinə yetirmək öhdəliyinə (onlara birinci dərəcəli vətəndaş münasibəti bəsləmək) səbəb qalmır və 1-ci şərtə (onları ölkəyə buraxmaq) yenidən baxmağa əsaslı səbəb yaranır. Əgər hər hansı konkret mədəniyyətdən olan adamlar ardıcıl olaraq immiqrasiya razılaşmasına əməl etmək arzusunda olmadıqlarını təsdiq edirlərsə, niyə onların çoxuna ölkəyə gəlmək icazəsi verilsin və bununla da daha böyük problem yaradılsın?

İmmiqrasiya tərəfdarları cavab verir ki, qəbul edən tərəf razılaşmanın özünə aid hissəsini yerinə yetirir. İmmiqrantların böyük əksəriyyətinin assimilyasiya olmaq üçün göstərdiyi səmimi səylərə baxmayaraq, yerlilər bunu etməkdə onlara mane olur və bundan da betəri, onların hətta ikinci, üçüncü nəsillərinə hələ də ikinci dərəcəli vətəndaş münasibəti bəsləyirlər. Görünür, əlbəttə ki, hər iki tərəf öz öhdəliklərini yerinə yetirmir və bununla da bir-birinin şübhəsini və incikliyini körükləməklə qapalı dairəni bir az da genişləndirirlər.

O üç şərt dəqiq və aydın ifadə olunmasa, bu dördüncü debat həll edilə bilməz. Biz immiqrantları cəmiyyətə hopdurmağın öhdəlik və ya iltifat olduğunu immiqrantlardan hansı səviyyəli assimilyasiya tələb olunduğunu, qəbul edən ölkənin onlara nə qədər tez tam vətəndaşlıq verməli olduğunu dəqiq bilmədiyimizə görə, bu iki tərəfin öz öhdəliklərini yerinə yetirib-yetirmədiyi haqda mühakimə də yürüdə bilmərik.

Əlavə problem də hesab problemidir. İmmiqrasiya razılaşmasını qiymətləndirəndə hər iki tərəf fikir ağırlığını öhdəliklərin yerinə yetirilməsinə deyil, yetirilməməsinə yönəldir. Əgər milyon immiqrant qanuna riayət edən vətəndaşdırsa və yüz nəfər terrorist qrupuna qoşulub yerli ölkəyə hücum edirsə, onda bütün immiqrantlar şərtlərinə əməl edir, yoxsa onları pozur? Əgər üçüncü nəsil immiqrant ona heç kim sataşmadan min dəfə küçə ilə gedirsə və min birinci dəfə hansısa rasist ona təhqiramiz şəkildə qışqırırsa, bu, yerli əhalinin onları qəbul etməsi deməkdir, yoxsa etməməsi?

Lakin bütün bu debatların arxasında, insan mədəniyyətinin başa düşülməsinə aid olan daha fundamental sual gizlənir. Biz immiqrasiya debatına girişəndə bütün mədəniyyətlərin məğzi eynidir, deyə düşünürük, yoxsa bəzi mədəniyyətlərin o birilərdən üstün olduğu fikrindəyik? Almanlar bir milyon Suriya qaçqınını cəmiyyətlərinə qəbul etmək haqqında mübahisə aparanda onlar Alman mədəniyyətinin Suriya mədəniyyətindən üstün olması barədə düşüncələrində nə vaxtsa haqlı sayıla bilərlərmi?

Rasizmdən kulturizmə doğru

Bir əsr əvvəl avropalılar bəzi irqlərin – ən əsası da ağ irqin – mahiyyət etibarilə o birilərdən üstün olmasını adi, normal hal kimi qəbul edirdilər. 1945-ci ildən sonra bu ideya artan sürətlə lənətlənməyə başlandı. Rasizm yalnız mənəvi iyrənc bir şey kimi deyil, həm də elmi cəhətdən iflasa uğramış oldu. Biologiya alimləri, xüsusilə də genetiklər ortalığa çox ciddi elmi sübutlar qoydular ki, avropalılar, afrikalılar, çinlilər və yerli amerikalılar arasındakı fərqlər, nəzərə alınmayacaq dərəcədə cüzidir.

Lakin eyni zamanda da antropoloqlar, sosioloqlar, tarixçilər, davranış iqtisadçıları və hətta beyin alimləri bəşər mədəniyyətləri arasında əhəmiyyətli fərqlərin olduğu haqda zəngin məlumatlar toplayıblar. Doğrudan da, əgər bütün insan mədəniyyətləri mahiyyətcə eynidirsə, bizim antropoloq və tarixçilərə nə ehtiyacımız var? Niyə resurslarımızı trivial həqiqətlərin öyrənilməsinə sərf etməliyik? Ən azından bütün o bahalı Cənubi Sakit Okean hövzəsi və Kalahari səhrası ekspedisiyalarını maliyyələşdirməyi dayandırmalı və adamlara Oksford və Bostonda təhsil verilməsi ilə kifayətlənməliyik. Əgər mədəniyyət fərqləri əhəmiyyətsiz dərəcədədirsə, onda Harvarddakı bakalavrlar üçün doğru olan Kalahari ovçu-toplayıcıları üçün də həqiqət olmalıdır.

Çox adamlar, insan mədəniyyətlərində, ən azı bəzi fərdi seksual davranışlardan tutmuş siyasi meyllərə qədər məsələlər üzrə əhəmiyyətli fərqlərin mövcud olduğu düşüncəsindədir. Onda bu fərqlərə bizim münasibətimiz necə olmalıdır? Mədəniyyət relyativistləri mübahisə edirlər ki, fərqlər iyerarxiya yaratmaq deyil və biz bir mədəniyyəti o birindən üstün yerə qoya bilmərik. İnsanlar müxtəlif cür düşünə və davrana bilərlər, lakin biz bu rəngarəngliyə sevinməli və bütün inanclara və təcrübələrə eyni dəyər verməliyik. Təəssüf ki, belə geniş dünyagörüş reallığın sınağından çıxa

159

bilmir. İnsan varlığının rəngarəngliyi mətbəx və poeziyaya gələndə gözəl olur, lakin az adam qlobal kapitalizmin və koka kolonializminin təcavüzündən qorunmalı olan cadugərlərin yandırılması, uşaq qətli və ya quldarlıq kimi maraqlı insan xüsusiyyətini görüb müdafiə edər.

Ya da müxtəlif mədəniyyətlərin əcnəbilərə, immiqrantlara və qaçqınlara münasibətinə baxaq. Heç də bütün mədəniyyətlər onları tam eyni səviyyədə qəbul etmir. Alman mədəniyyəti iyirmi birinci əsrin əvvəllərində Səudiyyə Ərəbistanı ilə müqayisədə əcnəbilərə qarşı daha tolerant və daha yaxşı ev sahibidir. Müsəlmana Almaniyaya immiqrasiyaya etmək xristiana Səudiyyə Ərəbistanına immiqrasiya etməkdən daha asandır. Həqiqətən, görünür, hətta Suriyadan olan müsəlman qaçqına da Almaniyaya immiqrasiya Səudiyyə Ərəbistanına immiqrasiyadan daha asandır və 2011-ci ildən bu yana Almaniya Səudiyyə Ərəbistanından daha çox Suriya qaçqınını qəbul edib.[130] Beləliklə, sübutların toplusu deyir ki, iyirmi birinci əsrdə Kaliforniya mədəniyyəti immiqrantlara daha yaxşı münasibətdədir, nəinki Yaponiya mədəniyyəti. Deməli, siz əcnəbilərə tolerant yanaşmanın yaxşı bir şey olduğunu hesab edirsinizsə, ən azı bu mənada alman mədəniyyətinin Səudiyyə mədəniyyətindən və Kaliforniya mədəniyyətinin Yaponiya mədəniyyətindən üstün olduğunu düşünməli deyilsinizmi?

Bundan başqa, hətta iki mədəniyyət norması nəzəri cəhətdən eyni güclüdürsə, immiqrasiyanın praktik kontekstində yenə də qəbul edən ölkənin mədəniyyəti daha yaxşı kimi qiymətləndirilə bilər. Bir ölkəyə uyğun norma və dəyərlər başqa şəraitdə yaxşı işləməyə bilər. Gəlin bir konkret misala yaxından baxaq. Özünə yer etmiş zehniyyətin qurbanı olmamaq üçün iki uydurma ölkə təsəvvür edək: Koldia və Vormland. Bu iki ölkənin mədəniyyətində çoxsaylı fərqlər var. İnsan əlaqələri üzrə münasibətlər və şəxsiyyətlərarası konfliktlər də bu fərqlərin arasındadır. Koldialılar körpəlikdən belə təlim olunublar ki, əgər məktəbdə, işdə və hətta öz ailəndə kiminləsə konfliktin baş veribsə, ən yaxşısı onu yatırtmaqdır. Sən qışqırmamalısan, nifrət nümayiş etdirməməlisən və ya başqa şəxslə toqquşmaya getməməlisən – qəzəb qığılcımı vəziyyəti yalnız pisləşdirə bilər. Yaxşısı budur öz hissin üzərində işləyəsən, imkan verəsən ki, gərginlik soyusun. Eyni zamanda da həmin adamla kontaktları məhdudlaşdır və əgər konflikt qaçılmazdırsa, qısa, lakin nəzakətli danış və həssas məsələlərin üstündən keç.

Vormlandlılar isə əksinə, körpəlikdən konflikti zahirə çıxarmaq ruhunda öyrədiliblər. Əgər konflikt yaranıbsa, onu qızışmağa qoyma, özündə də heç nəyi boğma. İlk imkanda emosiyalarının qapısını aç. Qəzəblənmək, qışqırmaq, qarşındakı adama nə düşündüyünü demək normaldır. Bu, məsələni birlikdə həll etməyin yeganə yoludur, – səmimi və düzgün. Bir günlük qışqırıqlar, başqa halda illərlə fəsad verə biləcək konflikti həll edə bilər və hərçənd baş-başa toqquşmaq heç vaxt xoşa gələn şey olmasa da, sonradan özünü çox yaxşı hiss edəcəksən.

Hər iki metodun öz mənfi və müsbət tərəfləri var və hansının o birindən həmişə yaxşı olduğunu demək çətindir. Vormlandlı Koldiaya immiqrasiya edib Koldia şirkətində işə girsə nə baş verə bilər?

İş yoldaşları arasında nə vaxt konflikt yaransa vormlandlı yumruğunu stola çırpıb səsinin yüksək səviyyəsində bağırır və gözləyir ki, bu, diqqəti problemə cəlb edəcək və onu tez həll etməyə yardımçı olacaq. Bir neçə il keçdikdən sonra yuxarı vəzifə yeri boşalır. Vormlandlının bu vəzifə üçün tələb olunan bacarıq və səriştəsi uyğundursa da, baş menecer koldialı namizədə üstünlük verir. Soruşanda belə izah edir: "Hə, vormlandlı istedadlıdır, amma onun insan əlaqələri davranışında ciddi problemi var. Özündən tez çıxandır, ətrafında lazımsız gərginlik yaradır və bizim korporativ mədəniyyətimizə riayət etmir." Eyni taleyi Koldiadakı başqa vormlandlı immiqrantlar da yaşayır. Onların çoxu aşağı vəzifələrdə qalır və ya ümumiyyətlə iş tapa bilmir, çünki menecerlər düşünürlər ki, əgər onlar vormlandlıdırsa, yəqin ki, tez coşan və problemli işçi olacaqlar. Vormlandlılar heç vaxt yüksək vəzifə tutmadıqları üçün Koldia korporativ mədəniyyətini dəyişmək də çətin məsələdir.

Təxminən eyni hadisə də Vormlanda immiqrasiya edən koldialının başına gəlir. Koldialı Vormland şirkətində işə başlayanda tezliklə snob və ya soyuq balıq adı çıxarır və ya lap az adamla ünsiyyət edir, ya da ümumiyyətlə heç kimlə etmir. Adamlar onu qeyri-səmimi olduğunu və ya insan əlaqələri qabiliyyətinin çatışmadığını düşünürlər. O, heç vaxt yuxarı vəzifəyə irəli çəkilmir və ona görə də korporativ mədəniyyətə təsir göstərmək imkanı yoxdur. Vormlandlı menecerlər bütün koldialıların belə namehriban və ya utancaq olduqlarını düşünürlər və onları müştərilərlə və ya başqa işçilərlə kontakt tələb edən vəzifələrə götürməməyə üstünlük verirlər.

Hər iki misal rasizm təzahürü kimi görünə bilər. Lakin əslində onlar rasist deyil. Onlar "kulturist"dir. İnsanlar ənənəvi rasizmə qarşı qəhrəmanlıqla mübarizə apararaq döyüş cəbhəsinin yerinin dəyişdiyini görmürlər. Ənənəvi rasizm ölüb getməkdədir, amma dünya "kulturist"lərlə dolub.

Ənənəvi rasizm bioloji nəzəriyyələrə möhkəm istinad edərək, onlar üzərində qurulmuşdu. 1890 və ya 1930-cu illərdə onun geniş olaraq Britaniyada, Avstraliyada və ABŞ-da yayılmış ardıcılları inanırdılar ki, bəzi irsi xüsusiyyətlər afrikalıları və çinliləri avropalılara nisbətən daha aşağı intellektli, az işgüzar və aşağı mənəviyyatlı edir. Problem onların qanındadır. Belə baxışlar siyasi nüfuz qazandırırdı, həm də geniş şəkildə elmi ictimaiyyət tərəfindən dəstək görürdü. Bu gün, əksinə olaraq, çox şəxs belə rasist fikirlər söyləsə də, elmi dəstəyi və siyasi nüfuzlarını itiriblər – sözlərini mədəniyyət terminlərinə keçirməklərini saymasaq. Qaraların cinayət törətməyə meylli olduqları genlərinin keyfiyyətsizliyindəndir deyirlər; ona görə cinayət etməyə meyllidirlər ki, disfunksional aşağı mədəniyyətdən gəlmədirlər və s.

Məsələn, ABŞ-da bəzi partiyalar və liderlər diskriminasiya siyasətini açıq şəkildə dəstəkləyirlər və tez-tez afroamerikalılar, latinoslar və müsəlmanlar haqqında alçaldıcı bəyanatlar verirlər – lakin çox nadir hallarda, onların DNK-larında qüsur olduğunu deyərlər və ya heç vaxt deməzlər. Problem onların mədəniyyəti ilə bağlı olmalıdır. Belə ki, Prezident Tramp Haitini, Salvadoru və Afrikanın bəzi hissələrini "nəcis deşiyi ölkələr" adlandıranda, yəqin ki, ictimai fikri bu yerlərin mədəniyyətinə yönəldirdi, adamlarının genetik quruluşuna yox.[131] Başqa dəfə Tramp ABŞ-dakı meksikalı immiqrantlar haqqında belə deyib: "Meksika onları göndərəndə ən yaxşılarını göndərmir. Çox problemli adamları göndərir, onlar da o problemləri bura gətirirlər. Onlar narkotik gətirir, onlar cinayətkarlıq gətirir. Onlar zorakılıq edir, bəziləri isə, məncə pis adamlar deyil." Bu, çox təhqiramiz iddiadır, lakin təhqir bioloji

162

müstəvidə deyil, sosiolojidir. Tramp demir ki, meksikalıların qanı yaxşılıqdan məhrumdur, – deyir ki, yaxşı meksikalılar Rio-Grande çayının cənub sahilində qalır.[132]

İnsan bədəni – latinos olsun, afrikalı olsun, çinli olsun – hələ də debatın mərkəzində dayanır. İnsan dərisinin rəngi böyük əhəmiyyət kəsb edir. Əgər dərinizin melonin piqmenti çoxdursa Nyu-Yorkda küçə ilə yeriyərkən, hara getməyinizdən asılı olmayaraq, polis sizə izafi şübhə ilə baxacaq. Lakin prezident Tramp və prezident Obama kimi adamlar, dəri rəngini mədəniyyət və tarix müstəvisində izah edirlər. Polisin sizin dərinizin rənginə görə şübhələnməsinin səbəbi bioloji deyil, tarixidir. Güman ki, Obamanın düşərgəsi polisin belə şəkkak olmasını tarixi quldarlıq cinayətləri ilə bağlayacaq, Trampın düşərgəsi isə qaraların kriminallığını ağ Amerika liberallarının və qara icmalarının uğursuz səhvlər mirası ilə. Hər bir halda, əgər siz lap Amerika tarixindən heç nə bilməyən Dehlidən olan turistsinizsə də, bu tarixin nəticələri ilə qarşılaşmaq məcburiyyətindəsiniz.

Biologiyadan mədəniyyətə keçid, sadəcə mənasız jarqon dəyiş-mək deyil. Bu, böyük praktik nəticələri bəzisi yaxşı, bəzisi pis olan əsaslı keçiddir. Əvvəla, mədəniyyət biologiyaya nisbətən daha plastikdir. Bu, o deməkdir ki, bir tərəfdən bugünkü kulturistlər ənənəvi rasistlərdən daha tolerant ola bilərlər – yalnız əgər "başqa-ları" bizim mədəniyyəti qəbul etsə, biz onları özümüzə bərabər he-sab edəcəyik. O biri tərəfdən, bu, assimilyasiya üçün "başqalarına" göstərilən təzyiqi gücləndirə və bunu edə bilməyənlərin tənqidini sərtləşdirə bilər.

Yəqin ki, qara dərilini öz dərisini ağartmadığına görə günah-landırmaq olmaz, lakin insanlar afrikalıları və müsəlmanları qərb mədəniyyəti dəyərlərini qəbul etməməkdə günahlandıra bilər və bunu canfəşanlıqla edirlər. Bundan heç də çıxmır ki, belə ittihama haqq qazandırmaq olar. Çox hallarda dominant mədəniyyəti qəbul etmək üçün əsas az olur və çoxsaylı başqa hallarda bu, qeyri-müm-kün missiyaya çevrilir. Xaraba məhəllələrdə yaşayan, səmimi ola-raq hegemon Amerika mədəniyyətinə uyğunlaşmaq istəyən afro-amerikalılar ilk növbədə öz yollarında institusional diskriminasiya blokunu görürlər, – yalnız ona görə ki, sonradan, kifayət qədər səy göstərməməkdə və öz problemlərində yalnız özləri günahkar ol-maqda ittiham olunsunlar.

Biologiya haqqında danışmaqla mədəniyyət haqqında danış-maqda ikinci əsas fərq odur ki, ənənəvi rasist fanatizmindən fərqli olaraq, kulturistlərin arqumentləri təsadüfən mənalı da ola bilər, – Vormland və Koldia misalında olduğu kimi. Vormland və Koldia adamlarının mədəniyyəti həqiqətən fərqlidir və insan əlaqələrində müxtəlif yanaşmalarla səciyyələnir. Çox iş yerləri üçün insan əlaqələri çox vacib parametr olduğuna görə, Vormland şirkə-tinin koldialıları öz mədəniyyət mirasına uyğun davranışa görə cəzalandırması qeyri-etik addımdırmı?

Antropoloqlar, sosioloqlar və tarixçilər bu məsələ barəsində na-rahatdırlar. Bir yandan bütün bunlar təhlükəli dərəcədə rasizmə yaxın səslənir. O biri yandan kulturizmin elmi əsası rasizmdən möhkəmdir və humanitar və sosial sahənin alimləri mədəniyyət fərqinin mövcudluğunu və vacibliyini inkar edə bilməzlər.

Təbii ki, əgər hətta biz mədəniyyətə aid bəzi iddiaların əsaslı olduğunu qəbul etsək də, bütün iddiaları qəbul edə bilmərik. Çox kulturist iddialarının üç əsas nöqsanı var. Birincisi, kulturistlər yerli üstünlüklə obyektiv üstünlüyü tez-tez qarışdırırlar. Yəni Vormlan-dın yerli kontekstində konflikti həll etməyin Vormland üsulu Kol-dia metodundan üstün ola bilər. Bu halda Vormlandda fəaliyyət göstərən Vormland şirkətinin özünə qapılmış işçiləri diskriminasi-ya etmək üçün səbəb görə bilər (koldialı işçini cəzalandırmaq buna müvafiq deyil). Lakin, bundan o nəticə çıxmır ki, Vormland metodu obyektiv olaraq üstün metoddur. Vormlandlılar yəqin ki, koldia-lılardan bir-iki şey öyrənə bilərlər və əgər mühit dəyişsə, – yəni, Vormland şirkəti qloballaşsa və müxtəlif ölkələrdə şöbələrini açsa, – diversifikasiya, yəni müxtəliflik, həmin saat aktivə çevrilə bilər.

İkincisi, siz öz meyarınızı, zamanı və yeri dəqiq müəyyən edəndə kulturist iddiaları empirik olaraq əsaslı ola bilər. Lakin çox hallarda adamlar çox ümumi kulturist iddialarını qəbul edir ki, bunun da mənası olmur. Yəni ki, "Koldia mədəniyyəti Vormland mədəniyyətinə nisbətən publik şəkildə qəzəb nümayişinə daha az tolerantdır" demək əsaslı iddiadır, lakin "Müsəlman mədəniyyəti çox qeyri-tolerantdır" deməyin əsası yoxdur. İkinci iddia aydın olmaqdan uzaqdır. "Qeyri-tolerant" deyəndə nəyi nəzərdə tutur-

164

sunuz? Kimə və ya nəyə qeyri-tolerantdır? Mədəniyyət dini az-
lıqlara və qeyri-adi siyasi baxışlara qeyri-tolerant ola bilər, lakin
eyni zamanda da piylənmədən əziyyət çəkən və ya yaşlı insanlara
tolerant ola bilər. Həm də biz "müsəlman mədəniyyəti" deyəndə
nəyi nəzərdə tuturuq? Biz yeddinci əsrdəki ərəb yarımadasından
danışırıq? On altıncı əsrdəki Osmanlı imperiyasından? İyirmi bi-
rinci əsrin əvvəlindəki Pakistandan? Nəhayət sərhəd xətti hara-
dadır? Əgər biz dini azlıqlara qarşı tolerantlıqla bağlı narahatıqsa
və on altıncı əsrdəki Osmanlı İmperiyasını eyni zamandakı Qərbi
Avropa ilə müqayisə ediriksə, bu nəticəyə gələcəyik ki, müsəlman
mədəniyyəti yüksək səviyyədə tolerant mədəniyyətdir. Əgər biz
Taliban hökmranlığındakı Əfqanıstanı ona müasir Danimarka ilə
müqayisə ediriksə, başqa nəticəyə gələcəyik.

Lakin kulturistlərin iddiaları ilə bağlı ən pis problem odur ki,
statistik təbiətinə baxmayaraq, onları tez-tez fərdlər barəsində
əvvəlcədən vermək üçün istifadə edirlər. Yerli vormlandlı və im-
miqrant koldialı eyni işə girmək üçün müraciət edəndə menecer
vormlandlıya üstünlük verə bilər, çünki "koldialılar soyuq və qı-
lıqsızdır". Bu, hətta statistik baxımdan doğrudursa da, ola bilər
ki, bu konkret koldialı əslində çox isti təbiətli, ünsiyyətcildir və bu
mənada rəqibi olan konkret vormlandlını ötüb keçir. Mədəniyyət
vacib faktor olsa da, insanların şəxsiyyətini şəkilləndirən həm də
onların genləri və onların unikal şəxsi tarixçələridir. Fərdlər çox
vaxt statistik stereotiplərə uyğun gəlmir. Şirkətin ünsiyyətcil adamı
soyuq təbiətli adamdan üstün tutmasının mənası var, vormlandlı-
ları koldialılardan üstün tutmasının isə yox.

Lakin bütün bunlar kulturizmi tamamilə heçə endirmədən onun
bəzi iddialarını modifikasiya edir. Qeyri-elmi önmühakimə olan
rasizmdən fərqli olaraq, kulturistlərin arqumentləri bəzən kifayət
qədər əsaslandırılmış ola bilər. Əgər biz statistikaya baxıb görsək
ki, Vormland şirkətinin yüksək vəzifələrində cəmi bir neçə koldialı
var, buna səbəb rasist diskriminasiyası deyil, ağıllı mühakimə ola
bilər. Koldialı immiqrantlar bu halda inciyib Vormlandın immiqra-
siya razılaşmasını pozmasından şikayət etməlidirmi? Biz Vormland
şirkətlərinin qızğın biznes mədəniyyətini "pozitiv fəaliyyət" qanun-
ları vasitəsilə koldialı menecerləri işə götürməyə məcbur etməklə

soyutmağa ümid edə bilərikmi? Bəlkə, günah yerli mədəniyyətə assimilyasiya olmayan koldialı menecerlərin üzərinə düşür və ona görə də biz daha böyük səylə koldialı uşaqlarda Vormland normalarını və dəyərlərini tərbiyə etməliyik?

Fantastika aləmindən faktlar aləminə qayıtsaq, görərik ki, immiqrasiya haqqında Avropa debatı birqiymətli xeyirlə şər arasındakı döyüş olmaqdan çox uzaqdır. Bütün immiqrasiya əleyhdarlarını "faşist"lər cərgəsinə aid etmək, eləcə də bütün immiqrasiya tərəfdarlarını "mədəniyyətin intiharına baislər" kimi təsvir etmək səhv olardı. Ona görə də immiqrasiya haqqında debat, mənəvi imperativ haqqında güzəştsiz mübarizə kimi aparılmalı deyil. Bu, iki legitim siyasi mövqe arasında müzakirədir və standart demokratik prosedur əsasında aparılmalıdır.

Hal-hazırda Avropanın bir orta yol tapıb-tapmayacağı aydın deyil. Elə yol ki, həm qapılarını əcnəbilər üçün açıq saxlasın, həm də onun sabitliyi, dəyərlərini bölüşməyən həmin əcnəbilər tərəfindən pozulmasın. Əgər Avropa bu yolu tapmaqda uğur qazansa, yəqin ki, bu formula qlobal səviyyədə təkrar oluna bilər. Lakin, əgər layihə uğursuzluğa düçar olsa, bu, o demək olacaq ki, azadlıq və tolerantlıq kimi liberal dəyərlər, dünyanın mədəniyyət konfliktlərini həll etmək və bəşəriyyətin nüvə müharibəsi, ekoloji fəlakət və texnoloji pozulmalar qarşısında birləşməsi üçün kifayət deyil. Əgər yunanlar və almanlar ümumi tale barəsində razılığa gələ bilmirlərsə və əgər 500 milyon zəngin avropalı bir neçə milyon yoxsul qaçqını qəbul edib öz içinə yerləşdirə bilmirsə, insanların qlobal sivilizasiyanı əhatə edən daha dərin konfliktlərin öhdəsindən gələ biləcəyi şansı nə qədərdir?

Daha yaxşı inteqrasiya olmaq və sərhədləri və beyinləri açıq saxlamaq üçün Avropaya və bütün dünyaya yardım edəcək bir şey terrorizmlə bağlı isteriyanı azaltmaqdır. Əgər Avropanın azadlıq və tolerantlıq eksperimenti şişirdilmiş terrorizm qorxusu səbəbindən uğursuzluğa düçar olsa, bu, böyük təəssüf doğurardı. Bu, yalnız terroristlərin məqsədlərinin gerçəkləşməsi deyil, həm də bir ovuc fanatikə insanlığın gələcəyi haqqında daha bərkdən söz deməyə haqq vermiş olardı. Terrorizm bəşəriyyətin marginal və zəif seqmentinin silahıdır. O, qlobal siyasətdə necə dominantlıq edə bilər?

Üçüncü hissə
ÜMİDSİZLİK VƏ ÜMİD

Çağırışlar indiyədək misli görünməmiş və
fikir ayrılıqları getdikcə intensivləşən olsa da,
qorxularımızı nəzarətdə saxlasaq və
baxışlarımızda bir qədər təvazökar olsaq,
bəşəriyyət yaranmış vəziyyətdən
yüksəkdə durmağı bacarar.

10

Terrorizm

Vahiməyə düşməyin

Terroristlər şüuru nəzarətdə saxlamaq ustalarıdır. Onlar az adam öldürür, amma milyardlarla adamı vahiməyə salır və Avropa Birliyi və Birləşmiş Ştatlar kimi nəhəng siyasi strukturları silkələyirlər. 11 sentyabr 2001-ci ildən başlayaraq hər il terroristlər Avropa Birliyində 50 adam öldürür, 10 adam ABŞ-da, 7 adam Çində və qlobal olaraq ümumilikdə hər il 25.000 adam öldürülür[133] (əsasən İraq, Əfqanıstan, Nigeriya və Suriyada). Müqayisə üçün hər il yol qəzalarında 80.000 avropalı, 40.000 amerikalı, 270.000 çinli və ümumilikdə dünyada 1,25 milyon adam həlak olur.[134] Diabet və yüksək şəkərlilik ildə 3,5 milyon adamı öldürür, ətraf mühitin çirklənməsindən ildə 7 milyon adam ölür.[135] Yaxşı, bəs biz niyə biz şəkər xəstəliyindən də çox terrorizmdən qorxuruq və niyə hökumətlər təsadüfi terror hücumlarına görə seçiciləri itirir, amma xroniki hava çirklənməsinə görə yox?

Sözün hərfi mənasından göründüyü kimi, terrorizm siyasi vəziyyəti dəyişib, maddi ziyan vurmaqdan daha çox qorxu yaymaq üçün tətbiq edilən hərbi strategiyadır. Bu, demək olar ki, həmişə, düşmənə maddi ziyan vura bilməyən, çox zəif tərəflərin tətbiq etdiyi strategiyadır. Təbii ki, istənilən hərbi fəaliyyət qorxu yayır. Lakin adi müharibələrdə qorxu maddi itkilərin yan nəticəsidir və adətən itkilərə səbəb olan gücə mütənasib olur. Terrorizmdə isə qorxu əsas hekayətdir və terroristlərin həqiqi gücü ilə onların təlqin etdiyi qorxu arasında heyrətamiz dərəcədə böyük qeyri-mütənasiblik var.

Siyasi vəziyyəti zorakılıqla dəyişmək həmişə asan olmur. 1 iyul 1916-cı ildə Somm döyüşünün birinci günündə 19.000 Britaniya əsgəri öldürüldü, 40.000 əsgər yaralandı. Noyabrda döyüş başa çatanda, iki tərəfdən milyondan artıq əsgər itirildi, onlardan 300.000

adam öldürülmüşdü.[136] Lakin bu dəhşətli qırğın Avropada siyasi qüvvələr nisbətini dəyişmədi. Hələ iki il vaxt və milyonlarla qurban vermək lazım gəldi ki, nə isə dəyişsin.

Somm hücumu ilə müqayisədə terrorizm xırda məsələdir. 2015-ci ilin Paris terror hücumlarında 130 adam öldü, Brüsseldə 2016-cı ilin mart bomba basqınında 32 adam, Mançester Arenada 2017-ci ilin mayında 22 adam öldü. 2002-ci ildə, avtobusların və restoranların bombalandığı, fələstinlilərin İsrailə qarşı terror kampaniyasının qızğın vaxtında ildə 451 israilli öldürülmüşdü.[137] Eyni zamanda da 542 israilli yol qəzasında həlak olmuşdu.[138] Bir neçə terrorist hücumunda, məsələn, 1988-də Lokerbi üzərində Pan Am 103 reysində yüzlərlə adam öldü.[139] 9/11 hücumu yeni rekord vurdu, 3.000 adam həlak oldu.[140] Lakin adi müharibə ilə müqayisədə bu da cüzi rəqəmdir. Əgər siz 1945-ci ildən bəri Avropada terrorist hücumları nəticəsində öldürülmüş bütün adamların sayını – millətçi, dini, solçu və sağçı qrupların qətlə yetirdikləri də daxil olmaqla – bilmək istəsəniz, yekun rəqəm Birinci Dünya Müharibəsinin Eysin döyüşündə (250.000) və ya İsonzo döyüşündə (225.000) olan itkilərə çatmaqdan çox uzaq olacaq.[141]

Onda terroristlər nə isə əldə etməyə necə ümid bəsləyə bilərlər? Terror aktından sonra düşmənin əvvəlki sayda əsgəri, tankı və gəmisi qalır. Düşmənin rabitə şəbəkəsi, yolları və dəmir yollarına toxunulmur. Zavodları, portları və bazaları da toxunulmaz qalır. Lakin terroristlər ümid edirlər ki, hətta düşmənin maddi gücünə ziyan vurmaq iqtidarında olmasalar da, qorxu və təşviş düşməni öz zərər dəyməmiş gücünü sui-istifadə edib həddən artıq kəskin cavab verdirəcək. Terroristlər hesablayır ki, qəzəblənmiş düşmən öz nəhəng gücünü onlara qarşı istifadə edəndə, elə şiddətli hərbi və siyasi tufan qalxacaq ki, terroristlər özləri bunu heç vaxt edə bilməzdilər. Hər tufan vaxtı isə çox gözlənilməz hadisələr baş verir. Səhvlər edilir, vəhşiliklər olur, ictimai tərəddüdlər yaranır, neytrallar öz mövqelərini dəyişir və güc tarazlığı dəyişir.

Ona görə də terroristlər çini mağazasını dağıtmağa cəhd edən milçəyə bənzəyir. Milçək o qədər zəifdir ki, heç bir fincanı da tərpədə bilməz. Bəs çini mağazasını necə dağıdır? Bir öküz tapır, onun qulağının içinə girir və vızıldamağa başlayır. Öküz qorxu və qəzəbdən dəli olur və çini mağazasına girərək özünü ora-bura çırpır. 9/11 baş verəndən sonra islam fundamentalistləri amerikan öküzünü elə qıcıqlandırdılar ki, o da gedib orta şərq çini mağazasını dağıtdı. İndi onlar xarabalıqlarda kef edirlər. Dünyada tezqızışan öküzlərin qıtlığı yoxdur.

Kartların qarışdırılması

Terrorizm heç də cəlbedici olmayan hərbi strategiyadır, çünki o, bütün vacib qərarları düşmənin öhdəsinə buraxır. Terrorist hücumundan əvvəl olan bütün seçimlər onun əlində qaldığı üçün, hücumdan sonra da terroristlərin düşməni seçim etməkdə tamamilə azaddır. Ordular adətən nəyin bahasına olursa olsun belə situasiyadan yan keçməyə çalışır. Onlar hücum edəndə, rəqibi qəzəbləndirib onu cavab zərbəsi endirməyə sövq etmək, qorxu gəlib tamaşa düzəltmək istəmirlər. Daha çox, rəqibə maddi ziyan vurub onun cavab hərəkətləri etmək iqtidarını qırmaq istəyirlər – xüsusilə də, onun ən təhlükəli silahları və taktik seçimlərini məhv etmək. Məsələn, 1941-ci ilin dekabrında Yaponiya ABŞ-a Perl Harborda gözlənilməz hücum edəndə və Birləşmiş Ştatların Sakit okean donanmasını batıranda belə etmişdi. Bu, terrorizm deyildi. Müharibə idi. Yaponlar amerikalıların bu hücuma nə cavab verəcəyində əmin ola bilməzdilər, bir məsələdən başqa: amerikalıların nə qərar verəcəyindən asılı olmayaraq, onlar 1942-ci ildə Filippinə və Honq-Konqa donanma göndərə bilməyəcəkdi.

Düşmənin silahlarını və imkanlarını məhv etmədən onu fəaliyyətə keçməyə təhrik etmək çarəsizlik aktıdır və yalnız başqa heç bir seçimin olmadığı halda həyata keçirilir. Nə zaman ciddi maddi ziyan vurmaq mümkündürsə, heç kim bunu əldən buraxıb sadə terrorizm etməz. 1941-ci ilin dekabrında yaponlar mülki sərnişin gəmisini vurub ABŞ-ı provokasiya etsəydilər və Perl Harbordakı Sakit okean donanmasına dəyməsəydilər, bu, sadəcə dəlilik olardı.

Ancaq terroristlərin seçimi məhduddur. Onlar o qədər zəifdir ki, müharibə apara bilməzlər. Ona görə də onlar elə teatr tamaşası qururlar ki, düşməni provokasiya edib onu izafi reaksiya verməyə təhrik etsinlər. Terroristlər səhnəyə çox pis zorakılıq tamaşası qoyurlar və bu bizim təxəyyülümüzü təslim edib onu özümüzə qarşı çevirir. Az sayda adamı öldürməklə, terroristlər milyonlarla adamı həyatlarını itirmək vahiməsinə salırlar. Vahiməni səngitmək üçün hakimiyyət terror teatrına qarşı təhlükəsizlik şousunu qoyur və orkestr müşayiətini də çox böyük güc göstərməklə edir – məsələn, bütün əhalinin təqib edilməsi və ya özgə ölkələrə girmək kimi. Çox hallarda, terrorizmə qarşı bu izafi reaksiya bizim təhlükəsizliyimizə qarşı terroristlərin özündən daha böyük təhlükə yaradır.

Deməli, terroristlər ordu generalları kimi deyil, teatr prodüseri kimi düşünürlər. 9/11 haqqında ictimai yaddaş onu göstərir ki, hər kəs bunu intuitiv olaraq anlayır. Əgər adamlardan soruşsanız ki, 9/11-də nə baş vermişdi, yəqin deyəcəklər ki, Əl-Qaidə Dünya Ticarət Mərkəzindəki əkiz qüllələri vurub yıxmışdı. Amma hücum yalnız qüllələrə deyildi, iki başqa yerə də olmuşdu, məsələn biri Pentaqona olan uğurlu hücum idi. Niyə bunu az adam xatırlayır?

Əgər 9/11 əməliyyatı adi hərbi kampaniya olsaydı, Pentaqona olan hücum ən çox diqqət çəkən olmalı idi. Bu hücumda Əl-Qaidə düşmənin baş ştabının bir hissəsini dağıda bildi, yüksək rütbəli komandirləri və analitikləri öldürdü. Bəs niyə ictimai yaddaş iki mülki binanın dağıdılmasını və brokerlərin, mühasiblərin və klerklərin öldürülməsini daha əhəmiyyətli sayır?

Ona görə ki, Pentaqon nisbətən yastı və adi binadır, Dünya Ticarət Mərkəzi isə uca fallik totem idi və onun yıxılması nəhəng audio-vizual effekt yaratdı. Bu dağılmanın şəkillərini görən heç kəs onu heç vaxt unuda bilmir. Çünki, biz intuitiv olaraq anlayırıq ki, terrorizm teatrdır, biz onun maddi təsiri ilə deyil, emosional təsirilə mühakimə yürüdürük. Terrorizmlə mübarizə aparanlar da terroristlər kimi daha çox teatr prodüserləri sayaq düşünməlidir. Hər şeydən əvvəl, əgər biz terrorizmlə effektiv mücadilə etmək istəyiriksə, terrorizm bizə heç cür qalib gələ bilməz. Əgər terrorist təhriklərinə uyğun hərəkət edib həddən ziyadə kəskin hərəkətlər etsək, bizə qalib gələn yalnız özümüz ola bilərik.

Terroristlər üzərlərinə qeyri-mümkün missiya götürüblər: orduya sahib olmadan, zoraki üsullarla siyasi güc balansını dəyişmək. Məqsədlərinə çatmaq üçün terroristlər dövlət qarşısında həlli qeyri-mümkün məsələ qoyurlar – dövlət, öz vətəndaşlarını hər yerdə və hər zaman, siyasi zorakılıqdan qoruya bildiyini sübut etməlidir. Terroristlər ümid edir ki, dövlət bu qeyri-mümkün missiyanı yerinə yetirərkən siyasi kartları yenidən qarışdırıb paylayacaq və onlara gözlənilməz bir tuz verəcək.

Doğrudur, dövlət bu çağırışa cavab verəndə adətən terroristləri darmadağın etməkdə uğur qazanır. Son bir neçə onillik ərzində müxtəlif ölkələrdə yüzlərlə terror təşkilatı məhv edilib. 2002-2004-cü illərdə İsrail sübut etdi ki, hətta ən qəddar terror kampaniyaları da qaba güclə darmadağın edilə bilər. Terroristlər yaxşı bilir ki, bu qarşıdurmada şans onların əleyhinədir. Lakin onlar çox zəif olduğu üçün və hərbi variantları olmadığı üçün itirəcək və ya qazanacaq çox şey yoxdur. Terroristlər vaxtaşırı keçirilən kontr-terror kampaniyasının yaratdığı dalğalanmadan faydalanır, ona görə bu qumara girişməyə dəyir. Terrorist əli pis gəlmiş qumarbaza oxşayır – elə çalışır rəqibləri əmin etsin ki, kartları yenidən qarışdırmaq lazımdır. Belə, uduzacağı bir şey yoxdur, elə isə uda bilər.

Böyük bərni içində kiçik qəpik

Dövlət niyə kartları qarışdırmağa razılaşmalıdır? Terrorizmin vurduğu maddi ziyan cüzi olduğu üçün, nəzəri olaraq dövlət bununla heç nə etməyə bilər və ya güclü, lakin kamera və mikrofonlardan uzaq, təmkinli tədbirlər görə bilər. Əslində dövlətlər elə beləcə də edir. Lakin hərdən dövlətlər öz təmkinini itirir və həddən ziyadə güc tətbiq edir və bunu publik edir. Bununla da terroristlərin əlinə oynayırlar. Niyə dövlətlər terrorist provokasiyalarına belə həssasdır?

Dövlətlərin bu provokasiyalara dözümsüz olması, müasir dövlətin qanuniliyi, ictimai sferanın siyasi zorakılıqdan azadlığını təmin etmək vədinə əsaslanır. Rejim dəhşətli qəzalara dözə bilər, hətta onlara məhəl qoymaya da bilər, – o vaxt ki, onun qanuniliyi, həmin qəzaların qarşısını almağa əsaslanmasın. Digər tərəfdən, əgər buna, onun qanuniliyinin meyarı kimi baxılırsa, rejim daha kiçik problemdən yıxıla bilər. On dördüncü əsrdə "qara ölüm" Avropa əhalisini dörddə-birdən yarısına kimi yox etdi, amma heç bir kral bunun nəticəsində öz taxtını itirmədi və heç bir kral taunun qarşısını almaq üçün də heç nə etmədi. O vaxt heç kim taunun qarşısını almağın kralın vəzifəsi olduğunu düşünmürdü. Digər tərəfdən, öz ölkələrində dini cəfəngiyatın yayılmasına icazə verən krallar taxtını və hətta başını da itirə biləcək riskə gedirdilər.

Bu gün, dövlət məişət və seksual zorakılığa terrorizmdən daha yumşaq yanaşma nümayiş etdirir, çünki, #MeToo kimi hərəkatlara baxmayaraq, zorlama hökümətin legitimliyini pozmur. Məsələn Fransada hər il 10.000-dən çox zorlama hadisəsi qeydə alınır, yəqin ki, bir o qədər də qeydə alınmamış belə hadisə olur.[142] Lakin zorakılar və əzazil ərlər Fransa dövlətinin mövcudluğuna təhlükə kimi qəbul edilmirlər, çünki, tarixən dövlət özünü seksual zorakılığı ləğv edəcəyi vədi üzərində qurmayıb. Bundan fərqli olaraq, çox-çox nadir olan terrorizm hadisəsi Fransa Respublikasına ölümcül təhlükə kimi qavranılır. Çünki, son bir neçə əsrdə müasir Qərb dövlətləri tədriclə öz legitimliyini birmənalı olaraq və aydın şəkildə, öz sərhədləri daxilində siyasi zorakılığa dözülməz olacağı vədi üzərində qurub.

Orta əsrlərə qayıtsaq, ictimai sfera siyasi zorakılıqla dolu olub. Əslində, zorakılıq etmək bacarığı siyasət oyununa girmək üçün bilet rolunu oynayırdı və zoraki olmayanın siyasətdə səsi yox idi. Çox sayda əsilzadə ailələr silahlı qüvvə saxlayırdılar, şəhərlər, gildiyalar, kilsələr və monastırlar da həmçinin. Abbat vəfat edəndə və onun yerini kim tutacağı haqda mübahisə düşəndə, rəqabət edən rahiblər, yerli güclülər və maraqlı olan qonşular çox vaxt məsələni həll etmək üçün silahlı qüvvədən istifadə edirdilər.

Belə dünyada terrorizmə yer yoxdur. Kim olur-olsun, əgər ciddi maddi ziyan vura bilmirdisə, əhəmiyyət də kəsb etmirdi. Əgər 1150-ci ildə Qüds şəhərində bir neçə müsəlman fanatiki bir neçə dinc adamı öldürüb səlibçilərin Müqəddəs Torpağı tərk etməsini tələb etsəydi, reaksiya terror yox, gülüş olardı. Əgər ciddi qəbul olunmaq istəyirdinizsə, istehkamlarla möhkəmləndirilmiş qəsrə və ya iki qəsrə nəzarət etməliydiniz. Terrorizm bizim orta əsr əcdadlarımızı narahat etmirdi, onların qarşısında daha böyük problemlər vardı.

Bizim eramız dövründə, mərkəzləşmiş dövlətlər öz ərazilərində siyasi zorakılığı tədriclə azaltmış və son bir neçə onillik ərzində qərb ölkələri onu demək olar ki, tamamilə heçə endiriblər. Fransa, Britaniya və ya ABŞ vətəndaşları, heç bir silahlı qüvvələrə ehtiyac duymadan şəhərlərə, korporasiyalara və hətta hökumətin özünə nəzarət uğrunda mübarizə apara bilirlər. Trilyon dollarlara sərəncam vermək hüququ, milyonlarla əsgərə, minlərlə gəmiyə, təyyarəyə əmr vermək haqqı bir siyasi qrupdan o birinə heç bir atəş də açmadan keçir. İnsanlar buna tez vərdiş edir və təbii haqqı hesab edirlər. Beləliklə də, hətta hərdən bir neçə düjün adamın ölümü ilə nəticələnən siyasi zorakılıq aktı da dövlətin legitimliyinə və hətta yaşama qabiliyyətinə ölümcül təhlükə kimi görünür. Kiçik qəpik böyük bərninin içində çox cingildəyir.

Terrorizm teatrını uğurlu edən də budur. Dövlət, siyasi zorakılıqdan azad olan nəhəng ərazi yaradıb və bu, rezonans lövhəsi kimi hər hansı silahlı hücumun təsirini – hücum nə qədər kiçik olsa da – gücləndirir. Hər hansı ölkədə siyasi zorakılıq nə qədər az olsa, terrorizm aktının yaratdığı ictimai şok o qədər böyük olur. Belçikada bir neçə adamın öldürülməsi Nigeriyada və ya İraqda yüzlərlə adamın öldürülməsindən daha çox diqqət çəkir. Paradoksal olan odur ki, siyasi zorakılığın qarşısını almaqda müasir dövlətin uğurları, konkret olaraq onu terrorizmə qarşı həssas vəziyyətə salır.

Dövlət dəfələrlə qeyd edib ki, öz sərhədləri daxilində siyasi zorakılığa dözüm göstərməyəcək. Vətəndaşlar da öz növbələrində siyasi zorakılığın sıfır vəziyyəti rejiminə öyrəşiblər. Ona görə də terror teatrı daxili anarxiya xofu yaradır, adamlara sanki sosial nizamın dağılmaq üzrə olması hissi aşılayır. Əsrlər boyu qanlı mücadilələrdən sonra zorakılığın "qara deşiyin"dən çıxa bilmişik, lakin hiss edirik ki, qara deşik hələ yaxınlıqdadır, səbirlə bizi bir də udmaq məqamını gözləyir. Bir neçə vahiməli vəhşilik baş verir və biz geriyə, deyişin içinə qayıtdığımızı düşünürük.

Bu qorxuları dağıtmaq üçün dövlət terror teatrına qarşı özünün təhlükəsizlik teatrını qoymağa məcbur edilir. Terrorizmə qarşı ən effektiv cavab yaxşı qurulmuş kəşfiyyat işi və terroru maliyyələşdirən şəbəkələrə qarşı məxfi fəaliyyət ola bilər. Lakin bu, vətəndaşların TV-də tamaşa edəcəyi bir şey deyil. Vətəndaşlar Dünya Ticarət

174

Mərkəzinin yıxılması dramına tamaşa ediblər. Dövlət də özünü eyni effektli, hətta ondan da artıq alovu və tüstüsü olan kontr-dram qurmağa məcbur edilmiş sayır. Ona görə də sakit və effektiv hərəkət etmək əvəzinə, dövlət güclü tufan qaldırır və çox vaxt da bu tufan terroristlərin ən ümdə arzularını həyata keçirir.

Bəs onda dövlət terrorizmin öhdəsindən necə gəlməlidir? Uğurlu əks-terror mübarizəsi üç cəbhədə getməlidir. Birincisi, hökumətlər öz fəaliyyətlərini terror şəbəkələrinə qarşı məxfi əməliyyatlar üzərində cəmləməlidir. İkincisi, media hadisələri nəzarətdə sax-lamalı və isteriya qaldırmamalıdır. Publiklik olmadan terror teat-rı uğur qazana bilməz. Təəssüf ki, media çox vaxt bütün bu pub-likliyi müftə-müsəlləf təmin edir. Divanə kimi terror hücumu haqda xəbərləri yayır və təhlükəsini çox şişirdir, çünki terrorizm haqqındakı xəbərlər, qəzetləri diabet və hava çirklənməsi haqqında xəbərlərdən daha yaxşı satdırır.

Üçüncü cəbhə bizim hər birimizin təxəyyülüdür. Terroristlər bizim təxəyyülümüzü əsir edir və onu bizə qarşı istifadə edirlər. Terrorist hücumunu təkrar-təkrar beynimizdəki səhnədə qoyuruq – 9/11 və ya sonuncu bomba hücumunu xatırlayırıq. Terroristlər yüzlərlə adamı öldürür və 100 milyon adamın, hər ağacın dalında qatil gizləndiyini düşünməsinə səbəb olurlar. Hər bir vətəndaşın vəzifəsi öz fantaziyasını terroristlərdən azad etmək və özünə bu təhlükənin həqiqi ölçülərini xatırlatmaqdır. Məhz bizim daxi-li terrorumuz medianı terror haqqında divanəliyə və dövləti ifrat hərəkətlərə təhrik edir.

Ona görə də terrorizmin uğuru və ya uğursuzluğu bizdən asılı-dır. Əgər biz öz təxəyyülümüzü terroristlərin əsir almasına imkan versək və vahiməmiz bizi lüzumsuz izafi hərəkətlər etdirsə – ter-rorizm uğur qazanacaq. Əgər təxəyyülümüzü terroristlərdən azad etsək və buna təmkinli və soyuqqanlı reaksiya versək – terrorizm uğur qazanmayacaq.

Nüvə silahlı terrorizm

İndiyə qədərki analiz, bizim son iki yüz ildə tanıdığımız və indiki zamanda özünü Nyu-York, London, Paris və Tel-Əviv küçələrində göstərən terrorizmin analizidir. Ancaq, əgər terroristlər kütləvi qırğın silahını ələ keçirərlərsə, yalnız terrorizmin təbiəti deyil, dövlətin və qlobal siyasətin təbiəti də dramatik şəkildə dəyişəcək. Əgər bir ovuc fanatikdən ibarət kiçik təşkilat şəhərləri dağıdıb, milyonları öldürə bilərsə, ictimai sfera siyasi zorakılıqdan azad ola bilməz.

Ona görə də bugünkü terrorizm əsasən teatr olsa da, gələcək nüvə terrorizmi, kiberterrorizm və bioterrorizm qat-qat artıq səviyyədə ciddi təhlükə olacaq və hökumətlərdən daha qətiyyətli addımlar atmağı tələb edəcək. Məhz elə ona görə də biz belə hipotetik ssenariləri adi, indiyə qədər gördüyümüz terrorist hücumlarından fərqləndirmək üçün çox ehtiyatlı olmalıyıq. Terroristlərin bir gün əllərinə nüvə bombası keçirəcəyi və Nyu-York, London şəhərlərini dağıdacağı qorxusu, terroristlərin yoldan keçən bir düjün piyadanı avtomatik tüfənglə və ya yük maşınını üstlərinə sürməklə öldürməsinə belə isterik izafi reaksiya verməyimizə haqq qazandırmır. Dövlətlər daha da ehtiyatlı olmalıdır ki, terrorizm bir gün nüvə silahı əldə edə bilər deyə və ya bizim özü idarə olunan avtomobillərimizin proqramlarını sındırıb onları killer robotların donanmasına çevirə bilər ittihamı əsasında bütün dissident qruplarını təqib etməsin.

Eləcə də, hökumətlər əlbəttə ki, radikal qrupları nəzarətdə saxlamalı və onların kütləvi qırğın silahı əldə etməsinin qarşısını almaq istiqamətində tədbirlər görməli olsa da, nüvə terrorizmindən qorxunu başqa təhlükəli ssenarilərə tarazlamalıdır. Son iki onillikdə Birləşmiş Ştatlar terrorla müharibə etməyə trilyonlarla dollar və böyük siyasi kapital xərcləyib. Corc Buş, Toni Bleyer, Barak Obama və onların administrasiyaları özlərinə bəraət qazandırmaqla iddia edə bilərlər ki, terroristləri təqib etməklə onlara nüvə bombasını necə əldə etməyi düşünmək imkanını deyil, necə sağ qalmaq haqqında düşünmək şansını saxlayıblar. Ona görə də onlar dünyanı nüvə 9/11-indən xilas edə biliblər. Bu, – "biz terrorizmə müharibə elan etməsəydik, Əl-Qaidə nüvə silahı əldə etmişdi" – əsassız iddia olduğu üçün, onun həqiqət olub-olmadığını demək çətindir.

Əmin ola bilərik ki, amerikalılar və onların müttəfiqləri "terrorizmlə müharibə" ilə dünyada böyük dağıntılara səbəb olmaqla yanaşı, həm də, iqtisadçıların "alternativ məsrəflər" adlandırdığı xərcləri də çəkiblər. Terrorizmlə mübarizəyə qoyulan pul, zaman və kapital investisiyası qlobal istiləşmə ilə mübarizə, AİDS və yoxsulluqla mübarizə, Sahara Afrikasına sülh və rifah gətirilməsi və ya Rusiya və Çinlə daha möhkəm əlaqələrin yaradılması işlərinə qoyulmadı. Əgər son nəticədə Nyu-York və ya London səviyyəsi yüksəlmiş Atlantik okeanın altında qalsalar və ya Rusiya ilə gərginlik açıq müharibəyə çevrilsə, insanlar Buşu, Bleyeri və Obamanı yanlış cəbhəyə yönəlməkdə ittiham edə bilərlər.

Hadisələrdən sonra arxa tarixlə prioritetləri saf-çürük eləmək asan olsa da, real zaman rejimində prioritetləri qurmaq çətindir. Biz liderləri baş vermiş fəlakətlərin qarşısını almamaqda ittiham edirik və eyni zamanda da heç vaxt baş verməyəcək fəlakətlərdən də xəbərimiz yoxdur. İnsanlar geri baxıb, 1990-cı illərdəki Klinton administrasiyasını Əl-Qaidə təhlükəsinə məhəl qoymamaqda ittiham edirlər. Lakin 1990-cı illərdə az adam tapılardı ki, islamçı terroristlərin sərnişin təyyarələrini Nyu-York göydələnlərinə çırpmaqla qlobal konflikti alovlandıra biləcəyini təsəvvür edə bilsin. Bundan fərqli olaraq, çoxları Rusiyanın tamamilə çökəcəyindən, yalnız nəhəng əraziyə deyil, həm də minlərlə nüvə və bioloji silaha nəzarətini itirəcəyindən qorxurdu. Əlavə təşviş köhnə Yuqoslaviyadakı qanlı müharibənin Avropanın qalan hissəsinə yayılacağından, Macarıstan və Rumıniya, Bolqarıstan və Türkiyə, və ya Polşa və Ukrayna arasında konfliktlə nəticələnəcəyi qorxusundan gəlirdi.

Çoxları Almaniyanın birləşməsindən qorxurdu. Üçüncü Reyxin süqutundan cəmi qırx beş il sonra çox insanlar alman hakimiyyətindən daxili qorxu keçirirdi. Sovet təhdidindən azad olmuş Almaniya Avropa kontinentində dominantlıq edən super qüvvə olmayacaqmı? Bəs Çin? Sovet blokunun süqutundan təşvişə düşən Çin islahatları dayandırıb sərt Maoist siyasətə keçə bilərdi və Şimali Koreyanın da geniş versiyası ola bilərdi.

177

Bu gün biz bu dəhşətli ssenarilərə gülə bilərik, çünki bilirik ki, özünü doğrultmadı. Rusiyadakı vəziyyət stabilləşdi, şərqi Avropanın çox hissəsi sakitcə Avropa Birliyinə qəbul edildi, birləşmiş Almaniya bu gün azad dünyanın lideri kimi alqışlanır, Çin isə bütün dünyanın iqtisadi mühərrikinə çevrilib. Bütün bunlar, ən azı həm də ABŞ və AB-nin konstruktiv siyasətlərinin bəhrəsidir. Əgər ABŞ və AB 1990-cı illərdə köhnə Sovet bloku və ya Çin əvəzinə fokusu islam ekstremistləri üzərinə yönəltsəydi daha müdrik siyasət yeritmiş olardımı?

Biz sadəcə olaraq, hər baş verən hadisəyə qarşı hazır ola bilmərik. Deməli, nüvə terrorizminin qarşısını almalı olsaq da, bu, bəşəriyyətin gündəliyində bir nömrəli məsələ ola bilməz. Və biz, əlbəttə ki, nəzəri nüvə terrorizmi təhlükəsini ənənəvi terrorizmə ifrat reaksiya verməyimizə bəraət qazandırmaq üçün istifadə edə bilmərik. Bunlar müxtəlif problemlərdir və müxtəlif həll üsulları tələb edir.

Əgər bütün səyimizə baxmayaraq, sonda terrorist qruplarının əli kütləvi qırğın silahına çatsa, siyasi mübarizənin necə aparılacağını demək çətindir, lakin o üsullar iyirmi birinci əsrin əvvəlindəki terror və əks-terror kampaniyasından çox fərqli olacaq. Əgər 2050-ci ildə dünyada çoxlu nüvə terroristi və bioterrorist olsa, onların qurbanları dönüb 2018-ci ilə kədər və inamsızlıqla baxacaqlar: belə təhlükəsiz həyat yaşayan insanlar necə özlərini qorxudulmuş və təhdid edilmiş saya bilərdi?

Təbii ki, bizim indiki təhlükədən qorxmaq hissimizi körükləyən yalnız terrorizm deyil. Çox sayda alim və adi adamlar qorxur ki, üçüncü dünya müharibəsi küçənin tinində dayanıb, sanki biz bu kinonu əvvəl görmüşük – bir əsr öncə. 1914-cü ildə olduğu kimi 2018-ci ildə də, böyük dövlətlər arasında çətin həll olunan problemlərin də gücləndirdiyi gərginlik deyəsən bizi qlobal müharibəyə tərəf çəkir. Bu təlaş bizim terrorizmdən olan qorxumuzdan daha artıq yerində və haqlıdırmı?

11

Müharibə

İnsan axmaqlığına heç vaxt etinasızlıq etməyin

Son bir neçə onillik bəşəriyyət tarixində ən əmin-aman dövr olub. İlkin kənd təsərrüfatı cəmiyyətlərində insan zorakılığı bütün insan ölümlərinin 15%-ni təşkil edirdi və iyirminci əsrdə bu, 5%-ə düşdü, bu gün isə yalnız 1% səviyyəsindədir.[143] Lakin 2008-ci ilin qlobal maliyyə böhranından sonra beynəlxalq vəziyyət sürətlə pisləşir, müharibə qızışdırılması yenə dəbdədir və hərbi xərclər şişir.[144] Həm adi adamlar, həm də ekspertlər qorxurlar ki, 1914-cü ildə Avstriya erzhersoqunun öldürülməsi birinci dünya müharibəsinin başlanmasına səbəb olduğu kimi, 2018-ci ildə də Suriya səhrasında hər hansı qəziyyə və ya Koreya yarımadasında dərrakəsiz hərəkət qlobal münaqişəni alovlandıra bilər.

Dünyada gərginliyin artdığını və Vaşinqtonda, Pxenyanda və bəzi başqa yerlərdəki liderlərin şəxsiyyətlərini nəzərə alanda, həqiqətən təlaş keçirmək üçün əsasın olduğu görünür. Amma 2018-ci illə 1914-cü il arasında əhəmiyyətli fərqlər var. Məsələn, 1914-cü il müharibəsinin bütün dünya elitaları üçün böyük əhəmiyyəti vardı, çünki onlarda uğurlu müharibənin iqtisadi rifahın yüksəlməsinə və siyasi hakimiyyətin möhkəmlənməsinə töhfə verdiyi haqda konkret misallar vardı. Bundan fərqli olaraq 2018-ci ildə uğurlu müharibə anlayışı yox olan növlərə aiddir.

Assuriya və Tsin vaxtından bəri böyük imperiyaların yaranması qəddar işğallar vasitəsilə olurdu. 1914-cü ildə də bütün əsas dövlətlər öz statusunu uğurlu müharibələr vasitəsilə almışdılar. Məsələn, Yaponiya imperiyasının regional dövlət olması onun Çin və Rusiyaya üzərindəki qələbəsinə görə olmuşdu. Almaniyanın Avropanın "qalib iti" olması onun Avstriya-Macarıstan və Fransa üzərindəki qələbələrinə görə idi. Britaniya dünyanın ən bö-

179

yük, ən zəngin imperiyasını bütün dünyada apardığı uğurlu kiçik müharibələr hesabına qurmuşdu. 1882-ci ildə Britaniya, həlledici Tel əl-Kəbir döyüşündə cəmi 57 əsgər itirməklə Misiri işğal etdi.[145] Bizim günlərdə isə müsəlman ölkəsinin işğalı Qərbin gecə qarabasma predmeti olsa da, Tel əl-Kəbirdən sonra britaniyalılar çox kiçik silahlı müqavimətlə qarşılaşdılar və altmış ildən artıq Nil vadisinə və həyati vacib Süveyş kanalına nəzarət etdilər. Başqa Avropa dövlətləri də Britaniyadan nümunə götürürdü və Paris, Roma və ya Brüsseldəki hökumətlər ayağını Vyetnam, Liviya və ya Konqoya qoymaq istəyəndə, onların yeganə qorxusu başqasının ora daha tez gedə biləcəyi idi.

Hətta Birləşmiş Ştatlar da özünün böyük dövlət statusunu yalnız iqtisadi cəhətdən tədbirli olduğuna görə deyil, həm də hərbi aksiyalar hesabına almışdı. 1846-cı ildə Meksikaya soxuldu, Kaliforniya, Nevada, Uta, Arizona, Nyu-Meksiko və Koloradonun bir hissəsi, Kanzas, Vayominq və Oklahomanı işğal etdi. Sülh sazişi ABŞ-ın əvvəlki Texas işğalını da təsdiq etdi. Müharibədə 13.000 ABŞ əsgəri həlak oldu, 2,3 milyon kvadrat kilometr (Fransa, Britaniya, Almaniya, İspaniya və İtaliyanın birlikdə ərazisindən böyük) ərazi də ABŞ-a əlavə olundu.[146] Bu, minilliyin sazişi idi.

Ona görə də 1914-cü ildə Vaşinqton, London və Berlindəki elitalar, uğurlu müharibənin necə olduğunu və bundan nə qədər qazanmaq mümkün olduğunu dəqiq bilirdilər. Bundan fərqli olaraq 2018-ci ildə qlobal elitaların bu tip müharibənin artıq yox olduğundan şübhələnmək üçün yaxşı əsasları var. Hərçənd bəzi üçüncü dünya diktatorları və qeyri-dövlət oyunçuları müharibə vasitəsilə qazanmağa çalışırlar, belə görünür ki, əsas dövlətlər artıq bunu necə etmək lazım olduğunu bilmirlər.

Canlı yaddaşımızda olan, ABŞ-ın Sovet İttifaqı üzərindəki böyük qələbəsi, heç bir hərbi ciddi qarşıdurmasız əldə edildi. Birləşmiş Ştatlar o zaman yolüstü köhnə dəbli, birinci Körfəz Müharibəsini də daddılar, amma bu, onları trilyonlarla pul sərf etməyə şirnikləndirdi, İraqda və Əfqanıstanda alçaldıcı hərbi fiaskoya uğramasına səbəb oldu. İyirmi birinci əsrin əvvəlində inkişafda olan Çin, 1979-cu ildə Vyetnama hücum edəndən sonra səylə bütün silahlı toqquşmalardan yayındı və bütün diqqətini birbaşa iqtisadi faktora yönəltdi.

Bu məsələdə Çin 1914-cü ildən əvvəlki yapon, alman və italyan nümunələrini deyil, 1945-ci ildən sonrakı yapon, alman, italyan iqtisadi möcüzələrini təqlid etməyə girişdi. Bütün bu nümunələrdə iqtisadi rifah və geosiyasi nüfuz bir atəş belə açılmadan əldə edilmişdi.

Hətta Orta Şərqdə də – dünyanın bu döyüş rinqində – regional dövlətlər uğurlu müharibəni necə aparmağı bilmirlər. İran İraqla apardığı uzun və qanlı müharibədən heç nə qazanmadı və ondan sonra birbaşa hərbi qarşıdurmadan çəkindi. İranlılar İraqdan tutmuş Yəmənə kimi yerli hərəkatları maliyyələşdirir və silahlandırırlar, "inqilab keşikçiləri"ni Suriya və Livandakı tərəfdarlarına köməyə göndərirlər, lakin indiyə qədər hər hansı ölkəni işğal etmək məsələsində çox ehtiyatlı olublar. Son vaxtlar İranın regional hegemona çevrilməsi döyüş meydanında parlaq qələbələrinə görə deyil, susma prinsipinə görə, yəni öz-özünə olmuşdur. Onun iki əsas düşməni – ABŞ və İraq – döyüşməyə girişdilər və bu həm İraqı, həm də Amerikanın Orta Şərq bataqlığına girmək həvəsini darmadağın etdi, bununla da İrana vəziyyətlə istədiyi kimi davranmaq imkanı verdi.

İsrail haqqında da eyni şeyi demək olar. Sonuncu uğurlu müharibəsi 1967-ci ildə olub. O vaxtdan çox müharibələr aparmasına baxmayaraq tərəqqi edib, lakin müharibələrinə görə yox. İşğal etdiyi ərazilərin çoxu ona ağır iqtisadi yük olub və siyasi öhdəliyinin vəziyyətini ağırlaşdırır. İran kimi İsrail də son vaxtlar öz geosiyasi vəziyyətini uğurlu müharibələrə görə deyil, hərbi avantüralardan yayındığına görə yaxşılaşdırıb. Müharibə İsrailin köhnə düşmənləri İraq, Suriya və Liviyanı xaraba günə qoyduğu halda, İsrail kənarda dayanır. Suriyadakı vətəndaş müharibəsinə cəlb olunmaqdan yayınmaq yəqin ki, Netanyahunun ən böyük siyasi nailiyyəti idi (mart 2018 tarixi üçün). Əgər o istəsəydi, İsrail Müdafiə Qüvvələri Dəməşqi bir həftəyə alardı, lakin bundan İsrail nə xeyir görəcəkdi? İMQ üçün Qəzzanı tutub Hamas rejimini yıxmaq ondan da asan olardı, lakin İsrail dəfələrlə bunu etməkdən vaz keçib. Bütün hərbi rəşadətinə və İsrail siyasətçilərinin qırğı ritorikasına baxmayaraq, onlar bilir ki, müharibədən qazancı olmayacaq. ABŞ, Çin, Almaniya, Yaponiya və İran kimi İsrail də deyəsən anlayır ki, iyirmi birinci əsrdə ən uğurlu strategiya hasarın üstündə oturub başqalarının sənin üçün vuruşmasını seyr eləməkdir.

Kremldən görünən mənzərə

İndiyə qədər iyirmi birinci əsrdə güclü dövlətlərin uğurlu hərbi istilası rusların Krıma soxulması olmuşdur. 2014-cü ilin fevralında Rus hərbi qüvvələri qonşu Ukraynaya girdi, Krım yarımadasını zəbt etdi və sonra da Rusiyaya anneksiya etdi. Praktik olaraq döyüş əməliyyatları aparmadan, Rusiya həyati vacib ərazi qazandı, qonşularını qorxuya saldı və özünü dünya dövləti kimi təsdiq etdi. Lakin bu işğalın uğurlu olmasına, şəraitin fövqəladə əlverişli olması imkan verdi. Nə Ukrayna ordusu, nə də yerli əhali ruslara müqavimət göstərdi, başqa dövlətlər isə böhrana birbaşa müdaxilə etməkdən çəkindilər. Bu şəraiti dünyanın hər hansı yerində təkrar etmək çətin ki, mümkün olar. Əgər uğurlu müharibə üçün ilkin şərt işğalçıya müqavimət göstərmək istəməyən düşmənlərin mövcudluğudursa, bu, belə imkanın bir daha ola biləcəyini ciddi şəkildə məhdudlaşdırır.

Həqiqətən, Rusiya şərqi Ukraynada Krım uğurunu təkrar etmək istəyəndə ciddi şəkildə sərt müqavimətə rast gəldi və şərqi Ukraynadakı müharibə qeyri-məhsuldarlıq bataqlığında çapalamağa başladı. Hətta, daha pisi o oldu ki, (Moskvanın baxımından) Ukrayna da anti-rusiya hisslərini qızışdırdı və onu müttəfiqdən qatı düşmənə çevirdi. Bu, lap ABŞ-ı birinci körfəz savaşında İraqa qarşı uğurdan şirnikləşib daha da həvəslənməsinə oxşadı və Rusiya da Krımdakı uğurundan şirnikləşərək Ukraynada qızışıb həddini aşdı.

Rusiyanın iyirmi birinci əsrin əvvəllərində Qafqazda və Ukraynadakı müharibələrinə birlikdə baxanda, çətin ki, onları uğurlu adlandırmaq olsun. Hərçənd, bu hadisələr Rusiyanın böyük dövlət kimi prestijini yüksəltdi, eyni zamanda ona etimadsızlığı və düşmən əhval-ruhiyyəni də artırdı və iqtisadi terminlə desək Rusiya layihədən zərərlə çıxmış şirkət oldu. Krımın turist bazaları və kurortları və Luqanckın və Donetskin sovet erasından qalmış, qocalıb əldən düşmüş müəssisələri çətin ki, müharibəni maliyyələşdirməyin əvəzini verə bilsin və əminliklə demək olar ki, onlar kapitalın ölkədən qaçışının və beynəlxalq sanksiyaları kompensasiya etmir. Rusiya siyasətinin məhdudluğunu anlamaq üçün, sadəcə olaraq müharibə etməyən Çinin son iyirmi ildəki nəhəng iqtisadi tərəqqisi ilə "qalib gəlmiş" Rusiyanın həmin dövrdəki iqtisadi staqnasiyasını müqayisə etmək olar.[147]

Moskvanın elə cəsarətli danışmağına baxmayaraq Rus elitası yəqin ki, hərbi sərgüzəştlərinin real qiymətini və faydalarını yaxşı bilir, ona görə də indiyə qədər hadisələri intensivləşdirməkdə çox ehtiyatlıdır. Rusiya məktəb xuliqanının prinsipi ilə hərəkət edir: "ən zəif uşağı tap və onu elə vur ki, müəllim işə qarışmasın". Əgər Putin öz müharibəsini Stalin, Böyük Pyotr və ya Çingizxan kimi aparsaydı, rus tankları yalnız Tbilisi və Kiyevə deyil, çoxdan Varşava və Berlinə də yürüş etmişdi. Lakin Putin nə Çingiz deyil, nə də Stalin. Görünür o, hamıdan yaxşı bilir ki, iyirmi birinci əsrdə hərbi güclə çox uzağa getmək olmaz və indiki zamanda uğurlu müharibə məhdud müharibə aparmaqdır. Hətta Suriyada da Rusiyanın qəddar hava bombardmanlarına baxmayaraq, Putin öz iştirakının izlərini minimuma endirməyə, bütün ciddi döyüşləri başqalarının etməsinə və bu müharibənin qonşu ölkələrə yayılmasının qarşısının alınmasına çalışır.

Doğrudan da, Rusiya nöqteyi-nəzərindən son illərdəki guya təcavüzkar hərəkətlər yeni qlobal müharibənin başlaması üçün deyil, açıq yerlərin müdafiəsi üçün edilir. Ruslar tam əsaslı olaraq deyə bilərlər ki, 1980-90-cı illərdə sülhpərvərlik edib geri çəkiləndən sonra onlarla məğlub edilmiş düşmən kimi davranırdılar. ABŞ və NATO Rusiyanın zəifliyindən sui-istifadə edirdi və əksini vəd etdiklərinə baxmayaraq, NATO-nu Şərqi Avropaya və hətta bəzi keçmiş sovet respublikalarına qədər genişləndirdilər. Qərb, Orta Şərqdə Rusiya maraqlarını saymamaqda davam etdi, şübhəli bəhanələrlə Serbiya və İraqı istila etdi və ümumiyyətlə aydın şəkildə Rusiyaya anlatdı ki, o, öz nüfuz sferasını Qərb müdaxiləsindən qorumaq üçün, yalnız özünün hərbi gücünə güvənə bilər. Bu baxımdan Rusiyanın son illərdə etdiklərinə görə Bill Klintonu da, Corc Buşu da Vladimir Putin qədər günahlandırmaq olar.

Əlbəttə ki, Rusiyanın Gürcüstanda, Ukraynada və Suriyadakı hərbi fəaliyyətləri daha acgöz imperiya tamahının açılış atəşfəşanlığı ola bilər. Əgər Putin indiyə qədər qlobal işğallar planı üzərində dayanmayıbsa, uğur onun ambisiyalarına rəvac verə bilər. Lakin onu da yaxşı bilmək lazımdır ki, Rusiya Stalin SSRİ-sindən çox zəifdir və Çin kimi ölkələrlə birləşməsə, təkbaşına yeni soyuq müharibəyə rəvac verə bilməyəcək, tam miqyaslı odlu müharibədən isə heç danışmağa dəyməz.

Rusiyanın 150 milyon əhalisi və $4 trilyon illik ÜDM-u var. Həm əhalisinə, həm də məhsuluna görə ABŞ-la (325 milyon əhali, $19 trilyon ÜDM) və ya AB ilə (500 milyon əhali, $21 trilyon ÜDM) müqayisə olunacaq ölkə deyil.[148] ABŞ-la AB-nin birlikdə əhalisi Rusiyadan 5 dəfə, dolları isə 10 dəfə çoxdur.

Son texnoloji yeniliklər bu fərqi göründüyündən də böyük edir. SSRİ öz zirvəsinə iyirminci əsrin ortalarında çatmışdı – ağır sənaye qlobal iqtisadiyyatın lokomotivi olanda və sovet mərkəzləşdirilmiş sistemi traktorların, yük maşınlarının, tankların və kontinentlərarası raket silahlarının kütləvi istehsalında qabaqcıl ölkə olanda. Bu gün informasiya texnologiyası və biotexnologiya ağır sənayedən daha vacib sahədir, Rusiya isə heç birində qabaqcıl deyil. Onun təsirli kiber-müharibə potensialı olsa da, mülki İT sektorunda geri qalır və iqtisadiyyatı təbii resurslara, xüsusilə də neft və qaza əsaslanır. Bu, oliqarxları varlandırmağa və Putini hakimiyyətdə saxlamağa kifayət edə bilər, lakin rəqəmsal və biotexnoloji yarışmada qalib gəlmək üçün kifayət deyil.

Bundan da vacib olan odur ki, Putin Rusiyasında ideologiya yoxdur. Soyuq müharibə dövründə SSRİ Qızıl Ordunun gücünə güvəndiyi qədər qlobal kommunizmə də güvənirdi. Putinizm isə kubalılara, vyetnamlılara və ya fransız intellektuallarına az şey təklif edir. Avtoritar millətçilik həqiqətən bütün dünyaya yayıla bilər, lakin öz xarakterinə görə bir-birilə bağlı ölkələrin beynəlxalq blokunu yaratmağa qadir deyil. Polşa kommunizmi və rus kommunizmi nəzəri də olsa beynəlxalq fəhlə sinfinin maraqlarına sadiq olduqlarına baxmayaraq, polyak və rus millətçiləri öz mahiyyətlərinə görə əks-maraq güdürlər. Putinin yüksəlişi polyak millətçiliyini gücləndirdiyi üçün Polşanı da əvvəlkindən daha artıq anti-rus dövlətinə çevirir.

Beləliklə Rusiya NATO-nun və AB-nin dağılması üçün dezinformasiya və pozuculuq fəaliyyətində olsa da, fiziki istila məqsədli qlobal kampaniyaya başlayacağına oxşamır. Ümid etmək olar ki, – həm də buna bir az əsas da var – Krımın işğalı və Gürcüstanla şərqi Ukraynaya hücumlar istisna nümunələrdir və müharibə erasının başlanğıcını xəbər verən nişanələr deyil.

Müharibədə qalib gəlməyin itirilmiş ustalığı

Niyə əsas dünya dövlətləri üçün iyirmi birinci əsrdə uğurlu müharibə aparmaq belə çətindir? Bir səbəbi iqtisadiyyatın xarakterinin dəyişməsidir. Keçmişdə iqtisadi aktivlər əsasən maddi aktivlər idi. Ona görə də birbaşa istila vasitəsilə varlanmaq asan idi. Əgər döyüş meydanında düşmənləri məğlub edirdinsə, şəhərlərini qarət edirdin, əhalisini qul bazarında satırdın və dəyərli taxıl sahələrini və qızıl mədənlərini əlinə keçirirdin. Romalılar əsir tutduqları yunanları və qalları satıb varlanırdılar, on doqquzuncu əsrdə amerikalılar Kaliforniyanın qızıl mədənlərini və Texasın maldarlıq rançolarını istila etməkdən firavanlaşırdı. Lakin iyirmi birinci əsrdə bu yolla çox kiçik mənfəət əldə etmək olar. Bu gün əsas iqtisadi aktivlərin tərkibi, taxıl sahələri, qızıl mədənləri və hətta neft mədənlərindən daha çox texniki və institusional biliklərdən ibarətdir və siz biliyi müharibə ilə ala bilməzsiniz. İslam Dövləti kimi təşkilat hələ də Orta Şərqdə şəhərləri və neft mədənlərini qarət etməklə varlanır, – İraq banklarından 500 milyon dollar götürdülər, nefti satmaqdan isə əlavə 500 milyon dollar[149] – lakin böyük dövlətlər olan Çin və ya ABŞ üçün belə məbləğlər çox cüzidir. İllik ÜDM-u 20 trilyondan çox olan Çin belə mənasız məbləğə – bir milyarda görə müharibə etməz. ABŞ-a qarşı müharibəyə trilyonlarla dollar xərcləməyə gəldikdə isə Çin bütün bu xərcləri çəkib, müharibənin vurduğu ziyanları və əldən verilmiş ticarət imkanlarını əvəzini ödəyə bilərmi?

Qalib Xalq Azadlıq Ordusu Silikon Vadisinin sərvətlərini qarət edə bilərmi? Doğrudur, *Apple, Facebook* və *Google* kimi şirkətlərin dəyəri yüz milyardlarla ölçülür, lakin siz bu sərvəti güclə ala bilməzsiniz. Silikon Vadisində silisium mədənləri yoxdur.

Uğurlu müharibə nəzəri olaraq, qlobal ticarət sistemini öz xeyrinə dəyişməklə qalibə hələ də böyük mənfəət gətirə bilər – Britaniya Napoleona və ABŞ Hitlerə qalib gəldikdən sonra etdikləri kimi. Lakin hərbi texnologiyalarda olan dəyişiklik iyirmi birinci əsrdə bu qəhrəmanlığın təkrarını qeyri-mümkün edir. Atom bombası dünya müharibəsində qalib gəlməyi kollektiv intiharla eyniləşdirir. Heç də təsadüfi deyil ki, Xirosimadan sonra supergüclər bir-birilə birbaşa döyüşmür və yalnız az əhəmiyyətli (özləri üçün) konfliktlərə qatılırlar ki, orada da nüvə silahından istifadəyə şirniklənmə dərəcəsi çox aşağı olur. Doğrudan da, hətta ikinci dərəcəli nüvə dövləti olan Şimali Koreya da fövqəladə səviyyəli qeyri-cəlbedici variantdır. Kim ailəsi hərbi məğlubiyyət qarşısında qalsa nə edə biləcəyi haqqında düşünmək belə dəhşətdir.

Kiber-müharibə potensial imperialistlər üçün hər şeyi bir az da pisləşdirir. Kraliça Viktoriya və Maksim pulemyotu vaxtlarında Britaniya ordusu, Mançester və Birminhemdə əmin-amanlığa heç bir təhlükə yaratmadan hansısa uzaq səhrada "qıvrımsaçlıları" qırıb-tökə bilərdi. Hətta oğul Corc Buşun vaxtında ABŞ Bağdadda və Fəllucada xaos yarada bilərdi, iraqlıların isə San Fransiskoda və ya Çikaqoda buna cavab vermək imkanı yox idi. Ancaq, əgər ABŞ indi ortabab kiber-müharibə etmək imkanı olan ölkəyə hücum etsə, müharibə bir neçə dəqiqənin ərzində Kaliforniya və ya İllinoysa keçə bilər. Viruslar və məntiqi bombalar Dallasda hava nəqliyyatının hərəkətini dayandırar, Filadelfiyada qatarları toqquşdurar və Miçiqanın elektrik şəbəkəsini dağıdar.

Böyük istilaçıların zamanında müharibə az zərərli, çox gəlirli iş idi. 1066-cı ildə Hastinqsdə İstilaçı Vilyam bir neçə min əsgər qurban verməklə bütün İngiltərəni bir günə zəbt etdi. Nüvə silahları və kiber-müharibə isə bu müqayisədə yüksək zərər vuran, az gəlir gətirən texnologiyadır. Bu vasitələri bütün ölkəni dağıtmaq üçün istifadə edə bilərsiniz, amma onunla gəlirli imperiya qura bilməzsiniz.

Deməli müharibə təhlükəsi isteriyası ilə dolmuş və bəsarəti pis olan dünyada bizim üçün sülhün ən yaxşı zəmanəti böyük dövlətlərin bu yaxınlardakı uğurlu müharibələrlə yaxın tanış olmamağıdır. Əgər Çingizxan və ya Yuli Sezar papağını da çıxarmadan xarici ölkələri işğal edə bilirdisə, bugünkü millətçi liderlər Ərdoğan, Modi və Netanyahu bərkdən danışmaqlarına baxmayaraq, əslində artıq başlanmış müharibələr haqqında çox ehtiyatlı davranırlar. Əlbəttə, əgər kimsə iyirmi birinci əsr şərtləri altında uğurlu müharibə aparmaq formulunu tapa bilsə, cəhənnəmin darvazaları çox təcili və geniş açıla bilər. Məhz bu, Rusiyanın Krımdakı uğurunu xüsusilə qorxunc əlamətə çevirir. Gəlin ümid edək ki, bu, bir istisnadır.

Ağılsızlıq marşı

Əfsus ki, hətta əgər iyirmi birinci əsrdə müharibələr sərfəli iş deyilsə də, bu, bizə sülh üçün mütləq zəmanət vermir. Biz heç vaxt insan axmaqlığını nəzərdən qaçıra bilmərik. Həm şəxsi, həm də kollektiv səviyyədə insanlar özünüməhv fəaliyyətinə meyllidirlər.

1939-cu ildə yəqin ki, müharibə başlamaq "ox ölkələri" üçün qeyri-məhsuldar idi, amma bu, dünyanı xilas etmədi. İkinci Dünya Müharibəsi barəsində heyrətamiz faktlardan biri budur ki, məğlub ölkələr heç vaxt olmadığı kimi inkişaf etdilər. Ordularının tamamilə məhv edilməsi və imperiyalarının tam süqutundan iyirmi il keçəndən sonra, almanlar, italyanlar və yaponlar görünməmiş bolluq içində kef edirdilər. Bəs onda niyə müharibəyə girmişdilər? Niyə lazımsız olaraq saysız-hesabsız milyonların ölümünə və dağıntılara səbəb olurdular. Bu, yalnız ağılsızlıqdan doğan səhv idi. 1930-cu ildə yapon generalları, admiralları, iqtisadçıları və jurnalistləri bu qənaətə gəldilər ki, Yaponiya əgər Koreya, Mancuriya və Çin sahilinə nəzarət etməsə iqtisadi durğunluğa məhkumdur.[150] Onlar hamısı yanılırdı. Əslində məşhur yapon iqtisadi möcüzəsi məhz Yaponiyanın işğal etdiyi kontinental əraziləri itirdikdən sonra baş verdi.

İnsan ağılsızlığı tarixdə ən güclü hərəkətverici qüvvələrdən biridir, lakin çox zaman biz onu saya salmırıq. Siyasətçilər, generallar

187

və alimlər dünyaya, hər gedişin rasional hesablamaya əsaslandığı böyük şahmat oyunu kimi baxırlar. Bu, müəyyən nöqtəyə qədər doğrudur. Tarixdə yalnız bir neçə dövlət başçısı sözün birbaşa mənasında dəli olub, piyadaları və cəngavərləri necə gəldi hərəkət etdirirmişlər. General Tojo, Səddam Hüseyn və Kim Çen İr etdikləri hər gedişə rasional səbəb tapırdılar. Problem orasındadır ki, dünya şahmat taxtasına nisbətən çox mürəkkəb yerdir və insan rasionallığı onu həqiqətən anlamağa qadir deyil. Ona görə də hətta rasional liderlər də tez-tez çox ağılsız işlər görürlər.

Yaxşı, biz dünya müharibəsindən nə qədər qorxmalıyıq? Ən yaxşısı iki ifrat vəziyyətdən qaçmaqdır. Bir tərəfdən müharibə heç də qaçılmaz deyil. Soyuq müharibənin sülhlə bitməsi onu sübut edir ki, insanlar düzgün qərar verəndə, hətta super güclərin münaqişəsi də sülh yolu ilə həll oluna bilər. Bundan savayı, yeni dünya müharibəsinin qaçılmaz olduğunu fərz etmək ifrat dərəcədə təhlükəlidir. Bu özünü reallaşdıran peyğəmbərlik olardı. Əgər ölkələr dünya müharibəsinin qaçılmaz olduğunu hesab edirlərsə, ordularını gücləndirir, spiralvari silahlanma yarışına girişir, hər hansı konflikt üzrə kompromisdən qaçır və ona qarşı iltifatlı hərəkətlərin tələ olduğundan şübhələnir. Bu, müharibənin başlanması üçün bəs edir.

O biri tərəfdən, müharibənin qeyri-mümkün olduğunu fərz etmək də sadəlövhlük olardı. Hətta müharibə hər kəs üçün fəlakətdirsə də, nə Allah, nə də təbiət qanunları bizi insan ağılsızlığından qorumur. İnsan ağılsızlığından qorunmağın bir çarəsi barışmağın dərəcəsidir. Milli, dini və mədəniyyətlə bağlı gərginliklər, dünyada mənim millətimin, dinimin və mədəniyyətimin böyük və ən vacib olduğu hissini dərinləşdirir – ona görə də mənim maraqlarım hər kəsin və ya bütövlükdə bəşəriyyətin maraqlarından üstündür. Necə edə bilərik ki, millətlər, dinlər və ya mədəniyyətlər özlərinin dünyadakı həqiqi yerləri haqqında bir az realist, bir az təvazökar olsunlar?

12

Barışa meyl

Siz dünyanın göbəyi deyilsiniz

İnsanların çoxu özlərini dünyanın göbəyi və öz mədəniyyətini
bəşər tarixinin özəyi olduğunu hesab edir. Yunanların çoxu
tarixin Homerdən, Sofokldan və Platondan və bütün əhəmiyyətli
ideyaların və ixtiraların Afina, Sparta, İsgəndəriyyə və Konstanti-
nopoldan başladığına inanırlar. Çin millətçiləri cavab verirlər ki,
əslində tarix Sarı İmperator, Sia və Şanq sülaləsindən başlayır və
qərbli, müsəlman və ya hindli nailiyyətləri çin inkişafının solğun
surətindən başqa bir şey deyil.

Hindli nativistlər çinlilərin lovğalığına etiraz edir və id-
dia edirlər ki, hətta təyyarə və nüvə bombalarını da Hindis-
tan subkontinentindəki qədim müdriklər icad ediblər və bu,
Konfutsidən də, Platondan da çox-çox əvvəl olub, hələ Eynşteynlə
Rayt qardaşlarını demirik. Siz bilirdinizmi ki, məsələn, aeroplanla-
rı və raketləri icad edən Mharişi Bhardvac olub, Vişvamitra nəinki
raketləri icad edib, hətta onları istifadə də edib, Açarya Kanad
atom nəzəriyyəsinin atası olub və Mahabbarata nüvə silahını dəqiq
şəkildə təsvir edir.[151]

Mömin müsəlmanlar Məhəmməd Peyğəmbərdən əvvəlki tarixə
əsasən bir yanlışlıq kimi baxırlar və bütün tarixə Quranın na-
zil olmasında sonra müsəlman ümməti arasında yayılmasından
sonrakı dövr kimi yanaşırlar. Əsas istisnalar Türk, İran və Misir
millətçiləridir ki, hətta Məhəmməd Peyğəmbərdən əvvəl də öz
konkret millətlərinin bəşəriyyətin yaxşı nəyi varsa onun mənbəyi
olduğunu iddia edir və hətta Quran nazil olandan sonra da İslamın
təmizliyini saxlayan və onun şərafətini yayan məhz onların milləti
olduğunu deyirlər.

Demək artıqdır ki, britaniyalılar, fransızlar, almanlar, amerikalılar, ruslar, yaponlar və saysız-hesabsız başqaları eyni şəkildə əmindirlər ki, onların millətinin heyrətamiz nailiyyətləri olmasaydı, bəşəriyyət barbarlıq və əxlaqsız, nadanlıq içində yaşayardı. Tarixdə bəzi adamlar o qədər uzağa gedib ki, onların siyasi qurumlarının və dini praktikalarının lap fizika qanunları üçün də mühüm olduğunu fantaziya ediblər. Məsələn atsteklər möhkəm inanırdılar ki, hər il qurban kəsməsələr, günəş doğmaz və kainat dağılar.

Bütün bu iddialar həqiqət deyil, uydurmadır, tarixi bilərəkdən danıb rasizm eyham etməkdən daha artıq bir şeyin qarışığıdır. İnsanlar dünyada məskunlaşanda, bitkiləri becərməyi öyrənib heyvanları əhliləşdirəndə, şəhərlər tikəndə və ya yazını, pulu icad edəndə hal-hazırda mövcud olan dinlərin və ya xalqların heç biri mövcud deyildi. Mənəviyyat, incəsənət, ruhanilik və yaradıcılıq insanın DNK-sında yer tutmuş universal insan qabiliyyətidir. Onların əmələ gəlməsi Afrikanın Daş Dövründə olub. Ona görə də bu qabiliyyətlərə yeni ünvanlar təyin etmək – istər Sarı İmperator dövründəki Çin olsun, istər Platon dövründəki Yunanıstan, istərsə də Məhəmməd Peyğəmbərin dövründəki Ərəbistan – kobud özündənrazılıqdan başqa bir şey deyil.

Şəxsən mən belə kobud özündənrazılıqla çox yaxşı tanışam, çünki yəhudilər, mənim doğma xalqım da düşünür ki, dünyanın ən vacib adamlarıdır. Hər hansı insan nailiyyətinin və ya ixtirasının adını çək – tez öz hesablarına çıxacaqlar. Onları yaxından tanıdığım üçün bilirəm ki, səmimi olaraq bu iddialara inanırlar. Bir dəfə İsraildə yoqa müəlliminin yanına getmişdim və o, birinci dərsdə bütün ciddiliyi ilə izah edirdi ki, yoqa sistemini İbrahim peyğəmbər yaradıb və yoqanın bütün ilkin pozaları yəhudi əlifbasının hərflərinin formasından götürülüb! (Yəni, trikonasana pozası yəhudi hərfi alefdir, tuladandasana pozası daled hərfidir və s.) İbrahim bunları öz cariyələrindən olan oğullarının birinə öyrədib və o da Hindistana gedib yoqanı hindlilərə öyrədib. Mən buna bir istinad soruşanda müəllim Bibliyadan sitat gətirdi: "Cariyələrinin oğullarına isə hədiyyələr verdi. Sağlığında onları oğlu İshaqın yanından şərq torpağına tərəf göndərdi"[1] (Yaradılış 25:6). Sizcə o hədiyyələr nə

---

[1] Bu sitat rəsmi Bibliya tərcüməsidir (Tərcüməçi).

idi? Deməli, hətta yoqanı da kəşf edən həqiqətən yəhudilər olub. İbrahimi yoqanın ixtiraçısı hesab eləmək xırda məsələdir. Lakin iudaizmin təntənəli şəkildə əsas iddia etdiyi budur ki, bütün kainat ona görə mövcuddur ki, yəhudi ravvinlər öz müqəddəs yazılarını öyrənə bilsinlər və əgər bu öyrənmə prosesi dayansa, kainat öz sonuna çatacaq. Əgər ravvinlər Qüdsdə və Bruklində Talmudu müzakirə etməyi dayandırsalar, Çin, Hindistan, Avstraliya və hətta uzaq qalaktikalar hamısı məhv olacaq. Bu, ortadoks yəhudilərin mərkəzi müddəalarıdır və kimsə buna şəkk eləməyə cəsarət etsə o, nadan və axmaqdır. Sekulyar yəhudilər bu nəhəng iddiaya qarşı bir az skeptik ola bilərlər, lakin onlar da inanırlar ki, tarixin mərkəzindəki qəhrəmanlar və son nəticədə insan mənəviyyatının, ruhunun və qavrama bacarığının mənbəyi yəhudilərdir.

Mənim xalqım sayda və real nüfuzda çatışmazlığının əvəzini həyasızlıqda artıqlaması ilə çıxır. Öz xalqını tənqid etmək başqa xalqları tənqiddən daha nəzakətli hərəkət olduğuna görə, özlərinə vacib olan belə nağılların nə qədər gülünc olduğunu mən iudaizmdən misallar gətirməklə göstərəcəyəm. Öz tayfalarının isti hava ilə doldurduğu şarları partlatmağı isə bütün dünyadakı oxucularımın ixtiyarına buraxıram.

Freydin anası

Mənim "Sapiens: Bəşəriyyətin qısa tarixi" kitabımın orijinalı ibrani dilində, İsrail oxucusu üçün yazılmışdı. 2011-ci ildə kitab ibrani dilində nəşr ediləndən sonra israilli oxuculardan ən çox aldığım sual, niyə öz bəşər tarixi hekayətimdə iudaizmin yerini lap az qeyd etməyim idi. Niyə Xristianlıq, İslam və Buddizm haqqında geniş danışdığım halda, iudaizm dininə və yəhudilərə cəmi bir neçə kəlmə həsr etmişəm? Bilərəkdənmi onların insanlıq tarixinə verdikləri cahanşümul töhfəyə etinasızlıq edirəm? Hansısa məşum siyasi gündəlik məni belə yazmağa motivasiya edir?

Belə suallar, uşaq bağçasından başlamış iudaizmin insanlıq tarixinin super-ulduzu olduğunu düşünən İsrail yəhudiləri üçün təbiidir. İsrailli uşaqlar adətən on iki illik məktəbi bitirib qlobal tarixi proses haqqında aydın təsəvvür qazana bilmirlər. Onlara Çin, Hindistan və ya Afrika haqqında demək olar ki, heç nə öyrədilmir və Roma İmperiyası, Fransız İnqilabı və İkinci Dünya Müharibəsi haqqında öyrənsələr də, bu, bir-birindən təcrid olunmuş parçalar ümumi əhatəli bir hekayət yaratmır. Bunun əvəzinə, İsrail təhsil sisteminin yeganə ardıcıl öyrətdiyi Əhdi-Ətiqlə başlayır, İkinci Məbəd erası ilə davam edir, diasporadakı yəhudi icmalarından keçir və Sionizm, Holokost və İsrail dövlətinin yaradılması ilə öz zirvəsinə çatır. Məktəbi bitirən şagirdlərin çoxu bunun bəşəriyyətin tamam-kamal tarixi olduğuna əmindir. Hətta şagirdlər dərsdə Roma imperiyası və ya Fransız inqilabı haqqında eşidəndə də müzakirənin mövzusu Roma imperiyasında yəhudilərə münasibət və ya Fransa respublikasında yəhudilərin hüquqi və siyasi statusu olur. Belə tarixi diyeta rejiminə uyğun yedizdirilən adamlar, iudaizmin bütöv dünya tarixinə təsirinin nisbi az olduğu ideyasını həzm etməkdə böyük çətinlik çəkirlər.

Lakin həqiqət olan budur ki, iudaizm bizim növün tarix salnaməsində məhdud rol oynayıb. Universal dinlər olan xristian-lıq, islam və buddizmdən fərqli olaraq, iudaizm həmişə tayfa inancı olub. İudaizm fokusu bir kiçik millətin taleyi və bir kiçik torpaq üzərinə yönəldir və bütün başqa insanlar və ölkələrin taleyinə az maraq göstərir. Məsələn, Yaponiyadakı hadisələr və ya Hind subkontinentindəki adamlar onu az maraqlandırır. Ona görə də onun tarixi rolunun məhdud olması heç də təəccüblü deyil.

Əlbəttə ki, iudaizm tarixdə iki ən vacib dini, – xristianlığı doğu-rub və islamın da doğulmasına öz təsirini göstərib. Lakin, xristianlığın və islamın qlobal nailiyyətləri – eləcə də etdikləri çoxsaylı cinayətlərə görə günahları – xristianların və müsəlmanların özlərinə məxsusdur, iudaizmə deyil. İudaizmi səlibçilərin törətdiyi kütləvi qırğınlarda günahlandırmaq haqlı olmadığı kimi (xristianlıq 100% günahkardır), xristianlığın vacib ideyası olan Allah qarşısında hamı bərabərdir ideyasını da iudaizmə aid etmək doğru deyil (bu ideya, hətta bu gün də yəhudilərin təbiətinə görə bütün başqa xalqlardan üstün olduğunu iddia edən ortadoksal yəhudiliyə birbaşa ziddir).

İudaizmin bəşəriyyətin tarixində rolunu bir az Freydin anasının müasir Qərb tarixindəki roluna bənzətmək olar. Xoşbəxtlikdənmi, yoxsa bədbəxtlikdənmi Ziqmund Freyd müasir Qərbin elm, mədəniyyət, incəsənət və xalq müdrikliyinə çox böyük təsir göstərib. O da doğrudur ki, Freydin anası olmasaydı Freyd də olmayacaqdı və Freydin şəxsiyyəti, ehtirası və fikirlərini formalaşdıran yəqin ki, – bu fikirlə ilk növbədə özü razılaşardı – böyük dərəcədə anası ilə əlaqəsi olmuşdu. Lakin müasir Qərbin tarixini yazanda, heç kim Freydin anasına bir fəsil həsr ediləcəyini gözləmir. Eynilə də, iudaizm olmasaydı xristianlıq da olmayacaqdı, lakin bu, o demək deyil ki, dünyanın tarixini yazanda başlıca olaraq iudaizmə diqqət vermək lazımdır. Başlıca olan, xristianlığın öz yəhudi anasının irsi ilə nə etməsidir.

Aydındır ki, yəhudi xalqı heyrətamiz tarixi olan unikal xalqdır (hərçənd bu fikir xalqların çoxu üçün doğrudur). Və o da məlumdur ki, yəhudi ənənəsi dərin dərrakə və nəcib dəyərlərlə zəngindir (hərçənd, həm də sual doğuran çox sayda ideya və rasist, qadına düşmən və homofob davranışlarla da zəngindir). Və o da doğrudur ki, sayca nisbi azlığına baxmayaraq, yəhudilər son 2000 ildə tarixə sayına qeyri-mütənasib şəkildə böyük təsir göstəriblər. Lakin siz bizim bir növ kimi, 100.000 il əvvəl homo sapiensin yaranmasından gələn tariximizin böyük tablosuna baxsanız, yəhudilərin tarixə verdiyi töhfənin məhdud olduğunu aydın görərsiniz. İnsanlar iudaizmin ortaya çıxmasından minlərlə il əvvəl bütün planetdə məskunlaşıb, kənd təsərrüfatını öyrənib, ilk şəhərləri tikib və yazını və pulu kəşf ediblər.

Əgər siz tarixə çinlilərin və ya yerli amerikalıların gözləri ilə baxsanız, hətta son iki minillikdə xristianlıq və islamın yaranmasında vasitəçilikdən başqa yəhudilərin tarixə əsaslı bir töhfəsini tapmaqda çətinlik çəkərsiniz. Belə ki, yəhudilərin Əhdi-Ətiqinin son nəticədə qlobal insan mədəniyyətinin təməl daşlarından sayılması, onun xristianlıq tərəfindən səmimiyyətlə qəbul edilib Bibliyaya daxil edilməsinə görə olmuşdur. Bundan fərqli olaraq Talmudu, – yəhudi mədəniyyətinə Əhdi-Ətiqdən çox üstün təsir göstərmiş kitabı – xristianlıq qəbul etməmişdir və müvafiq olaraq da, heç yaponlar, mayalılar bir yana qalsın, ərəblərin, polyakların və ya danimarkalıların az bildiyi "məxfi" mətn olaraq qalmışdır (bu, böyük təəssüf doğurur, çünki Talmud, Əhdi-Ətiqdən daha dolğun və daha rəhmdil kitabdır.)

Əhdi-Ətiqin ilham verdiyi böyük incəsənət əsərinin adını çəkə bilərsinizmi? Oh, bu asan işdir: Mikelancelonun "David"i, Verdinin "Nabukko"su, Sesil DeMillin "On ehkam"ı... Siz Əhdi-Cədidin ilham verdiyi hər hansı məşhur əsər tanıyırsınızmı? Tamın bir hissəsi: Leonardonun "Son şam yeməyi", İoann Sebastian Baxın "Müqəddəs Mattanın ehtirası", Monti Paytonun "Brayanın həyatı". İndi gəlin real sınaq edək: Talmuddan ilhamlanmış şedevr əsərləri sadalaya bilərsinizmi?

Talmudu öyrənən yəhudi icmaları dünyanın əksər hissələrinə yayılsa da, onların çin imperiyasının yaranmasında, avropalıların kəşf səyahətlərində, demokratik sistemin təsisatında və ya sənaye inqilabında elə bir vacib rolu olmayıb. Pul, universitet, parlament, bank, kompas, basma çapı və buxar maşını – hamısı qeyri-yəhudilərin icadıdır.

Bibliyadan əvvəlki etika

İsraillilər tez-tez "üç böyük din" ifadəsini istifadə edirlər və bununla xristianlığı (2,3 milyard ardıcılı), islamı (1,8 milyard ardıcılı) və iudaizmi (15 milyon ardıcılı) nəzərdə tuturlar. Milyard ardıcılı olan hinduizm və 500 milyon ardıcılı olan buddizm – sinto (50 milyon) və siqh (25 milyon) ardıcıllarını heç nəzərə də almırıq, – burada "işləmir".[152]

Bu təhrifli "üç böyük din" konsepsiyası çox vaxt israillilərin şüurunda bütün böyük dinlərin və etik ənənələrin, universal etik qaydaların, onları ilk təbliğ edən iudaizm bətnindən doğulduğu mənasını verir. Guya İbrahimdən və Musadan əvvəl insanlar heç bir əxlaq məsuliyyəti olmayan Hobbsvari "təbii vəziyyət"də yaşayırdılar və guya bütün müasir mənəviyyat "On ehkam"dan çıxıb. Bu, əsası olmayan və abırsız ideyadır, çünki dünyanın əsas etik ənənələrinə etinasızlıq edir.

Daş dövrünün ovçu-toplayıcı qəbilələrinin İbrahimdən on min il əvvəl əxlaq kodeksi vardı. On səkkizinci əsrin sonlarında ilk avropalı mühacirlər Avstraliyaya gəlib çatanda, oradakı aborigen qəbilələrin yaxşı inkişaf etmiş etik dünyagörüşü olduğunu gördülər, halbuki, onlar Musa, İsa və Məhəmməddən tamamilə xəbərsiz idilər. Yerliləri zorakılıqla hər şeydən məhrum edən xristianların daha yüksək əxlaq standartı nümayiş etdirdiyini iddia etmək çətindir.

Bizim günlərin alimləri qeyd edirlər ki, əslində əxlaqın bəşəriyyətin yaranmasından əvvəlki milyon il boyunca sürən təkamül dövründə dərin kökləri var. Bütün sosial məməlilərin – canavarlar, delfinlər və meymunların təkamülə uyğunlaşmış, qrup birliyini təmin edən əxlaq kodeksi var.[153] Məsələn, canavar balaları bir-birilə oynaqlaşanda "ədalətli oyun" qaydalarına riayət edirlər. Əgər canavar balası həddən artıq bərk dişləyirsə və ya arxası üstə qalmış və təslim olmuş balanı dişləməkdə davam edirsə, o biri balalar onunla bir daha oynaqlaşmır.[154]

Şimpanze dəstəsində dominant üzvlərin daha zəiflərin əmlak haqqına hörmət etdikləri gözlənilir. Əgər cavan dişi şimpanze banan tapırsa, hətta alfa erkək (yəni dəstə başçısı – tərc.)[155] də bunu onun əlindən almaqdan vaz keçəcək. Əgər bu qaydanı pozsa, böyük ehtimalla öz statusunu itirəcək. Meymunlar nəinki zəif dəstə üzvlərini istismar etməkdən çəkinir, bəzən hətta onlara aktiv şəkildə kömək göstərirlər. Miluoki zooparkındakı balaca erkək şimpanze Kidoqo ciddi ürək xəstəliyindən əziyyət çəkirdi və bu da onu zəif və çəkingən etmişdi. İlk dəfə zooparka gələndə nə oriyentirini tapa bilirdi, nə də təlimçilərin əmrini başa düşürdü. O biri şimpanzelər onun çətinliyini anlayanda işə müdaxilə etdilər. Çox vaxt Kidoqonun əlindən tutub getmək istədiyi yerə aparırdılar. Kidoqo orada yolu azanda, qışqırıb həyəcan siqnalı verirdi və hansısa meymun onun yanına, köməyə tələsirdi, Kidoqoya yalnız kömək etmirdi, həm də onu qoruyurdu. Demək olar ki, bütün qrup üzvləri Kidoqo ilə nəvazişlə davrandığı halda, Merf adlı bir cavan erkək tez-tez rəhmsizcəsinə Kidoqonu incidirdi. Lodi bu davranışı görəndə Merfini qovurdu və ya müdafiə edən qolu ilə Kidoqonu qucaqlayırdı.[156]

Bundan da təsirli hadisə Fildişi Sahilində baş verib. Oskar adlı bala şimpanze anasını itirəndən sonra təkbaşına yaşayış mübarizəsi aparır. Dişi şimpanzelərdən heç biri onu qəbul edib qayğısını çəkmək istəmir, çünki öz balaları var. Oskar yavaş-yavaş çəkisini, sağlamlığını və yaşama qabiliyyətini itirir. Lakin hər şeyin itirildiyini düşünəndə Oskarı dəstənin başçısı, alfa-erkək Freddi yanına götürür. Oskarın yaxşı yeməsini təmin edir və hətta arxasını da təmizləyir. Genetik testlər Freddinin Oskarla genetik əlaqəsinin olmadığını təsdiq edib.[157] Biz kobud, qoca başçını yetim qalmış bala ilə belə davranmağa nə məcbur etməsi haqqında yalnız güman söyləyə bilərik, lakin görünür meymunların başçılarında yazıq, ehtiyacı olan və yetim qalmışa kömək etmək hissi inkişaf edib və bu, Bibliyanın qədim israillilərə "dul və atasız qalmışlarla pis rəftar etmək" (Çıxış 22:21) olmaz göstərişindən milyon il əvvəl və Amos peyğəmbərin, sosial elitaların "yoxsullara zülm etməsi və ehtiyacı olanları əzməsi" (Amos 4:1) haqqında şikayətindən əvvəl olub.

Hətta qədim Orta şərqdə yaşayan homo sapienslər arasında Bibliya peyğəmbərləri görünməmiş adamlar deyil. "Öldürmə!" və "Oğurlama!" ehkamları Şumer şəhər dövlətlərinin, firon Misirinin və Babilistan imperiyasının hüquq və əxlaq kodekslərində yer tutan məşhur maddələr idi. Periodik istirahət günləri yəhudi sabbatından çox əvvəl vardı.

Amos peyğəmbərin İsrail elitasını əzazil davranışa görə məzəmmət etməsindən min illər əvvəl, Babilistan hökmdarı Hammurabi izah edirdi ki, böyük allahlar ona "yer üzündə ədalət nümayiş etdirmək, şəri və pisliyi məhv edib zəiflərə olan zülmü dayandırmaq" tapşırığı veriblər.[158]

Bununla bərabər, Misirdə – Musanın doğumundan əsrlər əvvəl – katiblər "Bəlağətli kəndlinin hekayəti"ni yazıblar və orada, acgöz torpaq sahibinin, yoxsul kəndlinin əmlakını necə oğurlaması haqqında danışılır. Kəndli fironun korrupsiyaya uğramış əyanlarının qarşısına gəlir və onlar onu müdafiə etmək istəməyəndə onlara, niyə ədaləti qorumalı olduqlarını və konkret olaraq niyə yoxsulları varlılardan müdafiə etməli olduqlarını izah etməyə başlayır. Rəngarəng alleqoriya vasitəsilə bu misirli kəndli izah edir ki, yoxsulların kasıb əmlakı, onların nəfəsi kimidir və rəsmi korrupsiya da burun deşiklərini tutmaqla onları boğur.[159]

Bibliya qanunlarının çoxu Yəhud və İsrail dövlətlərinin yaradılmasından əsrlər və hətta minilliklər əvvəl olmuş Mesopotamiya, Misir və Xanaan qanunlarının surətidir. Əgər bibliya iudaizmi bu qanunlara hər hansı dəyişiklik edibsə, bu, onların bütün insanlara aid universal qanun olmaqlarından əsasən yəhudiləri hədəf tutan tayfa kodeksinə çevrilməsi olub. Yəhudi əxlaq qaydaları əvvəldən ekskluziv olaraq tayfa məsələsi kimi formalaşıb və bu günə qədər də müəyyən mənada elə gəlib çatıb. Əhdi-Ətiq, Talmud və bir çox (hərçənd hamısı yox) ravvinlər iddia edirdilər ki, yəhudinin həyatı qeyri-yəhudinin həyatından daha qiymətlidir. Və ona görə də yəhudi, yəhudini ölümdən xilas etmək üçün Sabbatı murdarlaya bilər, lakin qeyri-yəhudinin xilası üçün bunu etmək sadəcə olaraq qadağandır (Babil Talmudu, Yoma 84:2).[160]

Bəzi yəhudi müdrikləri iddia edir ki, məşhur ehkam olan "Qonşunu da özün qədər sev!" – ancaq yəhudilərə aiddir və qeyri-yəhudini sevməyə aid heç bir ehkam yoxdur. Həqiqətən, Levitin ilkin mətni deyir: "Xalqın arasında heç bir kəsdən qisas almağı düşünmə və heç kəsə həsəd aparma, qonşunu özün qədər sev!" (Levit 19:18) və bu da "qonşun" sözünün yalnız "xalqın" sözünə aid olması barədə bəzi şübhələr yaradır. Bu şübhəni gücləndirən fakt odur ki, Bibliya yəhudilərə amalekitlər və xanaanlar kimi bəzi adamları məhv etmək göstərişini verir: "Birini də sağ qoyma" – müqəddəs kitab deyir. "Onları tamamilə darmadağın et – hittiləri, amoritiləri, xanaanları, perizziləri, hivitləri və cebusiləri – Allahının səndən istədiyi kimi" (Qanunun təkrarı 20:16-27). Bu, insanlıq tarixində qeydə alınmış ilk hadisədir ki, genosid, məcburi dini vəzifə olaraq göstərilir.

Yalnız xristianlar yəhudi əxlaq kodeksinin parçalarını seçib onları universal ehkamlara çevirmiş və dünyaya yaymışlar. Həqiqətən də, xristianlıq iudaizmdən məhz buna görə ayrılmışdır. Bu gün çox yəhudilər "seçilmiş xalq" sözünü Allaha başqa xalqlardan daha yaxın olmaq mənasında anlasalar da, xristianlığın əsasını qoyan apostol müq. Paul özünün məşhur qalatlılara məktubunda göstərmişdir ki, "nə yəhudi, nə qeyri-yəhudi, nə qul, nə azad adam, nə qadın, nə kişi yoxdur, siz hamınız İsa Məsihdə təcəlla tapıbsınız" (Qalatiyalılar 3:28).

Və biz bir daha vurğulamalıyıq ki, xristianlığa çox güclü təsirinə baxmayaraq, bu, insanın universal etika haqqında ilk moizəsi deyildi. Bibliya, insan əxlaqının ekskluziv yazısı deyil (və bir çox rasist, qadın düşmənçiliyi və homofob yanaşmalarını nəzərə alanda, yaxşı ki, belədir). Konfutsi, Laozi, Budda və Mahavira öz etik kodekslərini, Xanaan ölkəsi və İsrail peyğəmbərləri haqqında heç bir şey bilmədən, Paul və İsadan çox-çox əvvəl yaradıblar. Konfutsi öyrədirdi ki, hər adam başqalarını da özünü sevdiyi kimi sevməlidir və bu, Rabbi Hillelin (böyük) bu fikrin Tövratın məğzi olduğunu deməsindən 500 il əvvəl olub. Və iudaizmin hələ heyvanları qurban kəsmək və bütöv insan populyasiyasını sistematik qaydada məhv etmək göstərişi verdiyi zamanlarda, Budda və Mahavira artıq öz ardıcıllarına nəinki insana zərər vurmaqdan çəkinmək, hətta həşəratlar da daxil heç bir canlı varlığı incitməmək nəsihətini verirdi. Ona görə də, insan əxlaqının yaradılmasını iudaizmə və onun törəmələri olan xristianlıq və müsəlmanlığa aid etməyin qətiyyən mənası yoxdur.

Fanatizmin doğuluşu

Bəs onda monoteizm necə? Məgər iudaizm, dünyanın heç yerində analoqu olmayan, tək Allaha sitayiş etməkdə ilk din olmaqla (hətta, xristianlar və müsəlmanlar, dünyanın dörd bir yanına bu inancı yəhudilərdən daha çox yayıblarsa da) xüsusi tərifə layiq deyilmi? Hətta, bu barədə də mübahisə edə bilərik, çünki monoteizmin ilk olaraq firon Axenatenin e.ə. 1350-ci ildəki dini inqilabından qaynaqlanmasına aydın sübutlar var və Meşa Stel kimi sənədlər (Moab hökmdarı Meşa tərtib edib) göstərir ki, Bibliya dövrü İsrail qonşu dövlətlərdən, məsələn Moabdan heç nə ilə fərqlənməyib. Meşa öz dahi allahı Xamosu demək olar ki, Əhdi-Ətiqin Yahveni etdiyi kimi təsvir edir. Lakin iudaizmin dünyada monoteizmin yayılmasına töhfə verməsi ilə bağlı real problem ondan ibarətdir ki, bununla fəxr eləmək çox yersizdir. Etik baxımdan monoteizm güman ki, insanlıq tarixinin ən pis ideyalarından biridir.

Monoteizm insanların əxlaq standartlarının inkişafı baxımından az iş görüb – siz həqiqətən düşünürsünüzmü ki, müsəlmanlar mahiyyətcə hindlilərdən daha əxlaqlıdır, – yalnız ona görə ki, müsəlmanlar tək Allaha inanır, hindilər isə allahlara? Xristian konkistadorları bütpərəst yerli amerikalılardan çoxmu əxlaqlı idilər?

Şübhəsiz olaraq, monoteizmin etdiyi çox insanları əvvəlkindən bir az daha qeyri-tolerantlığa təşviq olub və bu da dini təqiblər və müqəddəs müharibələrə səbəb olub. Politeistlər müxtəlif adamların müxtəlif ilahlara sitayişini və müxtəlif adət və rituallarının olmasını tamamilə məqbul hesab edirlər. Onlar nadir hallarda, o da əgər edirlərsə, insanları dini inancına görə təqib edir və ya öldürürlər. Monoteistlər isə inanırdılar ki, Allah yeganə tanrıdır və O, universal itaət tələb edir. Ona görə də, xristianlıq və islam dünyada yayıldıqca, səlib yürüşləri, cihad, inkvizisiya və dini diskriminasiya da yayılırdı.[161]

Məsələn, e.ə. üçüncü əsr Hindistan imperatoru Aşoka ilə həmin dövrün Roma imperatorlarını müqayisə edin. İmperator Aşoka saysız-hesabsız dinlərin, sektaların və quruların mövcud olduğu imperiyanı idarə edirdi. Özünə rəsmi olaraq "Allahların sevimlisi" və "Hamıya sevgi ilə yanaşan" titullarını götürmüşdü. Təxminən e.ə. 250-ci ildə tolerantlıq haqqında aşağıdakıları bəyan edən imperator fərmanı nəşr etdi:

"Allahların sevimlisi, hökmdar bütün dinlərin həm asketlərinin, həm də təsərrüfat sahiblərinin hər birini sevir və ehtiram göstərir... və hər bir dinin əsasındakıların yüksəlməli olduğuna dəyər verir. Əsasların yüksəlməsi müxtəlif yollarla ola bilər, lakin hamısının kökündə nitqdə təmkinli olmaq, öz dinini tərifləməmək və ya ciddi səbəb yoxdursa başqalarının dinini qınamamaq durur... izafi sadiqliyinə görə öz dinini tərifləməklə məşğul olan və «icazə verin öz dinimi mədh edim» düşüncəsi ilə başqalarının dinini məhkum edən adam, yalnız öz dininə ziyan vurur. Ona görə də dinlər arasında əlaqələr xeyirlidir. Başqa dinlərin ehkamlarını dinləmək və onlara hörmət etmək lazımdır. Allahların sevimlisi, hamıya sevgi bəsləyən hökmdar arzu edir ki, hər kəs öz dininin xeyirli ehkamlarını yaxşı öyrənsin".[162]

Beş yüz il sonra Roma imperiyasında Aşoka Hindistanı qədər müxtəliflik vardı, lakin xristianlıq qalib gələndən sonra imperatorların dinə münasibəti çox fərqli oldu. Böyük Konstantindən və oğlu II Konstantindən başlayaraq imperatorlar qeyri-xristian məbədlərini bağladılar və ölüm cəzası qorxusu ilə "bürpərəst ritualları"nı qadağan etdilər. İmperator Teodosun – adının mənası "Allahın verdiyi" – vaxtında təqiblər öz zirvəsinə çatdı və o, 391-ci ildə, xristianlıq və iudaizmdən başqa bütün dinləri qeyri-qanuni elan edən "Teodos Fərmanları"nı verdi (iudaizm də müxtəlif yollarla təqiblərə məruz qalırdı, lakin ona itaət etmək qanuna zidd deyildi).[163] Yeni qanunlara görə adam hətta öz evində Yupiterə və ya Mitrasa səcdə etdiyinə görə ölümə məhkum edilə bilərdi. İmperiyanı bütpərəstlik mirasından təmizləmək kampaniyası çərçivəsində xristian imperatorları həm də Olimpiya Oyunlarını məhdudlaşdırdı. Min ildən artıq bayram edilən qədim Olimpiadaların sonuncusu dördüncü əsrin sonu, beşinci əsrin əvvəllərində oldu.[164]

Əlbəttə, bütün monoteist hökmdarlar Teodos kimi qeyri-tolerant olmayıb, bir çox hökmdarlar isə monoteizmi rədd edib Aşokanın geniş dünyagörüşlü siyasətini də qəbul etməyib. Hər halda, "Allahdan başqa allah yoxdur" deyə israr etməklə, monoteist ideya fanatizmi təşviq etməyə meylli olub. Yəhudilər bu təhlükəli meylin yayılmasında öz rollarını aşağı qiymətləndirib, bu günahı xristianların və müsəlmanların daşımasına icazə versəydilər, yaxşı olardı.

Yəhudi fizikləri, xristian bioloqları

Yalnız on doqquzuncu və iyirminci əsrlərdə yəhudilərin bəşəriyyətin müasir elminə fövqəladə töhfə verdiyini görürük. Belə məşhur adlar olan Eynşteyn və Freyddən başqa, elm sahəsində bütün Nobel mükafatı laureatlarının təxminən 20 faizi yəhudi olub, halbuki, yəhudilər dünya əhalisinin 0,2 faizdən azını təşkil edirlər.[165] Lakin qeyd etmək lazımdır ki, bu, bir din və ya mədəniyyət olaraq iudaizmin töhfəsi yox, ayrı-ayrı fərdlərin töhfəsi olub. Son 200 ildə sanballı yəhudi alimlərinin əksəriyyəti iudaizm dininin təsir sferasından kənarda fəaliyyət göstərib. Həqiqətən, yəhudilər yalnız yeşivaları laboratoriyalara dəyişəndən sonra elmə öz dəyərli töhfələrini verməyə başladılar.

1800-cü ilə qədər yəhudilərin elmə təsiri məhdud idi. Təbiidir ki, yəhudilər Çin, Hind və ya Maya sivilizasiyası elminin inkişafında bir əhəmiyyətli rol oynamayıblar. Avropada və Orta Şərqdə, məsələn Maymonides kimi yəhudi mütəfəkkirləri, öz qeyri-yəhudi həmkarlarına əhəmiyyətli təsir göstəriblər, lakin ümumiyyətlə yəhudi təsiri təxminən onların demoqrafik çəkisinə mütənasib olub. On altı, on yeddi və on səkkizinci əsrlərdə iudaizm çətin ki, elmi-inqilabın baş verməsinə səbəb ola bilərdi. Bircə Spinozadan başqa (başına bəla olduğu üçün yəhudi icması onu məbəddən ayırmışdı), inanmıram ki, siz, müasir fizika, kimya, biologiya və ya sosial elmlərin yaranmasında bu qədər vacib rol oynamış ikinci bir yəhudinin adını çəkə biləsiniz. Biz, Eynşteynin əcdadlarının Qalileo və Nyutonun zamanında nə işlə məşğul olduğunu bilmirik, lakin hər bir halda onların işığı öyrənməkdən çox Talmudu öyrəndikləri daha ehtimallıdır.

Böyük dəyişiklik yalnız on doqquzuncu və iyirminci əsrlərdə, sekulyarizm və maarifçilik yəhudilərin qeyri-yəhudi qonşularının dünyagörüşünü və yaşayış tərzini qəbul etməsinə səbəb olandan sonra baş verdi. Yəhudilər, Almaniya, Fransa və ABŞ kimi ölkələrin universitetlərinə və tədqiqat mərkəzlərinə daxil oldular. Yəhudi alimləri gettolardan və yaşadıqları yerlərdən əhəmiyyətli mədəniyyət irsi gətirdilər. Yəhudi mədəniyyətində təhsilin mərkəzi yerinin olması yəhudi alimlərinin fövqəladə uğurları qazanmasının əsas səbəblərindən biri oldu. Başqa səbəblərə təqib olunan azlığın özünün dəyərli olmasını sübut etmək və istedadlı yəhudilərin, ordu və dövlət idarəetməsi kimi daha anti-semit institutlarda irəli getməyə qoymayan maneələri aradan qaldırmaq arzusu oldu.

Yəhudi alimləri yeşivadan özləri ilə elmin dəyərləndirdiyi möhkəm intizam və dərin inam gətirsələr də, onların heç bir konkret faydalı ideya və fəhm baqajı yox idi. Eynşteyn yəhudi idi, lakin nisbilik nəzəriyyəsi "yəhudi fizikası" deyildi. Tövratın qüdsiyyətinə inamın enerjinin kütlə vurulsun işıq sürətinin kvadratı olduğunu qavramağa nə aidiyyəti var? Müqayisə üçün, Darvin xristian idi və hətta Kembricdə öz təhsilini başlayanda anqlikan keşişi olmaq niyyətində idi. Bu o deməkdirmi ki, təkamül nəzəriyyəsi xristian nəzəriyyəsidir? Nisbilik nəzəriyyəsini yəhudilərin bəşəriyyətə töhfəsi kimi təqdim etmək gülməli olardı, – eynilə də təkamül nəzəriyyəsini xristian nəzəriyyəsi kimi təqdim etmək.

Eynilə də, Fritz Haberin (Nobel mükafatı, kimya, 1918) ammonyakın sintezi kəşfində yəhudilikdən heç nə yoxdur; Selman Vaksmanın (Nobel mükafatı, fiziologiya və təbabət, 1952) streptomisin antibiotikinin kəşfində; Dan Şektmanın (Nobel mükafatı, kimya, 2011) kvazikristalların kəşfində də eləcə. Humanitar və sosial sahədəki alimlərə gəldikdə isə – Freyd kimi – onların yəhudi irsi zəkalarına daha dərin təsir edib. Amma hətta bu halda da fasiləlilik qalmış əlaqədən daha aydın görünür. Freydin insan psixikasına baxışı, Ravvin Cozef Karonun və ya Ravvin Yoxanan ben Zakkainin baxışlarından çox fərqlidir və o, Şulxanaruxu (yəhudi hüquq məcəlləsi) diqqətlə öyrənib, Edip kompleksini tapa bilməmişdi.

Yekunlaşdırsaq, deyə bilərik ki, yəhudilərin öyrənməyə meylinin yəqin ki, yəhudi alimlərinin fövqəladə uğurlarına vacib töhfəsi olub. Eynşteynin, Haberin və Freydin nailiyyətlərinin əsasını qoyan qeyri-yəhudi mütəfəkkirləri olub. Sənaye inqilabı yəhudi layihəsi deyildi və yəhudilər onda öz yerlərini yalnız yeşuvaları tərk edib universitetlərə gedəndən sonra tapdılar. Doğrudan da, qədim mətnləri oxumaqla bütün suallara cavab axtarmaq xasiyyəti, cavabların müşahidə və eksperimentlərdən gəldiyi dünyanın müasir elminə yəhudilərin inteqrasiya olmasında mühüm maneə idi. Yəhudi dininin özünün qaçılmaz olaraq elmi kəşflərə aparıb çıxarmasına qaldıqda isə, niyə 1905-1933-cü illər arasında on sekulyar alman yəhudisi Nobel mükafatı aldı, eyni vaxtda heç bir ortadoks-yəhudi və ya bolqar və ya yəmən yəhudisi heç bir mükafat almadı?

Mənim "özünə nifrət edən yəhudi" olmağımdan şübhələnməsinlər deyə, vurğulamaq istəyirəm ki, iudaizmin şeytan və ya qaranlıq dini olduğunu demək istəmirəm. Dediyim odur ki, iudaizm bəşər tarixi üçün elə də xüsusi əhəmiyyətli bir din olmayıb. Uzun əsrlər boyu iudaizm təqib olunan kiçik azlığın, uzaq ölkələri istila etməyə və kafirləri odda yandırmağa deyil, oxumağa və seyr etməyə üstünlük verən sadə dini olub.

Antisemitlər düşünürlər ki, yəhudilər çox mühüm adamlardır və dünyaya və ya bank sisteminə və ya ən azı mediaya nəzarət edirlər və hər şeydə – qlobal istiləşmədən tutmuş 9/11 hücumuna qədər onları günahkar görürlər. Belə anti-semit paranoyası yəhudilərin dahilik maniyası qədər cəfəngiyatdır. Yəhudilər çox maraqlı adam ola bilərlər, lakin siz böyük təsvirə baxanda anlamalısınız ki, onların dünyaya təsiri məhdud olub.

Tarix boyunca insanlar yüzlərlə müxtəlif din və sekta yaradıblar. Onların bir neçəsi – xristianlıq, islam, hinduizm, konfutsiçilik və buddizm – milyardlarla insanı öz təsiri altına salıb (heç də həmişə yaxşılığa yox). İnancların əksəriyyətinin – bon dini, yoruba dini və yəhudi dini – təsiri daha az olub. Şəxsən mənə, zalım dünya fatehlərinin törəməsi olmaqdansa, burnunu başqalarının işinə nadir hallarda soxan sadə insanların törəməsi olmaq xoşdur. Bir çox dinlər barışa meyli dəyər olaraq təqdir edir, lakin sonra da özləri haqqında kainatın ən vacib şeyi olduqlarını təsvir edirlər. Onlar şəxsi mülayimlik çağırışı ilə səs-küylü kollektiv təkəbbür qarışığını təqdim edirlər. Bütün inancların nümayəndələrinin barışa ciddi yanaşması yaxşı olardı.

Bütün barış formaları arasında Allah qarşısında müti olmaq yəqin ki, ən vacibidir. Hər dəfə Allahla danışanda insanlar aciz və kiçik olduqlarını etiraf edir, sonra da Allahın adını öz qardaşları üzərində hökmranlıq etmək üçün istifadə edirlər.

13
Allah

Allah adını boş yerə çəkməyin

Allah var? O asılıdır fikrinizdə hansı Allahı tutmağınız-
dan. Kosmosun sirrini, yoxsa dünyanın qanunvericisini.
Bəzən insanlar Allah haqqında danışanda, bizim tamamilə heç nə
bilmədiyimiz böyük və əsrarəngiz sirr haqqında danışırlar. Biz bu
sirli Allaha xitab edib kosmosun dərin müəmmalarını izah etməsini
istəyirik. Niyə heç nə olmayacaq yerdə nə isə mövcuddur? Fizi-
kanın fundamental qanunlarını yaradan nə olub? Şüur nədir və o
haradan gəlib? Bu sualların cavablarını biz bilmirik və öz nadan-
lığımıza böyük Allah adı veririk. Bu sirli Allahın ən fundamental
səciyyəsi odur ki, biz Onun haqqında konkret heç nə deyə bilmirik.
Bu, filosofların Allahıdır; gecə ocaq ətrafında oturub haqqında da-
nışdığımız və həyat nədir sualına cavab axtardığımız Allah.

Başqa hallarda insanlar Allahı, haqqında bizim həddən artıq
çox bildiyimiz, sərt və dünyəvi qanunverici sifətində görürlər. Biz
dəqiq bilirik ki, O, moda, qida, seks və siyasət haqqında düşünür və
biz göylərdəki acıqlı kişidən milyon qaydaya, qanuna və konfliktə
haqq qazandırmasını istəyirik. Qadınlar qısaqol köynək geyinəndə,
iki kişi bir-birilə sekslə məşğul olanda və ya yeniyetmələr mastur-
basiya ilə məşğul olanda onun kefi pozulur. Bəzi adamlar deyir:
O, bizim alkoqol içməyimizi heç xoşlamır; başqaları isə deyir ki, O,
bizim hər cümə gecəsi və ya bazar günü səhəri şərab içməyimizi
pozitiv olaraq tələb edir. Onun dəqiq olaraq nəyi istədiyi və nədən
xoşlanmadığı haqqında bütöv kitabxanalar yazılıb və orada xırda
təfərrüatlar da göstərilib. Bu dünyəvi qanunvericinin ən fundamen-
tal xarakteristikası odur ki, biz Onun haqqında son dərəcə konkret
şeylər deyə bilərik. Bu səlibçi və cihadçıların, inkvizitorların, qadın
düşmənlərinin və homofobların Allahıdır. Bu, bizim tonqal ətrafında

dayanıb ora daş ataraq alovda yanan kafirləri lənətlədiyimiz zaman haqqında danışdığımız Allahdır.

Allah həqiqətən varmı deyə mömin adamdan soruşanda, onlar çox vaxt kainatın əsrarəngiz sirlərindən və insan qavrayışının məhdudluğundan danışmağa başlayırlar. "Elm "Böyük partlayış"ı izah edə bilmir," – ucadan deyirlər, – "deməli Allahın işidir". Lakin fokusçunun sezilmədən kartları dəyişib tamaşaçılara kəf gəldiyi kimi, mömin də tez kosmik əsrarəngizliyi dünyəvi qanunvericiliyə dəyişir. Kosmosun bizə aydın olmayan sirlərinə "Allah" adı verdikdən sonra, onlar necəsə bunu bikini və boşanmanı lənətləmək üçün istifadə edirlər. "Biz "böyük partlayış"ı anlamırıq, ona görə də siz cəmiyyət içində başınızı örtməli və geylərin evlənməsi əleyhinə səs verməlisiniz". Bu iki fikir arasında nəinki heç bir məntiqi əlaqə yoxdur, əslində onlar bir-birinə ziddir. Kainatın sirri nə qədər dərindirsə, o qədər az ehtimallıdır ki, buna məsul olan səbəb qadın geyimini və ya insanın seksual davranışını lənətləsin.

Kosmik sirr və dünyəvi qanunvericilik arasında çatışmayan həlqə adətən hansısa müqəddəs kitab vasitəsilə təmin edilir. Kitab cəfəng qaydalarla doludur, lakin buna baxmayaraq kosmik sirlərlə əlaqələndirilir. Onu guya məkanı və zamanı yaradan tərtib edib, amma niyəsə əsasən bizi bəzi sirli məbəd ayinləri və qida qadağaları barədə maarifləndirmək zəhmətini çəkir. Həqiqətdə biz, Bibliyanın və ya Quranın və ya Mormonların kitabının və ya Vedaların və ya hər hansı müqəddəs kitabı yazanın, enerjinin kütlə vurulsun işıq sürətinin kvadratına bərabər olduğunu və protonların kütləsinin elektronlarkından 1,837 dəfə böyük olduğunu müəyyən edən qüvvə olduğuna heç bir sübut görə bilmirik. Elmi biliklərimizə əsaslansaq, bütün bu müqəddəs mətnləri yazan, yaradıcı təxəyyüllü *Homo sapiens* olub. Onlar sadəcə olaraq, bizim əcdadlarımızın sosial normaları və siyasi strukturları qanuniləşdirmək üçün inşa etdikləri hekayətlərdir.

Şəxsən mən daim varlığın sirri haqqında düşünürəm. Lakin heç zaman anlamamışam ki, bunun iudaizm, xristianlıq və ya hinduizmin əhəmiyyətsiz qanunları ilə nə əlaqəsi var. Bu qanunlar əlbəttə ki, min illər ərzində sosial qayda-qanunun yaradılması və saxla-

205

nılması üçün çox faydalı olub. Lakin bu mənada onların sekulyar dövlətlərin və institutların qanunlarından əsaslı bir fərqi yoxdur.

Bibliyanın üçüncü ehkamı insanlara, heç vaxt lazımsız yerə Allahın adını çəkməməyi öyrədir. İnsanlar bunu uşaq kimi – məhz Allah adının tələffüzünə qadağa kimi qəbul edirlər (Monti Paytonun "Əgər yehova deyirsənsə..." eskizindəki kimi). Yəqin ki, ehkamın daha dərin mənası, öz siyasi marağımıza, iqtisadi ambisiyamıza və ya şəxsi nifrətimizə haqq qazandırmaq üçün heç vaxt Allahın adını çəkməməyə aiddir. Orta Şərqdə yaşayan bir adam kimi, insanların bu ehkamı nə qədər tez-tez pozduğundan yaxşı xəbərim var. Əgər biz bu ehkama sidq-ürəklə riayət etsəydik, dünya indi olduğundan çox yaxşı yer olardı. Siz qonşularla müharibəyə başlayıb onların torpağını zəbt etmək istəyirsiniz? Allahı bu işə qarışdırmayın, özünüzə başqa bəhanə tapın.

Hər şeydən başqa bu, semantika məsələsidir. Mən "Allah" sözünü deyəndə, İslam Dövlətinin (İŞİD), səlib yürüşçülərinin, inkvizitorların və "Allah geylərə nifrət edir" şüarı gəzdirənlərin allahını düşünürəm. Varlığın sirri haqqında düşünəndə anlaşılmazlıq olmasın deyə başqa sözə üstünlük verirəm. Adlara və hər şeydən əvvəl öz müqəddəs adına çox fikir verən İslam Dövlətinin və səlib yürüşçülərinin Allahından fərqli olaraq, varlığın sirri üçün biz meymunların ona hansı adı qoyduğumuzun heç fərqi yoxdur.

Allahsız etika

Təbii ki, kosmik əsrarəngizliyin bizim sosial qayda-qanunu tənzimləməyimizə heç bir köməyi yoxdur. İnsanlar çox vaxt iddia edir ki, insanlara çox konkret qanunlar verdiyi üçün biz Allaha inanmalıyıq, ya da əks təqdirdə əxlaq yox olacaq və cəmiyyət məhv olub ibtidai xaosa çevriləcək.

Əlbəttə doğrudur ki, allahlara inanc müxtəlif sosial nizam üçün həyati əhəmiyyət kəsb edib və bəzən də pozitiv nəticələr verib. Həqiqətən də, bəzi adamlarda nifrət və fanatizm oyadan eyni dinlər, başqa insanlarda sevgi və mərhəmət yaradır. Məsələn, 1960-cı illərin əvvəllərində metodist rahibi Ted Makİlvennaya məlum olur ki, onun icmasında LGBT nümayəndələrinin vəziyyəti acınacaqlıdır. O, ümumiyyətlə cəmiyyətdə geylərin və lesbianların vəziyyətini öyrənməyə başlayır və 1964-cü ildə din xadimləri ilə gey və lesbianların ilk olaraq Kaliforniyadakı Ağ Sığınacaq mərkəzində üç günlük dialoqunu təşkil edir. Sonunda iştirakçılar "Din və homoseksualizm şurası"nı yaradırlar və bura homoseksual aktivistlərdən əlavə Metodist, Yepiskopal, Lüteran və Birləşmiş Kilsə xadimləri daxil olur. Bu, rəsmi adında "homoseksual" sözü olan ilk Amerika təşkilatı idi.

Ondan sonrakı illərdə bu təşkilatın fəaliyyəti kostyum geyilən müsamirələrdən tutmuş homoseksualizmə qarşı ədalətsiz diskriminasiya və təqiblərə görə hüquqi tədbirlərə qədər davam edirdi. CRH Kaliforniyada gey hüquqları hərəkatının başlanğıcı oldu. Rahib Makİlvenna və ona qoşulan Allah adamları Bibliyanın homoseksualizmə qarşı olan göstərişlərini yaxşı bilirdilər. Lakin onlar İsa Məsihin mərhəmətli ruhuna sadiq olmağı Bibliyanın qadağasından üstün tutdular.[166]

Allahlar bizi mərhəmətli olmağa təşviq etsə də, dini inanc əxlaqlı davranış üçün zəruri şərt deyil. Bizim əxlaqlı davranmağımız üçün fövqəladə varlığa ehtiyacımızın olması ideyası, əxlaqın özündə nə isə bir qeyri-təbiiliyin olmasını fərz edir. Amma niyə? Əxlaq özlüyündə təbiidir. Şimpanzedən tutmuş siçovullara qədər bütün sosial məməlilərin oğurluğu və qətli məhdudlaşdıran etika kodeksi var. İnsanlar arasında əxlaq bütün cəmiyyətlərdə var, hətta onların hamısı eyni allaha və ya heç bir allaha inanmasa da. Xristianlar xeyriyyəçilik fəaliyyəti göstərəndə hinduist panteonuna inanıb göstərmirlər, müsəlmanlar səmimiliyi çox qiymətləndirirlər, lakin Məsihin ilahiləşdirilməsini qəbul etmirlər və sekulyar ölkələr, məsələn Danimarka və Çex Respublikası kimi ölkələr İran və Pakistan kimi dinin hakim olduğu ölkələrdən daha zoraki deyil.

Əxlaqlı olmaq, "ilahi ehkamlara riayət etmək" deyil. Bu, "əzabı azaltmaq"dır. Deməli, əxlaqlı davranmaq üçün sizin heç bir əsatirə və ya hekayətə inanmağa ehtiyacınız yoxdur. Sadəcə əzabı dərindən anlamaq hissini inkişaf etdirməyə ehtiyacınız var. Əgər bir hərəkətin sizin özünüzə və başqalarına necə lazımsız əzab gətirdiyini həqiqətən anlayırsınızsa, siz təbii ki ondan çəkinəcəksiniz. Buna baxmayaraq adamlar öldürür, zorlayır və oğurlayır, çünki bunun yaratdığı əzabları az hiss edirlər. Onlar yalnız özlərinin ani şəhvəti və ya tamahkarlığında ilişib qalıblar, başqalarına olan təsir – və ya uzun zaman müddətində onların özünə olan təsir – onları narahat etmir. Hətta öz qurbanlarına bilərəkdən mümkün qədər çox əzab verən inkvizitor da etdiyindən özünü kənar tutmaq üçün adətən hissiyyatı kütləşdirən və insanlıqdan çıxaran müxtəlif üsullardan istifadə edir.[167]

Siz etiraz edə bilərsiniz ki, insan təbii olaraq əzab hissindən qaçmaq istəyir, əgər Allah bunu tələb etmirsə, niyə özgənin iztirabının qayğısını çəksin ki? Bir təbii cavab budur ki, insan sosial heyvandır, ona görə də onun xoşbəxtliyi böyük dərəcədə başqaları ilə əlaqəsindən asılıdır. Sevgisiz, dostluqsuz və icmasız kim xoşbəxt ola bilər? Əgər siz uzun və özünə qapanmış həyat yaşayırsınızsa, demək olar ki, əzabı özünüzə təmin etmisiniz. Ona görə də xoşbəxt olmaq üçün ən azı öz ailənizin, dostlarınızın və icma üzvlərinizin qayğısını çəkməlisiniz.

Onda bəs heç tanımadığım tamamilə özgə adamlar necə olsun? Niyə onları öldürüb əmlakını mənimsəməyim, özümü və tayfamı varlandırmayım? Çox sayda mütəfəkkirlər uzun zaman müddətində bu davranışın niyə kontr-produktiv olduğunu izah edən mürəkkəb sosial nəzəriyyələr işləyib-hazırlayıblar. Siz, tanımadığı adamları vaxtaşırı öldürən və qarət edən cəmiyyətdə yaşamaq istəməzsiniz. Yalnız ona görə yox ki, daimi təhlükədə olacaqdınız, həm də ona görə ki, məsələn ticarət kimi bir-birini tanımayan adamların bir-birinə etibarını tələb edən işlərdən fayda götürə bilməyəcəksiniz. Tacirlər adətən oğru yuvalarına getmirlər. Qədim Çindən tutmuş müasir Avropayadək sekulyar nəzəriyyəçilər "özünə rəva bilmədiyini başqasına etmə" qızıl qaydasını təsdiq edirlər.

Lakin universal mərhəmətə təbii bazis tapmaq üçün bizim uzunmüddətli mürəkkəb nəzəriyyələrə ehtiyacımız yoxdur. Ticarəti bir anlıq unudun. Daha bilavasitə səviyyədə, başqalarını incitmək, həmişə məni də ağrıdır. Dünyadakı hər zorakılıq aktı əvvəlcə kimsə beynində zorakılıq istəyindən başlayır və kimsə başqasının rahatlığını və xoşbəxtliyini pozmazdan əvvəl, həmin şəxsin özünün dincliyini və xoşbəxtliyini pozur. Deməli, insan öz beynində tamahkarlıq və qısqanclıq yaratmadan nadir hallarda oğurluq edir. İnsan əvvəlcə qəzəb və nifrət doğurmadan qətl törətmir. Tamahkarlıq, qısqanclıq, qəzəb və nifrət çox xoşagəlməz emosiyalardır. Siz qəzəb və qısqanclıq içində qaynayanda harmoniya içində xoşbəxt ola bilməzsiniz. Ona görə də kimisə öldürməzdən əvvəl, qəzəbiniz artıq sizin içinizdəki dincliyi öldürmüş olur.

Həqiqətdə, siz, nifrətinizin obyektini qətlə yetirmədən illər uzunu içinizdə qəzəbdən qaynaya bilərsiniz. Bu halda heç kimə zərər vurmursunuz, özünüzə isə vurursunuz. Ona görə də bu, sizin öz təbii mənafeyiniz – Allahın tələbi yox, – qəzəbinizi necəsə cilovlamağa sövq etməlidir. Əgər siz qəzəbdən tamamilə azad ola bilsəydiniz, özünüzü nifrət etdiyiniz düşməni öldürdüyünüzdən daha yaxşı hiss edərdiniz.

Üzünə vuranda o biri yanağını çevirməyi buyuran mərhəmətli Allaha itaət, bəzi adamlara, öz qəzəbini cilovlamaqda kömək edə bilər. Bu, dini inancın dünyada əmin-amanlığa və harmoniyaya fövqəladə töhfəsidir. Təəssüf ki, başqa adamlar üçün dini inanc əslində onun qəzəbini alovlandırıb bəraət qazandırır, xüsusilə də, əgər kimsə onun allahını aşağılayıb, istəklərinə məhəl qoymursa. Deməli, qanunverici allahın dəyəri, son nəticədə ona sitayiş edənin davranışından asılıdır – əgər yaxşı davranırsa, nəyə istəsə inana bilər. Eynilə də dini ayinlərin və müqəddəs yerlərin dəyəri, onların təlqin etdiyi hiss və davranışların növündən asılıdır. Əgər ibadətgaha getmək insanın həyatına dinclik və harmoniya gətirirsə – bu əladır! Lakin əgər hansısa məbəd zorakılıq və konfliktə səbəb olursa, bizim nəyimizə lazımdır?! Bu, açıq-aydın düz işləməyən məbəddir. Meyvə yerinə tikan yetişdirən xəstə ağac üçün çalışıb mübarizə aparmaq mənasız olduğu kimi, harmoniya yerinə düşmənçilik yaradan zay məbəd üçün də çalışıb mübarizə aparmaq mənasız işdir.

Heç bir məbədə getməmək və heç bir allaha inanmamaq da həyat qabiliyyəti olan seçimdir. Son bir neçə yüzilliyin təcrübəsi göstərdiyi kimi, əxlaqlı həyat sürmək üçün Allahın adından istifadə etməyə ehtiyac yoxdur. Sekulyarizm, bizə lazım olan bütün dəyərləri təmin edə bilər.

14

Sekulyarizm

Öz kölgəni tanı

Sekulyar olmaq nə deməkdir? Sekulyarizmə bəzən dinin inka-rı kimi tərif verilir və ona görə də sekulyar adam onun inan-madığı və etmədiyi şeyə əsasən xarakterizə olunur. Bu tərifə görə sekulyar adam heç bir tanrıya və mələyə inanmır, kilsə və məbədə getmir, heç bir ayin və ritual yerinə yetirmir. Deməli, sekulyar dün-ya boş, nihilist və əxlaqsız bir yerdir, – doldurulmasını gözləyən boş bir qutudur.

Belə neqativ kimliyi az adam qəbul edər. Özünü sekulyar sayanlar sekulyarizmə tamamilə başqa cür baxırlar. Onlar üçün sekulyarizm çox pozitiv və aktiv dünyagörüşüdür və hər hansı bir dinlə qarşıdur-ma ilə deyil, bir-birilə bağlı dəyərlər kodeksi ilə müəyyən olunur. Həqiqətən, sekulyar dəyərlərin çoxunu müxtəlif dinlərin ənənələri də bölüşürlər. Bütün mümkün müdrikliyə və ilahiliyə monopoli-yası olduğunu iddia edən bəzi təriqətlərdən fərqli olaraq, sekulyar adamların başlıca xüsusiyyətlərindən biri budur ki, onların belə monopoliyaya iddiaları yoxdur. Onlar mənəviyyatın və müdrikli-yin müəyyən bir yerdə və zamanda göydən gəldiyini düşünmürlər. Mənəviyyat və müdriklik bütün insanların təbii irsidir. Deməli, ən azı bəzi dəyərlərin dünyadakı bütün insan cəmiyyətlərində özünü göstərəcəyini və bu dəyərlərin müsəlmanlar, xristianlar, hinduistlər və ateistlər üçün ümumi olacağını gözləmək olar.

Dini liderlər çox zaman öz ardıcıllarını sərt seçim qarşısında qoyurlar – ya siz müsəlmansınız, ya da müsəlman deyilsiniz. Və əgər müsəlmansınızsa, bütün başqa təlimləri rədd etməlisiniz. Müqayisədə, sekulyar adamlar çoxtərkibli hibrid kimlikləri ilə özlərini çox rahat hiss edirlər. Sekulyarizmə gəldikdə isə, özünü-zü müsəlman adlandıra və Allaha ibadətinizi edə bilərsiniz, halal qida yeyib Məkkəyə həcc ziyarətinizi edə bilərsiniz – amma yenə də əgər sekulyar etik kodeksə riayət edirsinizsə, sekulyar cəmiyyətin əsl üzvü ola bilərsiniz. Bu etik kodeks – həqiqətən milyonlarla müsəlman, xristian və hinduistin, eləcə də ateistin qəbul etdiyi kodeks – həqiqət, mərhəmət, bərabərlik, azadlıq, mərdlik və məsuliyyət dəyərlərini ehtiva edir və müasir elmi və demokratik institutların təsisatını formalaşdırır.

Bütün etika kodeksləri kimi, sekulyar kodeks də sosial reallıq olmağa can atan idealdır. Xristian cəmiyyət və qurumları çox vaxt xristian idealından fərqli olduğu kimi, sekulyar cəmiyyət və institutlar da sekulyar ideala çatmır. Orta əsrlər Fransası özünü xristian krallığı elan etmişdi, lakin hər növ qeyri-xristian əməlləri içinə batmışdı (sadəcə tapdanan kəndlilər kifayətdir). Müasir Fransa özünü sekulyar dövlət elan edib, lakin Robespyerin vaxtından başlamış azadlığın özünü müəyyən etmək üçün bəzi azadlıqların olması lazım oldu (sadəcə qadınlardan soruşun). Bu, o demək deyil ki, sekulyar adamların – Fransada və ya qeyri yerdə – əxlaq kompası və ya etik öhdəliyi yoxdur. Bu, sadəcə olaraq o deməkdir ki, ideala uyğun yaşamaq asan deyil.

Sekulyar ideal

Onda, sekulyar ideal nədir? Ən vacib sekulyar təəhhüd – **həqiqətdir,** sadəcə inanca deyil, müşahidələrə və sübuta söykənən həqiqət. Sekulyarlar həqiqəti inancla qarışdırmamağa çalışırlar. Əgər bir hekayətə qarşı sizin çox möhkəm inamınız varsa, bu, bizə sizin psixologiyanız, uşaqlıq çağlarınız və beyin strukturunuz haqqında çox maraqlı şeylər deyə bilər, – lakin bu, hekayətin həqiqət olmasını sübut etmir (çox zaman, hekayət həqiqət olmayanda əqidənin möhkəmliyinə ehtiyac yaranır).

Bundan başqa, sekulyarlar heç bir qrupu, heç bir şəxsi və ya heç bir kitabı yalnız və yeganə olaraq həqiqət üzərində hami olaraq müqəddəsləşdirmir. Bunun əvəzinə, sekulyar adamlar həqiqətin harada zühur etməsindən asılı olmayaraq, – daşlaşmış qədim sümüklərdə olsun, uzaq qalaktikaların şəkillərində olsun, statistik

211

məlumat cədvəllərində və ya müxtəlif insan ənənələri haqda yazılarda olsun, – onun özünü müqəddəsləşdirirlər. Həqiqətə görə bu təəhhüd, müasir elmin əsasını təşkil edir və bəşəriyyətə atomun içinə girməyə, genomu oxumağa, həyatın təkamülünü izləməyə və bəşəriyyətə öz tarixini anlamağa imkan verir.

Sekulyar insanların başqa bir əsas təəhhüdü **mərhəmətdir**. Sekulyar etika bu və ya başqa tanrının hökmlərinə deyil, daha çox insan əzabına dərin mərhəmət göstərməyə əsaslanır. Məsələn, sekulyar adam qətl törətməkdən çəkinir – ona görə yox ki, hansısa qədim kitab bunu qadağan edir, ona görə ki, bu, canlı varlığa dəhşətli əzab verir. Yalnız "Allah belə deyir" deyə öldürməkdən çəkinən adamda dərin həyəcanverici və təhlükəli nə isə var. Belə adamların motivasiyası mərhəmət yox, itaətdir və əgər bir gün inansalar ki, onların allahı kafirləri, ifritələri, zinakarları və ya əcnəbiləri öldürməyi hökm edib, onda nə edəcəklər?

Əlbəttə ki, mütləq ilahi ehkamların olmadığı yerdə sekulyar etika tez-tez çətin dilemma qarşısında qalır. Eyni hərəkətin bir şəxsə zərər vurduğu, başqasına isə xeyir gətirdiyi hallarda bəs necə olsun? Yoxsullara kömək etmək üçün varlılardan yüksək vergilər almaq etik hərəkətdirmi? Zalım diktatoru hakimiyyətdən salmaq üçün müharibəyə başlamaq necə? Bəs, məhdudiyyətsiz sayda qaçqının bizim ölkəyə gəlməsi? Sekulyar adam belə dilemma qarşısında qalanda "Allah nə hökm edib?" deyə soruşmur. Diqqətlə bunun təsiri olan adamların hisslərini nəzərə alır, geniş spektrdəki müşahidələri və ehtimalları yoxlayır və elə bir yol seçir ki, zərər vurmaq ehtimalı mümkün qədər az olsun.

Məsələn, seksuallığa yanaşma məsələsinə münasibətə baxaq. Sekulyar adam zorlama, homoseksuallıq, heyvanlarla cinsi əlaqə və insestin əleyhinə və ya lehinə olmaq haqqında necə qərar verir? Hissləri araşdırıb yoxlamaqla. Zorlama təbii ki, qeyri-etik hərəkətdir, – ilahi hökmə görə yox, insanlara əzab verdiyinə görə. Bundan fərqli olaraq iki kişinin bir-birini sevməsi heç kimə əzab vermir, ona görə onu qadağan etməyə səbəb yoxdur.

Bəs onda heyvanlarla cinsi əlaqə necə olsun? Mən, geylərin evlənməsinə həsr olunmuş bir neçə özəl və publik debatda iştirak etmişəm və tez-tez ağıllı kimsə soruşur "Əgər iki kişinin evlənməsi normal hadisədirsə, niyə adamla keçinin evlənməsinə icazə verilməsin?" Sekulyar baxımdan cavab aydındır. Sağlam münasibətlər emosional, intellektual və hətta ruhi dərinlik tələb edir. Belə dərinlikdən məhrum olan nikah sizə məyusluq, təklik və psixoloji gerilik gətirər. İki kişi bir-birinin emosional, intellektual və ruhi ehtiyaclarını təmin edə bilər, keçi ilə münasibətlər isə bunu edə bilməz. Ona görə də əgər siz nikaha insan rifahını yüksəldən – sekulyar insan etdiyi kimi – bir institut kimi baxırsınızsa, belə əcaib sualı vermək ağlınıza belə gələ bilməz. Yalnız nikaha bir möcüzəvi ritual kimi baxan adamlar bunu edə bilər.

Yaxşı, bəs ata ilə qızı arasında əlaqə haqqında nə demək olar? İkisi də insandır, yəni nədir burada yanlış olan? Çox sayda psixoloji araşdırmalar göstərib ki, belə əlaqələr uşağa çox böyük və adətən düzəlməsi mümkün olmayan ziyan vurur. Əlavə olaraq bu əlaqələr valideynlərdə destruktiv tendensiyaya səbəb olur. Təkamül sapiensin psixikasını elə formalaşdırıb ki, romantik əlaqələr valideyn əlaqələri ilə uzlaşmır. Ona görə də sizin insestə qarşı olmağınız üçün Allah və ya Bibliyaya ehtiyac yoxdur – sadəcə uyğun psixoloji araşdırmaları oxumağa olan ehtiyacınızı ödəməyiniz yetərlidir.[168]

Sekulyar adamların elmi həqiqətləri belə əziz tutmasının dərin səbəbi də elə budur. Öz marağını təmin etmək üçün deyil, dünyadakı əzabı ən yaxşı üsulla azaltmaq üçün. Elmi tədqiqatların bələdçiliyi olmadan bizim mərhəmətimiz çox vaxt kor olur.

Həqiqət və mərhəmətlə əkiz olan həm də **bərabərlik** təəhhüdüdür. İqtisadi və siyasi bərabərlik məsələləri üzrə fikirlər fərqlənsə də, sekulyar adam apriori iyerarxiyalara fundamental şübhə ilə yanaşır. Əzab əzabdır, onu kimin çəkdiyinin heç fərqi yoxdur; bilik isə bilikdir, onu da kimin kəşf etdiyinin heç fərqi yoxdur. Konkret millətin, sinfin və cinsin təcrübəsinə və kəşflərinə imtiyazlı hesab etmək bizi həm laqeydləşdirir, həm də cahilləşdirir. Sekulyar adam öz millətinin, ölkəsinin və mədəniyyətinin unikallığından əlbəttə ki, qürur duyur, – lakin o, "unikallıq"la "üstünlük" anlayışlarını qarışdırmır. Demək ki, sekulyar adam öz milləti və ölkəsi qarşısında xüsusi vəzifələr daşıdığını qəbul etsə də, bu vəzifələrin ekskluziv olduğunu düşünmür və eyni zamanda bütün bəşəriyyət qarşısında vəzifələri olduğunu da qəbul edir.

Bizim düşüncə, tədqiqat və təcrübə **azadlığımız** olmadan həqiqəti və əzabdan qurtuluş yollarını axtara bilmərik. Ona görə də sekulyar insan azadlığın qədrini bilir və ali hökm kimi, nəyin həqiqət, nəyin doğru olması barəsində son münsif olaraq hər hansı bir mətni, institutu və ya lideri qəbul etmir. İnsanların həmişə şübhə etmək, bir daha yoxlamaq, ikinci fikri eşitmək, başqa yoldan istifadəyə cəhd etmək azadlığı olmalıdır. Sekulyar insan, "doğrudanmı yer kürəsi kainatın ortasında tərpənməz dayanıb" sualını verməyə cəsarət edən Qalileo Qalileyə valeh olur; 1789-cu ildə Bastiliyaya həmlə etmiş və XVI Lüdovikin despotik rejimini yıxmış adi insanlara heyran qalır; avtobusda yalnız ağ dərili sərnişinlər üçün ayrılmış yerə oturmağa hünəri çatmış Roza Parksa məftun olur.

Qərəzli və istismarçı rejimlərə qarşı mübarizə etmək **mərdlik** tələb edir, lakin bilmədiyini etiraf edib özünü öyrənməyə atmaq ondan da böyük mərdlik istəyir. Sekulyar maariflənmə bizə öyrədir ki, əgər bir şeyi bilmiriksə, bilmədiyimizi etiraf etməkdən qorxmayaq və yeni sübutlar axtaraq. Hətta nəyisə bildiyimizi düşünürüksə də, buna şübhə ilə yanaşıb özümüzü bir daha yoxlamaqdan çəkinməli deyilik. Çox adam naməlumluqdan qorxur və hər suala dəqiq və aydın cavab istəyir. Naməlumluqdan qorxmaq bizi hər hansı müstəbiddən daha artıq iflic edə bilər. İnsanlar tarix boyu qorxublar ki, əgər bir yığın mütləq cavablara inanmasalar, insan cəmiyyəti məhv olar. Əslində müasir tarix göstərir ki, nadanlığı etiraf edib çətin suallar qoyan mərd insanların cəmiyyəti, adətən hər kəsin yeganə cavabı sorğu-sualsız qəbul etməli olduğu cəmiyyətlərdən nəinki daha zəngin olur, həm də daha sülhsevər olur. Öz həqiqətlərini itirməkdən qorxan adam, dünyaya müxtəlif nəzər nöqtələrindən baxmağa adət etmiş adamdan zorakılığa daha meylli olur. Cavabını verə bilmədiyiniz suallar, sualını verə bilmədiyiniz cavablardan adətən sizin üçün daha yaxşıdır.

Nəhayət, sekulyar insan **məsuliyyətə** çox yüksək dəyər verir. O, dünyanın qayğısını çəkən, ifritələri cəzalandıran, ədaləti mükafatlandıran, bizi aclıq, xəstəlik və müharibələrdən qoruyan ali qüvvəyə inanmır. Ona görə də biz, ətdən və qandan olan adi insanlar etdiyimizə və etmədiyimizə görə məsuliyyət daşıyırıq. Əgər dünya zəlalətlə doludursa, bunun aradan qaldırılması bizim borcumuzdur. Sekulyar insan müasir cəmiyyətlərin azman nailiyyətləri ilə – epidemiyaların müalicəsi, acların doydurulması və dünyanın böyük hissələrində əmin-amanlığın bərqərar olması kimi – qürur duyur. Bu nailiyyətləri hər hansı ilahi qoruyucunun adına yazmağa ehtiyac yoxdur, – onlar insanın öz biliklərini və mərhəmət hissini inkişaf etdirməsinin nəticəsidir. Lakin yenə də məhz həmin səbəbə görə biz, cinayət və geriliyə, genosid və ekoloji deqradasiyaya görə məsuliyyəti öz üzərimizə götürməliyik. Möcüzə üçün ibadətdənsə, nə kömək edə biləcəyimizi özümüzdən soruşmalıyıq.

Bunlar sekulyar dünyanın başlıca dəyərləridir. Əvvəldə qeyd etdiyimiz kimi, bu dəyərlərin heç biri eksklüziv olaraq sekulyar dəyər deyil. Xristianlar mərhəməti dəyərləndirir, müsəlmanlar bərabərliyi, hindilər məsuliyyəti və s. və i. a. Sekulyar cəmiyyətlər və institutlar üçün bu əlaqələri etiraf etmək və mömin yəhudiləri, xristianları, müsəlmanları və hindiləri qucaqlamaq xoşdur, bir şərtlə ki, sekulyar kodeks dini doqma ilə toqquşanda, ikincisi yol versin. Məsələn, sekulyar cəmiyyətə qəbul olunmaq üçün ordadoks-yəhudi qeyri-yəhudiləri özünə bərabər saymalıdır, xristian kafirləri yandırmaqdan vaz keçməli, müsəlman ifadə azadlığına hörmət etməli və hindilər kastaya əsaslanan diskriminasiyanı bir kənara atmalıdır.

Buna cavab olaraq mömin insanın Allahı inkar etməsi və ya adəti ayin və rituallardan əl çəkməsi gözləntisi yoxdur. Sekulyar dünya insanlar haqqında onların sevimli paltarları və mərasimlərinə görə deyil, onların davranışına görə fikir yürüdür. Adam ən əcaib sekta geyim kodeksinə və qəribə dini mərasim keçirməyə riayət edə bilər, lakin eyni zamanda da köklü sekulyar dəyərlərə qarşı da öz məsuliyyətini saxlaya bilər. Çox sayda yəhudi alimləri, xristian ətraf mühit mütəxəssisləri, müsəlman feministləri və hindi insan hüquqları fəalları var. Əgər o, elmi həqiqətlərə loyal münasibət bəsləyirsə, sekulyar aləmin tamhüquqlu üzvüdür və yarmulkunu, xaçını, hicabını və ya tilakasını çıxarmağa heç bir ehtiyac yoxdur.

Eyni səbəbə görə sekulyar təhsil, uşaqlara Allaha inanmamaq və dini mərasimlərdə iştiraka qarşı neqativ ideologiya deyil. Əksinə, sekulyar təhsil uşaqlara həqiqətlə inancı bir-birindən ayırmağı, bütün əzab çəkən canlılara mərhəmət göstərməyi, yer kürəsinin bütün sakinlərinin aqillik və təcrübələrini qiymətləndirməyi, namәlumluqdan qorxmadan azad düşünmәyi vә öz hәrәkәtlәrinә vә bütöv şәkildә bütün dünyaya görә mәsuliyyәt daşımağı öyrәdir.

Stalin sekulyar idimi?

Ona görә dә sekulyarizmi etik tәәhhüdün vә ya sosial mәsuliyyәtin qıtlığında günahlandırmaq әsassızdır. Әslindә, sekulyarizmin başlıca problemi mәhz bunun әksidir. Yәqin ki, onun etika standartı hәddәn artıq yüksәkdir. Çox insan sadәcә olaraq belә tәlәbkar kodeksә uyğun yaşaya bilmir vә böyük cәmiyyәtlәr açıq qalmış hәqiqәt vә mәrhәmәt axtarışı rejimindә yaşaya bilmәz. Xüsusilә müharibә vә iqtisadi böhran kimi fövqәladә vәziyyәtlәrdә cәmiyyәtlәr hәtta nәyin hәqiqәt, nәyin әn mәrhәmәtli olduğuna әmin olmasa da operativ vә qәtiyyәtli hәrәkәt etmәlidir. Onların aydın göstәrişlәrә, cәlbedici şüarlara vә ilhamverici döyüş çağırışlarına ehtiyacı olur. Şübhәli zәnnә әsasәn әsgәri döyüşә göndәrmәk vә ya әsaslı iqtisadi islahatlar keçirmәk çox çәtin olduğu üçün sekulyar hәrәkatlar vaxtaşırı mutasiyaya uğrayıb doqmatik inanca çevrilir.

Misal üçün, Karl Marks o iddiadan başlamışdı ki, bütün dinlәr istismarçı dәlәduzluqdur vә ardıcıllarını özlәri üçün qlobal qayda-qanunun hәqiqi tәbiәtini tәdqiq etmәyә çağırırdı. Ondan sonra gәlәn onilliklәrdәki inqilablar vә müharibәlәr marksizmi sәrtlәşdirdi vә Stalinin zamanına gәlib çatanda Sovet İttifaqı Kommunist Partiyasının rәsmi ideoloji xәtti deyirdi ki, adi adamlar üçün qlobal qayda-qanunu anlamaq çox çәtindir, ona görә dә әn yaxşısı sәnin işin hәmişә partiyanın müdrikliyinә güvәnmәk vә onun dediklәrini elәmәkdir, – hәtta on milyonlarla günahsız adamın hәbsini vә qәtlini hәyata keçirәndә dә. Bu, çox әcaib görünә bilәr, lakin partiya ideoloqları izah etmәkdәn yorulmurdular ki, inqilab piknik deyil, ürәyiniz qayğanaq istәyirsә, bir neçә yumurtanı sındırmalı olacaqsınız.

Ona görә dә Stalinә sekulyar lider kimi baxılıb-baxılmanası sekulyarizmin necә müәyyәn edilmәsi mәsәlәsidir. Әgәr biz minimalist neqativ tәrifdәn istifadә ediriksә, – "sekulyar adam Allaha inanmır" – Stalin, əlbəttə, sekulyar olub. Əgər pozitiv tərifə görə – "sekulyar adam hər cür qeyri-elmi doqmadan imtina edir və həqiqət, mərhəmət və azadlıq anlayışlarına sadiqdir" – müəyyən ediriksə, onda Marks sekulyarizmin işıq saçan böyük səma cismi olub, Stalin isə, stalinizm adlanan allahsız və ekstremal doqmatik dinin peyğəmbəri olub.

Stalinizm təcrid olunmuş misal deyil. Siyasi spektrin o biri tərəfində, kapitalizm də açıq-fikirli elmi nəzəriyyə kimi yaranmışdı, amma yavaş-yavaş bərkiyib doqmaya çevrildi. Çox kapitalist, konkret reallıqdan asılı olmayaraq, azad bazar və iqtisadi artımı mantra kimi daim təkrar edir. Müasirləşmə, sənayeləşmə və özəlləşmənin hansı müdhiş nəticələrə gətirib çıxarmasından asılı olmayaraq, əsl kapitalizm-ardıcılları onları sadəcə olaraq "böyümə ağrıları" adlandırıb nəzərdən atır və vəd edirlər ki, bir az böyüyəndən sonra hər şey yaxşı olacaq.

Mötədil liberal-demokratlar həqiqət və mərhəmətə sekulyar meylə daha loyal olublar, lakin hətta onlar da bəzən, daha rahat doqmaların xeyrinə onlardan imtina edirlər. Beləliklə, sərt diktaturaların və siyasi müflis dövlətlərin qarışıqlığı ilə qarşılaşanda liberallar çox vaxt öz qəti inamlarını heyrətamiz ümumi seçkilərə bağlayırlar. Onlar müharibə edir, İraq, Əfqanıstan və Konqo kimi yerlərdə milyardlar xərcləyir və möhkəm inanırlar ki, ümumi seçkilərin keçirilməsi, bu yerləri Danimarkanın günəşli versiyasına çevirəcək. Bunun dəfələrlə uğursuz olmasına və hətta ümumi seçkilərin ənənəvi olduğu yerlərdə hərdən bu ritualın avtoritar populistləri hakimiyyətə gətirməsinə baxmayaraq, çoxluğun diktaturasından artıq bir nəticəsi olmur. Əgər siz ümumi seçkilərin fərz edilən hikməti haqqında sual verməyə cəhd etsəniz, sizi QULAQ-a göndərməyəcəklər, amma yəqin ki, doqmatik danlağın soyuq duşunu qəbul etməli olacaqsınız.

Təbii ki, heç də bütün doqmalar eyni dərəcədə zərərli deyil. Bəzi dini doqmalar bəşəriyyətə fayda gətirdiyi kimi, sekulyar doqmalar da gətirir. Konkret halda bu, insan hüquqları doktrinasına aiddir. Hüquqların mövcud olduğu yeganə yer insanların quraşdırdığı və bir-birinə danışdığı hekayətlərdir. Bu hekayətlər dini fanatizmə və avtokratik hakimiyyətə qarşı mübarizədə təsbit edilmişdir. İnsanların yaşamaq və azad olmaq hüquqlarının təbiiliyi həqiqət olmasa da, bu hekayətə inanc avtoritar rejimlərin hakimiyyətini cilovlayıb, azlıqları təqibdən müdafiə edib və milyardları yoxsulluq və zorakılığın fəsadlarından qoruyub. Bununla da insanlığın xoşbəxtliyi və rifahına, bəlkə də tarixdəki hər hansı doktrinadan daha artıq töhfə verib.

Lakin bu, hər halda doqmadır. Belə ki, BMT-nin İnsan Hüquqları Bəyannaməsinin 19-cu maddəsində deyilir: "Hər bir insan əqidə azadlığı və onu sərbəst ifadə etmək azadlığı hüququna malikdir". Əgər biz bunu siyasi tələb kimi anlasaq ("hər insanın əqidəsini ifadə etmək azadlığı *olmalıdır*") onda konkret məna alır. Lakin əgər biz inansaq ki, hər bir sapiensə təbiət "əqidə azadlığı hüququ" verib və ona görə də senzura təbiətin qanununu pozur, onda biz bəşəriyyət haqqında həqiqəti unuduruq. Siz özünüzü "ayrılmaz təbii haqqı olan şəxsiyyət" müəyyən etdikcə, həqiqətdə kim olduğunuzu anlamayacaqsınız, eləcə də sizin cəmiyyəti və idrakınızı ("təbii hüquqlar"a olan etiqadınız da daxil) formalaşdıran tarixi qüvvələri də anlamayacaqsınız.

İyirminci əsrdə, insanların Hitler və Stalinlə döyüşməklə məşğul olduğu bir zamanda, bəlkə də belə nadanlıq az əhəmiyyətli idi. Lakin iyirmi birinci əsrdə bu, fəlakətli ola bilər, çünki, biotexnologiya və süni intellekt indi bəşəriyyətin mahiyyətini dəyişmək üçün yollar axtarır. Əgər biz yaşamaq hüququna sadiqiksə, bu o deməkdirmi ki, ölümə qalib gəlmək üçün biotexnologiyadan istifadə etməliyik? Əgər azadlıq hüququna sadiqiksə, onda alqoritmlərə səlahiyyət verməliyik ki, gizli arzularımızı de-şifrə edib həyata keçirsin? Əgər bütün insanlar bərabər hüquqdan istifadə edirsə, super-insanlar super-hüquqdan istifadə etməlidir? Sekulyar insanlar doqmatik "insan hüquqları"na sadiq qaldıqca, belə məsələlərlə məşğul olmaq onlara çətin olacaq.

İnsan hüquqları doqması ötən əsrlərdə inkvizisiya, "köhnə rejim", nasizm və KKK-na qarşı silah kimi formalaşdırılıb. Onun çətin ki, superinsan, kiborq və super-intellektual kompüterlə mübarizə aparmaq imkanı olsun. Hüquq müdafiəsi hərəkatları çox güclü təsir bağışlayan dini təəssübkeşliyə və insan-müstəbidlərə qarşı arqument və müdafiə arsenalı hazırlasa da, bu arsenal çətin ki, bizi istehlak ifratçılığından və texnoloji utopiyalardan qoruya bilsin.

Kölgəni tanımaq

Sekulyarizmi Stalin doqmatizmi və ya qərb imperializminin acı meyvələri və sürətlə qaçan sənayeləşmə ilə eyniləşdirməməli. Lakin bu, onlara görə məsuliyyətdən də azad edə bilməz. Sekulyar hərəkatlar və elmi institutlar bəşəriyyəti kamilləşdirmək və Yer planetinin səxavətini bizim növün xeyri üçün istifadə etmək vədləri ilə milyardlarla insanı valeh edib. Belə vədlər sadəcə olaraq xəstəlik epidemiyaları və aclığa qalib gəlməklə nəticələnmir, həm də QULAQ-lar və buz dağlarının əriməsi ilə nəticələnir. Siz mübahisə edə bilərsiniz ki, bunlar insanların anlamazlığı, özək sekulyar ideyaları və elmin həqiqət faktlarını təhrif etməsinə görədir. Və tamamilə haqlısınız. Lakin bu, bütün nüfuzlu hərəkatların problemidir.

Məsələn, xristianlıq inkvizisiya, səlib yürüşləri, bütün dünyada yerli mədəniyyətlərin istismarı və qadınların hüquqsuz olması kimi böyük cinayətlərə görə məsuliyyət daşıyır. Mömin xristian bundan inciyə və bütün bu cinayətlərin xristianlığı tamamilə anlamamaqdan irəli gəldiyini deyə bilər. İsa Məsih yalnız sevgi təbliğ edib və inkvizisiya onun təliminin kobud təhrifinə əsaslanır. Biz bu iddiaya anlaşıqlı münasibət göstərə bilərik, lakin bu xristianlığın qarmaqdan asan çıxması olacaq. İnkvizisiya və səlib yürüşlərindən sarsılan xristianlar yaxalarını bu vəhşətdən kənara çəkə bilməzlər – onlar özlərinə bir neçə sərt sual verməlidir. Necə oldu ki, onların "sevgi dini" özünün belə təhrif edilməsinə imkan verdi və bir dəfə yox, dəfələrlə? Bütün bunlarda katolik fanatizmini günahlandıran protestantlara, İrlandiyada və ya Şimali Amerikada protestant kolonistlərinin davranışı haqqında oxumaq məsləhət görülür. Eynilə marksistlər özlərindən soruşmalıdır ki, Marksın təlimində nə var idi ki, axırı QULAQ-a yol saldı, alimlər baxmalıdır: necə oldu ki, elmi layihə belə asanlıqla qlobal ekosistemin tarazlığının pozulmasına səbəb oldu və genetiklər nasistlərin Darvin nəzəriyyəsini oğurlamaq üsulundan təşviş keçirməlidir.

Hər bir din, ideologiya və etiqadın öz kölgəsi var və hansı etiqadın ardıcılı olmağınızdan asılı olmayaraq öz kölgənizi tanımalısınız və "bu bizim başımıza gələ bilməz" kimi sadəlövh əminlikdən vaz keçməlisiniz. Sekulyar elmin, çox yayılmış ənənəvi dinlərdən ən azı bir böyük üstünlüyü var ki, öz kölgəsindən qorxmur və prinsipcə səhvlərini və "qaranlıq yerlər"ini qəbul və etiraf etmək istəyir. Əgər siz transendent qüvvə ilə zühur etmiş mütləq həqiqətə inanırsınızsa, özünüz heç bir səhvi qəbul edə bilməzsiniz, çünki bu, bütün hekayətinizi heç edəcək. Lakin əgər siz, səhv etməyə mail insanların həqiqət axtarışına inanırsınızsa, yanlışlıq oyunun tərkib hissəsi olduğunu da qəbul edirsiniz.

Həm də buna görədir ki, doqmatik olmayan sekulyar hərəkatlar nisbətən mötədil vədlər verir. Mükəmməl olmadıqlarını bildikləri üçün, tədrici kiçik dəyişikliyə ümid edirlər – minimum əmək haqqının bir neçə dollar artırılması və ya uşaq ölümünün bir neçə faiz bəndi azalması. Özlərinə izafi güvənləri olduğuna görə doqmatik ideologiya requlyar qaydada mümkün olmayan şeyə görə and içir. Onların liderləri "əbədilik", "təmizlik" və "günahın bağışlanması" haqqında tamamilə azad şəkildə danışırlar, sanki, hansısa qanunu qəbul edib, hansısa məbədi tikib və ya hansısa ərazini işğal edib bütün dünyanı bir dahiyanə jesti ilə xilas edə bilər.

Biz həyat tarixində ən vacib qərarlar verməyə gəlib çatanda, şəxsən mən nadanlığı qəbul edənlərə, səhvsiz olduğunu iddia edənlərdən daha çox etibar edirəm. Əgər sizin dininizin, ideologiyanızın və ya dünyagörüşünüzün dünyanı idarə etməsini istəyirsinizsə, mənim sizə ilk sualım: "Sizin dininizin, ideologiyanızın və ya dünyagörüşünüzün etdiyi ən böyük səhv nə olub? Nəyi doğru etməyib?" Əgər siz ciddi bir cavab verə bilmirsinizsə, şəxsən mən sizə etibar etməzdim.

Dördüncü hissə

HƏQİQƏT

Əgər özünüzü qlobal çətin vəziyyətə görə
məyus və çaşmış vəziyyətdə hiss edirsinizsə,
doğru yoldasınız. Qlobal proseslər hər hansı adamın
anlaması üçün həddən artıq mürəkkəbdir.
Onda bəs siz, təbliğat və dezinformasiya
qurbanı olmadan necə can qurtarıb dünya
həqiqətini öyrənə bilərsiniz?

15

Nadanlıq

Siz düşündüyünüzdən az bilirsiniz

Əvvəlki fəsillərdə əsrimizin bəzi ən vacib problemlərini və irəliləyişini, terrorizmin son dərəcə qorxulu təhlükəsindən başlamış, az diqqət verilən texnoloji pozuntuların yaratdığı təhlükəyə qədər nəzərdən keçirdik. Əgər həddən artıqdır deyə bundan sizdə bir zəhlətökənlik hissi qaldısa və bunu həzm edə bilmirsinizsə, tamamilə haqlısınız, – heç kim edə bilməz.

Son bir neçə əsrdə liberal fikir rasional şəxsiyyətə çox böyük etibar yaradıb. O, insan fərdlərini müstəqil rasional agentlər kimi təsvir edib və bu mifik varlıqları müasir cəmiyyətin əsası edib. Demokratiya o əsas üzərində bərqərar olub ki, ən yaxşısını seçici bilir, azad bazar kapitalizmi müştərinin həmişə haqlı olduğuna inanır və liberallaşdırma tələbələrə, özləri sərbəst düşünməyi öyrədir.

Lakin rasional fərdə bu qədər etibar etmək doğru deyil. Postkolonial və feminist mütəfəkkirlər göstərirdi ki, bu "rasional fərd" ağ dərili yüksək zümrə adamlarını mədh edən şovinist qərb fantaziyası ola bilər. Əvvəldə göstərdiyimiz kimi, davranış iqtisadiyyatı mütəxəssisləri və təkamül psixoloqları onu nümayiş etdiriblər ki, insan qərarlarının çoxu rasional analizə deyil, emosional reaksiya və evristik yarlıq- nişanələrə əsaslanır və bizim emosiyalarımız və evristikamız "daş dövrü"ndə yaşamaq üçün uyğun olsa da "silikon dövründə" yaşamaq üçün heç uyğun deyil.

Yalnız rasionallıq deyil, fərdilik də əfsanədir. İnsanlar nadir hallarda sərbəst düşünür, biz daha çox qrup şəklində düşünürük. Uşağı qəbilə böyütdüyü kimi, aləti də qəbilə icad etməli, konflikti də həll etməli, xəstəni də sağaltmalıdır. Kilsə tikmək, atom bombası və ya təyyarə düzəltməkdə hər şeyi bilən fərd yoxdur. Homo sapiensə üstünlük verib onu bütün heyvanlarda yüksəyə qaldıran və planetin ağası edən bizim fərdi rasionallığımız olmayıb, bizim geniş qruplarda birlikdə düşünə bilmək kimi qeyri-paralel qabiliyyətimiz olub.[169]

Ayrı-ayrı fərdlər dünya haqqında utanılacaq dərəcədə az bilir və tarix irəli getdikcə onların bildikləri daha da azalır. Daş dövrünün ovçu-toplayıcısı necə özünə paltar düzəltmək, od yandırmaq, dovşanları ovlamaq, şirlərdən necə qaçıb can qurtarmaq lazım olduğunu bilirdi. Biz bu gün daha çox bildiyimizi zənn edirik, lakin fərd olaraq əslində az şey bilirik. Demək olar ki, bütün ehtiyaclarımıza görə başqalarının ekspert rəyinə möhtacıq. Bir sadə eksperimentdə adamlardan soruşulub ki, adi zəncirbəndin işləməsini onlar necə anlayır. Adamların çoxu cavab verib ki, əla anlayır, yəni həmişə zəncirbənddən istifadə edib. Sonra xahiş ediblər ki, zəncirbəndin açılıb-bağlanması prosesində iştirak edən mümkün qədər çox sayda detalın adını çəksinlər. Əksəriyyətin heç bir şey bilmədiyi məlum olub.[170] Bunu Stiven Sloman (Steven Sloman) və Filip Fernbax (Philip Fernbach) "bilik illuziyası" adlandırıb. Biz, çox şey bildiyimizi düşünürük, hətta fərdi səviyyədə belə biz az şey bilirik, çünki başqalarının beynindəki biliklərə öz beynimizdə olan bilik kimi münasibət bəsləyirik.

Bunun belə olması heç də hökmən pis olması demək deyil. Qrup düşüncəsinə güvənməyimiz bizi dünyanın ağası edib və bilik illuziyası bizi hər şeyi özümüz bilmək səylərindən azad edərək həyatda yaşamaq imkanı verir. Təkamül perspektivindən baxanda başqalarının biliyinə güvənmək Homo sapiens üçün çox yaxşı işləyib.

Bununla belə, ötən əsrlərdə məna kəsb edən çox sayda insan xarakteri müasir dövrdə problemə səbəb olur, – bilik illuziyasının arxa tərəfi də var. Dünya getdikcə daha da mürəkkəbləşir və insanlar sadəcə olaraq, nələrin baş verdiyini anlamaqda nadan olduqlarını başa düşə bilmirlər. Ona görə də bəziləri meteorologiyadan və ya biologiyadan heç nə bilmədən iqlim dəyişikliyi və geni dəyişdirilmiş bitkilər barəsində siyasət təklif edir, başqaları isə xəritədə yerlərini belə tapmaq iqtidarında olmadan İraqda və Ukraynada nə etmək lazım olduğu haqda ciddi fikirlərini izhar edir. İnsanlar nadir hallarda öz nadanlığına qiymət verir, çünki özlərini təsdiqçi dostlarından ibarət exo-kameranın və özünütəsdiqçi xəbər lentinin içinə pərçimləyirlər. Orada isə onların inandığı sabit olaraq təsdiqlənir və nadir hallarda mübahisə mövzusu olur.[171]

İnsanların daha çox və keyfiyyətli informasiya ilə təmin edilməsinin vəziyyəti yaxşılaşdıracağı ehtimalı yoxdur. Alimlər yanlış baxışları elmi təhsilin yaxşılaşdırılması vasitəsilə yox etməyə ümid bəsləyirlər, ekspertlər isə cəmiyyətə dəqiq faktlar və ekspert məruzələri təqdim etməklə ictimai fikri Obamakeer və ya qlobal istiləşməyə yönəltməyə ümid edirlər. Bu ümidlər əslində insanların necə düşündüyünü bilməməkdən doğur. Bizim baxışlarımızın çoxu fərdi rasionallıqdan deyil, kommunal qrup düşüncəsindən formalaşır və biz qrup loyallığına görə bu baxışlara sadiq qalırıq. Adamları faktlarla bombardman etmək və onların fərdi nadanlığını açıb göstərmək əks effekt verə bilər. Faktların çoxluğu adamların əksəriyyətinin xoşuna gəlmir və həqiqətən də özlərini axmaq yerində hiss etmək istəmirlər. Əmin olmayın ki, çay dəsgahı iştirakçılarına cədvəl və statistik məlumat təqdim etməklə onları qlobal istiləşmə haqqında həqiqətə inandıra biləsiniz.[172]

Qrup düşüncəsinin gücü o qədər nüfuz edəndir ki, hətta baxışlar çox ixtiyari görünəndə də onu sındırmaq asan deyil. Belə ki, ABŞ-da sağ mühafizəkarlar sol tərəqqiçilərə nisbətən ətraf mühitin çirklənməsi və yox olmaqda olan növlərin qorunması ilə az maraqlanırlar, ona görə də Luizianının ekologiya qanunları Massaçusetsin qanunlarından zəifdir. Biz belə vəziyyətə öyrəşmişik, belə də qəbul edirik, lakin bu, həqiqətən çox təəccüblüdür. Düşünmək olardı ki, mühafizəkarlar ekoloji vəziyyətin köhnə qaydada qalmasının və ata-baba torpaqlarının, meşələrin və çayların qayğısını daha çox çəkərlər. Əksinə, tərəqqiçilərin isə şəhərdən kənar yerlərdə köklü dəyişikliyə açıq olmasını gözləmək olardı, xüsusilə də məqsəd tərəqqini sürətləndirib insan yaşayışı standartını yüksəltməkdirsə. Lakin, bu məsələlər üzrə partiya xəttini müxtəlif tarixi qəribəliklər müəyyən etdiyi üçün mühafizəkarların ikinci üzü çayların çirklənməsi və quşların yoxa çıxmasına görə təhlükəyə məhəl qoymamaq olub, sol tərəqqiçilər isə köhnə ekoloji nizamı pozmaqdan qorxmağa meyllidir.[173]

Hətta alimlərin də qrup düşüncəsinin gücünə qarşı immuniteti yoxdur. Ona görə də faktların ictimai fikri dəyişəcəyini düşünən alimlər özləri qrup düşüncəsinin qurbanı olurlar. Elmi ictimaiyyət faktların effektiv olduğuna inanır, ona görə də bu cəmiyyətə loyal olanlar inanmaqdadır ki, publik debatlarda doğru faktları açıqlamaqla qalib gələ bilərlər, halbuki çox empirik misallar bunun əksini göstərir.

Eyni qaydada, fərdi rasionallığa liberal əqidə özü də qrup düşüncəsinin məhsulu ola bilər. Monti Paytonun "Brayanın həyatı"nda kulminasiya məqamlarının birində, gözləri parlayan davamçılarının böyük kütləsi Brayanla İsa Məsihi səhv salır. Brayan öz ardıcıllarına deyir ki: "Siz mənim arxamca gəlməli deyilsiniz, siz heç kimin arxasınca getməli deyilsiniz! Özünüz haqqında düşünməlisiniz! Sizlər ayrı-ayrı fərdlərsiniz! Hər biriniz fərqlisiniz!" Vəcdə gəlmiş kütlənin hamısı birdən unison oxuyur: "Hə! Hamımız fərdik! Hə, hər birimiz fərqliyik!" Monti Payton 1960-cı illərin əks-mədəniyyət ortadoksallığını parodiya edir, lakin nəzər nöqtəsi ümumiyyətlə rasional fərdilik etiqadı üçün də doğru olur. Müasir demokratiyalar unison oxuyan kütlələrlə doludur: "Hə, seçici ən yaxşısını bilir! Hə, müştəri həmişə haqlıdır!"

Hakimiyyətin qara dəliyi

Qrup düşüncəsi və fərdi nadanlıq yalnız adi seçici və müştəriləri deyil, həm də prezidentləri və şirkət rəhbərlərini narahat edir. Onların sərəncamında çox sayda məsləhətçilər və geniş xüsusi xidmətlər ola bilər, lakin bunun vəziyyəti yaxşılaşdırdığı heç də hökm deyil. Siz dünyanı idarə edəndə həqiqəti aşkar etməyiniz çox çətindir. Siz sadəcə olaraq çox məşğulsunuz. Əksər siyasi rəhbərlər və böyük biznes sahibləri əbədi qaçaqaçdadır. Lakin, əgər hər hansı mövzunun dərinliyinə getmək istəyirsinizsə, sizə çox vaxt lazımdır, vaxt sərf eləmək imtiyazınız olmalıdır. Nəticəsi olmayan yolları yoxlamalı, çıxılmaz vəziyyətləri araşdırmalı, şübhə və bezdiriciliyə yer ayırmalı və kiçik bəsirət toxumlarına imkan verməlisiniz ki, böyüyüb çiçək açsın. Əgər vaxt itirmək imkanınız yoxdursa, həqiqəti heç zaman axtarıb tapa bilməzsiniz.

Daha pis olan odur ki, böyük dövlət hökmən həqiqəti təhrif edir. Hakimiyyət, reallığın nə olduğunu anlamaq yox, onu dəyişmək vasitəsidir. Əlinizdə çəkic tutubsunuzsa hər şey sizə mismar kimi görünür; hakimiyyət də əlinizdə olanda hər şey sizi özünə müdaxilə etməyə çağırır. Hətta siz bu istəyə necəsə üstün gəlsəniz də, adamlar əlinizdə nəhəng çəkic tutduğunuzu unutmayacaq. Sizinlə danışan hər kəsin şüurlu və ya şüursuz olaraq öz gündəliyi olacaq, ona görə də onların dediklərinin tam həqiqət olduğuna heç vaxt inamınız olmayacaq. Heç bir sultan heç vaxt öz saray adamlarının və məmurlarının ona həqiqəti dediyinə inana bilməz.

Ona görə də böyük hakimiyyət, ətrafını deformasiya edən qara dəlik kimi fəaliyyət göstərir. Ona nə qədər yaxın olsanız, hər şey o qədər təhrif olunmuş olacaq. Sizin orbitinizə girəndə hər söz əlavə də yük daşıyır və gördüyünüz hər kəs sizə yaltaqlanmaq, ruhunuzu oxşamaq və sizdən nə isə almaq istəyir. Bilir ki, ona sərf etməyə bir-iki dəqiqədən artıq vaxtınız yoxdur və yersiz və ya qarmaqarışıq nə isə deyəcəyindən qorxur, ona görə də içiboş şüarlar, ya da çox çeynənmiş ibarələri deyir.

İki il əvvəl mən İsrailin baş naziri Benyamin Netanyahu ilə nahara dəvət olunmuşdum. Dostlarım mənə getməməyi məsləhət bildi, lakin marağım mənə üstün gəldi. Düşündüm ki, yalnız önəmli qulaqlara bağlı qapılar arxasında deyilən bəzi böyük sirləri eşidə bilərəm. Və çox məyus oldum! Orada otuza yaxın adam vardı və onların hər biri Böyük Adamın diqqətini cəlb etmək, öz kəskin ağlı ilə onda təəssürat yaratmaq, qılığına girmək istəyir və ya ondan umacağını səsləndirirdi. Əgər orada kimsə böyük sirr bilirdisə, çox yaxşı iş görüb özündə saxladı. Bu, Netanyahunun günahı deyildi, əslində heç kimin günahı deyildi. Bu, hakimiyyət cazibəsinin günahı idi.

Əgər siz doğrudan da həqiqət istəyirsinizsə, hakimiyyətin qara dəliyindən qaçmalısınız və çoxlu vaxt sərf etməli, orda-burda, kənarda olmalısınız. İnqilabi biliklər nadir halda mərkəzdə olur, çünki mərkəzdə mövcud biliklər var. Köhnə qayda-qanun keşikçiləri adətən kimin hakimiyyət mərkəzinə yaxın olmasını özləri müəyyən edir və adəti olmayan, əndişəli ideya daşıyıcıları onların filtrindən keçmir. Əlbəttə, onlar böyük miqdarda zir-zibili də çıxdaş edirlər. Davos Dünya İqtisadi Forumuna dəvət alma-maq çətin ki, müdrikliyə zəmanət olsun. Ona görə sizin kənarda vaxt keçirməyə ehtiyacınız var – orada çox parlaq inqilabi bəsirət ola bilər, amma əsasən məlumatsız gümanlardan, gözdən düş-müş modellərdən, xurafat doqmalarından və gülünc konspiraloji nəzəriyyələrdən ibarət olur.

Beləliklə də başçılar ikitərəfli əlaqə tələsinə düşürlər. Hakimiy-yətin mərkəzində dayansalar, dünyanın çox təhrif olunmuş mənzərəsilə qarşılaşacaqlar. Kənarlarda dayansalar, qiymətli vaxtlarını həddən artıq çox sərf edəcəklər. Problem isə getdikcə pisləşəcək. Üzümüzə gələn onilliklərdə dünya bu gün olduğundan daha da mürəkkəb olacaq. Fərdi insanlar – istər piyada olsun, istər şah – müvafiq olaraq, dünyanı formalaşdıran texnoloji qurğular, iq-tisadi vəziyyət və siyasi dinamika haqqında daha da az biləcəklər. 2000 il bundan əvvəl Sokratın müşahidə etdiyi kimi, bu şərtlər altın-da bizim edə biləcəyimiz fərdi nadanlığımızı etiraf etməkdir.

Bəs əxlaq və ədalət necə olsun? Əgər biz dünyanı anlaya bilmiriksə, doğru və yanlış, ədalət və ədalətsizlik haqqında necə danışa bilərik?

16
Ədalət

Bizim ədalət hissimiz
köhnəlmiş ola bilər

Bütün başqa hisslər kimi ədalət hissimizin də təkamülünün
qədim kökləri var. İnsan əxlaqı milyon illərlə gedən təkamül
prosesində şəkillənib, ovçu-toplayıcıların kiçik qruplarının həyatında yaranan sosial və etik dilemmaların həllinə uyğunlaşıb. Biz
birlikdə ova getmişiksə və mən maral ovlamışamsa, siz isə heç nə
ovlaya bilməyibsinizsə, mən bu qəniməti sizinlə bölüşməliyəmmi?
Əgər siz göbələk yığmağa gedib dolu zənbillə qayıdırsınızsa, mənim
sizdən fiziki güclü olmağım bütün göbələyi əlinizdən almaq üçün
yetərlidirmi? Və əgər məni öldürməyi planlaşdırdığınızı bilirəmsə,
sizi qabaqlayıb gecənin qaranlığında boğazınızı üzməyim normal
olarmı?[174]

İlk baxışda biz Afrika savannasını tərk edib şəhər cəngəlliyinə
köçəndən sonra elə də çox şey dəyişməyib. Kimsə fikirləşə bilər ki,
bu gün qarşılaşdığımız məsələlər – Suriyadakı vətəndaş müharibəsi,
qlobal bərabərsizlik, qlobal istiləşmə – bunlar böyük hərflərlə yazılmış həmin köhnə məsələlərdir. Lakin bu, illuziyadır. Ölçünün
mənası var və ədalət nəzər-nöqtəsindən başqa nəzər-nöqtələrində
olduğu kimi, biz yaşadığımız dünyaya uyğunlaşa bilməmişik. Problem yalnız dəyərlərdə deyil. Sekulyar, yoxsa dindar olmasından asılı olmayaraq, iyirmi birinci əsr vətəndaşlarının çoxlu dəyərləri var.
Problem olan mürəkkəb qlobal dünyada bu dəyərləri reallaşdırmaqdır. Bütün günah rəqəmlərdədir. Meşəçilərin ədalət hissi, bir
neçə düjün adamın yaşadığı bir neçə düjün kvadrat kilometrdəki
dilemma ilə bağlı strukturlaşıb. Biz bütün kontinentlərdəki milyon-

larla insan arasındakı əlaqələri anlamağa cəhd edəndə əxlaq hissimiz aşıb-daşır.

Ədalət elə sadəcə yalnız abstrakt dəyərlərin toplusunu tələb etmir, həm də konkret səbəb-nəticə əlaqəsinin başa düşülməsini tələb edir. Əgər siz övladlarınızı yedirtmək üçün göbələk toplayıbsınızsa və mən zor tətbiq edərək zənbili əlinizdən alıramsa, belə məlum olur ki, bütün zəhməti boş yerə çəkibsiniz və uşaqlarınız ac yatacaq. Bu ədalətsizlikdir. Bunu anlamaq asandır, çünki, səbəb-nəticə əlaqəsini görmək asandır. Təəssüf ki, bizim müasir qlobal dünyanın xarakterik xüsusiyyəti elədir ki, onda səbəb-nəticə əlaqələri çox şaxələnmiş və mürəkkəbdir. Mən sakitcə evdə otura bilərəm, heç vaxt da barmağımı qaldırıb heç kəsə zərər vurmaram, amma sol aktivistlərin fikrincə yenə də İsrail əsgərlərinin və Qərb sahildə yerləşənlərin törətdikləri cinayətlərə tamamilə ortağam. Sosialistlərin fikrinə görə mənim rahat həyatımın təminatı üçüncü dünyanın qaranlıq tərtökmə sexlərindəki uşaq əməyinin üzərində qurulub. Heyvan rifahı tərəfdarları mənə xatırladır ki, həyatım, tarixdə ən iyrənc cinayətlərdən biri ilə – milyardlarla ferma heyvanının əsarət altına alınıb istismar edilməsi – əlaqəlidir.

Həqiqətən bütün bunlarda mən günahkaram? Bunu demək asan deyil. Çünki mənim mövcudluğum şüuru qarışdıran iqtisadi və siyasi bağlar şəbəkəsinin varlığından asılıdır və qlobal səbəb-nəticə əlaqələri belə qarmaqarışıq olduğu üçün, ən sadə suallara da – mənim naharım haradan gəlir, geyindiyim ayaqqabını kim tikir və mənim pullarımla pensiya fondu nə edir – cavab verə bilmirəm.[175]

Çayların oğurlanması

İbtidai ovçu-toplayıcı öz naharının haradan gəldiyini yaxşı bilirdi (özü əldə edirdi), ona mokassini düzəldən kimdir (ondan iyirmi metr məsafədə yatırdı) və onun pensiya fondu nə ilə məşğuldur (palçıqda oynayırdı, o vaxt insanların yalnız bir pensiya fondu vardı, – "uşaqlar" adlanırdı.) Mən o ovçu-toplayıcıdan çox-çox nadanam. İllər boyunca aparılan tədqiqatlar, mənim səs verdiyim hökumətin, bütün dünyada kölgə yarımdiktatorlarına gizli şəkildə silah satdığı faktı aşkar edə bilər. Lakin mən bunu aşkar etməyə sərf etdiyim zaman ərzində daha vacib kəşfləri əldən buraxa bilərəm, məsələn, yumurtasını naharda yediyim toyuqların taleyini.

Sistem elə strukturlanıb ki, həqiqəti bilmək üçün heç bir səy göstərməyənlər bilməzliyin bəxtiyarlığında qala bilərlər, bilmək üçün səy göstərənlər isə bunun çətin iş olduğunu görəcəklər. Əgər qlobal iqtisadi sistem dayanmadan mənim adımdan və mənim xəbərim olmadan oğurlamaqla məşğuldursa, oğurluqdan necə qaçmaq olar? Heç bir fərqi yoxdur: hadisə baş verəndən sonra ona qiymət verirsiniz (oğurlamaq düzgün hərəkət deyil, çünki qurbanı çarəsiz edir), yoxsa, kateqorik vəzifənizə inanırsınız ki, nəticədən asılı olmayaraq riayət etməlisiniz (oğurlamaq düzgün hərəkət deyil, çünki Allah belə deyir). Problem ondadır ki, əslində nə etdiyimizi anlamaq ifrat dərəcədə mürəkkəb olur.

"Oğurlama!" ehkamı, oğurluğun, sizə məxsus olmayan nə isə bir şeyi fiziki olaraq əlinizə aldığınız vaxtlarda formalaşıb. Lakin bu gün oğurluq barəsində həqiqətən vacib arqumentlər tamamilə başqa ssenarilərə aiddir. Fərz edək ki, mən bir böyük neft-kimya korporasiyasının səhmlərinə $10.000 investisiya qoymuşam və bu investisiya mənə illik 5% gəlir gətirir. Korporasiya yüksək mənfəətlidir, çünki, fəaliyyətinin kənar effektlərinə görə heç nə ödəmir. O, toksik tullantıları yaxınlıqdakı çaya axıdır və regionun su təchizatı, ictimai səhiyyə və ya yerli vəhşi faunaya vurduğu ziyana məhəl qoymur. Öz sərvətini vəkillər legionu tutmağa sərf etməklə kompensasiya ödəməkdən boyun qaçırmaq üçün onlara arxalanır. Həm də daha ciddi qanunvericilik aktları qəbul edilməsinin qarşısını almaq üçün lobbistlər saxlayır.

Biz korporasiyanı "çayı oğurlamaq"da ittiham edə bilərikmi? Bəs mənim özümü necə? Heç vaxt heç kimin evinə girməmişəm və ya heç kimin cibindən pulunu çəkməmişəm. Konkret bu korporasiyanın öz mənfəətini necə qazandığından da xəbərim yoxdur. Zorla xatırlayıram ki, investisiya portfelimin bir hissəsi bu korporasiyanın səhmlərindən ibarətdir. Yaxşı, mən oğurluqda təqsirliyəm? Müvafiq faktları bilmək imkanı yoxdursa, necə mənəviyyatlı hərəkət etmək olar?

Problemdən qaçmaq üçün "niyyət əxlaqı"nı qəbul etmək olar. Burada vacib olan, mənim nə etdiyim və ya etdiyimin nəticəsi yox, etmək istədiyimdir. Amma hər şeyin bir-birilə bağlı olduğu bu dünyada, ən yüksək əxlaqi imperativ, bilmək imperativi olur. Müasir tarixdə ən böyük cinayətlər nifrət və ya tamahdan qaynaqlanmır, daha çox nadanlıq və laqeydlikdən qaynaqlanır. Məlahətli ingilis xanımları, ayaqları nə Afrikaya, nə də Karib hövzəsinə dəymədən London fond birjasında səhmlər və istiqrazlar almaqla Atlantik qul ticarətini maliyyələşdirirdi. Sonra da saat dörddə çaylarını, haqqında heç nə bilmədikləri cəhənnəm-plantasiyalarda istehsal edilən qar kimi ağappaq qənd qıçaları ilə şirin edirdilər.

1930-cu illərin sonlarında Almaniyada, yerli poçt müdiri vicdanlı vətəndaş ola bilərdi, – işçilərin rifahı qayğısına qalan və müsibətə düşmüş adamlara baratlarını axtarıb tapmaqda şəxsən kömək edən. O, həmişə işə birinci gəlir, axırıncı gedir, hətta çovğunlu günlərdə də poçtun vaxtında çatmasını təmin edir. Təəssüf, – onun məhsuldar və qonaqpərvər poçt idarəsi nasist dövlətinin sinir sistemində vacib hüceyrə idi. O idarə, rasist təbliğatına xidmət etməkdə, Vermaxtın çağırış əmrlərini və ciddi göstərişlərini yerli SS şöbəsinə çatdırmaqda idi. Amma həqiqəti bilmək üçün səmimi səy göstərməyənlərin niyyətində yanlış olan nə isə var.

Amma nəyi "bilmək üçün səmimi səy göstərmək" saymaq olar? Hər ölkədəki poçt müdirləri çatdırdıqları məktubları açıb oxumalıdır və orada hökumətin təbliğatını görəndə işdən çıxmalı, yoxsa üsyana qalxmalıdır? Geriyə, 1930-cu illərin Almaniyasına mütləq mənəvi əminliklə baxmaq asandır – çünki, səbəb-nəticə zəncirinin hara aparıb çıxardığı bizə məlumdur. Amma geriyə baxmaqdan faydalanmasanız, mənəvi əminlik bizim üçün əlçatmaz ola bilər. Acı həqiqət ondan ibarətdir ki, sadəcə olaraq dünya, bizim ovçu-toplayıcı beynimiz üçün həddən ziyadə mürəkkəb yer olub.

Müasir dünyadakı ədalətsizliklərin çoxu, fərdi tərəfgirliyin deyil, geniş miqyaslı struktur təmayülünün nəticəsidir və bizim ovçu-toplayıcı beynimiz struktur təmayülünü görüb-aşkar etmək üçün lazım olan qədər inkişaf etməyib. Bizim hamımız belə təmayüllərin ən azı bəzilərilə əlaqəliyik və sadəcə olaraq onların hamısını aşkar etməyə vaxtımız və enerjimiz çatmır. Bu kitabın yazılması mənə şəxsi səviyyədə dərs verib bir məsələdə əmin etdi. Qlobal məsələləri müzakirə edəndə həmişə, qlobal elitanın mövqeyinin, əlverişsiz vəziyyətdə olan müxtəlif qrupların mövqeyindən daha imtiyazlı təqdim olunacağından qorxuram. Qlobal elita söhbətə komandanlıq edir, ona görə onun baxışını nəzərə almamaq mümkün deyil. Əlverişsiz vəziyyətdəki qruplar, əksinə, adətən səsini çıxarmır, yəni, onları yada salmamaq asandır – bilərəkdən edilən acığa görə yox, aşkarca bilməzliyə, nadanlığa görə.

Misal üçün, mən Tasmaniya aborigenlərinin unikal baxışları və problemləri haqqında heç nə bilmirəm. Əslində o qədər az bilirəm ki, bundan əvvəlki kitabımda Tasmaniya aborigenlərinin daha qalmadığını, onların avropalı kolonistlər tərəfindən tamamilə məhv edildiyini fərz etmişdim. Həqiqətdə isə bu gün əcdadları Tasmaniyanın aborigenlərindən olan minlərlə adam yaşayır və çox sayda unikal problemlərlə mübarizə edirlər. Bu problemlərdən biri odur ki, onların varlığı belə inkar edilir, bunda alimlərin də fikri az rol oynamır.

Əgər siz hətta əlverişsiz vəziyyətdəki qrupa aidsinizsə və həmin qrupun baxışını birinci əldən və dərindən başa düşürsünüzsə, bu, o demək deyil ki, siz bütün belə qrupların baxışlarını anlayırsınız. Hər qrup və alt qrup özünəməxsus "güzgü tavanlı labirint", ikili standart, kodlaşdırılmış təhqir və institusional diskriminasiya ilə qarşı-qarşıya qalır. Otuz yaşlı afro-amerikalı kişinin, otuz illik afro-amerikalı kişi nə demək olduğu təcrübəsi var. Amma onun afro-amerikalı qadın nə demək olduğu, Bolqarıstan qaraçısı nə demək olduğu, kor rus nə demək olduğu və ya çinli lesbian nə demək olduğu təcrübəsi yoxdur.

Bu afro-amerikalı böyüyən dövrdə dəfələrlə heç bir görünən səbəb olmadan polis onu saxlayıb, üst-başını yoxlayıb – çinli lesbian qadın heç vaxt belə şeydən keçməyib. Əksinə, onun afro-amerikalı ailədə, afro-amerikalı məhəllədə doğulması o demək olub ki, özü kimi adamlarla əhatə olunub və onlar afro-amerikalı kimi yaşayıb irəli getmək üçün nəyə ehtiyacı olduğunu öyrədiblər. Çinli lesbian isə, lesbian məhəlləsindəki lesbian ailəsində doğulmayıb və ola bilsin ki, dünyada əsas məsələləri ona başa salan heç bir adam da olmayıb. Ona görə də Baltimorda qara olaraq böyümək, çətin

ki, Hançjouda lesbian olaraq böyüməyin mücadiləsini anlamağa
kömək edə bilsin.

Əvvəlki zamanlarda bunun az əhəmiyyəti vardı, çünki siz, dün-
yadakı insanların yaşayış məşəqqətlərinə məsuliyyət daşımırdınız.
Əgər az uğurlu olan qonşunuza rəğbət göstərirdinizsə, adətən bu
kifayət edirdi. Lakin bu gün iqlimin dəyişməsi və süni intellekt kimi
mövzulara aid başlıca qlobal debatların hamıya təsiri var – istər Tas-
maniyada olsun, istər Hançjouda və ya Baltimorda. Ona görə də
bütün baxışları nəzərə almağa məcburuq. Amma, adam bunu necə
edə bilər? Adam bütün dünyada bir-birilə kəsişən qruplar arasında-
kı əlaqə şəbəkəsini necə anlaya bilər?[176]

Kiçiltmək, yoxsa inkar etmək?

Hətta biz bunu istəsək belə, əksəriyyətimiz dünyanın əsas
mənəviyyat problemlərini anlamağa qadir deyil. Adamlar iki yem
tədarükçüsü arasında əlaqəni anlaya bilər, iyirmisinin arasında-
kı əlaqəni də anlayar, eləcə də iki tayfa arasındakı əlaqəni. Lakin
adamın imkanları, bir neçə milyon suriyalı, 500 milyon avropalı
və ya bütün dünyadakı kəsişən qruplar və sub-qruplar arasındakı
əlaqələri qavramağa müsaid deyil.

Bu miqyasda mənəvi dilemmaları anlamağa və qiymət verməyə
cəhd edəndə, adamlar çox vaxt dörd üsuldan birinə müraciət edirlər.
Birincisi məsələni kiçiltmək, – Suriya vətəndaş müharibəsini iki yem
tədarükçüsü arasındakı əlaqə kimi anlamaq; düşünmək ki, Əsəd re-
yimi tək şəxsdir və o biri tərəfdə də qiyamçılar başqa tək şəxs kimi
dayanıb; biri pisdir, biri yaxşı. Konfliktin tarixi mürəkkəbliyi sadə,
aydın süjetlə əvəz olunur.[177]

İkincisi, guya bütün konflikti əks etdirən, riqqətli insan taleyinə
fokuslanmaqdır. Siz adamlara statistik və dəqiq məlumatlar
əsasında konfliktin mürəkkəbliyini izah etmək istəyəndə, on-
ları itirirsiniz: lakin bir uşağın taleyi haqqında şəxsi hekayət göz
yaşları axıdır, qanı qaynadır və yanlış mənəvi əminlik yaradır.[178]
Çoxsaylı xeyriyyə təşkilatları bunu çoxdan anlayıb. Bir dəyərli
eksperimentdə, Malidən olan yeddi yaşlı Rokia adlı yazıq qızcığa-

233

za ianə olaraq pul vermək xahiş edilirdi. Hekayət çoxlarına toxundu və ürəklərini də, pul qablarını da açdı. Lakin, Rokianın şəxsi hekayətinə əlavə olaraq, araşdırıcılar həm də adamlara statistika əsasında Afrikadakı yoxsulluğun daha geniş problemlərini açıb göstərəndə, respondentlər birdən kömək etməyə az həvəsli oldular. Bir başqa tədqiqatda, araşdırıcılar bir xəstə uşağa və ya səkkiz xəstə uşağa pul yardımı xahiş etmişdilər. Adamlar tək uşağa kömək etməyi səkkiz uşaqdan daha üstün tutdular.[179]

Böyük miqyaslı mənəviyyat dilemmalarını həll etmək ünün tətbiq edilən üçüncü üsul konspirasiya nəzəriyyələri toxumaqdır. Qlobal iqtisadiyyat necə işləyir, yaxşıdır, pisdir? Bunu anlamaq çox mürəkkəbdir. İyirmi multi-milyarderin səhnə arxasında ipləri çəkdiyini, mediaya nəzarət etdiklərini və özləri varlanmaq üçün müharibəni qızışdırdıqlarını təsəvvür etmək daha asandır. Bu, demək olar ki, həmişə, əsası olmayan fantaziyadır. Müasir dünya çox mürəkkəbdir, tək bizim ədalət hissimizə görə yox, həm də bizim idarəetmə qabiliyyətimizə görə. Heç kim – multi-milyarderlər, FTB, Mason lojası və Sion Müdrikləri də daxil – dünyada hansı proseslərin getdiyini real başa düşmür. Ona görə də ipləri effektiv çəkən də yoxdur.[180]

Bu üç üsul dünyanın həqiqi mürəkkəbliyini inkara cəhd edir. Dördüncü və sonuncu üsul isə doqma yaratmaq, – guya hər şeyi bilən nəzəriyyəni, institutu və ya rəisi, – və onlar bizi hara aparsalar ora da arxalarınca getməkdir. Dini və ideoloji doqmalar hələ də bizim elm əsrində yalnız ona görə cəlbedicidir ki, bizə reallığın məyusedici mürəkkəbliyindən qaçıb gizlənmək üçün sığınacaq təklif edirlər. Əvvəl qeyd etdiyimiz kimi, sekulyar hərəkatlar bu təhlükədən istisna olmayıb. Hətta siz bütün dini doqmaları inkar etməkdən və elmi həqiqətə möhkəm sadiqlikdən başlayırsınızsa da, əvvəl-axır reallığın mürəkkəbliyi elə təngə gətirir ki, adam heç bir sual verilməyəcək doktrin tərtib etmək istəyir. Belə doktrinlər insanlara intellektual komfort və mənəvi əminlik versə də, ədalət təmin etdikləri mübahisəlidir.

Onda neyləməli? Liberal doqmanı qəbul edib fərdi seçicilərin və müştərilərin məcmusuna güvənməliyik? Yoxsa, bəlkə fərdiyyətçi yanaşmadan imtina edib, tarixdə çox sayda olmuş əvvəlki mədəniyyətlər kimi icmalara dünyanı birlikdə anlamaq səlahiyyəti verməliyik? Amma belə çözüm bizi, fərdi nadanlığın yanan tavasından qrup düşüncəsinin təmayüllü alovuna atacaq. Ovçu-toplayıcı dəstələri, kənd icmaları və hətta şəhər məhəllələri qarşı-qarşıya qaldıqları ümumi problemlər barədə birlikdə düşünə bilərlər. Lakin biz indi, qlobal icmamız olmadan qlobal problemlərdən əziyyət çəkirik. Nə *Facebook*, nə millətçilik, nə din belə icmanın yaradılmasının yaxınına da gəlir. Bütün mövcud insan qrupları qlobal həqiqəti anlamaqla yox, öz xüsusi maraqlarını güdməklə məşğuldur. Nə amerikalılar, nə çinlilər, nə müsəlmanlar, nə də hindlilər "qlobal icma" yaradır. Ona görə də reallığın onlar tərəfindən verilən interpretasiyasına etibar etmək mümkün deyil.

Onda biz cəhdlərimizi qurtarıb insanın həqiqəti anlaması və ədaləti tapmasının uğursuzluqla bitdiyini elan etməliyik? Biz artıq rəsmi olaraq Post-Həqiqət Dövrünə girmişikmi?

235

17
Post-həqiqət

Bəzi uydurmalar əbədi olur

Bu günlər təkrar-təkrar demişik ki, biz yeni və qorxulu "post-həqiqət" dövründə yaşayırıq, yalan və uydurmalar ətrafımızı bürüyüb. Misalları göstərmək asandır. Belə ki, 2014-cü il fevralın sonunda Rusiyanın ordu fərqlənmə nişanları olmayan xüsusi qüvvələri Ukraynaya soxulub Krımın həyati vacib obyektlərini zəbt etdi. Rusiya hökuməti və şəxsən prezident Putin dəfələrlə bunu rus hərbi qüvvələrinin etdiyini təkzib etdi və onları, yəqin ki, mağazadan rus hərbi forması alıb geyinmiş kortəbii "özünümüdafiə qrupları" adlandırdı.[181] Bu gülünc iddianı deyəndə Putin və köməkçiləri yaxşı bilirdilər ki, yalan danışırlar.

Rus millətçiləri bu yalana bəraət qazandırıb iddia edə bilərlər ki, bu yalan ali həqiqətə xidmət edir. Rusiya ədalətli müharibə aparmağa cəlb edilib; ədalətli müharibədə öldürmək olarsa, əlbəttə, yalan danışmaq da olar. Ukraynaya qarşı qəsbkarlıq etməyin ali məqsədi müqəddəs rus millətini qoruyub saxlamaqdır. Rus milli əfsanələrinə görə Rusiya müqəddəs bir yaradılışdır və düşmənlərin mütəmadi olaraq onu istila edib parçalamaq məqsədilə etdikləri kinli cəhdlərinə baxmayaraq min ildir ki, dayanıb. Monqollar, polyaklar, isveçlilər, Napoleon ordusu və Hitler vermaxtından sonra 1990-cı ildə NATO, ABŞ və AB Rusiyanı hissələrə parçalayıb məhv etmək və həmin hissələrdən Ukrayna kimi "qəlp" dövlətlər düzəltməyə cəhd göstərdi. Rus millətçilərinin çoxu üçün, Ukraynanın Rusiyadan ayrıca dövlət olması, prezident Putinin rus millətinin birləşməsi üçün müqəddəs missiyasındakı nitqində dediklərindən də böyük yalandır.

Ukrayna vətəndaşları, kənar müşahidəçilər və peşəkar tarixçilər bu bəyanatdan hiddətlənə və bunu Rusiyanın yalan arsenalında "yalançılığın atom bombası" kimi bir şey hesab edə bilərlər. Ukraynanın bir dövlət və müstəqil ölkə kimi mövcud olmadığını iddia etmək tarixi faktların uzun siyahısına ziddir. Məsələn, min il ərzində mövcud olduğu iddia edilən rus birliyi dövründə Kiyevlə Moskva cəmi 300 il eyni dövlətdə olub. Bu iddia həm də çox sayda beynəlxalq qanunları və müstəqil Ukraynanın suverenliyini və sərhədlərinin toxunulmazlığını qoruyan qanunları kobud şəkildə pozur. Ən vacibi də odur ki, bu hərəkət milyonlarla ukraynalının özü haqqında nə düşündüyünə saymazlıq ifadəsidir. Onlar özlərinin kim olduğunu deyə bilməzlərmi?

Ukrayna millətçiləri ətraflarında bəzi "qəlp" dövlətlərin olduğu haqda rus millətçilərinin dedikləri ilə razılaşırlar. Lakin Ukrayna onlardan biri deyil. Bu qondarma dövlətlər, Rusiyanın haqsız işğalını maskalamaq üçün təşkil etdiyi "Luqansk Xalq Dövləti" və "Donetsk Xalq Dövləti"dir.[182]

Sizin kimin tərəfini tutmağınızdan asılı olmayaraq, belə görünür ki, biz həqiqətən də çox vahiməli post-həqiqət dövründə yaşayırıq, – elə bir dövrdə ki, yalnız ayrı-ayrı hərbi münaqişələr deyil, bütöv tarix və dövlətlər saxtalaşdırılır. Lakin əgər bu post-həqiqət dövrüdürsə, bəs əmin-amanlığın hökm sürdüyü həqiqət dövrü nə vaxt olub? 1980-ci illərdə? 1950-ci illərdə? Bəlkə 1930-cu illərdə? Və bizim post-həqiqət dövrünə keçidimizə səbəb nə olub – internet? Sosial media? Putinin və ya Trampın hakimiyyət başında olması?

Tarixə gözucu baxış təbliğat və dezinformasiyanın heç də təzə şey olmadığını aşkar edir və hətta bütöv dövlətlərin mövcudluğunu inkarın, eləcə də qondarma dövlətlər yaradılmasının da etimologiyası var. 1931-ci ildə Yapon ordusu Çinə hücuma haqq qazandırmaq üçün özü-özünə yalandan hücum təşkil etmişdi və sonra da bu işğala qanunilik donu geydirməkdən ötrü Mancuriya adlı qondarma dövlət yaratmışdı. Çin özü uzun müddətdir Tibetin nə zamansa müstəqil dövlət olduğunu inkar edir. Britaniyanın Avstraliyada məskunlaşmasına, aborigenlərin 50.000 illik tarixini silib atan "terra nullius" ("yiyəsiz torpaq") hüquqi doktrinası ilə haqq qazandırılır.

İyirminci əsrin əvvəllərində sionistlərin sevimli şüarı vardı "ərazisi olmayan xalqı [yəhudiləri] – xalqı olmayan əraziyə [Fələstinə]" qaytarmaq. Orada yerli ərəb əhalisinin olmasına rahatca göz yumulurdu. Məlum olduğu üzrə, 1969-cu ildə İsrailin baş naziri Qolda Meir deyib ki, fələstinli adında xalq yoxdur və heç vaxt da mövcud olmayıb. Mövcud olmayan xalqla onilliklərdir hərbi münaqişədə olmasına baxmayaraq, bu baxış İsraildə hətta bu gün də çox yayılıb. Misal üçün parlament üzvü Anat Berko İsra-il Parlamentindəki nitqində Fələstin xalqının real olaraq varlığına və tarixinə şübhə etdiyini deyib. Sübut lazımdır? Ərəb dilində heç "p" hərfi yoxdur, ona görə "Palestin" xalqı necə ola bilər? (Ərəb dilində "p" səsini "f" səsi əvəz edir, ona görə də Palestin, Fələstin kimi tələffüz olunur və yazılır).

Post-həqiqət növləri

Əslində insanlar həmişə post-həqiqət dövründə yaşayıblar. *Homo sapiens* post-həqiqət növüdür və onun gücü uydurma yarat-maq və ona inanmaqdan asılıdır. Hələ daş dövründən özünə ina-mı möhkəmləndirən əfsanələr insan kollektivlərinin birləşməsinə xidmət edirdi. Həqiqətən, homo sapiensin bu planeti istila etməsi, hər şeydən əvvəl, onun uydurmalar yaratmaq və onu yaymaq kimi unikal qabiliyyəti sayəsində mümkün olmuşdur. Biz yeganə məməliyik ki, tanımadığımız başqaları ilə əməkdaşlıq edə bilirik, çünki, yalnız biz uydurma əhvalatlar icad edib, onu yayıb, milyon-larla başqalarını inandıra bilirik. Hamı eyni uydurmalara inandığı üçün eyni qanunlara da riayət edir və ona görə də effektiv şəkildə əməkdaşlıq edə bilirlər.

Ona görə də *Facebook*u, Trampı və ya Putini yeni və qorxunc post-həqiqət erasını başlamaqda günahlandırırıqsa, xatırlayın ki, əsrlərcə əvvəl milyonlarla xristian özü-özünü gücləndirən mifoloji qovuqcuğun içində qapanmışdı və heç vaxt Bibliyanın mötəbərliyi haqqında sual vermək cəsarəti belə olmayıb, milyonlarla müsəlman öz şəksiz imanını Qurana gətirib. İnsan sosial şəbəkələrində "son xəbər"lər və "fakt"lar kimi təqdim edilənlərin əksəriyyəti, min illərlə möcüzələr, mələklər, iblislər və ifritələr haqqındakı hekayətlər kimi, fərasətli və abırsız reportyorların yeraltı dünya-nın ən dərin quyularından verdikləri birbaşa canlı reportajlarda

238

öz yerlərini tapıb. İlanın Həvvanı yoldan çıxarması, öləndən sonra kafirlərin ruhunun cəhənnəm odunda yanması və ya "brahman"ın "toxunulmaz"la evlənməsinin Yaradanın xoşuna gəlməməsinin həqiqət olduğu haqda elmi sübutlarımız sıfıra bərabərdir, amma milyardlarla adam bu hekayətlərə min illərdir ki, inanır. Bəzi uydurmaların ömrü əbədi olur.

Bilirəm ki, çox adam mənim dini inancı uydurmaya bərabər tutmağımdan pərişan ola bilər, amma elə məsələ də məhz bundadır. Min nəfər hansısa qurama söhbətə bir ay inananda bu, – yalan xəbər olur. Milyardlarla adam buna min il inananda bu, – din olur və bizə, mömin adamların hisslərinə toxunmamaq üçün (və ya onların qəzəbinə tuş olmamaq üçün) bunu "yalan xəbər" adlandırmamaq nəsihət olunur. Nəzərə alın ki, mən dinin effektivliyini və xoşniyyətliyini inkar etmirəm. Tamamilə əksinə. Xoşbəxtlikdən və ya bədbəxtlikdən bəşəriyyətin alət qutusunda olan ən effektiv alət uydurmadır. İnsanları bir yerə gətirməklə, dini inanclar insanların geniş miqyaslı əməkdaşlığını mümkün edir. Ordu və həbsxanalara əlavə olaraq, onlar insanları xəstəxanaların, məktəblərin və körpülərin tikintisinə ilhamlandırır. Adəm və Həvva heç vaxt olmayıb, amma Şartr kafedral kilsəsi gözəldir. Bibliyanın böyük hissəsi uydurma ola bilər, amma yenə də milyardlarla adama sevinc gətirir və yenə də insanları mərhəmətli, cəsarətli və yaradıcı olmağa təşviq edir, – elə lap başqa uydurma olan "Din Kixot", "Hərb və sülh" və "Harri Potter" əsərləri kimi.

Bir daha, – adamlar Bibliyanı Harri Potterlə müqayisə etməyimdən inciyə bilərlər. Əgər siz elmi kateqoriyalarla düşünən xristiansınızsa, Bibliyadakı səhvləri və əsatirləri izah edə bilərsiniz və bu müqəddəs kitabın heç vaxt faktiki hesabat kimi oxunmaq üçün olduğunu yox, dərin hikmət daşıyan metaforik hekayət kimi oxunmalı olduğunu iddia edə bilərsiniz. Yaxşı, bəs bu fikir "Harri Potter" üçün də doğru deyilmi?

Əgər siz fundamentalist-xristiansınızsa, yəqin ki, Bibliyada hər sözün mütləq həqiqət olduğunu israr edəcəksiniz. Gəlin bir anlıq fərz edək ki, siz haqlısınız və Bibliya həqiqətən də tək həqiqət olan Allahın qüsursuz sözüdür. Onda Quran, Talmud, Mormonların kitabı, Vedalar, Avesta və misirlilərin ölüm kitabı necə olsun?

Siz bu mətnlərin ətdən-qandan olan insanlar (bəlkə də şeytanlar) tərəfindən uydurulduğunu demək istəmirsiniz ki? Və siz Roma imperatorları Avqust və Klavdinin ilahiliyinə necə baxırsınız? Roma Senatı iddia edirdi ki, insanları allahlara çevirmək səlahiyyətinə malikdir və sonra da gözləyirdi ki, imperiya təbəələri bu allahlara səcdə etsinlər. Bu, uydurma deyildimi? Doğrudan da, biz tarixdə, uydurma olduğunu öz dili ilə deyən ən azı bir belə yalançı allah nümunəsi tanıyırıq. Yuxarıda qeyd etdiyimiz kimi, 1930-cu illərin sonlarında, 1940-cı illərin əvvəllərində Yapon militarizmi İmperator Hirohitonun ilahiliyinə fanatikcəsinə inanırdı. Yaponiyanın məğlubiyyətindən sonra Hirohito publik şəkildə bəyan etdi ki, bu doğru deyil və əvvəl-axır o, Allah olmayıb.

Yəni əgər biz razılaşsaq da ki, Bibliya Allahın sözüdür, yenə də min illərdir uydurmaya inanan milyardlarla hindli, müsəlman, yəhudi, misirli, romalı və yapon qalır. Yenə də, – bu, heç vəchlə o demək deyil ki, uydurmalar dəyərsiz və zərərlidir. Onlar gözəl və ilhamverici ola bilər.

Əlbəttə, heç də bütün dini əfsanələr eyni qədər mərhəmətli olmayıb. 29 avqust 1255-ci ildə Linkoln şəhərində, su quyusundan Hyu adlı doqquz yaşlı ingilis uşağının meyitini tapdılar. *Facebook* və Tvitter olmasa da, tez şayiə yayıldı ki, Hyunu yerli yəhudilər ritual qaydasında qətlə yetiriblər. Təkrarlandıqca hekayət daha da böyüyürdü və o günlərin məşhur ingilis salnaməçilərindən biri, Metyu Paris, bütün İngiltərədən yəhudilərin axışıb Linkolna gələrək oğurlanmış uşağı kökəltməsi, işgəncə verməsi və çarmıxa çəkməsinin detallı və qanlı təsvirini təmin etdi. On doqquz yəhudi uydurma qətldə ittiham edilib edam olundu. Oxşar qanlı böhtanlar başqa ingilis şəhərlərində də populyarlaşdı və bütöv icmaların qətliam edildiyi qırğınlar seriyasına gətirib çıxardı. Sonunda, 1290-cı ildə İngiltərənin bütün yəhudi əhalisi oradan qovuldu.[183]

Bununla əhvalat bitmədi. Yəhudilərin İngiltərədən qovulmasından bir əsr sonra Cefri Çoser – ingilis ədəbiyyatının atası – linkolnlu Hyunun əhvalatı əsasında qurulmuş qanlı böhtan süjetini özünün "Kanterberi hekayətləri" ("Baş Rahibənin hekayəsi") əsərində əks etdirdi. Yəhudilərin asılması ilə hekayə kulminasiyaya çatır. Oxşar qanlı böhtanlar müvafiq olaraq orta əsrlərin sonu İspaniyasın-

dan tutmuş müasir Rusiyayadək hər anti-semit hərəkatının ayrıl-
maz hissəsi olub. Bunun uzaq əks-sədası 2016-cı ilin şayiələrində
zühur etdi – Hillari Klintonun başçılıq elədiyi uşaq oğurluğu
cinayət şəbəkəsi, uşaqları seks qulları kimi məşhur pizzeriyanın
zirzəmisində saxlayırmış. Kifayət qədər sayda amerikalı bunun
Klintonun seçki kampaniyasına zərbə vuracağına inanırdı və hətta
bir nəfər əlində silah pizzeriyaya gəlib zirzəmini göstərməyi tələb
etmişdi (məlum olub ki, pizzeriyanın zirzəmisi yoxdur).[184]

Linkolnlu Hyunun özünə qalanda isə, onun ölümünü necə tap-
dığını heç kəs bilmir, lakin Linkoln Kafedral Kilsəsində dəfn olunub
və müqəddəs kimi ehtiramı tutulur. O, müxtəlif möcüzələr yaradan
kimi ad çıxarıb və onun qəbri, hətta bütün yəhudiləri İngiltərədən
qovandan neçə əsr sonra da zəvvarları cəlb edirdi.[185] Yalnız 1955-ci
ildə, – Holokostdan on il sonra – Linkoln Kafedral Kilsəsi bu qan
böhtanından imtina etdi və Hyunun qəbri yanında aşağıdakılar ya-
zılmış lövhə qoydu:

"Xristian uşaqlarının yəhudi icmaları tərəfindən "ritual qətl"i ad-
landırılan uydurma əhvalatlar orta əsrlərdə və hətta sonralar da bü-
tün Avropada çox yayılmış olub. Bu uydurmalar çox sayda günah-
sız yəhudinin həyatını itirməsinə bais olub. Linkolnun öz hekayəti
var və guya qurban olduğu iddia edilən uşaq bu kilsədə 1255-ci ildə
dəfn olunub. Belə hekayətlər xristianlığa şərəf gətirmir.[186]"

Yaxşı, bəzi uydurmalar cəmi 700 il çəkir.

Uydurmadan əməkdaşlığı möhkəmləndirmək üçün istifadə edən
yalnız qədim dinlər olmayıb. Daha yaxın zamanlarda hər millət öz
milli mifologiyasını yaradıb, kommunizm, faşizm və liberalizm
kimi hərəkatların isə özlərini bərkitmək kredoları olub. Deyilənə
görə nasist təbliğatının maestrosu və yəqin ki, müasir dövrün ən
səriştəli media-ecazkarı Yozef Gebbels öz metodunu belə izah edir-
di ki: "Bir dəfə deyilmiş yalan, yalan olaraq qalır, min dəfə deyilmiş
yalan isə həqiqət olur.[187]" "Mənim mübarizəm" kitabında Hitler
yazırdı ki, "Bir fundamental prinsipi daim diqqət mərkəzində sax-
lamasa, ən parlaq təbliğat metodu belə uğur gətirməz, – özünü bir
neçə bəndlə məhdudlaşdırmalı və daim təkrar olunmalıdır.[188]" Bu
günün uydurma sənətkarlarından kimsə bunu yaxşılaşdıra bilərmi?

Sovet təbliğatı həqiqətlə qıvraq rəftar edirdi, – hər şeyin tarixini yenidən yazırdı, bütöv müharibələrdən tutmuş, fərdi adam şəkillərinədək. 29 iyun 1936-cı ildə rəsmi qəzet olan "Pravda" ("həqiqət" deməkdir) üz səhifəsinə gülümsəyən Stalinin yeddi yaşlı Gelya Markizovanı qucaqladığı şəkli çıxarmışdı. Bu obraz stalinist ikonası oldu, Stalini millətin atası kimi təcəssüm etdi və "xoşbəxt sovet uşaqlığı"nı ideallaşdırdı. Ölkənin bütün çap dəzgahları və fabrikləri dayanıb-durmadan plakatlar, heykəllər və səhnə mozaikaları istehsal edərək Sovet İttifaqının bir başından o birinə qədər bütün ictimai institutları doldurub bu təsviri nümayiş etdirməyə başladı. Heç bir rus provaslav kilsəsi, qucağında İsanı tutmuş Müqəddəs Məryəmin ikonası olmadan tam olmadığı kimi, heç bir sovet məktəbi də Papa Stalinin qucağındakı Gelyasız tam ola bilməzdi.

Əfsus, Stalinin imperiyasında şöhrət çox zaman fəlakətə dəvət olurdu. Bir il ərzində Gelyanın atası, Yapon şpionu və Trotskiçi terrorist olması barədə saxta ittihamla həbs olundu. 1938-ci ildə güllələndi, – Stalinist terrorun milyonlarla qurbanlarından biri oldu. Gelya və anasını Qazaxıstana sürgün etdilər və tezliklə anası orada sirli şəraitdə öldü. Bəs indi millət atası ilə "xalq düşməni"nin qızının saysız-hesabsız ikonalarını neyləsinlər? Problem deyil. Həmin andan sonra Gelya Markizova yox olur və tarlada səylə pambıq topladığı üçün Lenin ordeni ilə mükafatlandırılmış, 13 yaşlı tacik qızı Məmləkət Nəhəngova bütün təsvirlərdəki "xoşbəxt sovet uşağı" təyin edilir (kim təsvirdəki qızın 13 yaşında görünmədiyini düşünsə, belə əks-inqilabi küfrü səsləndirmək yerinə nə etmək lazım olduğunu yaxşı bilirdi.)[189]

Sovet təbliğat maşını o qədər effektiv idi ki, daxildəki dəhşətli vəhşilikləri gizlədib, utopik baxışlarını xaricə yönəldirdi. Bu gün ukraynalılar şikayət edir ki, Putin, Rusiyanın Krım və Donbasdakı hərəkətləri barəsində qərb mediasını uğurla barmağına dolayıb. Lakin o, yalan sənətində heç Stalinin şamtutanı da ola bilməz. 1930-cu illərin əvvəllərində, milyonlarla Ukrayna və başqa sovet insanları süni yaradılmış aclıqdan öləndə solçu qərb jurnalistləri və intellektualları SSRİ-ni bir ideal cəmiyyət kimi tərifləyirdilər. *Facebook* və Tvitter zamanında hadisələrin hansı versiyasının doğru olduğuna inanmaq çətin olsa da, ən azı indiki zamanda artıq heç kim bilmədən rejimin milyonlarla adamı öldürməsi mümkün deyil.

Din və ideologiyalardan əlavə kommersiya şirkətləri də uydurma və yalan xəbərlərə həddən artıq güvənirlər. Çox vaxt brendinqin tərkib hissəsi, insanlar həqiqət kimi qəbul edənə qədər eyni uydurma hekayətin təkrar-təkrar deyilməsi olur. Koka-Kola haqqında düşünəndə gözünüzün önünə hansı təsvir gəlir? Siz gənc, sağlam, idmanla məşğul olan və birlikdə şənlənən adamları təsəvvür edirsinizmi? Yoxsa, izafi çəkidən əziyyət çəkən, xəstəxana çarpayısında uzanmış diabet xəstələrini? Çoxlu Koka-Kola içmək sizi gəncləşdirməyəcək, sağlam etməyəcək və atlet də etməyəcək, əksinə sizin artıq çəkidən və diabetdən əziyyət çəkmək şansınızı artıracaq. Lakin on illərdir Koka-Kola özünü gəncliklə, sağlamlıqla və idmanla əlaqələndirmək üçün milyardlarla dollar investisiya edib – və milyardlarla adam təhtəlşüurunda belə əlaqənin olduğuna inanır.

Həqiqətin homo sapiensin gündəliyinin yuxarısında olmadığı həqiqətdir. Çox adam düşünür ki, əgər hər hansı bir din və ya ideologiya reallığı təhrif edilmiş şəkildə təqdim edirsə, onun tərəfdarları gec-tez bunu anlamağa məhkumdur, çünki onlar daha aydın baxışlı rəqiblərlə rəqabət apara bilməyəcəklər. Hə, bu, başqa bir rahatlıqverici əfsanədir. Praktikada insan kooperasiyasının gücü həqiqət və uydurmanın kövrək tarazlığından asılı olur.

Əgər gerçəkliyi həddən artıq təhrif edirsinizsə, bu sizi qeyri-realistik hərəkət etməyə məcbur etməklə həqiqətən zəiflədəcək. Məsələn, 1905-ci ildə Şərqi Afrikalı medium Nqvale iddia edirdi ki, Honqo ilanının ruhu ona keçib. Yeni peyğəmbər alman koloniyasında yaşayanlara inqilabi mesaj göndərdi ki, birləşin və almanları qovun. Bu mesajının bir az da cəlbedici olması üçün, Nqvale öz tərəfdarlarına möcüzəli dərmanlar payladı. Bu dərmanlar guya alman güllələrini suya çevirəcək (Suahili dilində – maji). Beləliklə Maji Maji üsyanı başladı. Məğlub oldu. Döyüş meydanında alman güllələri suya çevrilmirdi, əksinə, amansızcasına pis silahlanmış üsyançıların bədəninə girirdi.[190] Ondan iki min il əvvəl Romalılara qarşı Böyük Yəhudi Üsyanına da yəhudilərə ilham verən Allahın onlar tərəfdə vuruşub, aşkarca yenilməz görünən Roma imperiyasını məğlub etməyə kömək edəcəyinə qızğın inam idi. O da məğlub oldu, Qüds şəhərinin dağıdılmasına və yəhudilərin oradan qovulmasına gətirib çıxardı.

O biri tərəfdən, hansısa əfsanəyə inandırmasanız, insan kütləsini effektiv təşkilatlandıra bilməzsiniz. Əgər xalis həqiqətə istinad etsəniz, arxanızca az adam gedər. Əfsanəsiz nəinki məğlub olmuş Maji Maji və yəhudi üsyanlarını, heç onlardan çox uğurlu olmuş Mehdi və Makaabi üsyanlarını da təşkil etmək olmazdı.

Əslində, söhbət insanları birləşdirməyə gələndə, uydurma hekayətlərin həqiqət üzərində özünəməxsus üstünlüyü olur. Əgər qrup loyallığını müəyyən etmək istəyirsinizsə, adamlardan absurda inanmağı tələb etməyiniz, həqiqətə inanmağı xahiş etməyinizdən daha yaxşı testdir. Əgər böyük müdir deyirsə ki, "günəş şərqdə doğur, qərbdə batır", ona loyal olmaq əl çalmaq tələb etmir. Lakin, müdir deyirsə ki, "günəş qərbdə doğur, şərqdə batır" ona yalnız əsl sadiq olanlar əl çalacaq. Eynilə də əgər sizin bütün qonşularınız eyni vicdansız nağıla inanırsa, əmin ola bilərsiniz ki, böhran vaxtı da birlikdə olacaqlar. Əgər onlar yalnız mötəbər faktlara inanırsa, bu, nəyi sübut edir?

İddia edə bilərsiniz ki, ən azı bəzi hallarda konsensus razılaşması əsasında insanları, uydurma və mif vasitəsilə olduğundan daha effektiv təşkilatlandırmaq mümkündür. Məsələn, iqtisadi sferada pul və korporasiyalar insanları hər hansı tanrı və müqəddəs kitabdan artıq bir-birinə bağlayır – hətta hər kəs bilirsə də ki, bu yalnız insanlar arasında olan razılaşmadır. Həqiqi mömin adam müqəddəs kitab haqqında deyə bilər: "bu kitabın ilahidən gəldiyinə inanıram", dollara gəldikdə isə mömin deyə bilər ki: "inanıram ki, başqa adamlar dolların dəyərli olduğuna inanır". Aydındır ki, dolları insan yaradıb, amma bütün dünyadakı insanlar ona hörmət edir. Əgər belədirsə, niyə insanlar bütün əsatir və uydurmalardan imtina edib özlərini, məsələn dollar kimi konsensus razılaşmaları əsasında təşkilatlandırmır?

Amma belə razılaşmalar heç də uydurmadan tamamilə tədric olunmuş deyil. Məsələn, müqəddəs kitablar və pul arasındakı fərq, ilk baxışda göründüyündən çox kiçikdir. Çox adamlar dollar əskinasını görəndə onun sadəcə insan icadı olduğunu unudur.

Üzərində ölmüş ağ adamın şəkli olan yaşıl kağız parçasını görən kimi onun özü-özlüyündə nə isə bir dəyərli şey olduğunu görürlər. Çətin ki onlar özlərinə "əslində bu dəyərsiz bir kağız parçasıdır, amma insanlar buna dəyərli bir şey kimi baxdıqları üçün, mən bunu istifadə edə bilərəm" desinlər. Əgər insanın beynini fMRİ skaneri ilə müşahidə etsəniz, orada əlində yüz dollarlıq əskinaslarla dolu çamadan tutmuş adam görərsiniz, bu zaman beyinin həyəcandan cızıldamağa başlayan hissələri, şübhəyə cavabdeh hissələr deyil ("Başqaları düşünür ki, bu dəyərlidir"), tamaha cavabdeh hissələrdir ("Buna bax! Mən də bunu istəyirəm"). Və tərsinə, əksər hallarda insanların Bibliya və ya Vedalar və ya Mormon Kitabını müqəddəs sayıb ona tapınması, onları müqəddəs sayan başqa adamları uzun müddət və dəfələrlə müşahidə etmələri nəticəsində olur. Bizim müqəddəs kitablara ehtiram etməyi öyrənməyimiz, eynilə pul əskinasına ehtiram etməyi öyrənməyimiz sayaqdır.

Deməli praktikada nəyin "insanlar arasında razılaşma" olduğunu bilməklə, nəyin "daxilən dəyərli olduğu"nu bilmək arasında sərt bölünüb ayrılma yoxdur. Çox hallarda insanların bu bölgüyə yanaşması birmənalı olmur və ya bunu unudurlar. Başqa bir misal – siz oturub bu haqda dərin fəlsəfi müzakirə aparsanız, yəqin ki, hər kəs korporasiyaların insanlar tərəfindən yaradılmış uydurma hekayət olduğu ilə razılaşacaq. "Microsoft" özünün mülkiyyətində olan binalar, işə götürdüyü adamlar və ya onları maliyyələşdirən səhmdarlar deyil, – qanunvericilərin və hüquqşünasların toxuduğu mürəkkəb hüquqi uydurmadır. Lakin 99% halda biz dərin fəlsəfi müzakirələrə qoşulur və korporasiyalara dünyadakı həqiqi mövcud olan varlıqlar – şirlər və ya insanlar kimi yanaşırıq.

Uydurma və reallıq arasındakı xətt müxtəlif məqsədlər üçün silinə bilər, "kef üçün" olmaqdan başlamış "yaşamaq üçün" mübarizəyə qədər. Siz öz inamsızlığınızı müvəqqəti də olsa unutmasanız, oyun oynaya və ya roman oxuya bilməzsiniz. Futboldan həqiqətən zövq almaq üçün onun qaydalarını qəbul etməlisiniz və ən azı 90 dəqiqə ərzində qaydaların insanın yaratdığını sadəcə olaraq unutmalısınız. Əgər bunu edə bilməsəniz, iyirmi iki nəfərin topun dalınca qaçması sizə çox gülünc görünəcək. Futbol əvvəldə sadəcə əylənmək üçün ola bilər, sonra isə, hər bir ingilis xuliqanın və argentinalı millətçinin təsdiq edə biləcəyi kimi, çox ciddi şeyə çevrilə bilər. Formula şəxsi identifikasiyanı müəyyənləşdirməyə, geniş miqyaslı icmanı möhkəmləndirməyə, eləcə də hətta zorakılıq üçün səbəb tapmağa kömək edə bilər. Millətlər və dinlər steroidlər üzərində qurulmuş futbol klublarıdır.

İnsanların çox heyrətamiz qabiliyyəti, – eyni zamanda həm bilmək, həm də bilməmək qabiliyyəti var. Daha dəqiq desək, onlar bir şey haqqında həqiqətən düşünəndə bunu bilirlər, lakin çox vaxt bu haqda düşünmürlər, ona görə də bunu bilmirlər. Əgər doğrudan fikrinizi səfərbər etsəniz pulun uydurma bir şey olduğunu aşkar edəcəksiniz. Amma adətən fikrinizi buna fokuslamırsınız. Əgər sizdən soruşsalar, futbolun insanın düzəltdiyi oyun olduğunu deyəcəksiniz. Amma matçın qızğın yerində bunu sizdən heç kim soruşmur. Əgər vaxtınızı və enerjinizi sərf edib öyrənsəniz, millətlərin mürəkkəbləşmiş nağıl olduğunu kəşf edəcəksiniz. Lakin müharibənin ortasında buna nə vaxtınız, nə enerjiniz var. Əgər mütləq həqiqət tələb edirsinizsə, anlayırsınız ki, Adəm və Həvva əfsanədir. Amma mütləq həqiqəti tez-tezmi tələb edirsiniz?

Həqiqətlə hakimiyyətin birlikdə gəzməsi bu qədərdir. Tez və ya gec onların yolları ayrılır. Əgər hakimiyyət istəyirsinizsə, bir məqamdan başlayaraq uydurmalar yaymağa başlamalısınız. Əgər dünyanın uydurmadan xali həqiqətlərini bilmək istəyirsinizsə, onda bir məqamda hakimiyyətdən imtina etməli olacaqsınız. Elə şeyləri qəbul etməli olacaqsınız ki, tərəfdarlar qazanmaq və onları ardınızca getməyə ilhamlandırmaq çətin olacaq. Bundan daha vacibi, özünüz haqqında, cari hakimiyyətinizin mənbəyi haqqında və niyə daha böyük hakimiyyət istəməyinizin səbəbləri haqqında bəzi naqolay faktları etiraf etməli olacaqsınız. Həqiqətlə hakimiyyət arasındakı bu boşluqda heç bir möcüzə yoxdur. Bunu görmək üçün sadəcə özünüzü tipik WASP[2] yerinə qoyun və irq məsələsini qaldırın və ya əsas israillini tapıb işğal məsələsini qarşısına qoyun və ya adi oğlanla patriarxat haqqında danışmağa cəhd edin.

Bir növ olaraq insanlar hakimiyyəti həqiqətdən üstün tuturlar. Biz dünyanı idarə etmək üçün cəhdlərə, onu anlamaqdan daha

---

[2] WASP – Ağ Anqlo-Sakson Protestantları, ABŞ-da əsasən əcdadları Briraniyadan olan protestant amerikalılar zümrəsi.

çox vaxt sərf edib daha artıq səy göstəririk. Və hətta dünyanı an-
lamağa cəhd göstərəndə də adətən bununla dünyaya daha yaxşı
nəzarət edəcəyimiz ümidi ilə edirik. Ona görə də əgər həqiqətin
hakim olduğu, uydurmaya isə məhəl qoyulmadığı bir cəmiyyət
istəyirsinizsə, homo sapiensdən çox şey gözləməli deyilsiniz.
Bəxtinizi şimpanzelərlə sınayın.

Beyinyuma maşınından çıxmaq

Bütün bunlar uydurma xəbərlərin ciddi problem olmadığı və ya
siyasətçilərin və din xadimlərinin uydurmaya azad lisenziyalarının
olması demək deyil. Hər şeyin uydurma olması, həqiqəti axtarıb
tapmaq üçün hər cəhdin uğursuzluğa məhkum olduğu və ciddi jur-
nalistika ilə təbliğatçılıq arasında ümumiyyətlə heç bir fərq olmadı-
ğı haqda nəticə çıxarmaq da tamamilə səhv olardı. Bütün uydurma
xəbərlərin altında real faktlar və real əzablar durur. Məsələn, Uk-
raynada həqiqətən rus əsgərləri vuruşur, minlərlə insan həqiqətən
ölür, yüz minlərlə adam ev-eşiyini itirir. İnsan əzabı çox zaman uy-
durmalara inanmağa səbəb olur, lakin əzabın özü realdır axı.

Ona görə də uydurma xəbəri norma kimi qəbul etməkdənsə,
onun bizim saydığımızdan daha çətin problem olduğunu etiraf
etməliyik və həqiqəti uydurmadan ayırmaq üçün daha qeyrətlə
çalışmalıyıq. Kamillik gözləməyin. Ən böyük uydurmalardan
biri, dünyanın mürəkkəbliyini inkar edib, şeytan şərinə qarşı ilkin
təmizliyin mütləq anlayışı ilə düşünməkdir. Heç bir siyasətçi tam
həqiqəti demir, həqiqətdən başqa da heç nə demir, amma yenə də
bəzi siyasətçilər o birilərdən daha yaxşı olur. Seçim olsaydı, mən
Çerçillə Stalindən çox etibar edərdim, baxmayaraq ki, Britaniya baş
naziri həqiqəti əyib-bəzəmək imkanını əlindən buraxmırdı. Eynilə
də, heç bir qəzet tərəfkeşlikdən və səhvdən azad deyil, amma bəzi
qəzetlər həqiqəti tapmaq üçün səmimi səylər göstərir, digərləri isə
beyinyuma maşınıdır. Əgər mən 1930-cu illərdə yaşasaydım, ümid
edirəm ki, *"New York Times"* qəzetinə inanmağı, *"Pravda"* və *"Der
Stürmer"* qəzetlərinə inanmaqdan daha mənalı sayardım.

247

Qərəzlərimizi aşkar etmək və informasiya mənbələrimizi bir daha yoxlamaq üçün zaman sərf edib səy göstərmək məsuliyyəti bizim öz üzərimizə düşür. Əvvəlki fəsillərdə göstərdiyimiz kimi, biz hər şeyi özümüz araşdırıb, tədqiq edə bilmərik. Lakin məhz elə buna görə də ən azı sevimli informasiya mənbələrimizi tədqiq etməliyik – qəzet, vebsayt, TV şəbəkəsi və şəxs olsun, heç fərqi yoxdur. 20-ci fəsildə biz beyinyumadan necə qaçmağı və real olanı uydurmadan necə ayırmaq məsələsini tədqiq edəcəyik. İndi burada iki barmaqhesabı qayda təklif etmək istəyirəm.

Birincisi, əgər mötəbər informasiya istəyirsinizsə, yaxşı pul xərcləməlisiniz. Əgər xəbəri havayı alırsınızsa, siz özünüz məhsul ola bilərsiniz. Tutaq ki, kölgə milyonçusu sizə belə bir iş təklif edir: "Sizə ayda $30 verəcəyəm, əvəzində mənə hər gün bir saat sizin beyninizi yumağa, şüurunuza istədiyim siyasi və kommersiya uydurmaları yeritməyə icazə verəcəksiniz". Bu sövdaya razılıq verərsinizmi? Ağlı başında olan az adam buna razı olar. Yaxşı, kölgə milyonçusu bir az başqa iş təklifi edir: "Mənə hər gün bir saat beyninizi yumağa icazə verəcəksiniz və mən bu xidmətimə görə sizdən heç bir ödəniş almayacağam". İndi sövda qəfildən yüz milyonlarla adama cəlbedici göründü. Onlardan nümunə götürməyin.

İkinci barmaqhesabı qayda odur ki, əgər hansısa nəşr sizə xüsusilə vacib görünürsə, müvafiq elmi ədəbiyyatı oxumağa səy göstərin. Elmi ədəbiyyat deyəndə mən, tanınmış akademik nəşriyyatların nəşr etdiyi ekspert məqalələrini, kitabları və nüfuzlu institutların professorlarının yazdıqlarını nəzərdə tuturam. Təbii ki, elmin öz məhdudiyyəti var və keçmişdə səhv etdiyi çox olub. Bununla belə, elmi ictimaiyyət əsrlər boyunca bizim ən etibarlı bilik mənbəyimiz olub. Əgər düşünürsünüzsə ki, elmi ictimaiyyət hansısa mövzu üzrə səhv edir, – bu, tamamilə mümkün haldır – heç olmasa, inkar etdiyiniz məsələni əhatə edən nəzəriyyəni bilin və öz iddianızın təsdiqi üçün bir neçə empirik sübut təqdim edin.

Alimlər öz növbəsində cari publik debatlara daha çox qoşulmalıdır. Debat onların ekspert olduğu sferaya keçəndə öz səsini eşitdirməkdən qorxmamalıdır, – fərqi yoxdur, təbabət sahəsi olsun və ya tarix sahəsi. Susmaq neytral olmaq deyil; bu status-kvonu dəstəkləməkdir. Əlbəttə, akademik tədqiqatı davam etdirmək və nəticələri yalnız az sayda ekspertin oxuduğu elmi jurnallarda nəşr etdirmək fövqəladə dərəcədə vacibdir. Lakin son elmi nəzəriyyələri elmi-populyar kitablar və hətta incəsənət və bədii ədəbiyyat vasitəsilə ictimaiyyətlə bölüşmək də eyni dərəcədə vacibdir.

Bu o deməkdirmi ki, alim elmi-fantastika yazmağa başlamalıdır? Əslində heç də pis ideya deyil. İncəsənət, insanların dünyagörüşünün formalaşmasında kritik rol oynayır və iyirmi birinci əsrin elmi-fantastikası yəqin ki, bütün janrlardan ən vacibidir, çünki o, insanların çoxunda süni intellekt, bioinjineriya və iqlim dəyişməsini necə anlamasını formalaşdırır. Yaxşı elmi əsərlərə bizim əlbəttə ki, ehtiyacımız var, lakin siyasi baxımdan yaxşı elmi-fantastik filmin dəyəri "Science" və ya "Nature" elmi jurnallarındakı məqalənin dəyərindən çox yüksəkdir.

18
Elmi fantastika

Gələcək sizin kinolarda
gördüyünüz deyil

İnsanlar ona görə dünyaya nəzarət edə bilir ki, onlar başqa heyvanlardan daha yaxşı birləşə bilir və ona görə yaxşı birləşə bilirlər ki, uydurmalara inanırlar. Ona görə də şairlər, boyakarlar və dramaturqlar, ən azı əsgər və mühəndislər qədər vacib adamlardır. İnsanlar müharibəyə gedir və kilsələr tikir, çünki Allaha inanırlar və Allaha inanırlar deyə onun haqqında şeirlər oxuyurlar, çünki onlar Allahın şəklini görüblər və ona görə ki, Allah haqqında teatrlaşdırılmış tamaşalara valeh olublar. Eynilə də, bizim müasir kapitalizm mifologiyasına inamımız Hollivudun bədii yaradıcılığı və pop-sənaye vasitəsilə möhkəmləndirilir. Biz inanırıq ki, çox şey almaq bizi sevindirəcək, çünki televiziyada kapitalist cənnətini öz gözlərimizlə görürük.

İyirmi birinci əsrin əvvəllərində ən vacib incəsənət janrı yəqin ki, elmi fantastikadır. Kompüter qavrayışı və gen injiririqi haqqında son məqalələri çox məhdud sayda adam oxuyur. Amma *"Matrix"* və *"Her"* kimi kino filmləri və *"Westworldand Black Mirror"* kimi TV serialları zəmanəmizdə insanların ən vacib texnoloji, sosial və iqtisadi inkişafı necə anlamasını formalaşdırır. Bu, həm də elmi fantastikanın elmi reallıqları təsvir etməkdə daha yüksək dərəcədə məsuliyyətinin olmasına ehtiyac olduğu deməkdir, əks təqdirdə bu, insanların beynini doğru olmayan ideyalarla doldurar və ya onların diqqətini yanlış problemlərə yönəldər.

Əvvəlki fəsillərdə qeyd etdiyimiz kimi, bəlkə də bugünkü elmi-fantastikanın ən böyük günahı onun intellektlə şüuru qarışıq salmaq meylidir. Nəticə olaraq, robotlarla insanlar arasında-

250

kı potensial müharibə onu həddən artıq məşğul edir, bizim isə alqoritmlərlə silahlanmış kiçik supermenlər elitası ilə, çox böyük sayda səlahiyyətsiz aşağı zümrə olan *Homo sapiens* arasındakı konfliktdən çəkinməyə ehtiyacımız var. Süni intellektin gələcəyi haqqında düşünəndə Karl Marks yenə də Stiven Spilberqdən daha yaxşı bələdçidir.

Həqiqətən də, süni intellektə həsr olunmuş filmlər elmi reallıqdan o qədər fərqlidir ki, tamamilə başqa qayğılar barədə alleqoriya olduğunu düşünmək olar. Məsələn, 2015-ci ilin *"Ex Machina"* filmi süni intellekt üzrə ekspertin robot-qadına vurulmasından və bununla da robotun həmin eksperti axmaq yerinə qoyub manipulyasiya etməsindən bəhs edir. Lakin bu, reallıqda insanın intellektual robotlardan qorxusu haqqında kino deyil. Kişinin intellektual qadından qorxusu haqqındadır – xüsusilə də qadın azadlığının qadın dominantlığına aparıb çıxaracağı haqqında. Siz Sİ haqqında filmə baxanda əgər Sİ qadındırsa, alim isə kişidirsə, bu, yəqin ki, feminizm haqqında filmdir, kibernetika haqqında deyil. Sİ-in yer üzündə cinsi və ya gender kimliyinin mənası nədir yəni? Cins üzvi çoxhüceyrəli varlıqlara aid olan xarakteristikadır. Qeyri-üzvi kibernetik varlıqlar üçün bu nə məna kəsb edə bilər?

Qutuda yaşamaq

Elmi-fantastikanın işin məğzinə daha dərindən varmaqla işlədiyi mövzu, insanı nəzarətdə saxlamaq və manipulyasiya etmək üçün olan texnologiyanın yaratdığı təhlükədir. "Matrix"-də demək olar ki, bütün insanların kiber-fəzada həbs olunduğu dünya təsvir edilir və onların yaşadığının hamısını baş alqoritm yaradır. *"Truman show"* filmi fokusu, özündən asılı olmadan TV realiti şousunun ulduzuna çevrilmiş tək fərdin üzərinə yönəldir. Onun xəbəri olmadan bütün dostları və tanışları – anası, arvadı və ən yaxın dostu – proqramın iştirakçısıdır; onun başına gələnlərin hamısı yaxşı hazırlanmış ssenaridir və onun bütün hərəkətləri və dedikləri gizli kamera ilə yazılır və milyonlarla pərəstişkarı tərəfindən izlənir.

Lakin, hər iki film – onların parlaqlığına baxmayaraq – sonda öz ssenarisinin tam mənasından kənara çıxır. Belə təqdim olunur ki, matrisin içində tələyə düşmüş insanların, texnoloji manipulyasiyaların toxunmadığı həqiqi "mən"i var və matrisdən kənarda həqiqi reallıq gözləyir, əgər qəhrəman kifayət qədər böyük səy göstərsə, həmin reallığa qovuşa bilər. Matris yalnız sizin daxili həqiqi məninizi bayırdakı həqiqi dünyadan ayıran süni maneədir. Çox sınaq və iztirablardan sonra hər iki qəhrəman – "Matrix"dəki Neo və "Truman Show"dakı Truman – manipulyasiya torundan qaçıb canını qurtarır və öz həqiqi "mən"ini kəşf edib həsrəti çəkilən həqiqi yeri tapır.

Çox maraqlıdır ki, bu həqiqi, həsrəti çəkilən yer bütün vacib aspektlərdə quraşdırılmış matrislə eynidir. Trumen TV studiyasından qaçanda məktəbdə birlikdə oxuduğu sevgilisini tapıb onunla birləşmək istəyir, sevgilisini isə TV şounun direktoru artıq qovub. Amma Trumen bu romantik fantaziyasını həyata keçirsə, onun həyatı eynilə "Truman show"nun dünyada tamaşaçılara satdığı əsl Hollivud arzusu kimi görünəcək – üstəgəl Fijiyə tətil səyahəti. Filmdə, Trumenin real dünyada hansı alternativ həyatı tapa biləcəyi haqda bizə heç bir eyham verilmir.

Eynilə də Neo məşhur qırmızı həbi udaraq matrisdən qaçanda, bayırdakı dünya içəridəki dünyadan heç nə ilə fərqlənmir. Həm bayırda, həm də içəridə zorakı konfliktlər var və insanları idarə edən qorxu, şəhvət, sevgi və qısqanclıqdır. Film Neonun bu sözləri ilə qurtarmalı idi ki, onun nail olduğu reallıq sadəcə böyük matrisdir və əgər o "həqiqi real dünyaya" qaçmaq istəyirsə, yenə də göy həblə qırmızı həb arasında seçim etməlidir.

Günümüzün texnoloji və elmi inqilabı, həqiqətən səmimi fərdlərin və həqiqi reallıqların alqoritmlər və TV kameraları vasitəsilə manipulyasiya edilə bilməsi deyil, həqiqiliyin özünün əfsanə olması deməkdir. İnsanlar qutunun içinə – tələyə düşməkdən qorxurlar, lakin bilmirlər ki, onlar artıq qutuda tələdədir – onların beyni – və o qutu da daha böyük qutunun, uydurma kəhkəşan olan insan cəmiyyətinin içindədir. Siz matrisdən qaçanda yeganə kəşf etdiyiniz şey daha böyük matris olur. 1917-ci ildə fəhlə və kəndlilər çara qarşı üsyan edəndə, axırı gəlib Stalin rejiminə çıxdı; və siz də dünyanın sizi manipulyasiya etməyinin müxtəlif yollarını araşdırmağa başlayanda, axırda o nəticəyə gəlib çıxırsınız ki, sizin kimliyinizin mahiyyəti, neyron şəbəkələrinin yaratdığı mürəkkəb illuziyadır.

İnsanlar qorxurlar ki, qutunun içində tələyə düşüb dünyanın ecazkarlığından məhrum olacaqlar. Neo matrisin içində, Trumen isə telestudiyada qaldıqca Fijiyə və ya Parisə və ya Maçu Piççuya səyahət edə bilməyəcək. Həqiqətdə isə sizin həyatda yaşayacağınız hər şey sizin vücudunuz və şüurunuz daxilindədir. Matrisdən qaçmaq və ya Fijiyə səyahət heç nəyi dəyişməyəcək. Bu belə deyil ki, sizin şüurunuzun bir bucağında, üzərində qırmızı hərflərlə "Yalnız Fijidə açın!" xəbərdarlığı yazılmış dəmir mücrü olsun və siz nəhayət Sakit Okeanın cənub hövzəsinə səyahət edəndə onu açıb, oradan yalnız Fijidə ala biləcəyiniz məxsusi emosiyaları və hissləri götürəsiniz. Və siz həyatınızda heç vaxt Fijiyə getməsəniz həmin məxsusi hissi əbədi itirəcəksiniz. Yox. Fijidə nə hiss edəcəksinizsə, dünyanın hər yerində hiss edə bilərsiniz, hətta matrisin içində də.

Ola bilsin ki, biz hamımız, matrissayağı nəhəng kompüter imitasiyasının içində yaşayırıq. Lakin bu, bizim milli, dini və ideoloji hekayətlərimizə zidd olardı. Amma əqli təcrübəmiz real olacaqdı. Əgər aşkar olsa ki, bəşəriyyətin tarixi Sirkon planetindəki siçovul alimlərin super-kompüterdə diqqətlə hazırladığı model imitasiyasıdır, Karl Marks və İslam Dövləti (İŞİD) üçün bu xəcalət olacaq. Amma siçovul alimlər yenə də genosid və Osvensimə görə cavab verməli olacaq. Onlar bunu Sirkon Universitetinin etika komitəsindən necə keçirə biliblər?! Əgər qaz kameraları sadəcə olaraq silikon çiplərin elektron siqnalı olubsa da, bunun çəkdirdiyi ağrı, qorxu və çarəsizlik heç də buna görə az əzablı olmayıb.

Ağrı ağrıdır, qorxu qorxudur, sevgi də sevgi – matrisin içində də belədir. Sizi də qorxu hissi yaradan səbəbin bayır dünyada atomların toplusunun, yoxsa kompüterin manipulyasiya etdiyi elektron siqnalların olmasının heç fərqi yoxdur. Qorxu hər iki halda realdır. Ona görə də siz öz şüurunuzun real olub-olmadığını araşdırmaq istəsəniz, bunu matrisin içində də, çölündə də edə bilərsiniz.

Elmi-fantastik filmlərin çoxu əslində köhnə hekayəti danışır: şüurun materiya üzərində qələbəsini. Otuz min il bundan əvvəl hekayətdə deyilirdi: "Şüur daş bıçağı təsəvvür edir – əl bıçağı düzəldir – insan mamontu öldürür." Lakin həqiqət bundan ibarətdir ki, insanın dünyada hökmran olması bıçağı kəşf edib mamontu öldürməsindən daha artıq insan şüurunu manipulyasiya etməsinə görədir. Şüur, azad şəkildə tarixi və bioloji reallığı formalaşdıran subyekt deyil, – tarixin və biologiyanın formalaşdırdığı obyektdir. Hətta bizim ən əziz-xələf ideallarımız olan azadlıq, sevgi, yaradıcılıq da kimsə mamontu öldürmək üçün düzəltdiyi bıçaq kimidir. Ən qabaqcıl elmi nəzəriyyələrə və ən müasir texnoloji vasitələrə əsaslansaq, şüurun heç vaxt manipulyasiyadan azad olmadığını deyə bilərik. Manipulyativ qılafdan çıxmasını gözləyən həqiqi "mən" yoxdur.

İllər ərzində nə qədər kinofilmə baxıb, roman və şeir oxuduğunuzu və bu mədəniyyət məhsullarının sizin sevgi ideyanızı necə şəkilləndirib kəskinləşdirdiyi haqda bir fikriniz varmı? Romantik komediyalar porno seksə görə, Rembo müharibəyə görə sevildiyi kimi sevilməlidir. Əgər düşünürsünüzsə ki, hansısa "delete" düyməsini basmaqla Hollivudun bütün izlərini özünüzün təhtəlşüurunuzdan və beyninizin limbik sistemindən silə bilərsiniz, – özünüzü aldadırsınız.

Daşdan bıçaq düzəltmək ideyası bizim xoşumuza gəlir, lakin özümüzün daş bıçaq olmağımız ideyası xoşumuza gəlmir. Ona görə də köhnə mamont hekayətinin matris variantı belə olur: "Şüur robotu təsəvvür edir, – əl robotu düzəldir, – robot terroristləri öldürür, həm də şüura nəzarət etməyə çalışır." Amma bu hekayət yalandır. Problem onda deyil ki, şüur robotu öldürmək iqtidarında olmayacaq. Problem ondadır ki, ilk növbədə robot haqda düşünən şüur, artıq əvvəlki manipulyasiyaların məhsuludur. Ona görə də robotu öldürmək bizi azad etməyəcək.

Disney azad iradəyə etiqadını itirir

2015-ci ildə *"Pixar studios"* və *"Walt Disney Pictures"*, qısa vaxtda həm uşaqlar, həm də böyüklər arasında blokbasterə çevrilən, insanın vəziyyəti haqqında çox realist və həyəcanverici animasiya saqası buraxıb. "İçəri çölə" valideynləri ilə birlikdə Minnesotadan San Fransiskoya köçən on bir yaşlı Rayli Andersen adlı qızın hekayətini danışır. Dostları və əvvəlki yeri üçün darıxan qız, yeni yerdə həyatını qurmaqda çətinlik çəkir və qaçıb yenə Minnesotaya qayıtmağa cəhd edir. Lakin onun xəbəri olmadan böyük dramatik hadisələr baş verməkdədir. Rayli TV şousunun qeyri-ixtiyari iştirakçısı deyil və matrisin içində tələyə düşməyib. Əksinə, Rayli özü matrisdir və nə isə başqa şey onun içində tələyə düşüb.

Disney öz imperiyasını bir mifi təkrar danışa-danışa qurub. Disneyin saysız-hesabsız filmlərində qəhrəmanlar çətinliklərdən və təhlükələrdən keçir, ancaq sonda öz həqiqi mənlərini tapıb azad seçim edirlər. "İçəri çölə" zalımcasına bu mifi dağıdır. O, insanlara son neyrobioloji baxışı qəbul edir və tamaşaçıları Raylinin beyninə yalnız ona görə aparır ki, qızın həqiqi mənin və heç vaxt azad seçiminin olmadığını kəşf etsin. Rayli əslində bir-birilə konfliktdə biokimyəvi mexanizmlər məcmusunun idarə etdiyi nəhəng robotdur. Filmdə bu mexanizmlər gözəl görünən film personajları kimi təqdim edilir: sarı və şən olan Sevincdir, mavi və tutqun Kədərdir, qırmızı və cırtqoz olan Qəzəb və sairə. Bu personajlar düymə yığımı və idarəetmə mərkəzindəki rıçaqlar vasitəsilə manipulyasiya edərək Raylinin hər hərəkətini böyük TV ekranında izləyib, onun əhvalını, qərarlarını və hərəkətlərini nəzarətdə saxlayır.

Raylinin San Fransiskoda öz həyatını nizamlamaqda uğursuz olmasına səbəb baş idarəetmə ştabındakı qarmaqarışıqlıq olur. Vəziyyəti düzəltmək üçün Sevinclə Kədər Raylinin beynində epik səyahətə çıxır, fikir qatarında səyahət edib, alt şüurun həbsxana kamerasına baş çəkirlər və bədii neyronlar komandasının yuxu istehsalı ilə məşğul olduğu studiyanın içinə girirlər. Biz Raylinin beyninin dərinliyində bu biokimyəvi mexanizm personajlarını izlədiyimiz müddətdə heç ruh, həqiqi mən və ya azad iradəyə rast gəlmirik. Doğrudan da, bütün süjetin həsr olunduğu vəhy anı Raylinin öz həqiqi mənini tapmağı ilə deyil, Raylinin heç bir daxili özəyinin onun kimliyini müəyyən edə bilməyəcəyi və rifahının müxtəlif mexanizmlərin bir-birilə qarşılıqlı təsirindən asılı olduğu aşkar ediləndə olur.

Əvvəlcə tamaşaçı Raylini əsas personaj olan sarı şən Sevinclə eyniləşdirməyə yönəldilir. Lakin birdən məlum olur ki, bu çox mühüm səhvdir və Raylinin həyatını pozmaq təhlükəsi var. Yalnız özünün Raylinin həqiqi məni olduğunu düşünən Sevinc başqa daxili personajları sıxışdırmağa başlayır və bununla da Raylinin beyninin kövrək tarazlığını pozur. Sevinc öz səhvini anlayanda katarsis baş verir və o, – tamaşaçılarla birlikdə – anlayır ki, Rayli Sevinc və ya Kədər və ya hər hansı başqa personaj deyil. Rayli bütün biokimyəvi personajların konfliktləri və müştərək işinin məhsulu olan mürəkkəb hekayətdir.

Həqiqi valehedici olan yalnız Disneyin belə radikal mesajı bazara çıxarmaq cəsarəti deyil, – filmin dünya hitinə çevrilməsidir. Bəlkə filmin belə uğuruna səbəb onun xoşbəxt sonluqla bitən komediya olması və tamaşaçının filmin həm neyroloji, həm də məşum nəticələri olduğuna fikir verməməyidir.

Eyni fikir iyirminci əsrin ən peyğəmbəranə kitabı haqqında demək olmaz. Siz onun məşum təbiətini unuda bilmirsiniz. Təxminən yüz il bundan əvvəl yazılıb, ancaq hər il keçdikcə zamana daha da uyğun olur. Oldos Haksli (*Aldous Huxley*) 1931-ci ildə, kommunizmin və faşizmin Rusiya və İtaliyada səngərlərdə möhkəmləndiyi, nasizmin isə Almaniyada özünə yer etdiyi, militarist Yaponiyanın Çini işğal etməyə başlaması və bütün dünyanın Böyük Depressiyaya tutulduğu bir zamanda "Rəşadətli yeni dünya" əsərini yazdı. Lakin Haksli bütün bu qara buludların arasından baxıb gələcəkdəki müharibəsiz, aclıq və xəstəlik epidemiyalarının olmadığı, sabit əmin-amanlıqdan zövq alan, firavan və sağlam cəmiyyəti xəyalında canlandırdı. Bu, istehlakçı cəmiyyətdir, seksə, narkotikə və rok-n-rola tam azadlıq verir və ali dəyəri xoşbəxtlikdir. Kitabın məğzində o fərziyyə durur ki, insanlar biokimyəvi alqoritmlərdir, elm insan alqoritminə nüfuz edib parçalaya bilər və texnologiya onu manipulyasiya etmək üçün istifadə edilə bilər.

Bu rəşadətli yeni dünyada Dünya Hökuməti qabaqcıl biotexnologiya və sosial injinirinqdən istifadə edib hər kəsin məmnun olmasını və heç kimin üsyan qaldırmağa səbəbinin olmamasını təmin edir. Sanki Raylinin beynindəki Sevinc, Kədər və o biri personajlar çevrilib hökumətə loyal agent olublar. Ona görə də gizli polisə, konsentrasiya düşərgələrinə və ya Oruelin "1984"-ündə olduğu kimi Sevgi Nazirliyinə ehtiyac yoxdur. Hakslinin dahiliyi ondadır ki, insanları qorxu və zorakılıq vasitəsilə idarə etməkdənsə, sevgi və məmnuniyyət vasitəsilə idarə etməyin daha etibarlı olduğunu göstərdi.

Adamlar "1984"-ü oxuyanda Oruelin qorxunc qarabasma dünyasını təsvir etdiyi aydın olur və açıq qalan yeganə sual: "Belə dəhşətli vəziyyətdən necə uzaq ola bilərik?" sualıdır. "Rəşadətli yeni dünya"nı oxumaq daha həyəcanverici və çətin təcrübədir, çünki onu antiutopiya edən şeyə barmağınızı qoymaq sizə çox çətindir. Dünya əmin-aman və firavandır və hər kəs daim yüksək dərəcədə məmnundur. Burada yanlış nə ola bilər?

Haksli bu suala romanın kulminasiya yerində toxunur: Qərbi Avropa üçün Dünya Nəzarətçisi olan Mustafa Mond və bütün həyatını Nyu Meksikoda doğma rezervasiyada keçirmiş və Londonda Şekspir və Allah haqqında nə isə bilən yeganə kənar adam olan Vəhşi Con arasındakı dialoqda.

Vəhşi Con London əhalisini onlara nəzarət edən sistemə qarşı üsyana qaldırmağa cəhd edəndə, adamlar onun çağırışını çox apatiya ilə qarşılayırlar, lakin polis onu həbs edir və Mustafa Mondun yanına gətirir. Dünya Nəzarətçisi Conla xoş söhbət edir, izah edir ki, əgər o, antisosial olmaqda israr edirsə, tənha bir yerə getməli və guşənişin kimi yaşamalıdır. Sonra Con qlobal nizamı tənzimləyən baxışlar haqqında soruşur və Dünya Hökumətini ittiham edir ki, özünün xoşbəxtlik üçün olan səylərilə yalnız həqiqət və gözəlliyi deyil, həm də həyatda fədakarlıq və qəhrəmanlıq adına olan hər şeyi silib atıb:

"Mənim əziz gənc dostum," – deyir Mustafa Mond, – "sivilizasiyanın fədakarlıq və qəhrəmanlığa qətiyyən ehtiyacı yoxdur. Onlar siyasi qeyri-effektivliyin simptomlarıdır. Bizimki kimi doğru təşkil olunmuş cəmiyyətdə heç kimin fədakar və ya qəhrəman olmaq imkanı da yoxdur. Belə imkanın yaranması üçün şərait tamamilə qeyri-stabil olmalıdır, – müharibə olmalıdır, təəssübkeşlik tərəflər arasında bölünməli, tamaha qarşı müqavimət olmalı, sevgi obyektləri üçün vuruşan və ya müdafiə edən olmalıdır, – elə olsa, fədakarlıq və qəhrəmanlığın da bir mənası olar. Amma indi heç bir müharibə yoxdur. Ən böyük qayğımız kimi isə həddən artıq sevməyinizdən sizi qorumaqdır. Təəssübkeşliyin bölünməsi də yoxdur; siz o qədər şərtləndirilmisiniz ki, eləməli olduğunuzu eləməyə bilməzsiniz. Və eləməli olduğunuz da bütövlükdə o qədər xoşdur ki, o qədər təbii impulslar azadlığa buraxılır ki, əslində müqavimət göstərməyə də şirnikləndirən bir şey də yoxdur. Əgər uğursuz təsadüf nəticəsində hər hansı xoşagəlməz şey necəsə baş versə də, həmişə soma dərmanı var, onu verib faktlardan ayrılmaq üçün tətil yarada bilərik. Qəzəbinizi sakitləşdirmək üçün, düşməninizlə sizi barışdırmaq üçün, sizi səbirli və dözümlü etmək üçün də həmişə soma verə bilərik. Keçmişdə bunları etmək üçün böyük səy göstərmək və çətin mənəvi məşqlər lazım gəlirdi. İndi yarım qramlıq iki-üç həb udursunuz və hər şey hazırdır. İndi hər kəs alicənab ola bilər. Əxlaqınızın ən azı yarısını butulkada gəzdirə bilərsiniz. Göz yaşı olmayan xristianlıq – soma budur."

"Amma göz yaşı vacibdir axı. Otellonun dedikləri yadınızdan çıxıb? "Əgər hər tufandan sonra belə sakitlik çökəcəksə, qoy küləklər əsib ölümü oyatsın." Bir qoca hindunun bizə tez-tez danışdığı, Matsakinin qızı haqqında hekayət var. O qızla evlənmək istəyən gənc oğlanlar səhərlər onun bağında yer belləməli idilər. Bu, asan idi, amma orada möcüzəli milçəklər və ağcaqanadlar vardı. Gənc oğlanların çoxu onların sancmasına dözə bilmirdi. Amma biri dözdü və qızla evləndi."

"Füsunkar! Amma sivil ölkələrdə, – dedi Nəzarətçi, – siz qızla yer belləmədən də evlənə bilərsiniz və sizi sancacaq heç bir milçək və ya ağcaqanad da yoxdur. Onları bir neçə əsr əvvəl ləğv etmişik."

Vəhşi başını aşağı-yuxarı yırğalayıb qaşlarını çatdı. "Onları ləğv etmisiniz. Hə, siz belə edirsiniz. Onlarla yola getmək əvəzinə xoşunuza gəlməyən hər şeyi ləğv edirsiniz. Bilmirəm hansı daha nəcib hərəkətdir, öz içində uğursuz taleyin atdığı oxların əzabını çəkmək, yoxsa dəniz qədər əzaba qarşı silaha sarılıb mücadilə edərək onları yox etmək... Amma siz heç birini etmirsiniz. Nə əzab çəkirsiniz, nə də mücadilə edirsiniz. Siz ancaq həmin oxları ləğv edirsiniz. Belə çox asandır... Siz gərək, – Vəhşi davam etdi, – rəngarənglik üçün göz yaşlarına necəsə başqa cür baxasınız... yaşayışınızda təhlükəli heç nə yoxdurmu?"

"Çox təhlükələr var, – Nəzarətçi cavab verdi, – kişilər və qadınlar vaxtaşırı adrenalin almalıdır... Bu, mükəmməl sağlamlığın şərtlərindən biridir. Ona görə də hamıya icbari VPS müalicəsi təyin etmişik."

"VPS nədir?"

"Coşqun Ehtiras Əvəzedicisi, müntəzəm olaraq ayda bir dəfə. Bütün sistemi başdan-başa adrenalinlə doldururuq. Bu, qorxu və qəzəbin tam psixoloji ekvivalentidir. Heç bir naqolaylıq yaratmadan Dezdemonanı qətlə yetirməyin və Otello tərəfindən qətlə yetirilməyin bütün tonus effekti var."

"Amma mən naqolaylığı sevirəm."

"Biz sevmirik, – dedi Nəzarətçi, – Biz komforta üstünlük veririk."

"Amma mən komfort istəmirəm. Mən Allahı istəyirəm, poeziyanı, həqiqi təhlükəni, azadlığı, yaxşılığı, günahı istəyirəm."

"Əslində siz, – Nəzarətçi dedi, – bədbəxt olmaq hüququnu tələb edirsiniz."

"Olsun elə, – Vəhşi, meydan oxuyurcasına dedi, – mən bədbəxt olmaq hüququmu tələb edirəm."

"Qoca, eybəcər və gücsüz olmaq hüququnu, sifilis və xərçəng qazanmaq hüququnu, doyunca yeyə bilməmək hüququnu, bədənini bit-birə basmaq hüququnu, sabah başına nə gələcəyini bilməmək qorxusunda yaşamaq hüququnu, tifə yoluxmaq hüququnu, deyilməyəcək nər növ ağrıların işgəncəsinə dözmək hüququnu."

Uzun sükut çökdü.

"Hamısını tələb edirəm", – nəhayət Vəhşi dedi.

Mustafa Mond çiyinlərini çəkdi. "Buyurun," – dedi.[191]

Vəhşi Con insan ayağı dəyməyən təbiət guşəsinə gedir və orada tək yaşayır. Hindu rezervasiyasında yaşadığı illər, Şekspir və dinlə başını xarab eləməyi, onun müasir dövrün bütün nemətlərini rədd etməsini şərtləndirir. Lakin belə qeyri-adi və coşğulu adam haqqında xəbər tezliklə hər tərəfə yayılır, adamlar dəstə ilə ona baxmaq və etdiklərini yazıb saxlamaq üçün gəlirlər və o, tez bir zamanda məşhur adama çevrilir. İstəmədiyi diqqət ürəyini yaralayan Vəhşi, matrisdən qırmızı həb içməklə yox, özünü asmaqla can qurtarır.

"Matris" və "Trumen şou"nun yaradıcılarından fərqli olaraq, Haksli qaçmaq imkanının olduğuna şübhə edir, çünki kimsə qaçıb qurtara bildiyinə şübhə edir. Sizin beyniniz və "mən"iniz matrisin bir hissəsidir, matrisdən qaçmaq üçün siz özünüzdən qaçmalısınız. Bunun isə mümkünlüyünü öyrənmək lazımdır. Öz "mən"inin dar mənasından qaçmaq, iyirmi birinci əsrdə yaşaya bilmək üçün zəruri qabiliyyətə çevrilə bilər.

Beşinci hissə

ELASTİKLİK

Bu köhnə hekayətlərin süquta uğradığı,
onları əvəz edəcək yenilərinin isə hələ yaranmadığı
karıxmışlıq zamanında necə yaşayırsınız?

19

Təhsil

Daimi olan dəyişiklikdir

Bəşəriyyət görünməmiş inqilablarla üzləşir, bütün köhnə hekayətlər heç olur gedir, amma onları əvəz edəcək yeni hekayətlər yaranmır. Özümüzü və uşaqlarımızı belə görünməmiş transformasiyaya və radikal gözlənilməzliyə necə hazırlaya bilərik? Bu gün doğulmuş körpə 2050-ci ildə 30+ yaşında olacaq. Əgər hər şey yaxşı olsa, 2100-cü ildə də buralarda olacaq, hətta iyirmi ikinci əsrin aktiv vətəndaşı da ola bilər. Biz bu körpəyə nə öyrədək ki, 2050-ci ilin və ya iyirmi ikinci əsrin dünyasında yaşaya bilib tərəqqi etsin? İşə girmək üçün, ətrafında baş verənləri anlamaq üçün, həyatın dolanbaclarında yol tapmaq üçün hansı bacarıqlara ehtiyacı var?

Təəssüf ki, 2050-ci ildə dünyanın necə olacağını hələ ki, heç kim bilmir, – heç 2100-cü ildən danışmayaq – sualların cavabları bizə məlum deyil. Əlbəttə, insan heç vaxt gələcək haqqında dəqiq proqnoz verə bilməz. Lakin bu gün vəziyyət həmişə olduğundan daha çətindir, çünki texnologiya bizə bədən, beyin və düşüncə yaratmaq imkanı versə, biz daha heç nəyə əmin ola bilmərik – əvvəllər bizə sabit və əbədi görünən hər şey də daxil olmaqla.

Min il əvvəl, 1018-ci ildə, insanların gələcək haqqında bilmədikləri çox şey vardı, amma buna baxmayaraq onlar əmin idi ki, insan cəmiyyətinin bazis xüsusiyyətləri dəyişməyəcək. Əgər siz 1018-ci ildə Çində yaşasaydınız, bilərdiniz ki, 1050-ci ilədək Sonq İmperiyası süquta uğraya bilər, xitanlar şimaldan hücum edə bilərlər və epidemiyalar milyonlarla adamı öldürə bilər. Lakin sizin üçün aydın idi ki, 1050-ci ildə adamların çoxu kənd təsərrüfatı və toxuculuqda işləyəcək, hökmdarlar da öz ordularına və bürokrati-ya işlərinə əhalini cəlb edəcəkdilər, kişilər hələ də qadınlara dominantlıq edəcəkdi, həyat müddəti hələ də qırx il ətrafında olacaqdı və insan bədəni də olduğu kimi qalacaqdı. Ona görə də 1018-ci ildə kasıb Çin valideynləri uşaqlarına düyünü necə yetişdirməyi və ya ipəyi necə toxumağı öyrədirdilər. Varlı valideynlər isə öz övladlarına Konfutsi klassiklərini oxumağı, kalliqrafiya ilə yazmağı və ya at belində vuruşmağı, – qızlarına isə həyalı və sözəbaxan evdar qadın olmağı öyrədirdilər. Aydın idi ki, 1050-ci ildə bu bacarıqlara hələ də ehtiyac olacaqdı.

Müqayisə üçün bu gün biz Çində və ya dünyanın hər hansı yerində 2050-ci ili necə gördüklərini bilmirik. İnsanların yaşamaq üçün nə iş görəcəklərini bilmirik, ordu və bürokratiyanın necə fəaliyyət göstərəcəyini bilmirik və gender əlaqələrinin necə olacağını da bilmirik. Bəzi insanlar yəqin ki, indikindən daha uzun ömür yaşayacaq və insan bədəni də, bioinjineriya və beyin-kompüter interfeysi sayəsində inqilabi dəyişikliyə məruz qala bilər. Deməli, uşaqların bu gün öyrəndikləri çox şey 2050-ci ildə lüzumsuz ola bilər.

Hal-hazırda, həddən çox məktəblər diqqəti informasiya əzbərçiliyinə verir. Keçmişdə bunun mənası vardı, çünki informasiya qıt idi və hətta olan informasiyanın kiçik sızıntısının da qarşısını çox zaman senzura alırdı. Əgər siz 1800-cü ildə Meksikanın əyalət yerində yaşayırdınızsa, geniş dünya haqqında məlumatınızın olması çox çətin məsələ idi. Nə radio vardı, nə televiziya, nə gündəlik qəzet və ya publik kitabxana.[192] Əgər lap savadlı idinizsə və özəl kitabxanaya əliniz çatırdısa da, orada roman və dini traktatlardan başqa şey tapa bilməzdiniz. İspaniya İmperiyası yerli nəşrlərin mətnlərini sərt şəkildə senzuraya məruz qoyurdu və cüzi miqdarda xaricdən idxal edilən yoxlanılmış nəşrlərin gətirilməsinə icazə verirdi.[193] Rusiyanın, Hindistanın, Türkiyənin və ya Çinin əyalətlərində də vəziyyət çox cəhətinə görə eynilə belə idi. Müasir məktəblər yarananda, hər uşağa oxumaq və yazmaq öyrədib, coğrafiya, tarix və biologiyanın bazis faktları haqda məlumat verəndə, bu artıq böyük tərəqqi demək idi.

Bundan fərqli olaraq iyirmi birinci əsrdə bizi nəhəng informasiya seli basır və hətta senzorlar da bunun qarşısını almır. Əksinə, onlar dezinformasiya yaymaq və öz lüzumsuz informasiyaları ilə bizi yayındırıb azdırmaqla məşğuldurlar. Əgər ucqar Meksika şəhərciyində yaşayırsınızsa və smartfonunuz varsa, çox vaxtınızı *Wikipediya* oxumaqla, "TED talks"-a tamaşa etməklə keçirə bilərsiniz, ödənişsiz onlayn kurslarda iştirak edə bilərsiniz. Heç bir hökumət yayılmasını istəmədiyi bütün informasiyanı gizlədə bilməz. Lakin, ictimaiyyəti ziddiyyətli hesabatlar və demaqogiya xəbər selinə basmaq təşviş doğuracaq dərəcədə asandır. Bütün dünyadakı insanlar Hələbin bombardman edilməsi və ya Arktikadakı buz təpələrinin əriməsi haqqındakı son xəbərlərdən bir "tık" məsafəsindədir, amma o qədər çox ziddiyyətli informasiya var ki, nəyə inanmaq lazım olduğunu bilmirsən. Bundan başqa tək bir "tık"ın altında o qədər saysız-hesabsız şey yığılır ki, diqqəti yayındırır, – siyasət və ya elm çox qəliz görünəndə əyləncəli pişik videoları, məşhurlar haqqında qeybətlər və ya pornoya çevirməyə sövq edir.

Belə bir dünyada müəllimin şagirdlərə verməli olduğu axırıncı şey informasiyadır. Şagirdlərin onsuz da lazım olduğundan çox artıq informasiyası var. Bunun əvəzinə insanların informasiyanın mənasını anlamaq, vacib olanla, olmayanın fərqini deyə bilmək və hər şeydən mühüm çoxsaylı informasiya bitlərini dünyanın geniş tablosuna toplaya bilmək qabiliyyətinə ehtiyacları var.

Əslində bu, əsrlər boyu qərb liberal təhsilinin idealı olub, lakin indiyə qədər, hətta çox qərb məktəblərində bunun həyata keçirilməsi kifayət qədər zəif olub. Müəllimlər məlumat ötürməyə üstünlük veriblər, şagirdləri də "özləri üçün düşünməyə" ruhlandırıblar. Avtoritarizm qorxusu keçirdiklərinə görə liberal məktəblər böyük şərhlərdən vahiməyə düşüblər. Onlar güman ediblər ki, şagirdlərə çoxlu məlumat və bir balaca da azadlıq veririksə, dünyanın özləri bildiyi şəklini yaradacaqlar və əgər bu nəsil bütün məlumatları dünyanın ardıcıl və məna kəsb edən hekayətinə sintez edə bilməsə də, gələcəkdə yaxşı sintez düzüb-qoşmaq üçün kifayət qədər vaxt olacaq. Vaxt yoxdur, – vaxt çərçivəsindən çıxmışıq. Bizim növbəti bir neçə onillik ərzində verəcəyimiz qərarlar, həyatın özünün gələcəyini müəyyən edəcək və bu qərarlar yalnız bizim cari dünyagörüşümüzə uyğun ola bilər. Əgər bu nəslin kosmos haqqında tam təsəvvürü olmasa, həyatın gələcəyi təsadüfi qərarlarla müəyyən ediləcək.

İstilik qoşulub

İnformasiyadan başqa, məktəblərin çoxu diqqəti şagirdlərin differensial tənliklərin həlli, C++ dilində kompüter kodları yazmaq, sınaq şüşəsində kimyəvi maddələri identifikasiya etmək və ya çin dilində danışmaq kimi əvvəldən müəyyən edilmiş bacarıqlar toplusunu verməklə məşğuldur. Amma yenə də 2050-ci ildə iş bazarının necə olacağını bilmədiyimiz üçün, biz insanların konkret hansı bacarıqlara ehtiyacı olacağını real olaraq bilmirik. Biz uşaqların C++ dilində kod yazmaq və ya çin dilində danışmaq bacarığı əldə etmələri üçün çox səy göstərə bilərik və sonra da məlum olar ki, 2050-ci ildə Sİ proqram yazmağı insandan çox-çox yaxşı bacarır və yeni *Google Translate* tətbiqi proqramı mandarin, kantonez və ya hakka ləhcələrində nöqsansız danışıqla söhbət eləmək imkanı verir, hətta sizin o dildə bildiyiniz yalnız "Ni hao" olsa da.

Yaxşı bəs biz nə öyrətməliyik? Çox sayda pedaqogika ekspertləri deyir ki, məktəblər dörd şeyi öyrətməyə keçməlidir – kritik düşüncə, şəxsiyyətlərarası əlaqə, əməkdaşlıq və yaradıcılıq.[194] Daha geniş şəkildə, məktəblər texniki bacarıqları öyrətmək səviyyəsini aşağı endirib ümumi təyinatlı yaşayış bacarıqları öyrətməlidir. Hər şeydən vacib olan, dəyişikliklə ayaqlaşmaq, yeni bilikləri öyrənmək və tanış olmayan situasiyalarda öz mental tarazlığını saxlaya bilmək bacarığıdır. 2050-ci ildə dünya ilə ayaqlaşa bilmək üçün siz sadəcə yeni ideyalar və məhsullar kəşf etməli olmayacaqsınız, hər şeydən əvvəl özünüz-özünüzü təkrar-təkrar kəşf etməli olacaqsınız.

Dəyişikliyin sürəti artdığı üçün, yalnız iqtisadiyyat deyil, insan olmağın özünün mənası da deyəsən dəyişikliyə uğramaqdadır. 1848-ci ildə artıq "Kommunist partiyasının manifesti"ndə "donub qalmış nə varsa hamısı havada əriyib gedir" – deyilirdi. Lakin Marks və Engels başlıca olaraq sosial və iqtisadi strukturlar haqqında düşünürdülər. 2048-ci ilə qədər fiziki və təfəkkür strukturları da havada və ya informasiya buludlarının bitləri arasında əriyib gedəcək.

1848-ci ildə milyonlarla insan kənd təsərrüfatındakı iş yerlərini itirir və böyük şəhərlərə gedib fabriklərdə işləyirdi. Lakin şəhərə çatan kimi təbii ki, nə cinslərini dəyişmirdilər, nə də altıncı hissləri yaranmırdı. Əgər hansısa tekstil fabrikində iş tapırdılarsa, bütün işləyəcəkləri müddətdə həmin peşədə qalacaqlarına ümid edə bilərdilər.

2048-ci ilədək insanlar, sıyıq gender kimliyi və kompüter implantlarının generasiya etdiyi hissiyyat təcrübələrinin kiber-fəzaya miqrasiyanın öhdəsindən gələ bilərlər. Əgər onlar 3-D virtual oyun hazırlamaqla beş dəqiqəlik dəb yaratmaqda özləri üçün həm iş, həm də məna görürlərsə, on il ərzində yalnız konkret bu peşə deyil, bütün bu səviyyəli incəsənət yaradıcılığı tələb edən peşələr Sİ-lə əvəz oluna bilər. Beləliklə 25 yaşınız olanda siz tanışlıq saytında özünüzü "iyirmi beş yaşlı, Londonda yaşayan, heteresiksual, moda mağazasında işləyən" kimi təqdim edirsiniz. Otuz beş yaşınızda özünüz haqda deyirsiniz ki: "qeyri-spesifik gender təbiətli, yaşına uyğunlaşmaq mərhələsini keçən, neokortik aktivliyi əsasən NewCosmos virtual aləmində olan və həyat missiyası heç bir dizaynerin indiyədək getmədiyi yerə getmək olan şəxsiyyət". Qırx beş yaşında tanışlığın da və özünü müəyyən etmənin də aktuallığı azalır. Alqoritmin sadəcə olaraq sizin üçün mükəmməl şəkildə uyğun gələni tapmağını gözləyirsiniz. Moda dizaynı sənətinin mənasına gəldikdə isə alqoritmlər sizi geridönməz şəkildə o qədər keçib ki, dönüb özünüzün əvvəlki onillikdəki ən böyük nailiyyətinizə baxdığınızda sizi qürur yox, xəcalət basır. Və qırx beş yaşınızda çox radikal dəyişiklik hələ qarşınızdadır.

Lütfən bu ssenarini hərfi mənada qəbul etməyin. Heç kim şahidi olacağımız konkret dəyişikliyi qabaqcadan görə bilməz. Hər hansı konkret ssenari yəqin ki, həqiqətdən uzaqdır. Əgər kimsə sizə iyirmi birinci əsrin ortalarının dünyasını təsvir edirsə və bu elmi-fantastika kimi səslənirsə, yəqin ki, həqiqət deyil. Amma kimsə sizə iyirmi birinci əsrin ortalarının dünyasını təsvir edirsə və bu elmi-fantastika kimi səslənmirsə, onda dəqiq olaraq həqiqəti deyil. Konkret məsələlərdə bizim əminliyimiz ola bilməz, amma dəyişikliyin olacağına əminik.

Belə dərin dəyişiklik həyatın bazis strukturunu dəyişər, fasiləliyi onun ən xarakterik xüsusiyyəti edə bilər. Lap qədim zamanlardan insan həyatı iki bir-birini tamamlayan hissəyə bölünür: öyrənmək mərhələsi və arxasınca da işləmək mərhələsi. Birinci mərhələdə

266

informasiya toplayırsınız, bacarığınızı təkmilləşdirirsiniz, dünya-görüşünüzü formalaşdırırsınız və sabit kimliyinizi qurursunuz. Hətta lap on beş yaşından günün çox vaxtını formal məktəbdə deyil, ailənin düyü plantasiyasında işləməkdə keçirirsinizsə də gördüyünüz əsas iş öyrənməkdir: düyünü necə yetişdirməyi, şəhərdən gəlmiş tamahkar düyü alverçiləri ilə danışığı necə aparmağı və başqa əkinçilərlə torpaq və su konfliktlərini necə həll etməyi. Həyatın ikinci mərhələsində siz öyrəndiyiniz bacarıqları həyatda istiqamət tutmağa, yaşamaq üçün qazanmağa və cəmiyyətə töhfə verməyə sərf edirsiniz. Əlbəttə ki, hətta 50 yaşında da düyü, ticarətçilər və konfliktlər haqqında yeni məlumatlar öyrənirsiniz, lakin bunlar yaxşı cilalanmış bacarıqların kiçik titrəyişləridir.

İyirmi birinci əsrin ortalarına, sürətlənmiş dəyişiklik, üstəgəl daha uzun ömür müddəti bu ənənəvi modeli zamanı keçmiş bir şey edəcək. Həyat öz tikiş yerindən sökülməyə və həyatın müxtəlif mərhələləri arasındakı fasiləsizlik pozulmağa başlayacaq. "Mən kiməm?" – bütün zamanlarda olduğundan ən mürəkkəb və təcili cavab verilməli suala çevriləcək.[195]

Bu, yəqin ki, yüksək səviyyəli stresslə bağlı olacaq. Dəyişiklik həmişə stressdir və müəyyən yaşdan sonra əksər adam dəyişmək istəmir. On beş yaşınız olanda, bütün həyatınız dəyişir. Bədəniniz böyüyür, ağlınız inkişaf edir, münasibətləriniz dərinləşir. Hər şey axır və hər şey də yenidir. Siz özünüzü kəşf etməklə məşğulsunuz. Çox yeniyetmə bundan qorxur, amma eyni zamanda da həyəcanlı coşqu hissi keçirir. Qarşınızda yeni mənzərələr açılır və bütün dünya fəth etməyiniz üçün qarşınızda dayanıb.

Əlli yaşınız olanda dəyişiklik istəmirsiniz və bu yaşdakı əksər adamlar dünyanı fəth etməyi başlarından çıxarıblar. Haradasa olmaq, nəyisə eləmək, futbolka almaq. Sabitliyə üstünlük verirsiniz. Bacarıqlarınız, karyeranız, kimliyiniz və dünyagörüşünüz üçün o qədər zəhmət çəkibsiniz ki, bir də başdan başlamaq istəmirsiniz. Bir şeyi qurmaq üçün nə qədər çox zəhmət çəkmiş olsanız, o qədər onun yox olub yerini yeni şeyə verməsi sizin üçün çətin olacaq. Hələ yeni təəssürata və kiçik düzəlişə sevinə bilərsiniz, lakin adamların çoxu 50 yaşında psixoloji kimliyinin və şəxsiyyətinin dərin strukturlarını tamamilə dəyişməyə hazır olmur.

Bunun neyroloji səbəbi var. Yaşlı beyin düşünüldüyündən daha çevik və qıvraq olsa da, yeniyetmə beyni ondan daha üzüyoladır. Neyronların yenidən qoşulması və sinopsların yenidən düzülməsi həddən artıq çətin işdir.[196] Amma iyirmi birinci əsrdən sabitlik gözləməyiniz çətin məsələdir. Əgər kimliyinizi, işinizi və ya dünyagörüşünüzü sabit saxlamağa cəhd etsəniz, geri qalmaq riskini göz önünə almalısınız, zaman yanınızdan vızıltı ilə uçub gedəcək. Ömür müddəti gözləntisinin yəqin ki, böyüyəcəyini nəzərə alsaq, siz də bir neçə onillik boyu karıxmış qazıntı materialı rolunda ola bilərsiniz. Zəmanəyə uyğun olmaq üçün – yalnız iqtisadi baxımdan deyil, ilk növbədə sosial baxımdan – sizin daim öyrənmək və özünüzü kəşf etmək qabiliyyətinə ehtiyacınız var, əlli yaşlı cavan üçün həqiqətən belədir.

Qəribəlik yeni normaya çevriləndə sizin əvvəlki təcrübəniz, eləcə də bütün bəşəriyyətin əvvəlki təcrübəsi, az etibar edilən bələdçiyə çevrilir. İnsanlar bir fərd kimi və bəşəriyyət bütövlükdə, getdikcə artan şəkildə heç kimi əvvəllər rastlaşmadığı şeylərlə məşğul olmağa məcburdur – super-intellektual maşınlar, layihələndirilmiş orqanizmlər, sizin emosiyalarınızı dəhşətli dərəcədə dəqiq manipulyasiya etməyi bacaran alqoritmlər, tez və süni təşkil edilən iqlim kataklizmləri və hər on ildən bir peşənizi dəyişmək ehtiyacı. Tamamilə görünməmiş, yeni olan situasiya ilə qarşılaşanda etməli olduğun ən doğru şey nədir? Böyük informasiya seli sizi basanda və onu həzmdən keçirib analiz etməyə qətiyyən heç bir imkan olmayanda necə hərəkət etməlisiniz? Dərin qeyri-müəyyənliyin sadəcə xətadan deyil, xüsusiyyət olduğu dünyada necə yaşamaq lazımdır?

Belə dünyada yaşaya və inkişaf edə bilmək üçün sizin əqli elastikliyə və möhkəm emosional tarazlıq potensialına ehtiyacınız var. Siz dəfələrlə çox yaxşı bildiyinizi buraxıb, sizə naməlum olanla özünüzü çox rahat hiss etməlisiniz. Təəssüf ki, uşaqlara naməlum olanı qəbul etməyi öyrətmək və bu zaman onların əqli tarazlığını saxlamaq, onlara fizika dərsində tənlikləri və ya I Dünya Müharibəsinin səbəblərini öyrətməkdən daha çətindir. Siz belə elastikliyi kitab oxumaqla və ya mühazirə dinləməklə öyrənə bilməzsiniz. Müəllimlərin özlərində adətən iyirmi birinci əsrin tələb etdiyi əqli elastiklik çatışmır, çünki onlar özləri də köhnə təhsil sisteminin məhsuludur.

Sənaye İnqilabı bizə təhsilin istehsal xətti nəzəriyyəsini vəsiyyət edib. Şəhərin ortasında, bir-birinə oxşayan çoxlu otaqlara bölünmüş böyük bina var, hər otaqda stol və oturacaqlar qoyulub. Zəng çalınanda, siz öz yaşıdlarınız olan başqa otuz uşaqla birlikdə bu otaqlardan birinə girirsiniz Hər saatdan bir böyüklərdən kimsə otağa girir və danışmağa başlayır. Onlardan biri sizə yer kürəsinin quruluşu haqqında danışır, başqası bəşəriyyətin keçmişi haqqında, üçüncüsü insan bədəni haqqında. Bu modelə baxanda adamı gülmək tutur və demək olar hamı razılaşır ki, keçmiş nailiyyətlərinə baxmayaraq, indi bu sistem müflis olub. Amma indiyə qədər biz yaşama qabiliyyəti olan bir alternativ yaratmamışıq. Yalnız Kaliforniyanın yüksək səviyyəli şəhərciklərində deyil, həm də Meksikanın kənd yerlərində tətbiq oluna biləcək miqyaslı alternativi, əlbəttə, yaratmamışıq.

İnsanların yarılması

Mənim, haradasa Meksikada, Hindistanda və ya Alabamadakı köhnəlmiş məktəbdə ilişib qalmış on beş yaşlı yeniyetmələrə ən yaxşı məsləhətim: böyüklərə çox da etibar etməyin. Onların çoxunun niyyəti yaxşıdır, lakin sadəcə dünyanı başa düşmürlər. Keçmişdə böyüklərin arxasınca getmək nisbi təhlükəsiz idi, çünki onlar dünyanı yaxşı tanıyırdılar və dünya yavaş-yavaş dəyişirdi. Lakin iyirmi birinci əsr başqa cürdür. Dəyişikliklərin tempi sürətləndiyinə görə böyüklərin dediyinin əbədi müdriklik, yoxsa köhnəlmiş öncədən mühakimə olduğunu heç vaxt əminliklə bilə bilməzsiniz.

Bəs yaxşı, bunun əvəzinə nəyə etibar edə bilərsiniz? Bəlkə texnologiyaya? Bu hətta daha riskli qumar olardı. Texnologiya sizə çox kömək edə bilər, amma texnologiya həyatınıza çox hakim olsa, siz onun girovuna çevrilə bilərsiniz. Min illər əvvəl insan kənd təsərrüfatını icad edib, amma bu texnologiya yalnız az sayda elitanı varlandırıb, adamların əksəriyyətini isə qula çevirib. Onlar səhər günəş doğandan axşam batana kimi alaq vurmaq, vedrədə su daşımaq və yandıran günəş altında qarğıdalı toplamaq kimi işlərlə məşğul olublar. Bu, sizin də başınıza gələ bilər.

Texnologiya pis şey deyil. Əgər həyatda nə istədiyinizi bilirsinizsə, texnologiya bunu əldə etmək üçün yardımçı ola bilər. Lakin əgər həyatda nə istədiyinizi bilmirsinizsə, texnologiya üçün sizin hədəflərinizi müəyyən edib həyatınıza nəzarət etmək çox asandır. Xüsusilə də texnologiya insanı anlamaqda təkmilləşdikcə siz onu özünüzün köməkçisi yox, özünüzü onun xidmətçisi rolunda görə bilərsiniz. Üzlərini smartfona yapışdırıb küçələrdə gəzən zombiləri görübsünüzmü? Necə düşünürsünüz, onlar texnologiyaya nəzarət edir, yoxsa texnologiya onlara?

Onda bəs, özünüzə etibar etməlisinizmi? Bu, "Sezam küçəsi" və ya köhnəsayaq Disney filmlərində əla səslənir, amma real həyatda elə də yaxşı işləmir. Hətta Disney də bunu anlamağa başlayıb. Adamların çoxu, Rayli Andersen kimi, özünü tanımır və "özünə qulaq asmağa" cəhd edəndə, asanlıqla kənardan olan manipulyasiyaların qurbanı olur. Beynimizin içindən gələn səs heç vaxt güvəniləcək olmayıb, çünki o, həmişə dövlət təbliğatını, ideoloji beyinyumanı və kommersiya reklamını əks etdirir, – hələ biokimyəvi yanlışlıqları demirəm.

Biotexnologiya və ağıllı kompüterlər inkişaf etdikcə insanların ən dərin emosiya və istəklərini manipulyasiya etmək asanlaşacaq və öz ürəyinin istəyinə tabe olmaq həmişə olduğundan daha təhlükəli olacaq. Koka-Kola, Amazon, *Baidu* və ya hökumət sizin ürəyinizin hansı simini necə çəkmək və beyninizin hansı düyməsini necə basmağı bilirsə, özünüzlə onların marketinq ekspertləri arasındakı fərqi deyə bilərsinizmi?

Belə qorxusaçan məsələni uğurlu həll etmək üçün öz əməliyyat sisteminizi daha yaxşı tanımaq istiqamətində çox səylə işləməlisiniz – özünüzün nə olduğunuzu və həyatdan nə istədiyinizi bilmək üçün. Bu, əlbəttə ki, kitabda olan ən qədim məsləhətdir: özünü tanı. Min illər boyu filosoflar və peyğəmbərlər insanları özlərini tanımağa çağırıblar. Amma bu məsləhət heç vaxt iyirmi birinci əsrdə olduğundan vacib olmayıb, çünki Lao Tszı və Sokratın vaxtından fərqli olaraq indi ciddi rəqabət var. Koka-kola, Amazon, *Baidu* və ya hökumət sizi yarıb içinizə girmək üçün cıdıra çıxıblar. Sizin smartfonunuzu yox, kompüterinizi yox, heç bank hesabınızı da yox, – sizin özünüzü və üzvi əməliyyat sisteminizi yarmaq üçün çapırlar. Yəqin eşitmisiniz ki, biz kompüterlərin yarılması dövründə yaşayırıq, amma bu, həqiqətin heç yarısı da deyil. Əslində biz insanların yarılması dövründə yaşayırıq.

Alqoritmlər sizi elə indi izləyir. Sizin hara getdiyinizi, nə aldığınızı, kiminlə görüşdüyünüzü güdürlər. Tezliklə onlar sizin hər addımınızı, hər nəfəs almağınızı, ürəyinizin hər döyüntüsünü monitor edəcəklər. Onlar sizi hər gün bir az da yaxşı öyrənmək üçün *Big data* və ağıllı kompüterlərə güvənirlər. Və bu alqoritmlər sizi özünüzdən daha yaxşı tanıyanda sizi nəzarətdə saxlayıb manipulyasiya edəcəklər, siz isə buna qarşı bir şey edə bilməyəcəksiniz. Matrisdə yaşayacaqsınız və ya "Trumen şou"da. Son nəticədə bu, sadə, empirik məsələdir: əgər alqoritmlər sizin içinizdəkiləri həqiqətən özünüzdən daha yaxşı anlayırsa, hökm verən də onlar olacaq.

Əlbəttə, siz bütün hakimiyyətin alqoritmlərə keçməsindən özünüzü xoşbəxt hiss edib, özünüz və bütün qalan dünya üçün verdiyi qərarlara etibar edə bilərsiniz. Əgər belə olsa siz sadəcə rahatlanıb cıdıra tamaşa edə bilərsiniz. Sizin bu barədə nə isə eləməyinizə ehtiyac qalmır. Alqoritmlər hər şeyi edəcək. Amma özünüz şəxsi varlığınız və gələcək həyatınız barəsində nəyi isə nəzarətinizdə saxlamaq istəyirsinizsə, alqoritmlərdən, Amazondan və hökumətdən bərk çapmalısınız və özünüzü onlardan əvvəl tanımalısınız. Bərk çapa bilmək üçün özünüzlə çox baqaj götürməyin. Bütün illüziyanızı arxada qoyun. Onlar çox ağırdır.

20
Məna

Həyat hekayət deyil

Mən kiməm? Həyatda nə etməliyəm? Həyatın mənası nədir? İnsanlar bu sualları lap qədim zamanlardan veriblər. Hər nəslin yeni cavaba ehtiyacı var, çünki bizim bildiklərimiz və bilmədiklərimiz daim dəyişməkdədir. Elm, Allah, siyasət və din haqqında bildiklərimizi nəzərə alsaq, bu suala bu gün necə cavab verə bilərik?

İnsanlar hansı cavabı gözləyirlər? Demək olar ki, bütün hallarda adamlar həyatın mənası haqqında soruşanda, hansısa hekayə eşidəcəklərini gözləyirlər. *Homo sapiens* hekayə danışan heyvandır, rəqəm və qrafiklə deyil, hekayə kateqoriyası ilə düşünür və inanır ki, kainat özü də hekayə kimi işləyir, çoxsaylı qəhrəmanları və yaramazları var, konfliktləri və onların həlləri var, kulminasiyaları və xoşbəxt sonluqları var. Biz həyatın mənasını axtaranda reallığı başa sala biləcək bir hekayə, mənim o kosmik dramdakı rolumun nə olduğunu izah edə biləcək bir hekayə istəyirik. Bu rol mənim kim olduğumu müəyyən edir və mənim bütün təcrübə və seçimlərimə məna verir.

Min illərdir milyardlarla adama danışılan bir populyar hekayə izah edir ki, bizim hamımız bütün varlıqları əhatə edən və birləşdirən əbədi siklin parçalarıyıq. Hər varlığın bu sikldə yerinə yetirməli olduğu özünəməxsus funksiyası var. Həyatın mənasını başa düşmək, öz unikal funksiyanızı başa düşməkdir və yaxşı həyat sürmək, bu funksiyanı yerinə yetirməkdir.

Məsələn, hind eposu Bhagavadgitada, böyük döyüşçü Arjuna qanlı vətəndaş müharibəsinin ortasında, rəqib tərəfdəki dostlarını və qohumlarını öldürməyə tərəddüd etdiyi üçün silahını yerə qoyur. Çətin mənəvi dilemma ilə üzləşən Arjuna, xeyir və şərin təbiəti, eləcə də insan həyatı haqqında düşünür. İlah Krişna Arjunaya başa salır ki, nəhəng kosmik siklin daxilində hər varlığın öz unikal dharması var, – getməli olduğunuz yol, yerinə yetirməli olduğunuz vəzifələr. Əgər yolun necə ağır olmasından asılı olmayaraq sən öz dharmanı anlayırsansa, ruhi dinclikdən zövq alıb, bütün şübhələrdən azad olacaqsan. Əgər öz dharmandan imtina edirsənsə və başqasının yolunu tutmaq, – və ya sərgərdan gəzib ümumiyyətlə yolsuz olmaq – istəyirsənsə, kosmik tarazlığı pozacaqsan və nə dinclik tapa biləcəksən, nə də sevinc. Əgər öz yolundasansa, yolun nə olmasının heç fərqi yoxdur. Camaşır yuyan qadın camaşır yuyan yoluna sədaqətlə davam edirsə, o, şahzadə yolunu azmış şahzadədən çox-çox yüksəkdə durur. Həyatın mənasını anlayan Arjuna döyüşçü kimi öz dharmasına riayət edir. Dostlarını və qohumlarını öldürür, ordusuna qələbə çaldırır və hind dünyasının hörmətli və sevilən qəhrəmanlarından biri olur.

1994-cü ildə çəkilmiş "Şirlər kralı" cizgi filmində Disney bu qədim hekayəni müasir paketə büküb, Arjunanın yerinə də şir balası Simbanı qoyub. Simba varlığın mənasını bilmək istəyəndə onun atası, şirlər padşahı Mufasa ona Həyat Sikli haqqında danışır. Mufasa izah edir ki, antiloplar ot yeyir, şirlər isə antilopları, şirlər öləndə onların bədəni parçalanıb otların yemi olur. Beləliklə də həyat nəsildən-nəslə davam edir, hər heyvanın bu dramda öz rolunu oynamasını təmin edir. Hər şey bir-birilə bağlıdır və bir-birindən asılıdır, ona görə də bir ot belə öz vəzifəsini yerinə yetirməsə, Həyat Sikli pozular. Musafa deyir ki, Simbanın vəzifəsi Musafa öləndən sonra şir krallığını idarə etmək və başqa heyvanları da qayda-qanun çərçivəsində saxlamaqdır.

Lakin Musafanı pis qardaşı Skar vaxtından əvvəl qətlə yetirir, gənc Simba bu fəlakətdə özünü günahlandırır və qəlbində günah hissi ilə şirlər krallığını tərk edir, krallıq qismətindən qaçıb ucqar yerlərə üz tutur. Orada özü kimi sərgərdan gəzən iki heyvana rast gəlir – surikat və donuz və qayğıdan uzaq bir neçə ili orada, o xəlvət yerdə keçirirlər. Onların antisosial fəlsəfəsinin mənası hər problemə qarşı "hakunamatata" – "vecinə alma" deməklə ifadə olunur.

Lakin Simba öz dharmasından qaça bilmir. Böyümüş olduğu üçün getdikcə kim olduğunu və həyatda nə etməli olduğunu

273

bilməməkdən tez-tez təşviş keçirir. Filmin kulminasiyasında Musafanın ruhu Simbanın gözü qarşısına gəlir və Həyat Sikli və onun kimliyi haqqında söhbəti xatırladır. Simba həm də öyrənir ki, o olmadığı vaxtda bədxah Skar taxt-taca oturub və krallığı pis vəziyyətə salıb və indi krallıq harmoniyanın pozulmasından və aclıqdan zülm çəkir. Simba nəhayət kim olduğunu və nə etməli olduğunu anlayır. Şir krallığına qayıdıb əmisini öldürür, kral olur, harmoniyanı və firavanlığı bərpa edir. Film Simbanın fəxrlə öz yeni doğulmuş balasını başına toplaşmış heyvanlara göstərməsi və böyük Həyat Siklinin davamını təmin etməsilə bitir.

Həyat Sikli kosmik dramı dövri hekayə kimi təqdim edir. Çünki Simba və Arjuna bilirlər ki, şirlər antilopları yeyir və döyüşçülər həmişə döyüşüblər və əbədi olaraq da döyüşməkdə davam edəcəklər. Əbədi təkrar hekayəni qüvvətləndirir, hadisələrin belə gedişinin təbii olduğu mənasını verir və əgər Arjuna döyüşməkdən qaçırsa və ya Simba kral olmaqdan imtina edirsə, onlar təbiət qanunlarının əksinə gedirlər.

Əgər mən Həyatın Sikli hekayəsinin hansısa versiyasına inansaydım, bu, o demək olardı ki, həyatdakı vəzifələrimin müəyyən etdiyi dəyişməz və həqiqi kimliyimi tapmışam. Uzun illər boyu şübhəli və ya bilməz olub qala bilərəm və bir gün kulminasiya anında pərdə götürüləcək və mən öz kosmik dramdakı rolumu anlayacağam və hərçənd sonradan çox sınaq və çətinliklərlə qarşılaşa bilərəm, amma şübhə və çarəsizlikdən azad olacağam.

Başqa dinlər və ideologiyalar, tam müəyyən başlanğıcı, çox da uzun olmayan ortası və birdəfəlik-həmişəlik sonluğu olan xətti kosmik drama inanırlar. Məsələn, müsəlmanlıq hekayəsi deyir ki, başlanğıcda Allah bütün kainatı yaradıb və onun qanunlarını müəyyən edib. Sonra bu qanunları Quranla insanlara göndərib. Təəssüf ki, nadan və pisniyyət insanlar Allaha qarşı üsyan edib bu qanunları pozmağa və ya gizlətməyə cəhd ediblər. Və bu qanunlara riayət edib onlar haqda bilikləri yaymaq təmiz, sadiq müsəlmanların vəzifəsidir. Sonunda, məhşər günü Allah hər insanı onun əməlinə görə mühakimə edəcək. Dürüstləri cənnətdə əbədi səadətlə mükafatlandıracaq, günahlıları cəhənnəmin alovlanan quyularına atacaq.

Bu möhtəşəm hekayətin mənası odur ki, mənim həyatdakı kiçik, lakin mühüm rolum Allahın əmrlərinə əməl etmək, Onun qanunları haqqında bilikləri yaymaq və onun istəklərinin həyata keçməsini təmin etməkdir. Əgər müsəlmanlığın hekayəsinə inansaydım, gündə beş dəfə namaz qılmaqda, yeni məscid tikilməsi üçün ianə verərdim və dönüklərə və kafirlərə qaşı mübarizə edərdim. Hətta ən adi hərəkətlərə – əllərin yuyulması, şərab içmək, sekslə məşğul olmaq – kosmik məna hopdurulub.

Millətçilik də xətti hekayəni dəstəkləyir. Belə ki, sionist hekayəsi bibliya sərgüzəştləri və yəhudilərin nailiyyətləri ilə başlayır, 2000 illik sürgün və təqiblərdən bəhs edir, Holokost və İsrail dövlətinin yaradılması ilə kulminasiyasına çatır və İsrailin sülh və firavanlıq içində olacağı və bütün dünyaya mənən və ruhən mayak olacağı günü gözləyir. Əgər sionist hekayətinə inansaydım, belə qənaətə gələrdim ki, mənim həyat missiyam, ibrani dilinin təmizliyini qorumaqla, itirilmiş yəhudi torpaqlarının qaytarılması uğrunda döyüşməklə və ya ola bilsin, İsrailə loyal yeni nəsil uşaqlar tərbiyə etməklə yəhudi millətinin maraqlarını irəli apaqardım.

Bu halda da, hətta bayağı bir işə də məna nüfuz edir. Müstəqillik Günü, İsrail məktəbliləri çox vaxt birlikdə populyar yəhudi mahnısını, – ana vətən naminə hər fəaliyyəti vəsf edən mahnını oxuyurlar. Bir uşaq oxuyur: – "İsrail torpağında ev tikdim", başqası deyir: – "İsrail torpağında ağac əkdim", üçüncüsü onlara qoşulur: – "İsrail torpağında şeir yazdım" və beləcə davam edirlər və nəhayət birləşir və xorla oxuyurlar: "Ona görə də İsrail torpağında bizim evimiz, ağacımız və şeirimiz [və özünüz istədiyiniz şeyi əlavə edə bilərsiniz] var."

Kommunizm də analoji hekayə danışır, amma etnosa deyil, sinfə fokuslanır. "Kommunist partiyasının manifesti" aşağıdakını bəyan etməklə açılır:

"İndiyə qədər mövcud olan bütün cəmiyyətlərin tarixi siniflər mübarizəsi tarixi olmuşdur. Azad insanla qul, patrisi ilə plebey, mülkədarla təhkimli, usta ilə şagird, müxtəsər, zalımla məzlum arasında əbədi bir antaqonizm olmuş, onlar gah gizli, gah da açıq şəkildə daim bir-birilə mübarizə aparmışlar və bu mübarizə həmişə bütün cəmiyyət binasının inqilabi surətdə

*yenidən qurulması və ya mübarizə edən siniflərin hamısının məhv olması
ilə nəticələnmişdir."[197]*

Manifest davam edir ki, müasir zamanda: *"Cəmiyyət getdikcə
daha artıq dərəcədə bir-birinə düşmən olan iki böyük cəbhəyə, bir-birinə
qarşı duran iki böyük sinfə – burjuaziya ilə proletariata parçalanır."[198]*
Mübarizə proletariatın qələbəsi ilə başa çatacaq və bu tarixin so-
nunun gəlməsinin siqnalı və yer kürəsində kommunist cənnətinin
qurulması olacaq və bu cənnətdə heç kim heç nəyi olmayacaq və
hər kəs tamamilə azad və xoşbəxt olacaq.

Əgər kommunist hekayəsinə inansaydım, bu qənaətə gələrdim
ki, həyatımın missiyası sinfi şüuru yüksəltmək, tətil və nümayişlər
təşkil etmək və ya ola bilsin ki, tamahkar kapitalistləri qətlə yeti-
rib onların lakeyləri ilə mübarizə aparmaq üçün pamfletlər yaz-
maq olardı. Hekayə lap kiçik jestlərə də məna verir, məsələn,
Banqladeşdə tekstil fəhlələrini istismar edən ticarət nişanının boy-
kotuna və ya Milad yeməyində mənim kapitalist donuzu qayına-
tamla mübahisəmizə.

Mənim həqiqi kimliyimi müəyyən etməyə çalışan və hərəkətlərimə
məna verən hekayələrin tam spektrinə baxanda, son dərəcə təəccüb
doğuran, miqyasın mənasının lap az olması olur. Bəzi hekayələr,
məsələn Simbanın Həyat Sikli kimi, əbədiyyətə qədər uzanmış
kimi görünür. Yalnız bütün kainatın fonunda mən kim olduğumu
bilərəm. Millətçi və qəbilə mifləri kimi başqa hekayələr müqayisədə
çox cılızdır. Sionizm müqəddəs kimi bəşəriyyət sərgüzəştinin 0,2%-
ni və yer kürəsi səthinin 0,005%-ni çox kiçik zaman ərzində saxla-
yır. Sionist hekayəsi Çin imperiyalarına, Yeni Qvineya qəbilələrinə
və Andromeda qalaktikasına, eləcə də Musa, İbrahimdən əvvəlki
və meymunların təkamülü kimi ölçüyəgəlməz uzun dövrlərə heç
bir məna vermir.

Belə burnundan uzağı görməməyin ciddi nəticələri ola bilər.
Misal üçün israillilərlə fələstinlilər arasında hər hansı sülh sa-
zişi bağlanması üçün başlıca maneələrdən biri Qüds şəhərinin
bölünməsinə razılığın olmamasıdır. Mübahisə bundan ibarətdir
ki, şəhər "yəhudilərin əbədi paytaxtıdır" – və təbii ki, əbədi olan
şey barəsində heç bir güzəşt ola bilməz.[199] Əbədiliklə müqayisədə

276

bir neçə adamın ölümü nə olan şeydir ki? Əlbəttə ki, son dərəcə əhəmiyyətsizdir. Əbədiyyət ən azı 13,8 milyard ildir davam edir, – indi kainatın yaşı bu qədərdir. Yer planeti 4,5 milyard ilə yaxındır ki, yaranıb və insanlar da ən azı 2 milyon ildir ki. mövcuddur. Müqayisədə Qüds şəhəri yalnız 5000 il əvvəl salınıb və yəhudilər də 3000 ildir mövcuddur. Bunu əbədiyyət saymaq bir az çətindir.

Gələcəyə qaldıqda isə, fiziklər deyirlər ki, genişlənən günəş, bundan sonrakı 7,5 milyard il ərzində yer planetini udacaq[200] və bizim kainat bundan sonra ən azı 13 milyard il ərzində mövcud olmaqda davam edəcək. 13 milyard ili kənara qoyaq, – ciddi olan kimsə inanırmı ki, yəhudilər, İsrail dövləti və ya Qüds şəhəri bundan 13.000 il sonra da mövcud olacaq? Gələcəyə baxanda sionizmin üfüqü bir neçə əsrdən o yana görünmür, lakin bu müddət əksər israillilərdə təsəvvürlərin tavanıdır və necəsə "əbədiyyət" kimi səciyyələnir. Və insanlar bu "əbədi şəhər"in naminə qurban vermək arzusundadırlar və yəqin ki, bunu efemer binalar toplusu üçün etmək istəməzdilər.

İsrailli yeniyetmə olaraq mən də əvvəlcə özümdən daha böyük olan nəyinsə bir hissəsi olmaq kimi millətçi vədinin əsiri olmuşdum. İnanmaq istəyirdim ki, əgər həyatımı millətə qurban versəm, əbədi olaraq millətin içində yaşayacağam. Amma "əbədi olaraq millətin içində yaşamaq" nə demək olduğunu əslində anlaya bilmirdim. İfadə çox dərin mənalı kimi səslənirdi, amma nə demək idi? On üç-on dörd yaşım olanda keçirilmiş bir konkret Xatırlama Günü mərasimini xatırlayıram. ABŞ-da Xatırlama Günü əsasən ticari satışlarla qeyd olunur, İsraildə isə bu gün çox təntənəli və mühüm gündür. Həmin gün məktəblər çoxsaylı müharibələrdə həlak olmuş israilli əsgərlərin xatirəsinə mərasimlər təşkil edir. Uşaqlar ağ paltar geyir, şeir söyləyir, mahnı oxuyur, əklillər qoyur, bayraq yelləyirlər. Mən də orada, məktəb mərasimində ağ paltar geyinib şeir deyib bayraq yelləyənlərin arasında idim və birdən düşündüm ki, böyüyəndə mən də həlak olmuş əsgər olmaq istəyirəm. Yəni, əgər mən İsrail üçün həyatını qurban vermiş əsgər olsam, bütün bu uşaqları öz şərəfimə şeir deməyə və bayraq yelləməyə məcbur edərəm.

Amma sonra düşündüm: "Bir dəqiqə. Əgər mən ölmüşəmsə, bu uşaqların həqiqətən mənim şərəfimə şeir dediyini necə biləcəyəm?"

277

Deməli, özümü ölmüş kimi təsəvvür etməyə çalışdım. Bir səliqəli hərbi qəbiristanda, ağ qəbir daşının altında uzanmışam, torpağın üstündən gələn şeir oxunmasını eşidirəm. Sonra düşündüm: "Yaxşı, ölmüşəmsə, şeir səsi eşidə bilmərəm axı, – qulağım yox, beynim yox, heç nə eşidib hiss edə bilmərəm. Onda bunun mənası nədir?"

Hətta daha pis, on üç yaşımda bilirdim ki, kainatın bir-iki milyard yaşı var və hələ bir neçə milyard il də çəkəcək. İsrailin bu qədər mövcud olacağını real olaraq gözləmək olardımı? Ağ paltar geyinmiş *Homo sapiens* uşaqlar 200 milyon il sonra da mənim şərəfimə belə şeir oxuyacaqdı? Bu sövdada şübhəli nə isə bir şey vardı.

Əgər fələstinli doğulubsansa, özündən razı olmağa bir əsas yoxdur. 200 milyon il bundan sonra dünyada fələstinli qalacağı ehtimalı yoxdur. Həqiqətən də bütün ehtimalları nəzərə alanda, o vaxta heç bir məməli qalmayacaq. Başqa milli hərəkatlar sadəcə dardüşüncəlidir. Serb millətçiliyi Yura dövründəki hadisələrə az əhəmiyyət verir, Korennasionalistlər isə Asiyanın şərq sahilində yerləşən kiçik yarımadanın həqiqətən bütün şeylərin böyük sxemində kosmosun yeganə hissəsi olduğuna inanırlar.

Əlbəttə ki, hətta Simba da – onun Həyat Siklinin bütün sədaqətinə baxmayaraq – heç vaxt şirlərin, antiloparın və otların həqiqətən əbədi olmadığı haqda düşünmür. Simba nə məmililərin təkamülündən əvvəl kainatın necə olduğu, nə də insanların bütün şirləri öldürüb, bütün otlaqları asfalt və betonla örtəndən sonra onun sevdiyi Afrika savannası taleyi necə olacağı məsələsinə baxmır. Bu, Simbanın həyatını tamamilə mənasızlaşdırırmı?

Bütün hekayətlər natamamdır. Amma yenə də, yaşama qabiliyyətli kimlik qurmaq və həyatıma məna vermək üçün mənim qara ləkələr və daxili ziddiyyətdən azad olan tam hekayətə ehtiyacım yoxdur. Həyatıma məna vermək üçün hekayət sadəcə olaraq iki şərti ödəməlidir: birincisi, mənə oynamaq üçün hansısa rol verməlidir. Yeni Qvineyanın qəbilə adamı yəqin ki, sionizmə və ya serb millətçiliyinə inanmır, çünki bu hekayətləri Yeni Qvineya və onun adamları maraqlandırmır. İnsan kino ulduzu kimidir – yalnız özünün vacib rol alacağı ssenarilər xoşuna gəlir.

İkincisi, yaxşı hekayət sonsuzluğa qədər uzanmasa da, mənim üfüqlərimi ötüb keçməlidir. Hekayət, mənim kimliyimi müəyyən

edib həyatıma məna verərkən məni məndən böyük nəyəsə qoşma-
lıdır. Amma həmişə mənim bu "böyük nəyinsə" özünə məna verən
nə olduğu haqda maraqlanmağım təhlükəsi var. Əgər həyatımın
mənası proletariata və ya Polşa millətinə kömək etməkdirsə, prole-
tariat və Polşa millətini mənalandıran özü nədir? Dünyanın nəhəng
filin belində dayandığını iddia edən adam haqqında əhvalat danı-
şırlar. Bəs filin nəyin üstündə dayandığını ondan soruşanda, deyir
ki, "nəhəng tısbağanın belində". Bəs tısbağa? "Ondan da böyük tıs-
bağanın belində". Bəs o tısbağa? Adam dişlərini qıcayaraq deyir:
"Ondan narahat olmayın. Daha aşağıdakıların hamısı tısbağadır".

Ən uğurlu hekayətlərin sonu açıq qalır. Onların, mənanın ha-
radan gəldiyini izah etməyə ehtiyacı olmur, çünki onlar insanların
diqqətini yaxşı cəlb edir və onu təhlükəsiz zonada saxlayır. Yəni
izah edəndə ki, dünya nəhəng filin belində dayanıb, siz əvvəlcədən
çətin suaların qarşısını almaq üçün detalları təsvir etməlisiniz,
deməlisiniz ki, fil nəhəng qulaqlarını şappıldadanda tufanlar baş
verir, qəzəblənib titrəyəndə zəlzələ yer səthini silkələyir. Yumağı
yaxşı sarıya bilsəniz, arxayın olun, filin nə üstündə dayandığını
soruşmaq heç kimin ağlına gəlməyəcək. Eynilə millətçilik də bizi
qəhrəmanlıq haqqında nağıllarla heyran edir: keçmiş fəlakətlərdən
danışaraq göz yaşımızı axıdır və xalqımızın başına gətirilən
ədalətsizlikləri vurğulayaraq qəzəbimizi alovlandırır. Bu milli na-
ğıl bizi o qədər içinə alır ki, dünyada baş verən hər hadisəni bizim
millətə təsiri baxımından qiymətləndirməyə başlayırıq və heç dü-
şünmürük ki, bizim milləti belə vacib eləyən ilk növbədə nədir.

Siz bir hekayətə inananda, o sizi hər kiçik detalla maraqlanma-
ğa sövq edir, eyni zamanda da onun çərçivəsindən kənarda qa-
lan heç nəyi görə bilmirsiniz. Mömin kommunistlər inqilabın il-
kin mərhələsində sosial-demokratlarla ittifaqa girmək olar-olmaz
haqqında saatlarla mübahisə edə bilərlər, lakin onlar nadir halda
dayanıb, Yer planetində məməlilərin həyatının təkamülündə və ya
kosmosda orqanik həyatın yayılmasında proletariatın yeri haqqın-
da düşünərlər. Belə boş danışıqlar əksinqilabi vaxt itkisi sayılır.

Hərçənd bəzi hekayətlər bütün məkanı və zamanı əhatə etmək
problemi ilə səciyyəvi olsa da, diqqəti nəzarətdə saxlamaq qabiliyyəti
başqa uğurlu hekayətlərə miqyasına görə mötədil qalmağa imkan

verir. Təhkiyənin ən vacib qanunu odur ki, əgər hekayət auditoriyanın üfüqlərindən kənara çıxırsa, onun son miqyası az əhəmiyyət kəsb edir. İnsanlar min illik millət üçün də, milyard illik Allah üçün göstərdikləri ölümcül fanatizmi göstərə bilərlər. İnsanlar sadəcə olaraq böyük rəqəmləri yaxşı qavramırlar. Çox hallarda bu, bizim təsəvvürümüzü təəccüblü dərəcədə asan tükədir.

Bizim kainat haqqında bildiyimiz hər şeyi nəzərə alanda, ağlı başında olan hər bir adam üçün kainatın və bəşəriyyətin mövcudluğu haqqında son həqiqətin İsrail, Alman və ya Rus millətçiliyi və ya hər hansı millətçilik olduğuna inanmaq qeyri-mümkün bir şeydir. Demək olar ki, bütün zamanı, bütün fəzanı, Böyük Partlayışı, kvant fizikasını və həyatın təkamülünü nəzərə almayan hekayət, ən yaxşı halda həqiqətin yalnız kiçik bir hissəsi ola bilər. Amma insanlar necəsə bundan o yana görməməyi bacarırlar.

Həqiqətən də, milyardlarla insan tarix boyu inanıb ki, onların həyatının mənası olsun deyə hətta millətin və ya ideoloji hərəkatın da onları içinə almasına ehtiyac yoxdur. Onların sadəcə "nəyisə arxaya atması" kifayətdir, bununla da şəxsi hekayətlərinin onların ölümündən sonra da davam etməsini təmin edirlər. Mənim "arxaya atdığım nə isə" ideal halda ruhum və ya şəxsiyyətimin mahiyyətidir. Mənim indiki bədənim öləndən sonra yeni bədəndə doğuluramsa, deməli, ölüm son deyil. Sadəcə iki fəsil arasındakı boş səhifədir və əvvəlki fəsildə başlamış süjet, sonrakı fəsildə davam edəcək. Çox insanların belə nəzəriyyəyə qeyri-müəyyən inamları olur, – hətta bunu konkret bir teologiya ilə əsaslandırmasalar belə. Onların mürəkkəb doqmaya ehtiyacı yoxdur, sadəcə, hekayətin ölüm üfüqlərindən sonra da davam edəcəyinə ümid verən bir duyğuya ehtiyacları var.

Həyatın bu heç vaxt bitməyən nəzəriyyəsi çox cəlbedici və yayğındır, lakin onun iki çatışmazlığı var. Birincisi, şəxsi hekayətimi uzatmaqla onu əslində daha mənalı etmirəm, sadəcə daha uzun edirəm. Doğrudan da, doğuluş və ölümün heç vaxt sona çatmayan sikl olduğunu iddia edən iki böyük din – hinduizm və buddizm – bütün bunların fani olmasının dəhşətini bölüşür. Milyon dəfə yeriməyi öyrənirəm, böyüyürəm, qayınanamla dalaşıram, xəstələnirəm, ölürəm – sonra yenə başdan hamısını təkrar edirəm.

Mənası nədir? Əgər əvvəlki həyatlarımda tökdüyüm göz yaşları bir yerə toplansa Sakit okean qədər olar; əgər itirdiyim dişlərim və saçlarım toplansa Himalay dağlarından hündür olar. Bununla nəyi göstərmək istəyirəm? Təəccüblü deyil ki, həm Hindi, həm də Buddist müdrikləri öz səylərini bu karuseli əbədiləşdirmək deyil, ondan çıxmaq yollarını tapmaq üzərinə cəmləşdiriblər.

Nəzəriyyənin ikinci çatışmazlığı sübutların kifayət qədər olmamasıdır. Əvvəlki həyatlarımda orta əsr kəndlisi, neandertal ovçu, dinozavr və ya amöb olmağımın (əgər həqiqətən milyonlarla həyat yaşamışamsa, dinozavr və amöb də olmalı idim, çünki insan yalnız son 2,5 milyon ildə mövcuddur) sübutu nədir? Kim təminat verə bilər ki, gələcəkdə kiborq, qalaktikalararası səyyah və hətta qurbağa kimi doğulmayacağam? Həyatımı belə vəd üzərində qurmaq, bir az, evimi buludların üstündəki bankın verdiyi gələcək tarix qoyulmuş çekə satmağıma oxşayır.

Hansısa canın və ruhun onların ölümündən sonra da həqiqətən yaşamasına şübhə edən adamlar özlərindən sonraya nə isə bir daha maddi, əllə toxunmaq mümkün olan şey qoymağa çalışırlar. Bu "daha maddi şey" iki formadan birində ola bilər: mədəni və ya bioloji. Mən, məsələn şeir qoya bilərəm və ya öz qiymətli genlərimi. Həyatımın mənası var, çünki insanlar bundan yüz il sonra da şeirimi oxuyacaqlar və ya çünki mənim uşaqlarım və nəvələrim hələ yaşayacaqlar. Bəs onların həyatının mənası nədir? Bu, onların problemidir, mənim yox. Beləliklə həyatın mənası bir az qoruyucusu çıxarılmış əl qumbarasına oxşayır – başqasına ötürdüyünüzdə özünüz təhlükəsizlikdə olursunuz.

Əfsus, "arxaya bir şey atmaq" kimi böyük iddia kəsb etməyən ümidi nadir hallarda doğrultmaq olur. Nə vaxtsa mövcud olmuş orqanizmlərin çoxu heç bir genetik irs qoymadan ölüb gedib. Məsələn, demək olar ki, bütün dinozavrlar. Və ya sapiens hakimiyyəti ələ alanda məhv olub getmiş neandertal ailəsi. Və ya mənim nənəmin polyak nəsli. 1934-cü ildə nənəm Fanni valideynləri və iki bacısı ilə Qüdsə mühacirət edib, lakin onların çoxsaylı qohumları Polşanın Çmielnik və Çestoçova şəhərlərində qalıb. Bir neçə il sonra nasistlər gəlib və son körpəsinə qədər hamısını yer üzündən silib.

281

Arxaya mədəni irs qoymaq cəhdləri da nadir halda bundan uğurlu olur. Nənəmin Polşa nəslindən ailə albomundakı bir neçə saralmış şəkildən başqa heç nə qalmayıb və doxsan altı yaşındakı nənəm şəkildəki üzlərə baxıb adları yaxşı xatırlaya bilmir. Mənim bildiyim qədərincə onlar heç bir mədəni yaradıcılıq nümunəsi də qoymayıblar, – nə şeir, nə gündəlik, nə də heç olmasa baqqal dükanından alışların siyahısını. Siz etiraz edə bilərsiniz ki, onların yəhudilərin və ya sionist hərəkatının kollektiv irsində öz payları var, lakin bu, çətin ki, onların şəxsi həyatına bir məna verə bilsin. Bundan savayı, haradan bilirsiniz ki, onlar öz yəhudi kimliklərini əziz tutub və ya sionist hərəkatının tərəfdarı olublar? Bəlkə onlardan kimsə sadiq kommunist olub və öz həyatını sovetlərə şpionluq eləməyə qurban verib? Bəlkə başqa birisi sadəcə polyak cəmiyyətinə assimilyasiya olmaq istəyib, Polşa ordusunda zabit olub və sovetlər tərəfindən Katın qətliamında qətlə yetirilib? Bəlkə üçüncüsü radikal feminist olub, bütün ənənəvi dinləri və millətçi kimlikləri inkar edib? Heç bir irs qoymadıqları üçün ölümündən sonra onları o yan-bu yana çəkmək asandır, heç etiraz eləmək imkanları da yoxdur. Əgər nə isə bir əllə toxunmaq mümkün olan şeyi – şeir və ya gen kimi – arxaya ata bilmiriksə, bəlkə dünyanı bir balaca yaxşılaşdırmağımız kifayətdir? Siz kimə isə kömək edə bilərsiniz, o kimsə də bir başqasına və bununla dünyanın ümumi yaxşılaşmasına töhfə verə bilərsiniz və böyük yaxşılıq zəncirinin kiçik həlqəsini yaradarsınız. Bəlkə siz çətin xarakterli, amma parlaq zəkası olan uşağa yol göstərəsiniz, o da həkim olub yüzlərlə adamın həyatını xilas etsin? Bəlkə yaşlı xanıma yolu keçməyə kömək edib onun həyat dəqiqələrini işıqlandırasınız? Bunun öz dəyəri olsa da, böyük yaxşılıq zənciri bir az uzun tısbağanın zəncirinə oxşarlığı var – mənasının haradan çıxıb gəldiyi tam aydın olmur. Bir yaşlı müdrik kişidən soruşurlar ki, həyatın mənası barəsində nə öyrənə bilib. O deyir: "Mən bu dünyaya gəlmişəm ki, başqa insanlara kömək edim. Amma bir şeyi anlaya bilmirəm ki, başqa adamlar niyə buradadır."

Heç bir böyük zəncirlərə, gələcək irsə və ya kollektiv hekayətə inanmayanlar üçün bəlkə də, onların üz tuta biləcəyi ən təhlükəsiz və xəsis hekayət romantika ola bilər. Romantika indi və bu saat arxaya keçmək yolu axtarmır. Saysız-hesabsız sevgi şeirlərinin

282

təsdiq etdiyi kimi, siz sevirsinizsə, bütün kainat sevgilinizin qulaq seyvanına, kipriyinə və məməsinə qədər kiçilir. Əlini yanağına dayamış Cülyettaya baxan Romeo ah çəkərək deyir: "Kaş o əlin əlcəyi ola biləydim ki, o yanağa toxunaydım!" İndi və bu saat bir adamla qovuşmaqla, siz özünüzü bütün kosmosla qovuşmuş kimi hiss edirsiniz.

Həqiqətdə isə sizin sevgiliniz sadəcə olaraq başqa, hər gün metroda və ya supermarketdə rastlaşdığınız və məhəl qoymadığınız adamlardan mahiyyətcə heç nə ilə fərqlənməyən bir insandır. Amma sizin üçün o, sonsuzluq kimi görünür və siz, bu sonsuzluqda özünüzü sevirsiniz. Bütün ənənələrin mistik şairləri çox vaxt romantik sevgini kosmik vəhdətlə bağlayırdılar, Allah haqqında sevgili kimi yazırdılar. Romantik şairlərin də komplimenti o idi ki, sevgililəri haqda Allah kimi yazırdılar. Əgər həqiqətən kiməsə vurulubsunuzsa, həyatın mənası haqqında heç vaxt narahat olmayacaqsınız.

Bəs, vurulmayıbsınızsa, necə? Deməli, əgər romantik hekayətə inanırsınızsa, amma sevgiliniz yoxdursa, ən azı həyatınızın məqsədi nə olduğunu bilirsiniz: həqiqi sevgini tapmaq. Bunu saysız-hesabsız filmlərdə görübsünüz, kitablarda oxuyubsunuz. Bilirsiniz ki, bir gün qeyri-adi olan kiminləsə rastlaşacaqsınız və bir cüt parlayan gözün içində sonsuzluğu görəcəksiniz, qəfildən həyatınız mənalı olacaq və onadək yığılmış suallarınıza yalnız bir sözü – onun adını təkrar-təkrar deməklə cavab verəcəksiniz. *"West Side Story"*dəki Toni kimi və ya Cülyettanın balkondan aşağı baxdığını görən Romeo kimi.

Damın ağırlığı

Yaxşı hekayət mənə rol verib üfüqlərimin arxasına keçməli olsa da, həqiqət olması vacib deyil. Hekayət tamamilə uydurma da ola bilər, amma mənim kimliyimi bildirər və həyatımın mənası olduğunu hiss etdirər. Həqiqətən də, elmi mənbələrdən məlum olduğu üzrə, tarix boyu müxtəlif mədəniyyətlərin, dinlərin və qəbilələrin quraşdırdığı minlərlə hekayətlərin heç biri həqiqət deyil. Sadəcə olaraq insan yaradıcılığıdır. Əgər həyatın həqiqi mənasını soruşub cavabında hekayət alırsınızsa, bilin ki, doğru cavab deyil. Dəqiq detallar əslində maraqlı deyil. İxtiyari hekayət doğru deyil, sadəcə hekayət olduğu üçün. Sadəcə olaraq kainat hekayət kimi işləmir.

Bəs insanlar bu uydurmalara niyə inanır? Bir səbəb odur ki, onların şəxsi kimliyi hekayət üzərində qurulub. İnsanlar uşaqlıqdan hekayətlərə inanmağa öyrədiliblər. Onlar belə hekayətləri soruşmaq və yoxlamaq üçün hələ intellektual və emosional cəhətdən inkişaf etməmişdən xeyli əvvəl valideynlərindən, müəllimlərindən, qonşularından ümumi mədəniyyətdən eşidirlər. Onların intellekti yetişəndə, artıq hekayətin içinə o qədər girmiş olurlar ki, öz intellektlərini hekayətdən şübhələnmək deyil, onun rasionallaşdırılması üçün istifadə edirlər. İnsanların əksəriyyəti öz kimliyini axtarmağa, uşaqlar dəfinə axtarışına getdikləri kimi gedir. Və yalnız valideynlərinin onlar üçün əvvəlcədən gizlətdiklərini tapırlar.

İkincisi, yalnız bizim şəxsi kimliyimiz deyil, bizim kollektiv institutlarımız da hekayət üzərində qurulub. Ona görə də hekayətdən şübhələnməkdən son dərəcə qorxurlar. Çox cəmiyyətlərdə buna cəhd edən adam ostrakizmə və təqiblərə məruz qalır. Hətta qalmasa da, cəmiyyətin toxumasını şübhə altına almaq üçün güclü əsəb sərf etmək lazım gəlir. Çünki, əgər hekayət doğru deyilsə, bu, bütün dünyanı mənasız edir. Dövlət qanunları, sosial normalar, iqtisadi institutlar – hamısı mənasızlaşıb iflasa uğramış olur.

Hekayətlərin çoxunun bir yerdə dayana bilməsinin səbəbi bünövrənin möhkəmliyi deyil, damın ağırlığıdır. Xristian hekayətinə nəzər salaq. Bünövrəsi çox davamsızdır. Kainatı Yaradanın oğlunun 2000 il əvvəl Süd Yolunda, karbon-əsaslı həyat formasında doğulmasını sübut edən nədir? Bu hadisənin Roma imperiyasının Fələstin vilayətində baş verdiyini və Onun anasının bakirə olduğunu deməyə nə əsasımız var? Amma nəhəng qlobal institutlar bu hekayətin zirvəsində qurulub və onların ağırlığı elə böyük təzyiqlə basır ki, hekayətin dağılmayıb toplu qalmasını təmin edir. Hekayətdə tək bir sözü dəyişmək üstündə əməlli-başlı müharibələr başlayıb. Özünü bu yaxınlarda xorvatların serbləri, serblərin xorvatları qarşılıqlı şəkildə qırması ilə təzahür etdirmiş Qərbi xristianlarla şərqi ortadoks xristianlar arasında min illik təfriqə, sadəcə bir *"filioque"* ("və oğlundan" – latınca) sözünün üstündə başlamışdır.

Qərbi xristianlar bu sözü xristian dini imanının bəyanı kimi qəbul etmək istəyirdilər, şərqi xristianlar isə qızğın şəkildə etiraz edirdilər (bu sözün əlavə edilməsinin teoloji nəticələri elə mürəkkəbdir ki, burada onu necəsə mənalı şəkildə izah etmək qeyri-mümkündür. Əgər sizə maraqlıdırsa *Google*-a müraciət edə bilərsiniz.)

Şəxsi kimliklər və tam sosial sistemlər hekayətin zirvəsində qurulduğu üçün, ona şəkk eləmək ağlasığmaz olur, – ona görə yox ki, onu sübut edən dəlillər var, ona görə ki, onun iflası şəxsi və sosial kataklizmlərə səbəb ola bilər. Tarixdə bəzən dam bünövrədən daha vacib şey olur.

Hokus-pokus və inanc sənayesi

Bizi məna və kimliklə təmin edən hekayətlər uydurmadır, lakin insanların onlara inanmaq ehtiyacı var. Bəs hekayəti necə inandırıcı eləmək olar? İnsanların **niyə** inanmaq istədiyi aydındır, bəs onlar əslində **necə** inanırlar? Artıq min illər əvvəl rahiblər və şamanlar cavabı tapıblar: rituala. Ritual abstraktı konkret, uydurmanı real edən möcüzəvi aktdır. Ritualın məğzi bu ovsundur: "hokus-pokus, X bərabərdir Y".[201]

Məsihə sitayiş edənlər üçün onu necə real etmək olar? Messa mərasimində keşiş çörək parçasını və şərab şüşəsini əlinə götürür və elan edir ki, çörək Məsihin əti, şərab isə onun qanıdır və onları yeyib-içən mömin Məsihlə ünsiyyətə nail olur. Məsihi ağzınızda hiss etməkdən daha real nə ola bilər?! Ənənəvi olaraq keşiş bu çağırışını latın dilində, – dinin, hüququn və həyat sirlərinin qədim dilində edir. Toplaşmış kəndlilərin heyrət içindəki gözləri qarşısında keşiş çörək tikəsini yuxarı qaldırıb ucadan deyir *Hoc est corpus!* – "Bu, bədəndir!" – və guya çörək olur Məsihin əti. Latınca anlamayan savadsız kəndlilərin şüurunda "Hoc est corpus!" təhrif olunub "Hokus-pokus!" olub və beləliklə də bu güclü ifadə qurbağanı şahzadəyə, balqabağı isə karetaya çevirməyə qadir olub.[202]

Xristianlığın yaranmasından min illər əvvəl qədim hindlilər eyni tryuku göstərirdilər. Brihadarayanka Upanişad atın qurban edilməsi ritualını kosmosun bütün hekayətinin reallaşması kimi

285

təsvir edir. Mətn, "hokus-pokus, X bərabərdir Y" strukturuna riayət edir və deyir: "Qurbanlıq atın başı dan yeridir, gözü günəş, onun həyat gücü havadır, açıq ağzı Vaisvanara adlı alovdur və bədəni ildir... üzvləri fəsillər, oynaqları aylar və yarımaylar, ayaqları günlər və gecələr, sümükləri ulduzlar, əti buludlar, əsnəməsi ildırım, titrəyən bədəni şimşək vurması, buraxdığı su yağış, kişnərtisi insan səsidir.²⁰³" Beləliklə yazıq at bütöv kosmosa çevrilir.

Dünyəvi jestləri əlavə edib, – şam yandırmaq, zəngləri çalıb səsləndirməklə və ya təsbeh çəkmək kimi – ona dərin dini məna verməklə, demək olar ki, hər şeyi rituala çevirmək olar. Eyni cür də fiziki jestikulyasiyaya – baş əymək, bütün bədəni aşağı əymək və ya ovuclarını birləşdirmək də aiddir. Siqh türbanından tutmuş müsəlman hicabına qədər müxtəlif baş örtüyü formalarına o qədər məna yüklənib ki, əsrlər boyu qızğın mübarizələrə səbəb olub.

Ərzaq da özünün qida olmaq dəyərinin zərurətindən uzağa gedib, istər yeni həyatı və Məsihin dirilməsini simvolizə edən pasxa yumurtası olsun, istər yəhudilərin Misirdə qul olmaqlarını və oradan möcüzəvi şəkildə qaçıb can qurtarmaqlarını unutmamaq üçün öz pasxalarında yedikləri acı bitkilər və mayasız çörək olsun. Dünyada nəyi isə simvolizə etdiyi iddia edilməyən yemək tapmaq çətindir. Məsələn Yeni İldə mömin yəhudilər bal yeyirlər ki, gələn il şirin olsun, balıq başı yeyirlər ki, balıq kimi məhsuldar olsunlar və geri yox, irəli getsinlər və nar yeyirlər ki, onların yaxşı işi narın dənələri kimi çox olsun.

Eyni rituallar siyasi məqsədlər üçün də istifadə olunur. Min illərlə taclar, taxtlar və əsalar krallıqları və bütün imperiyaları təcəssüm etdiriblər və milyonlarla insan "taxt"ın və ya "tac"ın üstündə başlamış qəddar müharibələrdə ölüblər. Krallıq məhkəmələri ən mürəkkəb dini mərasimlərə uyğun olan fövqəladə dərəcədə qəliz protokolları təşviq ediblər. Hərb işində intizam və ritual ayrılmazdır və qədim Romadan tutmuş bu günə qədər əsgərlər sırada addımlamaq, özündən yüksək rütbəlini salamlamaq və çəkmələrini parıldatmaq məşqini edirlər. Napoleonun bir deyimi məşhurdur ki, o, adamları bəzəkli lentə görə könüllü olaraq həyatlarını qurban verməyə məcbur edə bilər.

Bəlkə də rituallarn siyasi əhəmiyyətini Konfutsidən yaxşı anlayan olmayıb. O, adət və mərasimlərə (*li*) ciddi riayət etməyin sosial harmoniya və siyasi stabillik üçün açar rolu oynadığını deyirdi. Konfutsianlığın klassikası olan "Mərasimlər kitabı", "Çjou kitabı", "Etiket və adətlər kitabı" hansı dövlət tədbirində hansı mərasimin, necə keçirilməli olduğunu xırda detalları ilə, – hətta neçə ritual qabı, hansı musiqi aləti və geyimin hansı rəngdə olmasına qədər detalları ilə təsvir edir. Çini nə vaxt böhran vursa, konfutsialıq alimləri tez bunun səbəbini adətlərə riayət etməməkdə görüblər, sanki gizir hərbi məğlubiyyətin səbəbini çəkməsi parlamayan zəif əsgərlərdə görür.[204]

Müasir Qərbdə rituallarn konfutsiçilərə belə hakim kəsilməsinə vasvasılıq və arxaizm nişanəsi kimi baxılır. Əslində isə bu, Konfutsinin insan təbiətini çox dərin və zamandan asılı olmayan qiymətləndirməsindən irəli gəlir. Yəqin ona görə də təəccüblü deyil ki, Konfutsi mədəniyyəti – ilk növbədə və başlıca olaraq Çində, lakin həm də Koreya, Vyetnam və Yaponiyada – fövqəladə uzunömürlü sosial və siyasi strukturlar yaradır. Əgər həyatın son həqiqətini bilmək istəyirsinizsə, mərasim və rituallar böyük maneədir. Lakin əgər sizi Konfutsi kimi sosial sabitlik və harmoniya maraqlandırırsa, həqiqət çox vaxt yük olur, mərasim və rituallar isə sizin ən yaxın müttəfiqiniz.

Bu, qədim Çində olduğu qədər iyirmi birinci əsrə də uyğundur. Hokus-pokus gücünü hələ özündə saxlayır və müasir sənaye dünyasında da işə keçir. 2018-ci ildə də çox adam üçün iki bir-birinə mıxlanmış taxta parçası Allah, divardakı rəngarəng plakat İnqilab və küləkdə yellənən qumaş parçası Millətdir. Siz Fransanı görə və ya eşidə bilməzsiniz, çünki o sizin yalnız təxəyyülünüzdə mövcuddur, amma təbii ki, trikoloru görə və "Marselyoza"nı eşidə bilərsiniz. Deməli, üçrəngli bayrağı yelləyib himni oxuyaraq siz abstrakt olanı maddi olana transformasiya edirsiniz.

Min illər əvvəl dindar hindlilər cins atları qurban kəsirdilər – bu gün bahalı bayraqların istehsalına investisiya qoyurlar. Hindistanın milli bayrağı "Ti-rəngə" adlanır (hərfi tərcüməsi üçrəngli), çünki onun üzəri üç rəngdən – zəfəran rəngi, ağ və yaşıl zolaqdan ibarətdir. 2002-ci il Hindistan Bayraq məcəlləsi elan edib ki, bu bayraq "Hindistan xalqının ümidlərini və arzularını təcəssüm edir. Bizim milli qürurumuzun simvoludur. Son əlli ildə, silahlı qüvvələrin nümayəndələri də daxil olmaqla çox adam onun öz əzəməti ilə dalğalanması üçün əziz canını qurban vermişdir.[205]" Sonra Bayraq məcəlləsi Hindistanın ikinci prezidenti Sarvepalli Radhakrişnanın sözlərini sitat gətirir:

"Zəfəran rəngi hər şeyindən keçməyi və ya təmənnasız olmağı təcəssüm edir. Bizim liderlərimiz maddi gəlirlərə qarşı laqeyd olmalı və özlərini işlərinə həsr etməlidir. Ortadakı ağ rəng işıqdır, bizim davranışımızı həqiqət yoluna yönəldən işıq. Yaşıl rəng bizim torpaqla əlaqəmizdir, başqa həyat növlərinin asılı olduğu, buradakı bitkilər həyatı ilə əlaqəmizdir. Ağ rəngin ortasındakı Aşoka çevrəsi dharma qanunu çevrəsidir. Həqiqət və ya Satya, dharma və ya xeyirxahlıq bu bayrağın altında işləyənlərin hamısı üçün yol göstərən başlıca prinsip olmalıdır."[206]

2017-ci ildə Hindistanın millətçi hökuməti Attaridə, Hindistan-Pakistan sərhədində dünyanın böyük bayraqlarından birini qaldırdı və bu hərəkət nə var-yoxundan keçmə, nə də təmənnasızlıq naminə idi, əksinə, Pakistanın qısqanclığına hesablanmış addım idi. O Ti-rəngənin uzunluğu 36 metr, eni 24 metr idi və bayraq 110 metr hündürlüyə qaldırılmışdı (burada Freyd nə deyərdi?). Bayraq həm də Pakistanın çox böyük şəhəri Lahordan görünürdü. Təəssüf ki, güclü küləklər bayrağı zədələyib qoparırdı və milli qürur tələb edirdi ki, onu Hindistan vergi ödəyicilərinin hesabına təkrar-təkrar tikib birləşdirsinlər.[207] Niyə Hindistan hökuməti öz qıt resurslarını Dehli xarabalıqlarında kanalizasiya sistemi qurmağa deyil, nəhəng bayraq dalğalandırmağa xərcləyir? Çünki, bayraq bu yolla Hindistanı abstraktdan reala çevirir, kanalizasiya sistemi isə yox.

Doğrudan da, bayrağın dəyərinin özü ritualı daha da effektiv edir. Bütün rituallardan ən güclü olanı qurban vermək ritualıdır, çünki dünyadakı bütün şeylərdən ən real olanı əzab çəkməkdir. Bunu heç vaxt nəzərdən ata və ya buna şəkk edə bilməzsiniz. Əgər insanları hansısa uydurmaya həqiqətən inandırmaq istəyirsinizsə, həmin uydurmanın adına qurban verməyə tovlayın. Əgər hekayətə görə əziyyət çəksəniz, bu, adətən sizin həmin hekayətin real olduğuna inanmağınız üçün kifayət edir. Əgər Allah əmr etdiyi üçün oruc tutursunuzsa, real aclıq hissi sizə Allahın hər hansı bütdən və ya ikonadan daha yaxında olduğunu hiss etdirir. Əgər vətən müharibəsində ayaqlarınızı itirsəniz, kəsilmiş ayaqlarınız və əlil arabası milləti sizin üçün hər hansı şeirdən və ya himndən daha real edir. Daha aşağı səviyyədə, yüksək keyfiyyətli italyan makaronu almaqdansa, ondan aşağı keyfiyyətli yerli istehsal makaronu alıb, milləti real hiss etmək üçün gündəlik rejimdə hətta supermarketdə də öz kiçik qurbanınızı verə bilərsiniz.

Bu, əlbəttə ki, məntiqi yanlışlıqdır. Əgər Allaha və ya millətə inandığınız üçün əziyyət çəkirsinizsə, bu, sizin inancınızın həqiqət olmasının sübutu deyil. Bəlkə bu, sizdə sadəlövhlüyün bahasıdır? Amma adamların çoxu axmaq olduğu ilə razılaşmaq istəməz. Ona görə də nə qədər çox qurban versələr, imanları o qədər möhkəm olur. Bu, qurban verməyin möcüzəvi kimyagərliyidir. Bizi öz hökmü altına salmaq üçün qurban verən rahib bizə heç nə vermir – nə yağış, nə pul, nə müharibədə qələbə. Əksinə, bizdən nə isə alır. Bizi nə isə bir ağrılı qurban vermək lazım olduğuna inandıranda, biz artıq tələnin içində oluruq.

Bu, kommersiya aləmində də işləyir. Əgər $2.000 verib işlənmiş Fiat alırsınızsa, yəqin ki, qulaq asana ondan şikayət edəcəksiniz. Amma $200.000 verib qət təzə Ferrari alırsınızsa, eninə və uzununa onun tərifini oxuyacaqsınız, ona görə yox ki, elə yaxşı maşındır, sadəcə ona görə ki, o qədər pulu verəndən sonra onun dünyada ən yaxşı şey olduğuna inanmaqdan başqa çarəniz yoxdur. Hətta romantik sferada da vurnuxan hər hansı Romeo və ya Verter bilir ki, qurban vermədən əsl məhəbbət yoxdur. Qurban vermək yalnız sevgilinizi sizin ciddiliyinizə inandırmaq üçün yox, həm də sizin özünüzü həqiqətən sevdiyinizə əmin etmək üçün lazımdır. Sizcə niyə qadın öz sevgilisindən ona brilyant üzük gətirməyini xahiş edir? Əgər məşuq bir dəfə belə böyük maliyyə qurbanı verirsə, bunu layiqli şey üçün verdiyinə özünü əmin etməlidir.

Özünü qurban vermək, fövqəladə dərəcədə effektiv olaraq yalnız əzabkeşin özünü inandırması üçün deyil, həm də bunu müşahidə edən şahidlər üçün də belədir. Nadir tanrılar, millətlər və ya inqilablar qurbansız keçinə bilər. Əgər siz ilahi dramı, millətçi mifi və

289

ya inqilab saqasını şübhə altına almağı düşünürsünüzsə, dərhal qınaq hədəfi olacaqsınız: "Bəs buna görə nə qədər müqəddəs qurbanlar verilib! Onların boş yerə öldüyünü demək istəyirsən? O qəhrəmanlar axmaq olub?"

Şiə müsəlmanlar üçün, Hicrətin 61-ci ilində (xristian təqviminə görə 10 oktyabr 680-ci il) Məhərrəm ayının onu, Aşura günü, kosmik dram öz kulminasiyasına çatıb. Həmin gün İraqda, Kərbəla yaxınlığında, zalım qəsbkar Yezidin əsgərləri Hüseyn ibn Əlini, Məhəmməd Peyğəmbərin nəvəsini, yanındakı kiçik qrup adamları ilə birlikdə qətlə yetiriblər. Şiələr üçün Hüseyn qurbanı xeyirin şərə və məzlumların ədalətsizliyə qarşı əbədi mübarizəsini təcəssüm edir. Xristianların Məsihin çarmıxa çəkilməsini və onun şövqünü daim təkrar etdikləri kimi, şiələr də aşura dramını təkrar edir və Hüseynin şövqünü imitasiya edirlər. Hər il milyonlarla şiə Kərbəlaya, Hüseynin qətlə yetirildiyi yerə gəlir və aşura günü bütün dünyada matəm ritualı qurulur və bəzi hallarda özlərini qamçılayıb, özlərinə xəncər və zəncirlərlə xəsarət yetirirlər.

Lakin aşuranın əhəmiyyəti bir yer və bir günlə məhdudlaşmır. Ayətullah Ruhulla Xomeyni və çox sayda şiə liderləri dəfələrlə öz ardıcıllarına: "hər gün Aşura, hər yer Kərbəla"[208] olduğunu deyiblər. Beləliklə Kərbəladakı Hüseyn qurbanı hər hansı yerdə, həmişə, hər hadisəyə və hətta ən dünyəvi qərarların belə qəbul olunmasının xeyirlə şərin kosmik mübarizəsinə təsiri kimi baxmaq lazım olduğu mənasını verir. Əgər bu hekayətə şəkk etsəniz Kərbəlanı yadınıza tez salacaqlar – Hüseyn şəhidliyinə şəkk və ya istehza etmək, törətdiyiniz ən pis cinayət olardı.

Əks halda əgər qurban azdırsa və insanlar özlərini qurban vermək istəmirlərsə, qurbanı təşkil edən ruhani adamları başqasını qurban verməyə də yönəldə bilər. Adamı qisasçı tanrı Baala qurban vermək olar, İsa Məsihin şöhrətinin artması xətrinə dönükləri tonqalda da yandıra bilərsiniz, zina etmiş qadınları öldürə bilərsiniz, çünki Allah belə buyurub və ya sinfi düşmənləri QULAQ-a göndərə bilərsiniz. Bunları etməyə başlasanız, sizə şəhidliyin kimyagərliyi bir az başqa cür öz ecazını göstərməyə başlayacaq. Siz hansısa hekayət namına özünüzü əzaba salsanız, bu sizə seçim imkanı verəcək: "Ya hekayət həqiqətdir, ya da mən sadəlövhəm." Əzabı başqalarına verəndə də

seçiminiz var: "Ya hekayət həqiqətdir, ya da mən əzazil alçağam."
Və biz axmaq olduğumuzu qəbul etmək istəmədiyimiz kimi, al-
çaq olduğumuzu da qəbul etmək istəmirik, ona görə də hekayətin
həqiqət olduğuna inanmağı üstün tuturuq.

1830-cu ilin martında İranın Məşhəd şəhərində hansısa dəri
xəstəliyinə tutulmuş bir yəhudi qadına yerli ara türkəçarəçisi deyib
ki, əgər iti öldürüb əllərini qanı ilə yusa yaraları sağalar. Məşhəd
şiələrin müqəddəs şəhəridir və təsadüf belə gətirib ki, qadın öz
xoşagəlməz müalicəsini şiələr üçün müqəddəs aşura günü edib.
Bəzi şiələr bunu görüb inanıblar ki, – ya da inanmaq istəyiblər ki, –
qadın bunu Kərbəla şəhidlərinin xatirəsini murdarlamaq üçün edib.
Bu ağlasığmaz küfr tezliklə bütün Məhşədə yayılıb. Yerli imamın
fitvası ilə qəzəbi qızışan kütlə yəhudi məhəlləsinə soxulub sinaqoqa
od vurub və orada otuz altı yəhudini yerindəcə öldürüb. Sağ qalmış
yəhudilərə açıqca seçim verilib: ya dərhal İslam dininə keçirlər, ya
da hamısı qətlə yetiriləcək. Bu iyrənc epizod Məşhədin "İranın ru-
hani mərkəzi" olması nüfuzuna çətin ki, bir xələl gətirsin.[209]

Biz insan qurbanı haqqında düşünəndə ağlımıza gələn Xanaan
və ya Atztek məbədlərində olan ritual olur və ümumi inam bu-
dur ki, monoteizm bu dəhşətli praktikaya son qoydu. Əslində isə
monoteistlər insanın qurban verilməsini politeistlərdə qat-qat bö-
yük miqyasda həyata keçiriblər. Xristianlıq və İslam Allah adına,
Baal və Huitzilopoştli məsləkinə xidmət edənlərdən daha çox adam
öldürüblər. İspan konkistadorları Atztek və İnk tanrılarına insan
qurbanı verməyi dayandırdıqları zamanda, onların vətəni İspani-
yada inkvizisiya kafirləri arabada yandırırdılar.

Qurbanlar müxtəlif formada və miqyasda ola bilər. Heç də həmişə
əlində bıçaq tutmuş kahin və ya qanlı qırğın şəklində həyata keçiril-
mir. Məsələn, iudaizm müqəddəs sabbat günündə ("sabbat" sözü-
nün hərfi mənası "yerində dayanmaq" və ya "dincəlmək") işləməyi
və ya səyahət etməyi qadağan edir. Sabbat cümə gün batandan son-
ra başlayır və şənbə gün batandan sonra bitir. Bu arada isə ortadoks
yəhudilər hər cür işdən, – o cümlədən ayaqyolunda tualet kağızını
cırmaq da daxil, – çəkinirlər (bu məsələ ən bilikli ravvinlər arasında
müzakirə olunmuşdur və onlar bu qərara gəliblər ki, tualet kağı-
zını cırmaq Sabbat qadağasını pozur və ona görə də dalını silmək

291

istəyən dindar yəhudi əvvəlcədən kağızı cırıb hazır saxlamalıdır).[210]

İsraildə dindar yəhudilər çox vaxt sekulyar yəhudiləri və hətta ateistləri bu qadağalara riayət etməyə məcbur etmək istəyirlər. Ortadoks partiyalar adətən İsrail siyasətində tarazlaşdırıcı qüvvə kimi iştirak etdiklərinə görə, uzun illər ərzində sabbatda hər növ fəaliyyəti qadağan edən çox sayda qanunun qəbul edilməsinə nail olublar. Özəl nəqliyyat vasitələrinin istifadəsinə təsir göstərə bilməsələr də, ictimai nəqliyyatın istifadəsinin qadağan olunmasında uğur qazanıblar. Bu ümummilli özünüfəda cəmiyyətin ən zəif sektorlarını vurur, xüsusilə də şənbə günü fəhlə sinfinin səyahət etmək və uzaqdakı qohumları, dostları və turist yerlərini görmək üçün yeganə istirahət günü olduğuna görə. Varlı nənənin qət təzə maşınını sürüb başqa şəhərdəki nəvəsini görməsi üçün heç bir problem yoxdur, amma kasıb nənə bunu edə bilmir, çünki avtobus və qatar işləmir.

Yüz minlərlə insana belə çətinliklər yaratmaqla dini partiyalar iudaizmə öz sarsılmaz sədaqətlərini nümayiş etdirirlər. Qan tökülməsə də, çox insanın rifahı qurban edilir. Əgər iudaizm sadəcə uydurma hekayətdirsə, nənəni öz nəvəsini görməkdən və ya kasıb tələbəni çimərliyə əylənməyə getməkdən məhrum etmək böyük zalımlıq və rəhmsizlikdir. Buna baxmayaraq bunu edən dini partiyalar dünyaya – həm də özlərinə – deyirlər ki, onlar yəhudi hekayətinə həqiqətən inanırlar. Düşünürsünüz ki, onlar insanları elə-belə səbəbsiz incitməkdən zövq alırlar?

Özünüfəda, yalnız sizin hekayətə olan etiqadınızı gücləndirmir, həm də çox zaman ona olan bütün təəhhüdlərinizi əvəz edir. Bəşəriyyətin dahi hekayətlərinin böyük əksəriyyətinin yaratdığı idealları insanların çoxu yerinə yetirə bilmir. Neçə nəfər xristian həqiqətən "On ehkam"a sona qədər riayət edir, heç vaxt yalan danışmır və ya həsəd aparmır? Neçə nəfər buddist eqosuzluq mərhələsinə gedib çatıb? Neçə nəfər sosialist var gücü ilə işləyib həqiqətən ehtiyacı olduğundan artığını götürmür?

İdeala uyğun yaşaya bilməyən adamlar bir həll olaraq üzlərini nəyisə qurban verməyə çevirirlər. Hindli vergi fırıldağına əl qoya bilər, təsadüfi fahişə ilə görüşə bilər, yaşlı valideynləri ilə pis rəftar edə bilər, sonra isə özünü əmin edə bilər ki, mömin adam-

292

dır, çünki Ayodhyaand şəhərindəki Babri məscidinin dağıdılmasını dəstəkləyib və onun yerində hindi məbədi tikilməsinə ianə verib. Qədim zamanlarda olduğu kimi iyirmi birinci əsrdə də insanın məna axtarıb tapmaq səyləri sonunda çox zaman qurbanlar verməyə gətirib çıxarır.

Kimlik portfeli

Qədim misirlilər, xanaanlar və yunanlar verdikləri qurbanı hedc edirdilər, yəni sığortalamaq kimi. Onların allahı çox idi və əgər birinə verilən qurban işin öhdəsindən gəlmirdisə, o birinin işi aşıracağına ümid edirdilər. Onlar səhər günəş allahına qurban verir, günorta yer ilahəsinə və axşam da pəri və şeytanların qarışıq dəstəsinə. Bu, elə də çox dəyişməyib. İnsanların bu gün inandıqları hekayətlərin və allahların hamısı – Yahve olsun, Mammon olsun, millət olsun və inqilab olsun – yarımçıqdır, deşiklərdən ibarətdir və ziddiyyətlərlə doludur. Ona görə də insanlar inamlarını yalnız nadir hallarda bir hekayət üzərində cəmləşdirirlər və adətən müxtəlif hekayətlər, müxtəlif kimlik portfeli saxlayır və ehtiyac yarandıqda birindən o birinə keçirlər. Belə koqnitiv dissonans (ziddiyyətli psixoloji diskomfort vəziyyəti) demək olar ki, bütün cəmiyyətlərə və hərəkatlara xasdır.

Tipik çay dəsgahı həvəskarı olan, həm də bunu İsa Məsihə atəşin etiqadla və hökumətin Milli Atıcılıq Assosiasiyasının inkişafı siyasəti və davamlı dəstəkləməsinə qarşı qəti etirazla necəsə uzlaşdıran adam misalına baxaq. Məgər İsa Məsih sizin dişinizə qədər silahlanmağınızdansa, yoxsullara kömək etməyinizə daha coşqulu baxmırdımı? Bu, çox ziddiyyətli görünə bilər, lakin insanın beynində çox siyirməli qutular və şöbələr var və bəzi neyronlar sadəcə olaraq bir-biri ilə danışmır. Eynilə də siz çox sayda Berni Sanders pərəstişkarı tapparsınız ki, gələcək inqilablara olan inamları çox zəifdir, amma pulunuzu müdrikcəsinə investisiya etmək lazım olduğunun vacibliyinə möhkəm inanırlar. Onlar asanlıqla dünyada sərvətin ədalətsiz bölünməsi haqqında müzakirədən özlərinin Wall Street investisiyalarının vəziyyəti haqqında söhbətə keçə bilirlər.

Çətin kimsə yalnız bir kimliyi olsun. Heç kim yalnız müsəlman, və ya yalnız italyan və ya yalnız kapitalist deyil. Lakin bəzən bir fanatik məzhəb irəli çıxır və insanların yalnız bir hekayətə və yalnız bir kimliyə inanmalı olduqlarını israr edir. Yaxın tarixdə belə fanatik məzhəb faşizm olub. Faşizm israr edirdi ki, insan millətçi hekayətdən başqa bir hekayətə inanmalı deyil və öz milli kimliyindən başqa bir kimliyi də olmamalıdır. Bütün millətçilər faşist deyillər. Çox sayda millətçilərin öz milli hekayətlərinə böyük inamları var və öz millətlərinin unikal keyfiyyətlərini, eləcə də özlərinin millətə qarşı unikal öhdəliklərini vurğulayırlar – lakin buna baxmayaraq həm də etiraf edirlər ki, dünyada onların millətindən də böyük dəyərlər var. Mən italyan millətinə qarşı xüsusi öhdəlikləri olan loyal italiyalı ola bilərəm, amma yenə də başqa kimliklərim ola bilər. Sosialist, katolik, ata, alim və vegetarian ola bilərəm və bu kimliklərin hər biri əlavə öhdəlik yaradır. Hərdən mənim bəzi kimliklərim məni müxtəlif istiqamətə çəkir və öhdəliklərim bir-birilə konfliktə girir. Amma, kim deyib ki, yaşamaq asandır?!

Faşizm odur ki, millətçilik, başqa kimlikləri inkar etməklə həyatı özü üçün həddən artıq asanlaşdırmaq istəyir. Son vaxtlar faşizmin dəqiq mənası barəsində çoxlu qarmaqarışıq fikirlər var. Adamlar kimdən xoşları gəlməsə onu "faşist" adlandırır. Bu termin universal təhqir termini olmağa qədər cılızlaşır. Yaxşı, bəs bunun həqiqi mənası nədir? Qısaca, millətçilik mənə millətimin unikal olduğunu və mənim ona münasibətdə xüsusi öhdəliyimin olduğunu öyrədirsə, faşizm deyir ki, mənim millətim bütün başqalarından üstündür və mənim millətimə ekskluziv borcum var. Heç vaxt, heç bir şəraitdə hər hansı qrupun və ya fərdin maraqlarını millətimin maraqlarından üstün tuta bilmərəm. Hətta uzaqdakı milyonlarla tanımadığım insana zülm etməkdən millətimə lap cüzi də olsa fayda olacaqsa, öz millətimi dəstəkləməkdə heç bir tərəddüdüm olmalı deyil. Başqa halda, mən yalnız nifrətə layiq olan bir xainəm. Əgər millətim mənim milyon adam öldürməyimi tələb edirsə, – öldürməliyəm. Əgər millətim həqiqətə və gözəlliyə xəyanət etməyi tələb edirsə, – mən həqiqətə və gözəlliyə xəyanət etməliyəm.

Faşist incəsənəti necə dəyərləndirir? Faşist necə bilir ki, film yaxşı filmdir, yoxsa pis? Çox asan. Yalnız bir dənə meyar var. Əgər film milli marağa xidmət edirsə, yaxşı kinodur – etmirsə, pis kinodur. Bəs, məktəbdə uşaqlara nə öyrətmək lazım olduğuna necə qərar verir? Eyni meyarı istifadə edir. Uşaqlara millətin marağına uyğun olanı öyrət; həqiqət isə vacib şey deyil.[211]

Millətə belə pərəstiş çox cəlbedicidir, təkcə ona görə yox ki, çətin dilemmaları asanlaşdırır, həm də ona görə ki, insanların dünyada ən vacib və ən gözəl şeyə – millətə mənsub olduqlarını düşünməsinə səbəb olur. İkinci dünya müharibəsinin və Holokostun dəhşətləri bu cür təfəkkür tərzinin çox pis nəticələrini əks etdirir. Təəssüf ki, adamlar faşizmin bəlalarından danışanda bunu arzuolunmaz şəkildə edirlər, çünki onu iyrənc qulyabanı şəklində təsvir edirlər, onun cəlbediciliyinin nədə olduğunu göstərmirlər. Ona görə də bu gün adamlar bəzən özləri də anlamadan faşist ideyalarını qəbul edirlər. Adamlar düşünür ki, "mənə faşizmin eybəcər bir şey olduğunu öyrədiblər, amma mən güzgüyə baxanda orada gözəl bir şey görürəm, deməli mən faşist ola bilmərəm."

Bu, bir az Hollivud filmlərinin etdiyi səhvə bənzəyir, – Voldemort, Lord Sauron, Dart Vader – eybəcər və bəd. Onlar adətən öz tərəfdarlarına qarşı da qəddar və bədrəftardır. Belə filmlərə baxanda heç vaxt anlamadığım şey odur ki, niyə kimsə Voldemort kimi iyrənc həşərat olmağa şirniklənməlidir?

Real həyatda şərlə bağlı problem odur ki, onun eybəcər olması heç də hökm deyil. Çox gözəl görünə bilər. Xristianlar bunu Hollivuddan daha yaxşı bilirlər, ona görə də xristian incəsənəti şeytanı gözəl kimi təsvir edirdi. Ona görə də şeytanın şirnikləndirməsinə müqavimət göstərmək çətindir. Buna görə də faşizmlə mübarizə də çətindir. Siz faşist güzgüsünə baxanda orada gördüyünüz heç də eybəcər təsvir olmur. Almanlar 1930-cu illərdə faşist güzgüsünə baxanda Almaniyanı dünyanın ən gözəl yaradılışı kim görürdülər. Əgər bu gün ruslar faşist güzgüsünə baxsalar Rusiyanı dünyanın ən gözəl yaradılışı kim görəcəklər. İsraillilər faşist güzgüsünə baxsalar İsraili dünyanın ən gözəl yaradılışı kim görəcəklər. Sonra da bu gözəl kollektivin içində əriyib itmək istəyəcəklər. "Faşizm" sözü latın dilindəki *fascis* sözündən gəlir və mənası "çubuq dəstəsi" deməkdir. Bu, dünya tarixində ən amansız və ölümsaçan ideologiyalardan birinin şərəfsiz simvolu kimi səslənir. Lakin bunun dərin və şeytani mənası var. Bir çubuq zəif olur, onu asanlıqla sındıra bilərsiniz. Amma çoxlu çubuq dəstə şəklində olub "fascis" yaradanda onu sındırmaq demək olar ki, mümkün olmur. Bu, o deməkdir ki, fərd heç bir əhəmiyyət kəsb etmir, amma onlar kollektiv şəklində birləşəndə çox güclü olur.[212] Ona görə də faşistlər inanırlar ki, kollektivin marağı hər hansı fərdin marağından yüksəkdə durur və tələb edirlər ki, heç bir çubuq dəstənin birliyini pozmasın.

Əlbəttə, "insan çubuq dəstəsi"nin harada qurtardığı, o birinin harada başladığı heç vaxt aydın olmur. Niyə mən mənsub olduğum İtaliyaya "çubuq dəstəsi" kimi baxmalıyam? Niyə mənim ailəm və ya Florensiya şəhəri və ya Taskaniya əyaləti və ya Avropa kontinenti və ya insan növü kimi yox? Millətçiliyin daha mötədil formaları deyəcək ki, mənim həqiqətən də öz ailəm, Florensiya, Avropa və bütün bəşəriyyət qarşısında öhdəliyim ola bilər, eləcə də İtaliya qarşısında xüsusi öhdəliyim. Bununla müqayisədə italyan faşistləri yalnız İtaliya qarşısında mütləq loyallıq tələb edəcəklər. Mussolininin və onun faşist partiyasının böyük səylərinə baxmayaraq italiyalıların əksəriyyəti soyadının qarşısına İtaliya yazmaq məsələsinə etinasız qaldılar. Almaniyada nasist təbliğat maşını daha güclü işlədi, amma heç Hitler də insanları bütün alternativ hekayətləri unutmağa məcbur edə bilmədi. Hətta nasist dövrünün qaranlıq vaxtlarında da insanların rəsmi hekayətdən əlavə ehtiyat üçün hekayətləri də vardı. Bu, 1945-ci ildə tamamilə aydın oldu. Siz düşünə bilərsiniz ki, on iki il nasistlər beyinlərini yuyandan sonra almanların çoxu özünün müharibədən sonrakı həyatını qurmaqda bir məna tapmaq iqtidarında ola bilməzdi. Bütün etiqadlarını bir böyük hekayətə bağlayan adamlar, həmin hekayət puç olandan sonra nə etməli idi? Amma almanların böyük əksəriyyəti inanılmaz sürətlə bərpa olub özünə gəldi. Şüurlarının hansısa bucağında dünya haqqında başqa hekayətlər saxlayırdılar və Hitler öz başına gülləni vurar-vurmaz Berlində, Hamburqda və Münhendə həmin kimlikləri qəbul etdilər və öz həyatlarının yeni mənasını tapdılar.

Doğrudur, nasist qaulyaterlərinin – regional partiya liderlərinin – 20%-i, generalların da 10%-i intihar etdi.[213] Lakin bu o deməkdir ki, qaulyaterlərin 80%-i, generalların isə 90%-i ömrünü davam etdirmək arzusunda idi. Nasist kartı gəzdirənlərin və hətta SS rütbəsi gəzdirənlərin böyük əksəriyyəti nə dəli oldu, nə də intihar etdi. Onlar məhsuldar fermer kimi, müəllim kimi, həkim kimi və sığorta agenti kimi yaşamaqlarına davam etdilər.

Həqiqətən də, hətta intihar da tək və yeganə olan hekayətə mütləq sədaqəti sübut etmir. 13 noyabr 2015-ci il tarixdə İslam Dövləti Parisdə 130 adamın ölümünə səbəb olmuş intiharçı hücumları təşkil etdi. Ekstremist qrup şərh verib ki, bu aksiya İraqda və Suriyadakı İslam Dövləti fəallarının Fransa hava qüvvələri tərəfindən bombalanmasının qisasıdır və ümid edirlər ki, gələcəkdə Fransa belə bombardmanlarda iştirak etməyəcək.[214] İslam Dövləti həmin bəyanatında həm də deyib ki, Fransa hava qüvvələrinin öldürdüyü müsəlmanlar şəhiddirlər və indi cənnətdə əbədi səadət içindədirlər.

Burada nə isə mənasız kimi görünür. Əgər Fransa hava qüvvələrinin qətlə yetirdiyi şəhidlər indi cənnətdədirsə, buna görə niyə kimsə qisas almalıdır? Bu, nəyin qisasıdır? Adamları cənnətə göndərməyin? Əgər siz bilsəniz ki, sevimli qardaşınız lotereyada milyon dollar udub, gedib lotereya köşklərini dağıdıb qisas alacaqsınız? Bəs Fransa hava qüvvələri cənnətə bir yolluq bileti qardaşlarınıza verdiyi üçün Parisdə azğınlıq etmək niyə? Fransızları Suriyadakı bombardmanlardan həqiqətən çəkindirə bilsəniz bu daha pis nəticə verəcək axı. Bu halda daha az müsəlman cənnətə düşəcək.

Biz belə nəticə çıxarmağa meyllənə bilərik ki, İslam Dövləti aktivistləri həqiqətdə şəhidlərin cənnətə getdiyinə inanmırlar. Ona görə də onları bombalayıb öldürəndə çox qəzəblənirlər. Əgər belədirsə, onda onların bəzisi niyə şəhid qurşağı bağlayıb özünü tikə-tikə edir? Böyük ehtimalla onlar beyinlərində iki bir-birinə zidd hekayət tuturlar və uyğunsuzluq barəsində çox da düşünmürlər. Əvvəl qeyd etdiyimiz kimi, bəzi neyronlar bir-birilə danışmır.

Fransa hərbi hava qüvvələri Suriyada İslam Dövləti istehkamlarını bombalamamışdan səkkiz əsr əvvəl, başqa fransız ordusu Orta Şərqə yürüş edib və bu yürüşü sonrakı nəsillər "yeddinci səlib yürüşü" kimi tanıyır. Müqəddəs Kral IX Luinin rəhbərlik etdiyi səlibçilər Nil vadisini istila edib Misiri xristianlıq istinadgahına çevirmək istəyirdilər. Lakin onlar Mansura döyüşündə məğlub edildilər və səlibçilərin çoxu əsir alındı. Səlibçi cəngavər Jan de Juanvil sonralar xatirələrində yazırdı ki, döyüşdə məğlub olub təslim olmağa qərar verəndə, oradakı adamlardan biri dedi ki: "Mən bu qərarla razılaşa bilmərəm. Məsləhət görürəm ki, hamımızı öldürməyə imkan verək, belə biz cənnətə gedərik." Juanvil quruca olaraq onu deyir ki, "heç birimiz onun məsləhətinə qulaq asmadıq."[215]

Juanvil məsləhəti niyə qəbul etmədiklərini izah etmir. Hər halda onlar Fransada öz rahat qəsrlərini tərk edib Orta Şərqə uzun və təhlükəli macəraya əsasən ona görə getmişdilər ki, əbədi xilas vədinə inanmışdılar. Onda bəs niyə əbədi cənnət səadətinin bir anlığında dayandıqları vaxt müsəlman əsiri olmağa üstünlük verdilər? Belə çıxır ki, səlibçilər qızğın şəkildə xilas və cənnətə inansalar da, həqiqət anında öz qoyuluşlarını hedc eləmək (sığortalamaq) istəyiblər.

Elsinorda supermarket

Bütün tarix boyu demək olar ki, bütün insanlar eyni zamanda bir neçə hekayətə inanıblar və heç vaxt da onların hər hansının həqiqət olduğuna mütləq şəkildə əmin olmayıblar. Bu qeyri-müəyyənlik dinlərin çoxunu silkələyirdi və ona görə də onlar etiqadı ən böyük kəramət, şəkkaklığı isə ən böyük günahlardan biri hesab edirdilər. Sanki, sübut olmadan inanmaqda mahiyyətcə yaxşı olan nə isə vardı. Lakin müasir mədəniyyətin inkişafı ilə hesablar dəyişdi. Etiqad getdikcə daha çox əqli köləlik, şübhə isə azadlığın ilkin şərti kimi görünməyə başladı.

1599-cu illə 1602-ci il arasında Vilyam Şekspir "Şirlər Kralı"nın öz versiyasını, daha çox "Hamlet" adı ilə tanınan əsərini yaratdı. Lakin Simbadan fərqli olaraq Hamlet Həyat Siklini başa çatdırmır. Axıra kimi şübhə və qeyri-müəyyənlik içində qalır və həyatın nədən ibarət olduğunu kəşf edə bilmir və ölümün, yoxsa yaşamağın vacib olduğu haqqında heç bir qərara gələ bilmir. Bu məsələdə Hamlet müasir qəhrəman nümunəsidir. Müasirlik keçmişdən irsən aldığı çoxlu hekayətləri rədd etməyib. Əksinə, onların supermarketini açıb. Müasir insan onların hamısını sınamaqda, öz zövqünə görə seçməkdə və birləşdirməkdə azaddır.

Bəzi adam bu qədər azadlığa və qeyri-müəyyənliyə dözə bil-mir. Faşizm kimi müasir totalitar hərəkatlar şübhəli ideyalar supermarketinə qarşı zorakılıq reaksiyası göstərir və tək bir hekayətə mütləq etiqad tələb etməkdə ənənəvi dinləri də ötüb keçir. Həyatın nə olduğunu və hansı hekayətə inanmalı olduğunuzu bilməyəndə nə edirsiniz? Seçmək imkanının özünü müqəddəsləşdirirsiniz. Siz əbədi olaraq supermarket rəflərinin arasında istədiyinizi seçməkdə azad olaraq keçiddə dayanıb qarşınızdakı malları yoxlamaqla və... bu şəkli dondurmaqla məşğulsunuz. Son. Kreditə başlayın.

Liberal mifologiyaya görə əgər siz həmin o böyük supermarketdə kifayət qədər uzun müddət dayansanız, liberal vəhyi sizə çatacaq və həyatın həqiqi mənasını anlayacaqsınız. Supermarketin rəflərindəki bütün hekayətlər qəlpdir. Həyatın mənası hazır məhsul deyil. İlahi yazı yoxdur və məndən kənarda olan heç nə həyatıma məna verə bilməz. Hər şeyə məna verən mənim azad seçimim və şəxsi hissiy-yatımdır.

Corc Lukasın ortabab nağılı əsasında çəkilmiş "Villou" fantas-tik filmində eyniadlı qəhrəman, böyük sehrbaz olmaq və varlığın sirlərini öyrənmək istəyən adicə cırtdandır. Bir gün belə sehrbaz özünə şəyird tapmaq üçün cırtdanların yaşadığı kənddən keçir. Villou və iki başqa ümidverən cırtdan özlərini təqdim edir və sehr-baz onlara sadə test verir. Sağ qolunu qabağa uzadıb barmaqlarını aralayır və Yodanın səsinə oxşayan səslə soruşur: "Dünyanı idarə etmək gücü hansı barmağımdadır?" Üç cırtdanın hər biri bir bar-maq seçir, lakin üçü də səhv seçir. Buna baxmayaraq sehrbaz Vil-louda nə isə görür və sonra ondan soruşur:

– Mən barmaqlarımı tutanda sənin birinci ağlına gələn nə oldu?

– Bu, çox axmaq fikir idi, – Villou utana-utana deyir, – öz barma-ğımı qaldırmaq istəyirdim.

– Aha! – sehrbazdan bir nida gəlir, – Bu, doğru cavab idi! Sənin özünə inamın çatışmayıb...

Liberal mifologiya bu dərsi təkrar etməkdən yorulmur.

Bibliyanı, Quranı və Vedaları yazan da bizim insan barmaqla-rımızdır, bu hekayətlərə güc verən isə bizim şüurumuz. Onlar əlbəttə ki, gözəl hekayətlərdir, lakin onların gözəlliyi məhz baxanın gözlərindədir. Əl-Qüds, Məkkə, Varanasi və Bodh Gaya müqəddəs

yerlərdir, amma yalnız ona görə ki, insan ora gedəndə bu hissi ke-
çirir. Özü-özlüyündə kainat yalnız mənasız atomlar həftəbecəridir.
Heç nə gözəl, nə müqəddəs, nə də seksual deyil – onları belə edən
bizim hissimizdir. Qırmızı almanı şirnikdirici, nəcisi isə iyrənc edən
yalnız insanın hissidir. İnsan hissini kənara atsanız, bir yığın mole-
kul qalacaq.

Biz özümüzü kainat haqqında hansısa hazır hekayətin içinə sa-
laraq məna tapmağa ümid edirik. Lakin dünyanın liberal interpre-
tasiyasına görə həqiqət tam əks tərəfdə durur. Kainat mənə məna
vermir. Mən kainata məna verirəm. Bu, mənim kosmik vəzifəmdir.
Müəyyən edilmiş bəxt yazım və ya dharmam yoxdur. Simbanın və
ya Arjunanın yerində olsam, krallığın tacı uğrunda döyüşərdim,
amma bunu etməli olmayacağam. Mən səyyar sirkə qoşula bilərəm,
gedib Brodveydə müzikl oxuya bilərəm və ya Silikon Vadisinə ge-
dib start-ap başlaya bilərəm, öz dharmamı yaratmaqda azadam.

Beləliklə bütün başqa kosmik hekayətlər kimi, liberal hekayət də
yaratmaq təhkiyəsi ilə başlayır. O deyir ki, yaranış hər an baş ve-
rir və mən yaradanam. Bəs sonra mənim həyatımın məqsədi nədir?
Hiss etməklə, düşünməklə, istəməklə və kəşf etməklə məna yarat-
maq. Hiss etmək, düşünmək, istəmək və kəşf etməkdə insan azad-
lığını məhdudlaşdıran nə varsa, kainatın mənasını məhdudlaşdırır.
Ona görə də belə məhdudiyyətlərdən azad olmaq ən ali idealdır.

Praktik mənada, liberal hekayətə inananlar iki ehkamın işığı ilə
yaşayırlar: yarat və azadlıq üçün döyüş. Yaradıcılıq şeir yazmaqda,
sizin seksuallığınızın araşdırılmasında, yeni kompüter tətbiq-
proqramı hazırlamaqda və ya elmə məlum olmayan kimyəvi ele-
ment kəşf etməkdə özünü göstərə bilər. Azadlıq üçün döyüşmək,
insanları sosial, bioloji və fiziki məhdudiyyətlərdən azad etmək
də daxil, bunları zalım diktatora qarşı göstərmək, qızlara oxumaq
öyrətmək, xərçəngə qarşı müalicə üsulu tapmaq və ya kosmik gəmi
hazırlamaqdır. Liberal qəhrəmanlar panteonunda Roza Parks və
Pablo Pikasso da, Lui Paster və Rayt qardaşları ilə birlikdə abidə
kimi ucalırlar.

Bu, nəzəriyyədə son dərəcə həyəcanverici və dərin əsaslı səslənir.
Təəssüf ki. insan azadlığı və yaradıcılığı liberal hekayətin hesab et-
diyi deyil. Elmdən bizim anladığımıza görə, seçimlərimizin və yara-

dıcılığımızın arxasında möcüzəvi heç nə yoxdur. Onlar milyardlar-
la neyronun bir-biri ilə siqnal mübadiləsinin məhsuludur və hətta
siz əgər insanları katolik kilsəsinin və Sovet İttifaqının əsarətindən
azad etsəniz də, onların seçimini yenə də inkvizisiya və KQB kimi
rəhmsiz olan biokimyəvi alqoritmlər diktə edəcək.

Liberal hekayət mənə özümü ifadə və realizə etmək üçün azad-
lıq axtarmağı öyrədir. Lakin həm "mən", həm də azadlıq, qədim
nağıllardan götürülmüş mifoloji fantaziyadır. Liberalizmdə xü-
susi dolaşıq olan bir anlayış var: "azad istək". İnsanların təbii ki,
istəkləri var, arzuları var və bəzən öz arzularını həyata keçirməkdə
azaddırlar. Əgər "azad istək" deməklə istədiyinizi etməyi nəzərdə
tutursunuzsa, onda hə, – insanların azad istəkləri var. Lakin əgər
"azad istək" deməklə istədiyinizi seçməyi nəzərdə tutursunuzsa,
onda yox, – insanların azad istəkləri yoxdur.

Əgər seksual olaraq məni kişilər cəlb edirsə, öz fantaziyamı
realizə etməkdə azadam, amma, bunun əvəzinə özümdə qadınlara
qarşı həvəs hiss etməkdə azad deyiləm. Bəzi hallarda öz seksual
istəklərimi sıxıb saxlaya bilərəm, hətta "seksual çevrilmə" terapi-
yasına da cəhd edə bilərəm, lakin seksual oriyentasiyamı dəyişmək
arzusu, mənim mədəniyyət və dini baxışlarımın meyləndirdiyi
neyronlarımın göstərdiyi təsirin nəticəsidir. Niyə bir adam öz sek-
sual oriyentasiyasından utanır, onu dəyişmək istəyir, başqası isə
heç bir günah hiss etmədən eyni seksual istəyi bayram edir? Deyə
bilərsiniz ki, birinci adamın ikincidən daha güclü dini hissiyyatı var.
Lakin insanlar dini hissiyyatın güclüsünü və ya zəifini seçməkdə
azaddırmı? Bir daha deyək: adam hər şənbə günü kilsəyə gedib zəif
din hissiyyatını gücləndirmək üçün səmimi olaraq səy göstərə bilər,
– amma niyə bir adam dindar olmaq üçün səy göstərir, o biri isə ate-
ist qalması ilə xoşbəxtdir? Bu, çox sayda mədəni və genetik dispo-
zisiyanın nəticəsi ola bilər, lakin heç vaxt "azad istək" nəticəsində
olmur.

Seksual istək üçün doğru olan bütün istəklər doğrudur və
həqiqətən də bütün hissiyyatlar və düşüncələr üçün də doğrudur.
Sadəcə ağlınızda növbəti baş qaldırmış fikri nəzərdən keçirin. Ha-
radan gəldi? Onu düşünməyi özünüz seçmişdiniz və ona görə də
onu düşündünüz? Əlbəttə ki, yox. Özünü araşdırma sadə şeylərdən

başlayır və getdikcə mürəkkəbləşir. İlk olaraq biz, ətrafımızdakı dünyanı öz kontrolumuzda saxlaya bilmədiyimizi anlayırıq. Mən yağışın nə vaxt yağacağı haqda qərar vermirəm. Sonra anlayırıq ki, öz daxilimizdə baş verənlər də kontrolumuzda deyil. Mən qan təzyiqimi idarə etmirəm. Sonra anlayırıq ki, biz heç beynimizi də idarə etmirik. Neyronlardan isə heç danışmıram. Son nəticədə biz anlamalıyıq ki, öz istəklərimizə də və ya bu istəklərə qarşı reaksiyamıza da kontrolluq etmirik.

Bunu anlamaq bizə, öz fikirlərimizə, hisslərimizə və istəklərimizə qarşı daha az vurğun və israrlı olmağa kömək edir. İstəyimiz azad deyil, lakin biz öz istəyimizin üzərimizdəki istibdadından bir azacıq azad ola bilərik. İnsanlar adətən öz istəklərinə o qədər əhəmiyyət verirlər ki, bütün dünyanı həmin istəklərə uyğun şəkilləndirməyə və ona nəzarət etməyə cəhd edirlər. İnsanlar öz qızğın istəklərinin ardınca aya uçur, dünya müharibəsi başlayır və bütün ekosistemin dayanıqlığını pozurlar. Əgər biz öz arzularımızın azad seçimin möcüzəli təzahürü olmadığını və bizim nəzarətimizdən kənarda olan mədəniyyət faktorlarının təsiri altındakı biokimyəvi proseslərin məhsulu olduğunu anlasaq, onlar fikrimizi daha az məşğul edər. Əgər dünyanı daha yaxşı yer eləmək, özümüzü anlamaq istəyiriksə, ağlımız və istəklərimizdənsə, beynimizdə hansı fantaziyanın baş qaldırdığını anlamağımız yəqin ki, daha çox kömək edə bilər.

Və özümüzü başa düşmək üçün kritik addım, "mən"in şüurumuzun mürəkkəb mexanizmlərinin daim istehsal etdiyi, yenilədiyi və təkrarən yazdığı uydurma hekayət olmasını etiraf etməkdir. Mənim zehnimdə bir hekayətçi oturub kim olduğumu, haradan gəldiyimi, hara getdiyimi və indi nə baş verdiyini izah edir. Hökumətin son siyasi təlatümləri izah edən siyasi şərhçisi kimi, mənim də daxili şərhçim tez-tez səhv edir, amma bunu çox nadir hallarda boynuna alır – onu da əgər alsa. Hökumət bayraqlarla, simvollarla və paradlarla milli mif quraşdırdığı kimi mənim daxili təbliğat maşınım da qiymətli xatirələr və əziz olan travmalardan ibarət, amma çox vaxt həqiqətlə zəif əlaqəsi olan şəxsi mifimi yaradır.

Facebook və *Instagram* dövründə siz bu mif yaradıcılığı prosesini əvvəlkindən də aydın şəkildə müşahidə edə bilərsiniz, çünki onların bəziləri kompüter zəkasından əxz olunub. Saysız-hesabsız saat-larla onlayn rejimdə öz mükəmməl "mən"lərini quran və bəzəyən, öz yaratdıqlarına möhkəm bağlanaraq onu səhvən həqiqət olaraq qəbul edən adamları seyr etmək çox valehedici və eyni zamanda da təlaşlıdır.[216] Beləcə, tıxacların, yersiz çığır-bağırların və gərgin sü-kutların çox olduğu ailə bayramı gözəl panoramlar kolleksiyasına, mükəmməl nahara və gülümsəyən üzlərə çevrilir; yaşadığımızın 99%-i heç vaxt özümüz haqqında hekayətə girmir.

Xüsusi olaraq qeyd etməyə dəyər ki, bizim fantaziya "mən"imiz çox vizual olmağa meyllidir, əsl yaşadıqlarımız isə cismanidir. Fan-taziya edəndə siz səhnəyə öz xəyalınızın və ya kompüterinizin ek-ranında baxırsınız. Özünüzü tropik çimərlikdə arxası mavi dənizə dayanmış, üzünüzdə böyük təbəssüm, əlinizdə kokteyl tutmuş, o biri qolunuzu da sevgilinizin belinə dolamış görürsünüz. Cənnət. Şəkildə görünməyən, ayağınızı sancan zəhlətökən milçək, yediyiniz qoxumuş balıq şorbasının mədənizi bulandırması, üzünüzə böyük təbəssüm verəndə çənənizin gərginləşməsi və xoşbəxt cütlüyün beş dəqiqə əvvəlki eybəcər davasıdır. Əgər biz şəkildəki adamların həmin an nə hiss etdiklərini hiss edə bilsəydik!

Ona görə də əgər özünüzü həqiqətən başa düşmək istəyirsinizsə, bunu *Facebook* qeydiyyatınız və ya daxili hekayətinizlə etməli de-yilsiniz. Bunun əvəzinə bədəninizin və ağlınızın faktiki hərəkətini nəzərinizdən yayındırmamalısınız. Onda görəcəksiniz ki, elə bir səbəb və ya sizin tərəfinizdən heç bir əmr olmadan fikirlər, emosiya-lar və istəklər necə gəlir və gedir, sanki müxtəlif istiqamətlərə əsən küləklər sizin saçınızı dağıdıb-qarışdırır. Siz də külək olmadığınız kimi, keçirdiyiniz fikir, emosiya və istəklərin dolaşıq yumağı da de-yilsiniz və arxa tarixlə danışdığınız rafinələnmiş hekayət olmama-ğınız da yəqindir. Siz onların hamısını yaşayırsınız, amma onlara kontrolluq etmirsiniz, sahibi deyilsiniz və o hekayətlər deyilsiniz. Adamlar soruşur: "Mən kiməm?" və hekayət eşidəcəyini gözləyir. Birinci bilməli olduğunuz şey, hekayət olmadığınızı bilməkdir.

Hekayətsiz

Liberalizm bütün kosmik dramları inkar etməklə radikal addım atıb. Sonra isə insanın içində dram yaradıb – kainatın süjeti yoxdur, ona görə də biz insanlar süjet yaratmalıyıq, bu bizim vəzifəmiz və həyatımızın mənasıdır. Liberalizm dövründən min illər əvvəl qədim Buddizm yalnız bütün kosmik dramları inkar etmək yox, hətta insanın daxili dramlarını da inkar etmək qədər irəli getmişdi. Kainatın mənası yoxdur və insan hissiyyatı da heç bir məna daşımır. Onlar böyük kosmik hekayətin bir parçası deyillər, ancaq ötəri vibrasiyalardır, konkret bir məqsəd olmadan gəlib-gedirlər. Bu həqiqətdir. Üstündən keçin gedin.

"Brihadaranyaka Upanis" bizə deyib ki "Qurbanlıq atın başı dan yeridir, gözü günəş … üzvləri fəsillər, oynaqları aylar və yarımaylar, ayaqları günlər və gecələr, sümükləri ulduzlar və əti buludlardır." Əsas buddist mətni olan "Mahasatipatthana Sutta" isə izah edir ki, rahib və ya rahibə meditasiya edəndə öz bədənini diqqətlə müşahidə edir və görür ki "bu bədənin başında saç var, dəri üzərində tüklər var, dırnaqlar, dişlər, dəri, ət, vətərlər, sümüklər, ilik, böyrək, ürək… ağız suyu, burun seliyi, oynaqlararası maye və sidik var. Beləcə bədənini seyr edərək qalır… İndi onun anlayışı bütövdür: Bu bədəndir[217]". Saç, sümük və ya sidiyin başqa mənası yoxdur. Elə nədirsə odur.

Mətnin hər parçası rahibin və ya rahibənin öz bədənində və ağlında nə müşahidə etdiyindən asılı olmayaraq, onu olduğu kimi başa düşdüyünü izah edir. Məsələn, rahib nəfəs alanda "dərindən nəfəs alır və elə də başa düşür ki, mən dərindən nəfəs alıram. Dayaz nəfəs alanda belə başa düşür ki, mən dayazdan nəfəs alıram.[218]" Uzun nəfəs fəsillərin, qısa nəfəs isə günlərin təcəssümü deyil. Sadəcə olaraq bədənin vibrasiyasıdır.

Budda öyrədir ki, kainatın üç əsas reallığı hər şeyin daim dəyişməsi, hər şeyin mahiyyətinin dəyişən olması və heç nəyin tam qaneedici olmamasıdır. Siz qalaktikanın, öz bədəninizin və şüurunuzun ən uzaq bucaqlarını tədqiq edə bilərsiniz – amma dəyişməz olan bir şeyə, mahiyyəti əbədi sabit olan şeyə və sizi tamamilə qane edən şeyə heç vaxt rast gəlməyəcəksiniz.

Əzab ona görə yaranır ki, insanlar bunu qiymətləndirə bilmir. Onlar inanırlar ki, haradasa əbədi mahiyyət var və əgər onu tapa bilsələr və onunla əlaqə yarada bilsələr tamamilə qane və məmnun olacaqlar. Bu əbədi mahiyyəti bəzən Allah adlandırırlar, bəzən millət, bəzən ruh, bəzən şəxsi "mən", bəzən isə həqiqi sevgi – və nə qədər çox adam bu işə baş qoşursa, onu tapa bilmədikləri üçün o qədər də çox məyus və məlul vəziyyətə düşürlər. Daha pisi odur ki, adamların bu axtarış istəyi nə qədər böyük olsa, onların fikrincə bu ülvi arzuya çatmağın qarşısında maneə olan şəxslərə, qruplara və institutlara qarşı o qədər də böyük nifrət bəsləməyə başlayırlar.

Buddaya görə həyatın mənası yoxdur və insanların məna yaratmasına ehtiyac yoxdur. İnsan yalnız onu başa düşməlidir ki, məna yoxdur və bununla da boş fenomenə bağlılığımız və onunla kimliyimizin müəyyən edilməsindən yaranan əzablardan azad olmalıdır.

"Mən nə etməliyəm?" – adamlar soruşur. Budda məsləhət verir: – "Heç nə. Tamamilə heç nə."

Bütün problem ondadır ki, biz daim nə isə etməkdəyik. Etdiyimizin fiziki səviyyədə olması heç də vacib deyil, – saatlarla gözümüzü yumub yerimizdə oturub tərpənməyə də bilərik, – mental səviyyədə yüksək dərəcədə hekayət və kimlik yaratmaqla, döyüşlərdə vuruşub qələbə çalmaqla məşğuluq. Həqiqətən heç nə etməmək o deməkdir ki, düşüncənizdə də heç nə etmirsiniz, heç nə yaratmırsınız.

Təəssüf ki, bu, çox asan qəhrəmanlıq eposuna çevrilir. Hətta siz gözlərinizi yumaraq oturub burnunuzdan nəfəs alıb-verməyinizi müşahidə etsəniz də bu haqda hekayət qura bilərsiniz: "nəfəsim bir az məcburi sayaq çıxır, daha rahat nəfəs alsam, daha sağlam olaram" və ya "əgər nəfəs almağımı müşahidə etməyi davam edib ayrı heç nə etməsəm biliyim artacaq və dünyada ən müdrik və ən xoşbəxt adam olacağam." Epos genişlənməyə başlayır və insanlar nəinki öz bağlılığından azad olmur, hətta başqalarını da buna qoşulmağa təşviq edirlər. Həyatın mənasız olduğunu qəbul etməklə mən, bu həqiqəti başqalarına izah etməkdə, ateistlərlə mübahisədə, skeptiklərə mühazirə söyləməkdə, monastırlara ianə verməkdə və s. məna tapıram. "Hekayətsizlik" özü çox asanlıqla başqa bir hekayətə çevrilə bilər.

Buddizmin tarixi, bütün fenomenlərin keçici və boş olduğuna, eləcə də hansısa hekayətə bağlı olmamağın vacibliyinə inanan insanlar haqqında, onların ölkədə hakimiyyət uğrunda, hansısa binaya mülkiyyətçiliyə görə və ya hətta bir sözün mənasına görə davakarlıq edib döyüşməsinə aid minlərlə misal verir. Əbədi Allahın əzəmətinə inandığınız üçün başqa adamlarla mücadilə etmək uğursuz, lakin anlaşılan hərəkətdir; bütün fenomenlərin boş şey olduğuna inandığınız üçün başqa adamlarla mücadilə etmək həqiqətən qəribədir, – amma insana çox xas olan hərəkətdir.

On səkkizinci əsrdə Birma və qonşu Siamın kral sülalələri Buddaya sadiqlikləri ilə fəxr edirdilər və Buddaya etiqadı müdafiə etməklə legitimlik qazanmışdılar. Krallar monastırlara ianələr verir, pagodalar tikir və hər həftə bilikli rahiblərin adam öldürməkdən, oğurluqdan, seksual təhqirdən, aldatmadan və sərxoşluqdan çəkinmək təəhhüdü haqqında, hər bir insanın mənəvi təəhhüdü haqqında bəlağətli moizələrini dinləyirdilər. Buna baxmayaraq bu iki krallıq bir-birilə fasiləsiz müharibədə idi. 7 aprel 1767-ci ildə Birma kralı Hsinbyuşin uzun müddət mühasirədə saxladığı Siamın paytaxtına hücuma keçdi. Qalib ordu öldürür, talayır, zorlayır və yəqin ki, harada gəldi keflənirdi. Sonra saraylar, monastırlar və pagodalar da daxil olmaqla şəhərin çox hissəsini yandırdılar və özləri ilə minlərlə qul, arabalarla qızıl və zinət əşyaları apardılar.

Bu, kral Hsinbyuşinin Buddizmə yüngül baxdığı üçün deyildi. Bu böyük qələbədən 7 il sonra İrravadi çayı boyunca kral səyahət edərək yol üstündəki vacib pagodalarda ibadət etdi, Buddadan öz ordusuna yeni qələbələr üçün xeyir-dua verməsini istədi. Hsinbyuşinin Ranquna çatanda Birmadakı ən müqəddəs tikili olan Şvedaqon pagodasını bərpa edib genişləndirdi. Sonra genişlənmiş tikilini özü ağırlığında qızılla bəzədi və pagodanın başına şpil qoydurub onu da qiymətli qaş-daşla (yəqin ki, Siamdan qarət edilmiş) bəzətdirdi. Eləcə də fürsəti fövtə verməyib əsir götürdüyü kral Pequnu, onun qardaşını və oğlunu edam etdirdi.[219]

1930-cu illərdə yaponlar hətta Buddist doktrinlərini millətçilik, militarizm və faşizmlə birləşdirməyin yaradıcı yollarını tapırdılar. Nişo İnaue, İkki Kita və Tanaka Çiqaku kimi radikal buddist mütəfəkkirləri iddia edirdilər ki, eqoist bağlılıq məsələsini həll etmək üçün adamlar özlərini tamamilə imperatorun ixtiyarına verməlidirlər, özlərinin fərdi düşüncələrini kəsib atmalı və millət total loyallığa riayət etməlidir. Mühafizəkar siyasi sistemi qətllər kampaniyası vasitəsilə yıxmaq istəyən fanatik militarist qrup da daxil olmaqla müxtəlif ultra-millətçi təşkilatlar, bu ideyalardan ilhama gəldilər. Onlar əvvəlki maliyyə nazirini, Mitsui şirkətinin baş direktorunu və sonda baş nazir İnukai Tsuyoşini öldürdülər. Bununla da Yaponiyada hərbi diktatorluğa keçidi sürətləndirdilər. Militarist hökumət müharibəni başlayanda buddist rahibləri və Zen meditasiyası ustadları hakimiyyətə təmənnasız tabeçiliyi və müharibədə qalibiyyət üçün özünü fəda etməyi təbliğ edirdilər. Mərhəmət və zorakılıqdan imtina kimi buddizm təlimləri isə əksinə, necəsə unudularaq yapon ordu hissələrinin Nankinq, Manila və ya Seulda törətdiklərinə hiss olunacaq təsir göstərmədi.[220]

Bu gün buddist Myanma insan hüquqları dünyada ən pis vəziyyətdə olan ölkələr siyahısındadır və buddist rahib Aşin Viratu, ölkəsində anti-müsəlman hərəkatına başçılıq edir. İddia edir ki, istədiyi yalnız Myanmanı müsəlman cihadı qəsdindən qorumaqdır, lakin onun moizələri və məqalələri o qədər fitnə-fəsadla doludur ki, *Facebook* nifrət təbliğ etdiyinə istinad edərək 2018-ci ilin fevralında onun səhifəsini sildi. 2017-ci ildə rahib *"Guardian"*a müsahibə verərkən yanından keçən ağcaqanada da mərhəmət ifadə edib, lakin ona Myanma hərbçilərinin müsəlman qadınları zorladığını deyəndə gülüb və "Mümkün olan şey deyil. Onların bədəni həddən artıq iyrəncdir" – deyib.[221]

Səkkiz milyard adam requlyar olaraq meditasiya etsə yer üzünə sülh və qlobal harmoniya gələcəyi şansı çox azdır. Özün haqqında həqiqəti müşahidə etmək çox çətin işdir! Hətta siz insanların çoxunu bunu etməyə razı sala bilsəniz də bizim çoxumuz tez həqiqətin içinə qəhrəmanların, mərdimazarların və düşmənlərin yer tutduğu hekayəti qatıb onu təhrif edəcək və müharibə üçün doğrudan da yaxşı bəhanələr tapacağıq.

Həqiqətin sınağı

Bütün bu böyük hekayətlərin bizim öz təxəyyülümüzün generasiya etdiyi uydurmalar olduğuna baxmayaraq, ümidsizlik üçün səbəb yoxdur. Reallıq mövcuddur. Siz hansısa riyakarlıq dramında rol oynaya bilməzsiniz, amma niyə ilk növbədə bunu etmək istəyirsiniz? İnsanların üzləşdiyi əsas sual, "həyatın mənası nədir?" sualı deyil, "əzabdan necə qurtulum?" sualıdır. Bütün uydurma hekayətləri başınızdan atanda reallığı əvvəlkindən daha aydın şəkildə müşahidə edə bilirsiniz. Əgər özünüz və dünya haqda həqiqəti real olaraq bilirsinizsə, heç nə sizi məyus edə bilməz. Amma əlbəttə ki, bunu demək, etməkdən asandır.

Biz insanlar dünyanı uydurma hekayət yaratmaq və ona inanmaq qabiliyyətimizə görə fəth etmişik. Ona görə də biz uydurma ilə reallıq arasındakı fərqi belə pis bilirik. Bu fərqi görməmək bizim yaşaya bilməyimiz üçün əsas məsələ olub. Əgər siz buna baxmayaraq fərqi bilmək istəyirsinizsə, əzabdan başlamaq lazımdır. Çünki, dünyada ən real olan şey əzabdır.

Siz hansısa böyük hekayətlə üzləşib bunun real, yoxsa xəyali olduğunu bilmək istəyəndə, ən əsas soruşulacaq suallardan biri "baş qəhrəmanın əzab çəkirmi?" sualıdır. Misal üçün, əgər kimsə sizə polyak xalqının hekayətini danışırsa, bir anlıq polyak xalqının əzab çəkə bilməsi haqqında düşünün. Adam Mitskeviç, böyük romantik şair və müasir Polşa millətçiliyinin atası, məlum olduğu üzrə Polşanı "millətlərin Məsihi" adlandırmışdı. 1832-ci ildə, Polşanın Rusiya, Prussiya və Avstriya tərəfindən bölünməsindən onilliklər keçəndən və 1830-cu ildə polyakların üsyanı ruslar tərəfindən qəddarlıqla yatırıldıqdan sonra yazdığı əsərində Mitskeviç deyirdi ki, Polşanın dəhşətli əzabları, Məsihin fədakarlığı ilə müqayisə ediləcək səviyyəli və bütün bəşəriyyət adından edilmiş fədakarlıqdır və Polşa da Məsih kimi ölümdən qayıdıb diriləcək.

Məşhur parçada Mitskeviç yazırdı:

Polşa [Avropa xalqlarına] dedi: "Kim mənim yanıma gəlsə azad və bərabər olacaq, çünki mən AZADLIĞAM." Lakin krallar bunu eşidəndə ürəklərində qorxdular və polyak xalqını çarmıxa çəkdilər və tabuta qoyaraq qışqırdılar: "Biz azadlığı öldürdük və dəfn etdik." Amma onlar axmaqcasına qışqırırdılar... Çünki Polşa xalqı ölməyib... Üçüncü gün Ruh Bədənə qayıdacaq və Millət ayağa qalxıb Avropa xalqlarını kölalikdən azad edəcək.[222]

Doğrudanmı millət əzab çəkə bilər? Millətin gözləri, əlləri, hissiyyatı, sevgi, ehtiras duyğuları varmı? Aydındır ki, yox. Əgər müharibədə məğlub olursa, ərazisinin bir hissəsini itirirsə və ya hətta müstəqilliyini itirirsə, yenə də ağrı, məyusluq və ya başqa əzabları çəkə bilməz, çünki bədəni, idrakı və ümumiyyətlə hissiyyatı yoxdur. Əslində bu bir təşbeh, metaforadır. Polşa, əzab çəkə bilən real bir varlıq olaraq yalnız konkret insanların xəyalında mövcuddur. Polşa dözür ona görə ki, bu insanlar öz bədənlərini müvəqqəti ona verirlər – yalnız Polşa ordusunda əsgər olaraq xidmət etməklə deyil, öz bədənini millətin sevinc və kədərinin mücəssəməsi kimi göstərməklə. 1831-ci ilin mayında Ostroleka döyüşündə Polşanın məğlub olması xəbəri gəlib Varşavaya çatanda insan mədələri çevrilirdi, insan köksünə ağrı dolurdu, insan gözlərindən yaşlar axırdı.

Bütün bunlar nə rus işğalına haqq qazandırır, təbii ki, nə də polyakların öz müstəqil dövlətlərini qurub, öz qanun və adətlərini qəbul etmək haqqının üstündən xətt çəkir. Amma yenə də, bu o deməkdir ki, son nəticədə reallıq polyak xalqının hekayəti ola bilməz, çünki Polşanın varlığının özü insan təxəyyülündəki obrazlardan asılıdır.

Bununla müqayisə etmək üçün istilaçı rus əsgərlərinin oğurlayıb zorladığı varşavalı qadının taleyini düşünün. Polşa xalqının metaforik əzabından fərqli olaraq qadının əzabı çox real olub. Bunun səbəbi insanın rus millətçiliyi, ortadoks xristianlıq və maço qoçaqlığı kimi rus əsgər və dövlət xadimlərini ruhlandıran müxtəlif hekayətlərə inanmasıdır. Bununla belə nəticədə çəkilən əzab 100% həqiqi idi.

Nə vaxt siyasətçilərin mistik terminlərlə danışdığını eşitsəniz, ehtiyatlı olun. Ola bilsin ki, onlar belə anlaşılmaz sözlərlə real əzabları gizlətməyə və onlara bəraət qazandırmağa cəhd edirlər. Bu dörd sözə münasibətdə xüsusilə ehtiyatlı olun: qurban vermək, əbədiyyət, təmizlik, xilas. Əgər bu sözlərdən hər hansını eşidirsinizsə, həyəcan siqnalı verin. Əgər yaşadığınız ölkənin başçısı gündə-günaşırı deyirsə ki: "Onların verdiyi qurbanlar bizim əbədi millətimizin təmizliyinin xilası olacaq", – bilin ki, işiniz çox çətindir. Ağlınızı itirməmək üçün belə cəfəngiyatı real obrazlara tərcümə edin: əsgər aqoniyada bağırır, qadın döyülüb və zorakılığa məruz qalıb, uşaq qorxusundan əsir.

Deməli, əgər siz kainat həyatın mənası və öz kimliyiniz haqqında həqiqəti bilmək istəyirsinizsə, ən doğru başlanğıc əzab çəkmək və bunun nə olduğunu tədqiq etməkdir. Bunun cavabı hekayət deyil.

21

Meditasiya

Sadəcə müşahidə edin

B u qədər hekayətləri, dinləri və ideologiyaları tənqid edərkən obyektiv olardı ki, mən də özümü atəş xəttinə qoyum və izah edim ki, bu qədər skeptik olan adam səhərlər yuxudan necə gümrah oyana bilir. Bir az özünəiltifat hissindən qorxduğuma görə buna tərəddüd edirəm, bir az da yanlış təəssürat yaratmaq istəmədiyim üçün, çünki mənim üçün gerçək olan şey hamı üçün gerçək olacaq. Yaxşı bilirəm ki, mənim genlərimə, neyronlarıma, həyat tarixçəmə və dharmama xas olan qəribəliklər hər adama xas deyil. Amma oxucular ən azı mənim dünyaya hansı rəngli eynəklə baxdığımı və ona görə də baxışımda və yazdığımda hansı təhrifləri etdiyimi bilsələr yaxşı olardı.

Mən yeniyetmə olanda təlaşlı və narahat insan idim. Mənimçün dünyanın mənası yox idi və həyat haqqında böyük suallarıma cavab tapmırdım. Məsələn, niyə dünyada və mənim öz həyatımda bu qədər əzab olduğunu anlamırdım və buna qarşı nə etmək mümkün olduğunu bilmirdim. Ətrafımdakı adamlardan və oxuduğum kitablardan öyrəndiklərim qəliz hekayətlər idi: allahlar və cənnətlər haqqında dini əsatirlər, ana vətən və onun tarixi missiyası haqda millətçi əfsanələr, sevgi və sərgüzəştlər haqqında romantik nağıllar və ya iqtisadi inkişaf və məni sevindirəcək şeyləri necə alıb istehlak etmək haqqında kapitalist xurafatı. Bunların yəqin ki, uydurma olduqlarını anlamağa ağlım çatırdı, amma həqiqəti necə tapmaq lazım olduğunu bilmirdim.

Universitetdə oxumağa başlayanda düşündüm ki, cavabları tapmaq üçün bura ideal yerdir. Amma ümidim boşa çıxdı. Akademik mühit insanların yaratdığı bütün mifləri darmadağın etmək üçün mənə güclü alət verdi, amma həyatın böyük suallarına heç bir qaneedici cavab təklif etmədi. Əksinə, məni daha dar çərçivəli suallar üzərində cəmlənməyə təşviq etdi. Nəhayət Oksford Universitetində orta əsr hərbçilərinin avtobioqrafik mətnləri mövzusuna aid doktorluq dissertasiyası yazası oldum. Əlavə hobbi kimi çoxlu fəlsəfə kitabları oxuyur və fəlsəfi debatlarda iştirak edirdim. Bu, çoxlu intellektual əyləncə ilə təmin etsə də, məni narahat edən suallara cavab tapmağa real bəsirəti təmin etmirdi. Bu çox məyusedici idi.

Nəhayət yaxın dostum Ron təklif etdi ki, heç olmazsa bir neçə günlük kitablardan və debatlardan ayrılıb Vipassana meditasiya kursu keçməyə cəhd edim. ("Vipassana" qədim Hindistan dili olan pali dilində "özünüanaliz" deməkdir.) Düşündüm ki, bu, yəqin Yeni Əsrin "mumbo-jumbo"sudur və daha bir mifologiya dinləməyə həvəsim olmadığı üçün imtina etdim. Lakin Ron bir il səbrlə təşviq etdikdən sonra 2000-ci ilin aprelində məni geri çəkilib on günlük Vipassana kursuna getməyə razı saldı.[223]

Ondan əvvəl mənim meditasiya haqqında bildiklərim çox az idi və düşünürdüm ki, yəqin buna qəliz mistik nəzəriyyələr də daxildir. Ona görə də dərsin praktikliyi məni valeh etdi. Kursun müəllimi S.N.Goenka tələbələrə bardaş qurub oturmağı, gözlərini yumub bütün diqqəti burundan alıb-verilən nəfəsə yönəltməyi tapşırdı. "Heç nə etməyin" – deyirdi, "nəfəs almağınıza nəzarət etməyə və ya xüsusi qaydada nəfəs almağa heç cəhd etməyin və yalnız indiki anın reallığını müşahidə edin, necə varsa, elə. Nəfəs alanda sadəcə müşahidə edirsiniz – indi nəfəs daxil oldu. Nəfəsi verəndə yenə müşahidə edirsiniz – nəfəs bədəndən çıxdı. Diqqətiniz yayınıb fikriniz xatirə və ya fantaziya arxasınca gedəndə yenə müşahidə edirsiniz – fikrim nəfəs almağımdan yayındı." Bu, o vaxta qədər mənə deyilən sözlərin ən vacibi idi.

İnsanlar həyatın böyük sualları haqqında soruşanda adətən nəfəsinin burundan nə vaxt daxil olduğu, nə vaxt xaric olduğu haqda qətiyyən maraqlanmır. Onları daha çox maraqlandıran adam öləndən sonra nə olur məsələsidir. Amma həyatın real sirri siz öləndən sonra nə olur məsələsi deyil, siz ölməmişdən əvvəl nə olur məsələsidir. Əgər ölümü anlamaq istəyirsinizsə, həyatı anlamalısınız.

Adamlar soruşur: "Mən öləndə sadəcə tamamilə yox olacağam? Cənnətə gedəcəyəm? Yenidən başqa bədəndə doğulacağam?" Bu suallar o fərziyyə üzərində qurulur ki, hansısa "mən" var və o, doğulandan ölənə qədər davam edir və sual da budur ki, "insan öləndə bu "mən"in başına nə iş gəlir?" Bəs doğulandan ölənə qədər davam edən nədir? Bədəndə hər an dəyişiklik gedir, beyində hər an dəyişiklik gedir, şüurda hər an dəyişiklik gedir. Özünüzü yaxından müşahidə etdikcə aydın olur ki, bir andan o birisinə qədər davam edib dəyişməyən heç nə yoxdur. Bəs bütün həyatı bir yerdə tutub saxlayan nədir? Əgər bunun cavabını bilmirsinizsə, həyatı anlamırsınız və əlbəttə ki, ölümü anlamaq şansınız da yoxdur. Əgər həyatı bir yerdə tutub saxlayanın nə olduğunu kəşf edə bilsəniz, ölüm haqqında böyük sualın cavabı da sizə aydın olacaq.

Adamlar deyir: "Ruh, insan doğulandan ölənə qədər hər şeyi özündən keçirir və bununla da həyatı bir yerdə saxlaya bilir" – amma bu, sadəcə hekayətdir. Siz ruhu nə vaxtsa görübsünüzmü? Siz onu hər an tədqiq edə bilərsiniz, yalnız ölüm anında yox. Əgər bir an qurtarıb o biri an başlayanda sizdə nə baş verdiyini anlaya bilsəniz, ölüm anında sizdə nə baş verdiyini də anlayacaqsınız. Əgər bir nəfəs ərzində özünüzü həqiqətən müşahidə edə bilsəniz, bunun hamısını anlayacaqsınız.

Nəfəsimi müşahidə etməkdən öyrəndiyim ilk şey o oldu ki, oxuduğum bütün kitablara və universitetdə aldığım dərslərə baxmayaraq, öz şüurum haqda demək olar ki, heç nə bilmirəm və onun üzərində nəzarətim çox cüzidir. Bütün səylərimə baxmayaraq, mən on saniyədən artıq nəfəsimin burnumdan gəlib-getməyini müşahidə edə bilmirdim, fikrim-diqqətim yayınırdı. İllər uzunu o təəssüratla yaşayırdım ki, həyatımın sahibiyəm və öz şəxsiyyət brendimin baş meneceriyəm. Lakin bir neçə saat meditasiya mənim öz üzərimdə hər hansı nəzarətim sıfıra çox yaxın olduğunu başa saldı. Mən baş menecer yox, güclə qapını açıb-örtən qapıçı ola bilərdim. Məndən bədənimin qapısında – burun dəliklərimdə – durmaq və gəlib-gedəni müşahidə etmək xahiş olunmuşdu. Lakin bir neçə andan sonra postumu tərk etdim. Bu, çox ibrətamiz bir təcrübə idi.

Kurs davam etdikcə ora gələnlərə yalnız öz nəfəslərini deyil, bütün bədəndəki hissləri müşahidə etməyi öyrədirdilər. Fərəh və

313

ekstaz kimi xüsusi hissi deyil, ən adi gündəlik keçirilən hissi – isti, təzyiq, ağrı və s. Vipassananın texnikası idrak axınının bədən hissiyyatı ilə qarşılıqlı əlaqəsi olması üzərində qurulub. Mənimlə dünya arasında həmişə bədən hissiyyatı durur. Mən heç vaxt ətrafımdakı dünyada baş verənlərə reaksiya vermirəm; həmişə öz bədənimin hissiyyatına reaksiya verirəm. Hissiyyat xoşagəlməz olanda, ikrahla reaksiya verirəm. Hissiyyat xoş olanda, reaksiyam daha çoxunu istəmək olur. Biz hətta düşünəndə də başqa şəxsin etdiyinə reaksiya veririk, prezident Trampın son tvitinə və ya uzaq uşaqlıq xatirəsinə, həqiqət odur ki, biz həmişə öz birbaşa bədən hissiyyatımıza reaksiya veririk. Əgər kiminsə bizim milləti və ya bizim allahı təhqir etməsindən hiddətlənmişiksə, təhqiri dözülməz edən mədəmizin çuxurundakı yanğı hissi və ürəyimizi sıxan ağrılar qrupudur. Millətimiz heç nə hiss etmir, bədənimiz isə real ziyan görür.

Qəzəbin nə olduğunu bilmək istəyirsiniz? Onda siz hiddətlənəndə bədəninizdə yaranan, sonra keçən hissi müşahidə edin. Mən o kursa gedəndə 24 yaşım vardı və ondan əvvəl yəqin ki, 10000 dəfə hiddətlənmişdim, amma heç vaxt hiddətin hansı hissi yaratdığını müşahidə etmək ağlıma gəlməmişdi. Hər dəfə hiddətlənəndə hiddətimin hissi reallığına deyil, onun obyektinə fokuslanırdım – kiminsə nə isə etdiyinə və ya dediyinə.

Düşünürəm ki, hisslərimi müşahidə etməklə həmin on gün ərzində özüm və ümumiyyətlə insanlar haqqında o ana qədər ömrüm boyu öyrəndiyimdən daha çox öyrəndim. Və bununla da hansısa hekayəti, nəzəriyyəni və ya mifologiyanı qəbul etməyə ehtiyacım qalmadı. Ancaq reallığı olduğu kimi müşahidə etməli idim. Başa düşdüyüm ən vacib şey o oldu ki, mənim əzabımın ən dərin mənbəyi idrakımın xüsusiyyətindədir. Mən bir şeyi istəyəndə və o olmayanda idrakım buna əzab generasiya etməklə reaksiya verir. Əzab ətraf dünyanın obyektiv şərti deyil. Mənim öz idrakımın generasiya etdiyi mental reaksiyadır. Bunu öyrənmək, daha çox əzab generasiyasının qarşısını almaq üçün birinci addımdır.

2000-ci ildəki ilk kursdan sonra mən hər gün iki saat meditasiya etməyə başladım və hər il bir və ya iki aylıq uzun meditasiya kursu götürürəm. Bu, reallıqdan qaçmaq deyil, reallıqla təmasda olmaqdır. Əslində hər gün azı iki saat birbaşa reallığı müşahidə edirəm,

qalan iyirmi iki saatda isə emaillər, tvitlər və müxtəlif videolar ba-
şımdan aşır. Bu təcrübənin verdiyi fokuslanma və aydınlıq olmasa,
mən "Sapiens" və ya "Homo Deus" kitablarını yaza bilməzdim. Ən
azı mənim üçün meditasiya heç vaxt elmi axtarışla konfliktə girmir.
Əksinə, elmi axtarış üçün tətbiq etdiyim, xüsusilə insan idrakını an-
lamaq istəyəndə tətbiq etdiyim dəyərli metodlardan biridir.

İki tərəfdən qazmaq

Elmin insan ağlının sirlərini de-şifrə etməkdə çətinlik çəkməsinin
böyük qismi effektiv metod və alətlərin olmamasıdır. Çox sayda
alimlər də daxil olmaqla çox adamlar beyinlə ağılı (idrakı) qarış-
dırmağa meyli olurlar. Amma bunlar həqiqətən müxtəlif anlayış-
lardır. Beyin neyronların, sinopsislərin və biokimyəvi maddələrin
maddi şəbəkəsidir. Ağıl, idrak isə ağrı, həzz, hiddət və sevgi kimi
subyektiv təcrübələrin axınıdır. Bioloqlar beyinin və milyardlarla
neyronun biokimyəvi reaksiyalarının necəsə idrakı, eləcə də ağrı və
sevgi kimi təcrübələri yaratdığını fərz edirlər. Lakin indiyə qədər
biz idrakın beyində necə zühur etməsi haqqında heç bir izahat
eşitməmişik. Niyə neyronlar bir sxem üzrə elektrik siqnalları bu-
raxanda mən ağrı hiss edirəm, başqa sxem üzrə buraxanda sevgi? Bi-
zim cavabımız yoxdur. Deməli lap idrak beyindən zühur edirsə də,
hal-hazırda idrakın tədqiq edilməsi cəhdi beyinin öyrənilməsindən
fərqlidir.

Mikroskoplar, beyin skanerləri və güclü kompüterlər sayəsində
beyinin tədqiq edilməsi iti sürətlə irəli gedir. Amma biz mikroskop-
da və ya skanerdə idrakı görə bilmərik. Bu cihazlar beyində gedən
biokimyəvi və elektrik aktivliyini qeydə alır, lakin bu fəaliyyətlə
assosiasiya olunan subyektiv təcrübələri izləmək imkanını bizə ver-
mir. İndi, 2018-ci ildə mənim üçün birbaşa əlçatan olan mənim öz
idrakımdır. Əgər mən başqa şüurlu varlıqların nə hiss etdiyini də
bilmək istəsəm, bunu ancaq ikinci əl hesabatlardan öyrənə bilərəm,
o hesabatlarda isə çoxsaylı təhriflər və məhdudiyyətlər yer tutur.

Şübhəsiz ki, biz müxtəlif adamların çox sayda ikinci əl hesabat-
larını toplaya və statistik qanunauyğunluğu müəyyən edə bilərik.

Belə metodlar psixoloq və beyin mütəxəssislərinə yalnız idrakın daha yaxşı anlaşılmasında deyil, həm də milyonlarla adamın həyatını yaxşılaşdırmağa və hətta xilas etməyə imkan verir. Lakin yalnız ikinci əl hesabatından istifadə etməklə müəyyən yerdən o yana getmək mümkün deyil. Elmdə siz hansısa bir konkret fenomeni araşdıranda, onu bilavasitə müşahidə etmək ən yaxşı yoldur. Antropoloqlar, məsələn, ekstensiv şəkildə ikinci mənbələrdən istifadə edirlər, amma əgər siz həqiqətən samoa mədəniyyətini anlamaq istəyirsinizsə, tez və ya gec çantanızı yığıb Samoaya getməli olacaqsınız.

Təbii ki, sadəcə getmək kifayət etməyəcək. Çantası kürəyində Samoanı gəzib səyahət edən adamın yazdığı bloq elmi antropoloji tədqiqat olmayacaq, çünki kürəyi çantalı gəzən adamların əksəriyyətində lazımi alətlər yoxdur və bu sahədə zəruri treninq keçməyiblər. Onların müşahidələri həddən artıq təsadüfi və subyektivdir. Mötəbər antropoloq olmaq üçün insan mədəniyyətlərini metodoloji və obyektiv qaydada, əvvəlcədən hansısa konsepsiyalara müvafiq və tərəfgirlikdən azad şəkildə müşahidə etmək lazımdır. Antropologiya fakültəsində məhz bunu öyrənirsiniz və məhz bu, müxtəlif mədəniyyətlər arasındakı boşluqlara körpü salınması işində antropoloqların həyati vacib rol oynamasına imkan verir.

İdrakın elmi tədqiqatı nadir hallarda bu antropoloji modelə uyğun olur. Amma antropoloqlar tez-tez uzaq adalara və möcüzəli ölkələrə səfərlərindən yazırlar. İnsan şüuru alimləri idrak aləminə belə şəxsi səfərləri nadir halda edirlər. Bilavasitə müşahidə edə biləcəyim yeganə idrak, mənim öz idrakımdır və Samoa mədəniyyətini təmayülsüz və qərəzsiz müşahidə etmək nə qədər çətin olsa da, mənim öz idrakımı obyektiv müşahidə etmək ondan da çətindir. Bir əsrdən artıq ağır zəhmətdən sonra, bu gün artıq antropoloqların ixtiyarında obyektiv müşahidə prosedurları var. İdrak alimləri isə ikinci mənbədən olan raportları toplamaq və analiz etmək sahəsində çox metodlar işləyib hazırlamışlar. Bizim öz idrakımızı müşahidə etməyə gələndə isə çətin ki, bir cızma-qara tapaq.

İdrakın birbaşa müşahidəsi metodlarının yoxluğu şəraitində biz, keçmiş mədəniyyətlərin hazırladığı üsullardan istifadəyə cəhd edə bilərik. Bir neçə qədim mədəniyyətlər idrakın öyrənilməsinə böyük diqqət yetirmişlər və onlar ikinci mənbə hesabatının toplanmasına yox, adamları öz idrakını sistematik şəkildə müşahidə etmək üçün məşqlərə istinad etmişlər. Onların işləyib hazırladığı metodlar ümumi termin olan meditasiya adı altında bir yerə toplanmışdır. Bu gün bu termin din və mistisizmlə assosiasiya olunur, lakin meditasiya, adamın öz idrakını birbaşa müşahidəsi metodudur. Çox dinlər həqiqətən müxtəlif meditasiya üsullarından ekstensiv şəkildə istifadə etmişdir, amma bu, meditasiyanın heç də hökmən dini prosedur olduğu demək deyil. Çox dinlər həm də kitabları ekstensiv istifadə etmişdir, lakin bu, kitab istifadəsinin dini praktika olduğu demək deyil.

Minilliklər ərzində insanlar, bir-birindən prinsipcə və effektivliyinə görə fərqlənən yüzlərlə meditasiya metodu hazırlamışlar. Mənim yalnız onlardan biri üzrə şəxsi təcrübəm olub, – Vipassana – ona görə də müəyyən səriştəlilik dərəcəsilə yalnız onun haqqında danışa bilərəm. Başqa bir neçə meditasiya metodları kimi Vipassana da qədim Hindistanda Buddanın tapıntısı olduğu deyilir. Əsrlər boyu çox sayda nəzəriyyələrin və hekayətlərin Buddanın adına yazıldığı məlumdur və çox vaxt da buna heç bir əsas olmadan yazıldığı. Lakin meditasiya etmək üçün sizin onların heç birinə inanmağınıza ehtiyac yoxdur. Mənə Vipassananı öyrədən müəllim Goenka çox praktik bir təlimçi idi. Tələbələrinə dəfələrlə təkrar edirdi ki, onlar idrakı müşahidə edəndə ikinci mənbə təsvirləri, dini doqmaları və fəlsəfi fərziyyələri bir kənara qoysunlar və öz fərdi təcrübələrinə və həqiqətin nə olmasından asılı olmayaraq ona fokuslansınlar. Hər gün çox sayda tələbələr onun otağına gələrək təlimat alır və suallar verirdilər. Qapısının girişində yazılmışdı: "Lütfən, nəzəri və fəlsəfi müzakirələri bir kənara qoyun və suallarınızı konkret təcrübənizlə bağlı məsələyə fokuslayın."

Konkret təcrübə bədən hissiyyatını və həmin hissiyyata mental reaksiyaları metodoloji, davamlı və obyektiv tərzdə müşahidə etmək və bununla idrakın təməl xassələrini tapmaqdır. Adamlar bəzən meditasiyanı xüsusi həzz və ekstaz üçün edir. Lakin həqiqətdə, şüur kainatın ən böyük möcüzəsidir və istilik və qaşınma kimi sadə hisslər, vəcdə gəlmək və kosmik vəhdət qədər möcüzəvidir. Vipassana meditasiyası ilə məşğul olanlara xəbərdarlıq edilir ki, heç vaxt

317

xüsusi duyğu axtarmasınlar, ancaq idrakının reallığını anlamaq üzərində – bu reallığın nədən ibarət olmasından asılı olmayaraq – konsentrasiya olsunlar.

Son illərdə həm idrak, həm də beyin alimlərinin belə meditasiya metodlarına maraqları artıb, lakin tədqiqatçıların əksəriyyəti indiyə qədər bu metoddan dolayı yolla istifadə edib.[224] Tipik alimin faktiki olaraq fərdi meditasiya praktikası olmur. Əslində o, meditasiyada təcrübəsi olan adamları laboratoriyasına dəvət edir, onların başına elektrodları qoşur, onlardan meditasiya etməyi xahiş edir və bu vəziyyətdə beyin fəaliyyətini müşahidə edir. Bu, bizə beyin haqqında maraqlı şeylər öyrədə bilər, amma əgər məqsəd idrakı anlamaqdırsa, bir çox vacib məlumatları ala bilməyəcəyik. Bu, maddənin strukturunu anlamaq istəyən adamın böyüdücü şüşə ilə ona baxmasına bənzəyir. Siz həmin adama yaxınlaşıb, mikroskopu ona verib deyirsiniz: «Bunu yoxla. Çox yaxşı görə biləcəksən.» O mikroskopu götürür, özünün etibar etdiyi böyüdücü şüşəni çıxarır və mikroskopun düzəldiyi materialı müşahidə etməyə başlayır... Meditasiya idrakı birbaşa müşahidə etmək üçün olan alətdir. Siz özünüz meditasiya etmək əvəzinə başqa meditasiya edən adamın beynindəki elektrik aktivliyini monitor edirsiniz.

Mən əlbəttə ki, hal-hazırdakı beyin öyrənilməsi metodlarını və praktikasının ləğvini təklif etmirəm. Meditasiya onları əvəz etmir, lakin onları tamamlaya bilər. Bu, bir qədər böyük dağın altından tunel qazan mühəndisin işinə bənzəyir. Niyə bir tərəfdən qazsın ki? Eyni zamanda hər iki tərəfdən qazsa daha yaxşı olar. Əgər beyin və idrak həqiqətən də eyni şeydirsə, iki tunel mütləq görüşəcək. Bəs beyin və idrak eyni şey deyilsə? Onda yalnız beynin deyil, idrakın altını qazmaq daha da mühüm olur.

Bəzi universitetlər və laboratoriyalar doğrudan da beyni sadəcə tədqiqat obyekti kimi deyil, meditasiyanı tədqiqat metodu kimi tətbiq etməyə başlayıb. Lakin bu proses hələlik ilkin dövrünü yaşayır, bu həm də tədqiqatlara fövqəladə dərəcədə investisiya tələb olunması ilə əlaqədardır. Ciddi meditasiya çox yüksək səviyyədə intizam tələb edir. Əgər öz hissiyyatınızı obyektiv müşahidəyə cəhd etsəniz, ilk görüb-anladığınız idrakın nə qədər dəlisov və hövsələsiz olduğunu kəşf etməyiniz olacaq. Hətta nisbətən aydın

hissiyyat olan burun dəliklərindən nəfəsin gəlib-getməsinə fokus-
lansanız belə, ağlınız bunu adətən bir neçə saniyədən artıq edə
bilmir, fokusu itirir, başqa fikirlər, xatirələr və arzuların arxasınca
gedir.

Mikroskopun fokusu qaçanda sadəcə kiçik dəstəyi fırlamaq
lazım olur. Əgər dəstək sınıbsa, texniki çağırıb onu təmir edə
bilərik. Lakin idrakın fokusu qaçanda onu belə asan təmir edə bil-
mirik. Adətən metodik və obyektiv müşahidəyə başlamaq üçün
sakitləşmək və konsentrasiya olmaqdan ötrü uzun və çoxlu məşq
tələb olunur. Bəlkə də gələcəkdə biz bir həb udub ani fokuslanmağı
bacaracağıq. Lakin meditasiyanın məqsədi yalnız idraka fokuslan-
maq yox, onu tədqiq etmək olduğu üçün belə qısa yol qeyri-effektiv
ola bilər. Həb bizi çox sayıq və fokuslanmış vəziyyətə gətirə bilər, la-
kin eyni zamanda da bizim idrakın bütün spektrini öyrənməyimizi
məhdudlaşdırar. Yəni, bu gün də biz TV-də yaxşı triller filmə bax-
dığımız anda asanlıqla idrakımıza fokuslaya bilərik, lakin filmə fo-
kuslanmış idrak, öz dinamikasını müşahidə edə bilməz.

Lakin hətta biz texnoloji vasitələrə bel bağlaya bilmiriksə də,
təslim olmağa dəyməz. Antropoloqlar, zooloqlar və astronavtlar
bizə ilham verə bilər. Antropoloqlar və zooloqlar illərlə uzaq adalar-
da iş aparırlar, çox sayda xəstəlik və təhlükələrə məruz qalırlar. As-
tronavtlar öz riskli fəza səyahətlərinə hazırlaşanda illərlə mürəkkəb
məşq rejiminə əməl edirlər. Əgər biz əcnəbi mədəniyyətləri anla-
maq, naməlum fəzanı və uzaq planetləri öyrənmək üçün belə səy
göstərib fədakarlıq ediriksə, öz idrakımızı anlamaq üçün də elə eyni
ağır işi görməyə dəyər. Alqoritmlər bizə idrak düzəldənə qədər
özümüz öz idrakımızı anlaya bilsək daha yaxşı olar.

Özünümüşahidə heç vaxt asan olmayıb, amma zaman keçdikcə
daha da çətin ola bilər. Tarix irəli getdikcə insanlar özləri haqqın-
da daha mürəkkəb hekayətlər yaradıblar və bu bizim kim olduğu-
muzu anlamağı daha da çətinləşdirib. Bu hekayətlər böyük sayda
insanları birləşdirmək, hakimiyyəti bir yerə toplamaq və sosial har-
moniyanı qorumaq məqsədi daşıyırdı. Onlar milyardlarla ac adamı
doyuzdurmaq və onların bir-birinin boğazını kəsməməyini təmin
eləmək baxımından həyati vaciblik kəsb edirdi. İnsanlar özlərini
müşahidə etməyə cəhd göstərəndə onların adətən tapdıqları hazır

319

hekayətlər olub. Açıq tədqiqat çox təhlükəli olub. Bu, ictimai qayda-qanunu pozmaq kimi təhlükə yaradırdı.

Texnologiya inkişaf etdikcə, iki hadisə baş verdi. Birincisi daş bıçaqlar yavaş-yavaş nüvə raketinə qədər təkamül etdi, bu, sosial qayda-qanunun pozulmaq təhlükəsini daha da artırdı. İkincisi, mağara boyakarlığı televiziya verilişlərinə qədər təkamül etdikcə insanları aldatmaq asanlaşdı. Yaxın gələcəkdə alqoritmlər prosesi tamamlanmağa aparıb çıxara bilər, – praktik olaraq insanların özü haqqında reallığı müşahidə etməyi qeyri-mümkün edə bilər. Bu, bizim kim olduğumuza və özümüz haqda nəyi bilməli olduğumuza qərar verən alqoritmlər olacaq.

Hələ bir neçə il və ya onillik bizim seçim imkanımız olacaq. Çox səy göstərsək hələ həqiqətən kim olduğumuzu tədqiq edə bilərik. Lakin bu imkandan istifadə etmək istəyiriksə, bunu indi etsək yaxşı olar.

Minnətdarlıq

Mənə yazmağa, həm də pozmağa kömək etmiş hamıya minnətdarlığımı bildirirəm:

Maykl Şavitə *(Michal Shavit)* – mənim Böyük Britaniyadakı *Penguin Random House* nəşriyyatındakı naşirim və həm bu kitabın ideyasını verən, həm də kitabın uzun yazılma prosesində mənə bələdçilik edən adam. Eləcə də gərgin işlərinə və mənə dəstək olduqlarına görə Penguin Random House nəşriyyatının bütün əməkdaşlarına.

David Milnerə, – həmişəki kimi əlyazmanın dəhşətli redaktə işini öz üzərinə götürdüyünə görə. Mən bəzən "buna David nə deyər" – düşünərək, mətnin üzərində daha da səylə işləyirdim.

Suzanna Dinə *(Suzanne Dean)* – Penguin Random House nəşriyyatında mənim kreativ direktorum, kitab cildli dahi.

Prina Qadherə *(Preena Gadher)* və onun *"Riot Communications"*dəki həmkarlarına, – təşkil etdikləri parlaq PR kampaniyasına görə.

Spiegel&Grau şirkətindən olan Sindi Şpigelə *(Cindy Spiegel)*, – onun geri bildirişləri və Atlantikanın o tayında olan məsələlərin yükünü çəkdiyi üçün.

Dünyanın bütün kontinentlərində (Antarktikadan başqa) olan naşirlərimə – göstərdikləri etimada, işlərinə sadiqliyə və professionallığa görə.

Mənim tədqiqat assistentimə, İdan Şererə *(Idan Sherer)*, – qədim sinaqoqlardan tutmuş süni intellektə qədər hər şeyi yoxladığına görə.

Şmuel Rosnerə *(Shmuel Rosner)*, – davamlı köməyi və faydalı məsləhətlərinə görə.

Yiqal Boroçovski *(Yigal Borochovsky)* və Sara Arahoniyə *(Sarai Aharoni)*, – əlyazmamı oxuduqlarına və mənim səhvlərimi düzəldərək çox şeyə yeni perspektivdən baxmağıma imkan yaratmaq üçün çoxlu vaxt sərf etdiklərinə görə.

Deni Orbax *(Danny Orbach)*, Uri Sabax *(Uri Sabach)*, Yoram Yovel *(Yoram Yovell)* və Ron Meroma *(Ron Merom)* kamikadze, müşahidə aparılması, psixologiya və alqoritmlər sahəsindəki dərin biliklərinə görə.

Mənim sadiq komandama – İdo Ayala *(Ido Ayal)*, Maya Orbaxa *(Maya Orbach)*, Naama Vartenburqa *(Naama Wartenburg)* və Eilona Arielə *(Eilona Ariel)*, mənim e-mailimdə işləməkdə çox günlər keçirdiklərinə görə.

Bütün dostlarıma və ailə üzvlərimə – göstərdikləri təmkinə və sevgiyə görə.

Anam Pninaya və qayınanam Hannaya, vaxtlarını və təcrübələrini mənə həsr etdiklərinə görə.

Həyat yoldaşım və menecerim İtzikə – o olmasaydı, bu işlərin heç biri olmayacaqdı. Mən yalnız kitabı necə yazmağı bilirəm, qalan bütün işləri isə o edib.

Və nəhayət bütün oxucularıma – maraqlarına, sərf etdikləri vaxta və şərhlərinə görə. Əgər kitab rəfdə qalırsa, heç kim onu oxumursa, bir mənası olurmu?

***

Girişdə qeyd edildiyi kimi, bu kitab ictimaiyyətlə söhbətlər əsasında yazılıb. Fəsillərin çoxu oxucuların, jurnalistlərin və həmkarlarımın mənə verdikləri suallara cavab olaraq tərtib edilib. Bəzi seqmentlərin əvvəlki versiyaları esse və məqalə şəklində nəşr olunub və bu da mənə geribildiriş almaq və arqumentləri cilalamaq imkanı verib. Bu, əvvəlki esse və məqalə versiyalarının siyahısı belədir:

1. 'If We Know Meat Is Murder, Why Is It So Hard For Us to Change and Become Moral?', *Haaretz*, 21 June 2012.
2. 'The Theatre of Terror', *Guardian*, 31 January 2015.
3. 'Judaism Is Not a Major Player in the History of Humankind', *Haaretz*, 31 July 2016.
4. 'Yuval Noah Harari on *Big data, Google* and the End of Free Will', FT.com, 26 August 2016.
5. 'Isis is as much an offshoot of our global civilisation as *Google*', *Guardian*, 9 September 2016.
6. 'Salvation by Algorithm: God, Technology and New 21st Century Religion', *New Statesman*, 9 September 2016.
7. 'Does Trump's Rise Mean Liberalism's End?', *New Yorker*, 7 October 2016.
8. 'Yuval Noah Harari Challenges the Future According to *Facebook*', *Financial Times*, 23 March 2017.
9. 'Humankind: The Post-Truth Species', Bloomberg.com, 13 April 2017.
10. 'People Have Limited Knowledge. What's the Remedy? Nobody Knows', *New York Times*, 18 April 2017.
11. 'The Meaning of Life in a World Without Work', *Guardian*, 8 May 2017.
12. 'In *Big data* vs. Bach, Computers Might Win', *Bloomberg View*, 13 May 2017.

13. 'Are We About to Witness the Most Unequal Societies in History?', *Guardian*, 24 May 2017.
14. 'Universal Basic Income is Neither Universal Nor Basic', *Bloomberg View*, 4 June 2017.
15. 'Why It's No Longer Possible For Any Country to Win a War', Time.com, 23 June 2017.
16. 'The Age of Disorder: Why Technology is the Greatest Threat to Humankind', *New Statesman*, 25 July 2017.
17. 'Reboot for the AI Revolution', *Nature News*, 17 October 2017.

Qeydlər

FƏSİL 1

1. Bax, məsələn, Corc Bushş *(George W. Bush)* 2005-ci ildə özünün inauqurasiya nitqində demişdir: "Baş verən hadisələr və sağlam düşüncə bizi bir nəticəyə gətirir: bizim ölkəmizdə azadlığın yaşaya bilməsi onun başqa ölkələrdəki uğurundan getdikcə daha çox asılıdır. Bizim dünyamızda sülhün bərqərar olmasına ümidlərimiz, azadlığın bütün dünyaya yayılması ilə bağlıdır. *'Bush Pledges to Spread Democracy', CNN, 20 January 2005, http:// edition.cnn.com/2005/ALLPOLITICS/01/20/bush.speech/, accessed 7 January 2018. For Obama, see, for example, his final speech to the UN: Katie Reilly, 'Read Barack Obama's Final Speech to the United Nations as President', Time, 20 September 2016, http://time.com/4501910/president-obama-united-nations-speech-transcript/, accessed 3 December 2017.*

2. William Neikirk and David S. Cloud, 'Clinton: Abuses Put China "On Wrong Side of History"', Chicago Tribune, 30 October 1997, http://articles. chicagotribune.com/1997-10-30/news/9710300304_1_human-rights-jiang-zemin-chinese-leader, accessed 3 December 2017.

3. Eric Bradner, 'Hillary Clinton's Email Controversy, Explained', CNN, 28 October 2016, http://edition.cnn.com/2015/09/03/politics/hillary-clinton-email-controversy-explained-2016/index.html, accessed 3 December 2017.

4.Chris Graham and Robert Midgley, 'Mexico Border Wall: What is Donald Trump Planning, How Much Will It Cost and Who Will Pay for It?', Telegraph, 23 August 2017, http://www.telegraph.co.uk/news/0/mexico-border-wall-donald-trump-planning-much-will-cost-will/, accessed 3 December 2017; Michael Schuman, 'Is China Stealing Jobs? It

May Be Losing Them, Instead', New York Times, 22 July 2016, https://www.nytimes.com/2016/07/23/business/international/china-jobs-donald-trump.html, accessed 3 December 2017.

5. On doqquzuncu və əvvəlki əsrlər üçün bax: Evgeny Dobrenko and Eric Naiman (eds.), The Landscape of Stalinism: The Art and Ideology of Soviet Space (Seattle: University of Washington Press, 2003); W. L. Guttsman, Art for the Workers: Ideology and the Visual Arts in Weimar Germany (New York: Manchester University Press, 1997). For a general discussion see for example: Nicholas John Cull, Propaganda and Mass Persuasion: A Historical Encyclopedia, 1500 to the Present (Santa Barbara: ABC-CLIO, 2003).

6. İzahat üçün bax: Ishaan Tharoor, 'Brexit: A modern-day Peasants' Revolt?', Washington Post, 25 June 2016, https://www.washingtonpost.com/news/worldviews/wp/2016/06/25/the-brexit-a-modern-day-peasants-revolt/?utm_term=.9b8e81bd5306; John Curtice, 'US election 2016: The Trump-Brexit voter revolt', BBC, 11 November 2016, http://www.bbc.com/news/election-us-2016–37943072.

7. The most famous of these remains, of course, Francis Fukuyama, The End of History and the Last Man (London: Penguin, 1992).

8. Karen Dawisha, Putin's Kleptocracy (New York: Simon & Schuster, 2014); Timothy Snyder, The Road to Unfreedom: Russia, Europe, America (New York: Tim Duggan Books, 2018); Anne Garrels, Putin Country: A Journey Into the Real Russia (New York: Farrar, Straus & Giroux, 2016); Steven Lee Myers, The New Tsar: The Rise and Reign of Vladimir Putin (New York: Knopf Doubleday, 2016).

9 Credit Suisse, Global Wealth Report 2015, 53, https://publications.credit-suisse.com/tasks/render/file/?fileID=F2425415-DCA7-80B8-EAD989AF9341D47E, accessed 12 March 2018; Filip Novokmet, Thomas Piketty and Gabriel Zucman, 'From Soviets to Oligarchs: Inequality and Property in Russia 1905-–2016', July 2017, World Wealth and Income Database, http://www.piketty.pse.ens.fr/files/NPZ2017WIDworld.pdf, accessed

12 March 2018; Shaun Walker, 'Unequal Russia', Guardian, 25 April 2017, https://www.theguardian.com/inequality/2017/apr/25/unequal-russia-is-anger-stirring-in-the-global-capital-of-inequality, accessed 12 March 2018.

10. Ayelet Shani, 'The Israelis Who Take Rebuilding the Third Temple Very Seriously', Haaretz, 10 August 2017, https://www.haaretz.com/israel-news/.premium-1.805977, accessed January 2018; 'Israeli Minister: We Should Rebuild Jerusalem Temple', Israel Today, 7 July 2013, http://www.israeltoday.co.il/Default.aspx?tabid=178&nid=23964, accessed 7 January 2018; Yuri Yanover, 'Dep. Minister Hotovely: The Solution Is Greater Israel without Gaza', Jewish Press, 25 August 2013, http://www.jewishpress.com/news/breaking-news/dep-minister-hotovely-the-solution-is-greater-israel-without-gaza/2013/08/25/, accessed 7 January 2018; 'Israeli Minister: The Bible Says West Bank Is Ours', Al Jazeera, 24 February 2017, http://www.aljazeera.com/programmes/upfront/2017/02/israeli-minister-bible-west-bank-170224082827910.html, accessed 29 January 2018.

11.Katie Reilly, 'Read Barack Obama's Final Speech to the United Nations as President', Time, 20 September 2016, http://time.com/4501910/president-obama-united-nations-speech-transcript/, accessed 3 December 2017.

FƏSİL 2

12 Gregory R. Woirol, *The Technological Unemployment and Structural Unemployment Debates* (Westport: Greenwood Press, 1996), 18—20; Amy Sue Bix, *Inventing Ourselves out of Jobs? America's Debate over Technological Unemployment, 1929—1981* (Baltimore: Johns Hopkins University Press, 2000), 1—8; Joel Mokyr, Chris Vickers and Nicolas L. Ziebarth, 'The History of Technological Anxiety and the Future of Economic Growth: Is This Time Different?', *Journal of Economic Perspectives* 29:3 (2015), 33—42; Joe Mokyr, *The Gifts of Athena: Historical Origins of the Knowledge Economy* (Princeton: Princeton University Press, 2002), 255—7; David H. Autor, 'Why Are There Still So Many Jobs? The History and the Future of Workplace Automation', *Journal of Economic Perspectives* 29:3 (2015), 3—30; Melanie Arntz, Terry Gregory and Ulrich Zierahn, 'The Risk of Automation for Jobs in OECD Countries', *OECD Social, Employment and Migration Working Papers*

89 (2016); MariacristinaPiva and Marco Vivarelli, 'Technological Change and Employment: Were Ricardo and Marx Right?', *IZA Institute of Labor Economics, Discussion Paper No.10471* (2017).

13. See, for example, AI outperforming humans in flight, and especially combat flight simulation: Nicholas Ernest et al., 'Genetic Fuzzy based Artificial Intelligence for Unmanned Combat Aerial Vehicle Control in Simulated Air Combat Missions', *Journal of Defense Management* 6:1 (2016), 1–7; intelligent tutoring and teaching systems: Kurt VanLehn, 'The Relative Effectiveness of Human Tutoring, Intelligent Tutoring Systems, and Other Tutoring Systems', *Educational Psychologist* 46:4 (2011), 197–221; algorithmic trading: Giuseppe Nuti et al., 'Algorithmic Trading', *Computer* 44:11 (2011), 61–9; financial planning, portfolio management etc.: ArashBaharammirzaee, 'A comparative Survey of Artificial Intelligence Applications in Finance: Artificial Neural Networks, Expert System and Hybrid Intelligent Systems', *Neural Computing and Applications* 19:8 (2010), 1165–95; analysis of complex data in medical systems and production of diagnosis and treatment: Marjorie Glass Zauderer et al., 'Piloting IBM Watson Oncology within Memorial Sloan Kettering's Regional Network', *Journal of Clinical Oncology* 32:15 (2014), e17653; creation of original texts in natural language from massive amount of data: Jean-SébastienVayre et al., 'Communication Mediated through Natural Language Generation in Big Data Environments: The Case of Nomao', *Journal of Computer and Communication* 5 (2017), 125–48; facial recognition: Florian Schroff, Dmitry Kalenichenko and James Philbin, 'FaceNet: A Unified Embedding for Face Recognition and Clustering', *IEEE Conference on Computer Vision and Pattern Recognition (CVPR)* (2015), 815–23; and driving: Cristiano Premebida, 'A Lidar and Vision-based Approach for Pedestrian and Vehicle Detection and Tracking', *2007 IEEE Intelligent Transportation Systems Conference (2007)*.

14. Daniel Kahneman, *Thinking, Fast and Slow* (New York: Farrar, Straus & Giroux, 2011); Dan Ariely, *Predictably Irrational* (New York: Harper, 2009); Brian D. Ripley, *Pattern Recognition and Neural Networks* (Cambridge: Cambridge University Press, 2007); Christopher M. Bishop, *Pattern Recognition and Machine Learning* (New York: Springer, 2007).

15. Seyed Azimi et al., 'Vehicular Networks for Collision Avoidance at Intersections,' *SAE International Journal of Passenger Cars — Mechanical Systems*4 (2011), 406--16; Swarun Kumar et al., 'CarSpeak: A Content-Centric Network for Autonomous Driving', *SIGCOM Computer Communication Review*42 (2012), 259--70; Mihail L. Sichitiu and Maria Kihl, 'Inter-Vehicle Communication Systems: A Survey', *IEEE Communications Surveys & Tutorials* (2008), 10; Mario Gerla, Eun-Kyu Lee and Giovanni Pau, 'Internet of Vehicles: From Intelligent Grid to Autonomous Cars and Vehicular Clouds', *2014 IEEE World Forum on Internet of Things (WF-IoT)* (2014), 241-6.

16. David D. Luxton et al., 'mHealth for Mental Health: Integrating Smartphone Technology in Behavioural Healthcare', *Professional Psychology: Research and Practice* 42:6 (2011), 505--12; Abu Saleh Mohammad Mosa, IllhoiYoo and Lincoln Sheets, 'A Systematic Review of Healthcare Application for Smartphones', *BMC Medical Informatics and Decision Making* 12:1 (2012), 67; Karl Frederick Braekkan Payne, Heather Wharrad and Kim Watts, 'Smartphone and Medical Related App Use among Medical Students and Junior Doctors in the United Kingdom (UK): A Regional Survey', *BMC Medical Informatics and Decision Making* 12:1 (2012), 121; Sandeep Kumar Vashist, E. Marion Schneider and John H. T. Loung, 'Commercial Smartphone-Based Devices and Smart Applications for Personalised Healthcare Monitoring and Management', *Diagnostics* 4:3 (2014), 104--28; Maged N. KamelBouls et al., 'How Smartphones Are Changing the Face of Mobile and Participatory Healthcare: An Overview, with Example from eCAALYX', *BioMedical Engineering OnLine* 10:24 (2011), https://doi.org/10.1186/1475-925X-10-24, accessed 30 July 2017; Paul J. F. White, Blake W. Podaima and Marcia R. Friesen, 'Algorithms for Smartphone and Tablet Image Analysis for Healthcare Applications', *IEEE Access* 2 (2014), 831--40.

17. World Health Organization, *Global status report on road safety 2015* (2016); 'Estimates for 2000–2015, Cause-Specific Mortality', http://www.who.int/healthinfo/global_burden_disease/estimates/en/index1.html, accessed 6 September 2017.

18. For a survey of the causes of car accidents in the US, see: Daniel J. Fagnant and Kara Kockelman, 'Preparing a Nation for Autonomous Vehicles: Opportunities, Barriers and Policy Recommendations', *Transportation Research Part A: Policy and Practice* 77 (2015), 167—81; for a general worldwide survey, see, for example: *OECD/ITF, Road Safety Annual Report 2016* (Paris: OECD Publishing, 2016), http://dx.doi.org/10.1787/irtad-2016-en.

19. Kristofer D. Kusano and Hampton C. Gabler, 'Safety Benefits of Forward Collision Warning, Brake Assist, and Autonomous Braking Systems in Rear-End Collisions', *IEEE Transactions on Intelligent Transportation Systems* 13:4 (2012), 1546—55; James M. Anderson et al., *Autonomous Vehicle Technology: A Guide for Policymakers* (Santa Monica: RAND Corporation, 2014), esp. 13—15; Daniel J. Fagnant and Kara Kockelman, 'Preparing a Nation for Autonomous Vehicles: Opportunities, Barriers and Policy Recommendations', *Transportation Research Part A: Policy and Practice* 77 (2015), 167—81; Jean-Francois Bonnefon, Azim Shariff and IyadRahwan, 'Autonomous Vehicles Need Experimental Ethics: Are We Ready for Utilitarian Cars?', *arXiv* (2015), 1—15. For suggestions for inter-vehicle networks to prevent collision, see: Seyed R. Azimi et al., 'Vehicular Networks for Collision Avoidance at Intersections', *SAE International Journal of Passenger Cars – Mechanical Systems* 4:1 (2011), 406—16; Swarun Kumar et al., 'CarSpeak: A Content-Centric Network for Autonomous Driving', *SIGCOM Computer Communication Review* 42:4 (2012), 259—70; Mihail L. Sichitiu and Maria Kihl, 'Inter-Vehicle Communication Systems: A Survey', *IEEE Communications Surveys & Tutorials* 10:2 (2008); Mario Gerla et al., 'Internet of Vehicles: From Intelligent Grid to Autonomous Cars and Vehicular Clouds', *2014 IEEE World Forum on Internet of Things (WF-IoT)* (2014), 241–6.

20. Michael Chui, James Manyika and Mehdi Miremadi, 'Where Machines Could Replace Humans – and Where They Can't (Yet)', *McKinsey Quarterly* (2016), http://www.mckinsey.com/business-functions/digital-mckinsey/our-insights/where-machines-could-replace-humans-and-where-they-cant-yet, accessed 1 March 2018.

21. Wu Youyou, Michal Kosinski and David Stillwell, 'Computer-based personality judgments are more accurate than those made by humans', *PANS*, vol. 112 (2014), 1036–8.

22. Stuart Dredge, 'AI and music: will we be slaves to the algorithm?' *Guardian*, 6 August 2017, https://www.theguardian.com/technology/2017/aug/06/artificial-intelligence-and-will-we-be-slaves-to-the-algorithm, accessed 15 October 2017. For a general survey of methods, see: Jose David Fernández and Francisco Vico, 'AI Methods in Algorithmic Composition: A Comprehensive Survey', *Journal of Artificial Intelligence Research* 48 (2013), 513—82.

23. Eric Topol, *The Patient Will See You Now: The Future of Medicine is in Your Hands* (New York: Basic Books, 2015); Robert Wachter, *The Digital Doctor: Hope, Hype and Harm at the Dawn of Medicine's Computer Age* (New York: McGraw-Hill Education, 2015); Simon Parkin, 'The Artificially Intelligent Doctor Will Hear You Now', *MIT Technology Review* (2016), https://www.technologyreview.com/s/600868/the-artificially-intelligent-doctor-will-hear-you-now/; James Gallagher, 'Artificial intelligence "as good as cancer doctors"', BBC, 26 January 2017, http://www.bbc.com/news/health-38717928.

24. Kate Brannen, 'Air Force's lack of drone pilots reaching "crisis" levels', *Foreign Policy*, 15 January 2015, http://foreignpolicy.com/2015/01/15/air-forces-lack-of-drone-pilots-reaching-crisis-levels/.

25. Tyler Cowen, *Average is Over: Powering America Beyond the Age of the Great Stagnation* (New York: Dutton, 2013); Brad Bush, 'How combined human and computer intelligence will redefine jobs', *TechCrunch* (2016), https://techcrunch.com/2016/11/01/how-combined-human-and-computer-intelligence-will-redefine-jobs/.

26. Ulrich Raulff, *Farewell to the Horse: The Final Century of Our Relationship* (London: Allen Lane, 2017); Gregory Clark, *A Farewell to Alms: A Brief Economic History of the World* (Princeton: Princeton University Press, 2008), 286; Margo DeMello, *Animals and Society: An Introduction to Human-Animal Studies* (New York: Columbia University Press, 2012), 197; Clay McShane and Joel Tarr, 'The Decline of the Urban Horse in American Cities', *Journal of Transport History* 24:2 (2003), 177—98.

27. Lawrence F.Katz and Alan B.Krueger, 'The Rise and Nature of Alternative Work Arrangements in the United States, 1995—2015', *National Bureau of Economic Research* (2016); Peter H.Cappelli and J.R.Keller, 'A Study

of the Extent and Potential Causes of Alternative Employment Arrangements', *ILR Review* 66:4 (2013), 874—901; Gretchen M. Spreitzer, Lindsey Cameron and Lyndon Garrett, 'Alternative Work Arrangements: Two Images of the New World of Work', *Annual Review of Organizational Psychology and Organizational Behavior* 4 (2017), 473—99; Sarah A.Donovan, David H.Bradley and Jon O.Shimabukuru, 'What Does the Gig Economy Mean for Workers?', Washington DC: Congressional Research Service (2016), https://fas.org/sgp/crs/misc/R44365.pdf, accessed 11 February 2018; 'More Workers Are in Alternative Employment Arrangements', Pew Research Center, 28 September 2016, http://www.pewsocialtrends.org/2016/10/06/the-state-of-american-jobs/st_2016-10-06_jobs-26/, accessed 11 February 2018.

28. David Ferrucci et al.,'Watson: Beyond *Jeopardy!*', *Artificial Intelligence* 199—200 (2013), 93—105.

29. 'Google's AlphaZero Destroys Stockfish in 100-Game Match', Chess.com, 6 December 2017, https://www.chess.com/news/view/googles-alphazero-destroys-stockfish-in-100-game-match, accessed 11 February 2018; David Silver et al., 'Mastering Chess and Shogi by Self-Play with a General Reinforcement Learning Algorithm', *arXiv* (2017), https://arxiv.org/pdf/1712.01815.pdf, accessed 2 February 2018; see also Sarah Knapton, 'Entire Human Chess Knowledge Learned and Surpassed by DeepMind's AlphaZero in Four Hours', *Telegraph*, 6 December 2017, http://www.telegraph.co.uk/science/2017/12/06/entire-human-chess-knowledge-learned-surpassed-deepminds-alphazero/, accessed 11 February 2018.

30. Cowen, *Average is Over*, op. cit.; Tyler Cowen, 'What are humans still good for? The turning point in freestyle chess may be approaching' (2013), http://marginalrevolution.com/marginalrevolution/2013/11/what-are-humans-still-good-for-the-turning-point-in-freestyle-chess-may-be-approaching.html.

31. Maddalaine Ansell, 'Jobs for Life Are a Thing of the Past. Bring On Lifelong Learning', *Guardian*, 31 May 2016, https://www.theguardian.com/higher-education-network/2016/may/31/jobs-for-life-are-a-thing-of-the-past-bring-on-lifelong-learning.

32. Alex Williams, 'Prozac Nation Is Now the United States of Xanax', *New York Times*, 10 June 2017, https://www.nytimes.com/2017/06/10/style/anxiety-is-the-new-depression-xanax.html.

33. Simon Rippon, 'Imposing Options on People in Poverty: The Harm of a Live Donor Organ Market', *Journal of Medical Ethics*40 (2014), 145–50; I. Glenn Cohen, 'Regulating the Organ Market: Normative Foundations for Market Regulation', *Law and Contemporary Problems*77 (2014); Alexandra K. Glazier, 'The Principles of Gift Law and the Regulation of Organ Donation', *Transplant International*24 (2011), 368–72; Megan McAndrews and Walter E. Block, 'Legalizing Saving Lives: A Proposition for the Organ Market', *Insights to A Changing World Journal*2015, 1–17.

34. James J. Hughes, 'A Strategic Opening for a Basic Income Guarantee in the Global Crisis Being Created by AI, Robots, Desktop Manufacturing and BioMedicine', *Journal of Evolution & Technology*24 (2014), 45–61; Alan Cottey, 'Technologies, Culture, Work, Basic Income and Maximum Income', *AI & Society*29 (2014), 249–57.

35. Jon Henley, 'Finland Trials Basic Income for Unemployed,' *Guardian*, 3 January 2017, https://www.theguardian.com/world/2017/jan/03/finland-trials-basic-income-for-unemployed, accessed 1 March 2018.

36. 'Swiss Voters Reject Proposal to Give Basic Income to Every Adult and Child', *Guardian*, 5 June 2017, https://www.theguardian.com/world/2016/jun/05/swiss-vote-give-basic-income-every-adult-child-marxist-dream.

37. Isabel Hunter, 'Crammed into squalid factories to produce clothes for the West on just 20p a day, the children forced to work in horrific unregulated workshops of Bangladesh', *Daily Mail*, 1 December 2015, http://www.dailymail.co.uk/news/article-3339578/Crammed-squalid-factories-produce-clothes-West-just-20p-day-children-forced-work-horrific-unregulated-workshops-Bangladesh.html, accessed 15 October 2017; Chris Walker and Morgan Hartley, 'The Culture Shock of India's Call Centers', *Forbes*, 16 December 2012, https://www.forbes.com/sites/morganhartley/2012/12/16/the-culture-shock-of-indias-call-centres/#17bb61d372f5, accessed 15 October 2017.

333

38. Klaus Schwab and Nicholas Davis, *Shaping the Fourth Industrial Revolution* (World Economic Forum, 2018), 54. On long-term development strategies, see Ha-Joon Chang, *Kicking Away the Ladder: Development Strategy in Historical Perspective* (London: Anthem Press, 2003).

39. Lauren Gambini, 'Trump Pans Immigration Proposal as Bringing People from "Shithole Countries"', *Guardian*, 12 January 2018, https://www.theguardian.com/us-news/2018/jan/11/trump-pans-immigration-proposal-as-bringing-people-from-shithole-countries, accessed 11 February 2018.

40. For the idea that an absolute improvement in conditions might be coupled with a rise in relative inequality, see in particular Thomas Piketty, *Capital in the Twenty-First Century* (Cambridge, MA: Harvard University Press, 2013).

41. 2017 Statistical Report on Ultra-Orthodox Society in Israel', *Israel Democracy Institute* and *Jerusalem Institute for Israel Studies* (2017), https://en.idi.org.il/articles/20439, accessed 1 January 2018; Melanie Lidman, 'As ultra-Orthodox women bring home the bacon, don't say the F-word', *Times of Israel*, 1 January 2016, https://www.timesofisrael.com/as-ultra-orthodox-women-bring-home-the-bacon-dont-say-the-f-word/, accessed 15 October 2017.

42. Melanie Lidman, 'As ultra-Orthodox women bring home the bacon, don't say the F-word', *Times of Israel*, 1 January 2016, https://www.timesofisrael.com/as-ultra-Orthodox-women-bring-home-the-bacon-dont-say-the-f-word/, accessed 15 October 2017; 'Statistical Report on Ultra-Orthodox Society in Israel', *Israel Democracy Institute* and *Jerusalem Institute for Israel Studies* 18 (2016), https://en.idi.org.il/media/4240/shnaton-e_8-9-16_web.pdf, accessed 15 October 2017. As for happiness, Israel was recently ranked eleventh out of thirty-eight in life satisfaction by the OECD: 'Life Satisfaction', *OECD Better Life Index*, http://www.oecdbetterlifeindex.org/topics/life-satisfaction/, accessed 15 October 2017.

43. 2017 Statistical Report on Ultra-Orthodox Society in Israel', *Israel Democracy Institute* and *Jerusalem Institute for Israel Studies* (2017), https://en.idi.org.il/articles/20439, accessed 1 January 2018.

44. Margaret Thatcher, 'Interview for *Woman's Own* ("no such thing as society")', Margaret Thatcher Foundation, 23 September 1987, https://www.margaretthatcher.org/document/106689, accessed 7 January 2018.

45. Keith Stanovich, *Who Is Rational? Studies of Individual Differences in Reasoning* (New York: Psychology Press, 1999).

46. Richard Dawkins, 'Richard Dawkins: We Need a New Party – the European Party', *NewStatesman*, 29 March 2017, https://www.newstatesman.com/politics/uk/2017/03/richard-dawkins-we-need-new-party-european-party, accessed 1 March 2018.

47. Steven Swinford, 'Boris Johnson's allies accuse Michael Gove of "systematic and calculated plot" to destroy his leadership hopes', *Telegraph*, 30 June 2016, http://www.telegraph.co.uk/news/2016/06/30/boris-johnsons-allies-accuse-michael-gove-of-systematic-and-calc/, accessed 3 September 2017; Rowena Mason and Heather Stewart, 'Gove's thunderbolt and Boris's breaking point: a shocking Tory morning', *Guardian*, 30 June 2016, https://www.theguardian.com/politics/2016/jun/30/goves-thunderbolt-boris-johnson-tory-morning, accessed 3 September 2017.

48. James Tapsfield, 'Gove presents himself as the integrity candidate for Downing Street job but sticks the knife into Boris AGAIN', *Daily Mail*, 1 July 2016, http://www.dailymail.co.uk/news/article-3669702/I-m-not-great-heart-s-right-place-Gove-makes-bizarre-pitch-Downing-Street-admitting-no-charisma-doesn-t-really-want-job.html, accessed 3 September 2017.

49. In 2017 a Stanford team has produced an algorithm that can purportedly detect whether you are gay or straight with an accuracy of 91%, based solely on analysing a few of your facial pictures (https://osf.io/zn79k/). However, since the algorithm was developed on the basis of pictures that people self-selected to upload to dating sites, the algorithm might actually identify differences in cultural ideals. It is not that the facial features of gay people are necessarily different from those of straight people. Rather, gay men uploading photos to a gay dating site try to conform to different cultural ideals than straight men uploading photos to straight dating sites.

50. David Chan, 'So Why Ask Me? Are Self-Report Data Really That Bad?' in Charles E. Lance and Robert J. Vandenberg (eds.), *Statistical and Methodological Myths and Urban Legends* (New York, London: Routledge, 2009), 309–36; Delroy L. Paulhus and Simine Vazire, 'The Self-Report Method' in Richard W. Robins, R. Chris Farley and Robert F. Krueger (eds.), *Handbook of Research Methods in Personality Psychology* (London, New York: The Guilford Press, 2007), 228–33.

51. Elizabeth Dwoskin and Evelyn M. Rusli, 'The Technology that Unmasks Your Hidden Emotions', *Wall Street Journal*, 28 January 2015, https://www.wsj.com/articles/startups-see-your-face-unmask-your-emotions-1422472398, accessed 6 September 2017.

52. Norberto Andrade, 'Computers Are Getting Better Than Humans at Facial Recognition', *Atlantic*, 9 June 2014, https://www.theatlantic.com/technology/archive/2014/06/bad-news-computers-are-getting-better-than-we-are-at-facial-recognition/372377/, accessed 10 December 2017; Elizabeth Dwoskin and Evelyn M. Rusli, 'The Technology That Unmasks Your Hidden Emotions', *Wall Street Journal*, 28 June 2015, https://www.wsj.com/articles/startups-see-your-face-unmask-your-emotions-1422472398, accessed 10 December 2017; Sophie K. Scott, Nadine Lavan, Sinead Chen and Carolyn McGettigan, 'The Social Life of Laughter', *Trends in Cognitive Sciences* 18:12 (2014), 618–20.

53. Daniel First, 'Will big data algorithms dismantle the foundations of liberalism?', *AI &Soc*, 10.1007/s00146-017-0733-4.

54. Carole Cadwalladr, 'Google, Democracy and the Truth about Internet Search', *Guardian*, 4 December 2016, https://www.theguardian.com/technology/2016/dec/04/google-democracy-truth-internet-search-facebook, accessed 6 September 2017.

55. Jeff Freak and Shannon Holloway, 'How Not to Get to Straddie', *Red Land City Bulletin*, 15 March 2012, http://www.redlandcitybulletin.com.au/story/104929/how-not-to-get-to-straddie/, accessed 1 March 2018.

56. Michelle McQuigge, 'Woman Follows GPS; Ends Up in Ontario Lake', *Toronto Sun*, 13 May 2016, http://torontosun.com/2016/05/13/woman-follows-gps-ends-up-in-ontario-lake/wcm/fddda6d6-6b6e-41c7-88e8-aecc-501faaa5, accessed 1 March 2018; 'Woman Follows GPS into Lake', News.

com.au, 16 May 2016, http://www.news.com.au/technology/gadgets/woman-follows-gps-into-lake/news-story/a7d362dfc4634fd094651afc-63f853a1, accessed 1 March 2018.

57. Henry Grabar, 'Navigation Apps Are Killing Our Sense of Direction. What if They Could Help Us Remember Places Instead?' *Slate*, http://www.slate.com/blogs/moneybox/2017/07/10/google_and_waze_are_killing_out_sense_of_direction_what_if_they_could_help.html, accessed 6 September 2017.

58. Joel Delman, 'Are Amazon, Netflix, Google Making Too Many Decisions For Us?', *Forbes*, 24 November 2010, https://www.forbes.com/2010/11/24/amazon-netflix-google-technology-cio-network-decisions.html, accessed 6 September 2017; Cecilia Mazanec, 'Will Algorithms Erode Our Decision-Making Skills?', *NPR*, 8 February 2017, http://www.npr.org/sections/alltechconsidered/2017/02/08/514120713/will-algorithms-erode-our-decision-making-skills, accessed 6 September 2017.

59. Jean-Francois Bonnefon, Azim Shariff and IyadRawhan, 'The Social Dilemma of Autonomous Vehicles', *Science* 352:6293 (2016), 1573–6.

60. Christopher W. Bauman et al., 'Revisiting External Validity: Concerns about Trolley Problems and Other Sacrificial Dilemmas in Moral Psychology', *Social and Personality Psychology Compass* 8:9 (2014), 536–54.

61. John M. Darley and Daniel C. Batson, '"From Jerusalem to Jericho": A Study of Situational and Dispositional Variables in Helping Behavior', *Journal of Personality and Social Psychology* 27:1 (1973), 100--8.

62. Kristofer D. Kusano and Hampton C. Gabler, 'Safety Benefits of Forward Collision Warning, Brake Assist, and Autonomous Braking Systems in Rear-End Collisions', *IEEE Transactions on Intelligent Transportation Systems* 13:4 (2012), 1546--55; James M. Anderson et al., *Autonomous Vehicle Technology: A Guide for Policymakers* (Santa Monica: RAND Corporation, 2014), esp. 13--15; Daniel J. Fagnant and Kara Kockelman, 'Preparing a Nation for Autonomous Vehicles: Opportunities, Barriers and Policy Recommendations', *Transportation Research Part A: Policy and Practice* 77 (2015), 167--81.

63. Tim Adams, 'Job Hunting Is a Matter of Big Data, Not How You Perform at an Interview', *Guardian*, 10 May 2014, https://www.theguardian.

com/technology/2014/may/10/job-hunting-big-data-interview-algorithms-employees, accessed 6 September 2017.

64. For an extremely insightful discussion, see Cathy O'Neil, *Weapons of Math Destruction: How Big Data Increases Inequality and Threatens Democracy* (New York: Crown, 2016). This is really an obligatory read for anyone interested in the potential effects of algorithms on society and politics.

65. Bonnefon, Shariff and Rawhan, 'Social Dilemma of Autonomous Vehicles'.

66. Vincent C. Müller and Thomas W. Simpson, 'Autonomous Killer Robots Are Probably Good News', University of Oxford, Blavatnik School of Government Policy Memo, November 2014; Ronald Arkin, *Governing Lethal Behaviour: Embedding Ethics in a Hybrid Deliberative/Reactive Robot Architecture*, Georgia Institute of Technology, Mobile Robot Lab, 2007, 1--13.

67. Bernd Greiner, *War without Fronts: The USA in Vietnam*, trans. Anne Wyburd and Victoria Fern (Cambridge, MA: Harvard University Press, 2009), 16. For at least one reference for the emotional state of the soldiers see: Herbert Kelman and V. Lee Hamilton, 'The My Lai Massacre: A Military Crime of Obedience' in Jodi O'Brien and David M. Newman (eds.), *Sociology: Exploring the Architecture of Everyday Life Reading* (Los Angeles: Pine Forge Press, 2010), 13--25.

68. Robert J. Donia, *Radovan Karadzic: Architect of the Bosnian Genocide* (Cambridge: Cambridge University Press, 2015). See also: Isabella Delpla, Xavier Bougarel and Jean-Louis Fournel, *Investigating Srebrenica: Institutions, Facts, and Responsibilities* (New York, Oxford: Berghahn Books, 2012).

69. Noel E. Sharkey, 'The Evitability of Autonomous Robot Warfare', *International Rev. Red Cross* 94(886) 2012, 787–99.

70. Ben Schiller, 'Algorithms Control Our Lives: Are They Benevolent Rulers or Evil Dictators?', *Fast Company*, 21 February 2017, https://www.fastcompany.com/3068167/algorithms-control-our-lives-are-they-benevolent-rulers-or-evil-dictators, accessed 17 September 2017.

71. Elia Zureik, David Lyon and Yasmeen Abu-Laban (eds.), *Surveillance and Control in Israel/Palestine: Population, Territory and Power* (London: Routledge, 2011); Elia Zureik, *Israel's Colonial Project in Palestine* (London: Routledge, 2015); Torin Monahan (ed.), *Surveillance and Security: Technolo-*

gical Politics and Power in Everyday Life (London: Routledge, 2006); NaderaShalhoub-Kevorkian, 'E-Resistance and Technological In/Security in Everyday Life: The Palestinian case', *British Journal of Criminology*, 52:1 (2012), 55–72; Or Hirschauge and Hagar Sheizaf, 'Targeted Prevention: Exposing the New System for Dealing with Individual Terrorism', *Haaretz*, 26 May 2017, https://www.haaretz.co.il/magazine/.premium-1.4124379, accessed 17 September 2017; Amos Harel, 'The IDF Accelerates the Crisscrossing of the West Bank with Cameras and Plans to Surveille all Junctions', *Haaretz*, 18June 2017, https://www.haaretz.co.il/news/politics/.premium-1.4179886, accessed 17 September 2017; Neta Alexander, 'This is How Israel Controls the Digital and Cellular Space in the Territories', 31 March 2016, https://www.haaretz.co.il/magazine/.premium-MAGAZINE-1.2899665, accessed 12 January 2018; Amos Harel, 'Israel Arrested Hundreds of Palestinians as Suspected Terrorists Due to Publications on the Internet', *Haaretz*, 16 April 2017, https://www.haaretz.co.il/news/politics/.premium-1.4024578, accessed 15 January 2018; Alex Fishman, 'The Argaman Era', *YediotAharonot, Weekend Supplement*, 28 April 2017, 6.

72. Yotam Berger, 'Police Arrested a Palestinian Based on an Erroneous Translation of "Good Morning" in His Facebook Page', *Haaretz*, 22 October 2017, https://www.haaretz.co.il/.premium-1.4528980, accessed 12 January 2018.

73. William Beik, *Louis XIV and Absolutism: A Brief Study with Documents* (Boston, MA: Bedford/St Martin's, 2000).

74. O'Neil, *Weapons of Math Destruction*, op. cit.; Penny Crosman, 'Can AI Be Programmed to Make Fair Lending Decisions?', *American Banker*, 27 September 2016, https://www.americanbanker.com/news/can-ai-be-programmed-to-make-fair-lending-decisions, accessed 17 September 2017.

75. Matt Reynolds, 'Bias Test to Prevent Algorithms Discriminating Unfairly', *New Scientist*, 29 May 2017, https://www.newscientist.com/article/mg23431195–300-bias-test-to-prevent-algorithms-discriminating-unfairly/, accessed 17 September 2017; Claire Cain Miller, 'When Algorithms Discriminate', *New York Times*, 9 July 2015, https://www.nytimes.com/2015/07/10/upshot/when-algorithms-discriminate.html, accessed 17 September 2017; Hannah Devlin, 'Discrimination by Algorithm: Scientists

Devise Test to Detect AI Bias', *Guardian*, 19 December 2016, https://www.theguardian.com/technology/2016/dec/19/discrimination-by-algorithm-scientists-devise-test-to-detect-ai-bias, accessed 17 September 2017.

76. Snyder, *The Road to Unfreedom*, op. cit.

77. Anna Lisa Peterson, *Being Animal: Beasts and Boundaries in Nature Ethics* (New York: Columbia University Press, 2013), 100.

FƏSİL 4

78. 'Richest 1 Percent Bagged 82 Percent of Wealth Created Last Year – Poorest Half of Humanity Got Nothing', *Oxfam*, 22 January 2018, https://www.oxfam.org/en/pressroom/pressreleases/2018-01-22/richest-1-percent-bagged-82-percent-wealth-created-last-year, accessed 28 February 2018; Josh Lowe, 'The 1 Percent Now Have Half the World's Wealth', *Newsweek*, 14 November 2017, http://www.newsweek.com/1-wealth-money-half-world-global-710714, accessed 28 February 2018; Adam Withnall, 'All the World's Most Unequal Countries Revealed in One Chart', *Independent*,23 November 2016, http://www.independent.co.uk/news/world/politics/credit-suisse-global-wealth-world-most-unequal-countries-revealed-a7434431.html, accessed 11 March 2018.

79 Tim Wu, *The Attention Merchants* (New York: Alfred A. Knopf, 2016).

80. Cara McGoogan, 'How to See All the Terrifying Things Google Knows about You', *Telegraph*, 18 August 2017, http://www.telegraph.co.uk/technology/0/see-terrifying-things-google-knows/, accessed 19 October 2017; Caitlin Dewey, 'Everything Google Knows about You (and How It Knows It)', *Washington Post*, 19 November 2014, https://www.washingtonpost.com/news/the-intersect/wp/2014/11/19/everything-google-knows-about-you-and-how-it-knows-it/?utm_term=.b81c3ce3ddd6, accessed 19 October 2017.

81. Dan Bates, 'YouTube Is Losing Money Even Though It Has More Than 1 Billion Viewers', *Daily Mail*, 26 February 2015, http://www.dailymail.co.uk/news/article-2970777/YouTube-roughly-breaking-nine-years-purchased-Google-billion-viewers.html, accessed 19 October 2017; Olivia Solon, 'Google's Bad Week: YouTube Loses Millions As Advertising Row

Reaches US', *Guardian*, 25 March 2017, https://www.theguardian.com/technology/2017/mar/25/google-youtube-advertising-extremist-content-att-verizon, accessed 19 October 2017; Seth Fiegerman, 'Twitter Is Now Losing Users in the US', CNN, 27 July 2017, http://money.cnn.com/2017/07/27/technology/business/twitter-earnings/index.html, accessed 19 October 2017.

FƏSİL 5

82. Mark Zuckerberg, 'Building Global Community', 16 February 2017, https://www.facebook.com/notes/mark-zuckerberg/building-global-community/10154544292806634/, accessed 20 August 2017.

83. John Shinal, 'Mark Zuckerberg: Facebook can play a role that churches and Little League once filled', CNBC, 26 June 2017, https://www.cnbc.com/2017/06/26/mark-zuckerberg-compares-facebook-to-church-little-league.html, accessed 20 August 2017.

84 http://www.cnbc.com/2017/06/26/mark-zuckerberg-compares-facebook-to-church-little-league.html; http://www.cnbc.com/2017/06/22/facebook-has-a-new-mission-following-fake-news-crisis-zuckerberg-says.html.

85. Robin Dunbar, *Grooming, Gossip, and the Evolution of Language* (Cambridge, MA: Harvard University Press, 1998).

86. See, for example, Pankaj Mishra, *Age of Anger: A History of the Present* (London: Penguin, 2017).

87. For a general survey and critique see: Derek Y. Darves and Michael C. Dreiling, *Agents of Neoliberal Globalization: Corporate Networks, State Structures and Trade Policy* (Cambridge: Cambridge University Press, 2016).

88. Lisa Eadicicco, 'Americans Check Their Phones 8 Billion Times a Day', *Time*, 15 December 2015, http://time.com/4147614/smartphone-usage-us-2015/, accessed 20 August 2017; Julie Beck, 'Ignoring People for Phones Is the New Normal', *Atlantic*, 14 June 2016, https://www.theatlantic.com/technology/archive/2016/06/ignoring-people-for-phones-is-the-new-normal-phubbing-study/486845/, accessed 20 August 2017.

89. Zuckerberg, 'Building Global Community', op. cit.

341

90. *Time Well Spent*, http://www.timewellspent.io/, accessed September 3, 2017.

91. Zuckerberg, 'Building Global Community', op. cit.

92. https://www.theguardian.com/technology/2017/oct/04/facebook-uk-corporation-tax-profit; https://www.theguardian.com/business/2017/sep/21/tech-firms-tax-eu-turnover-google-amazon-apple; http://www.wired.co.uk/article/facebook-apple-tax-loopholes-deals.

FƏSİL 6

93. Samuel P. Huntington, *The Clash of Civilizations and the Remaking of World Order* (New York: Simon & Schuster, 1996); David Lauter and Brian Bennett, 'Trump Frames Anti-Terrorism Fight As a Clash of Civilizations, Defending Western Culture against Enemies', *Los Angeles Times*, 6 July 2017, http://www.latimes.com/politics/la-na-pol-trump-clash-20170706–story.html, accessed 29 January 2018. Naomi O'Leary, 'The Man Who Invented Trumpism: Geert Wilders' Radical Path to the Pinnacle of Dutch Politics', *Politico*, 23 February 2017, https://www.politico.eu/article/the-man-who-invented-trumpism-geert-wilders-netherlands-pvv-vvd-populist/, accessed 31 January 2018.

94. Pankaj Mishra, *From the Ruins of Empire: The Revolt Against the West and the Remaking of Asia* (London: Penguin, 2013); Mishra, *Age of Anger*, op. cit.; Christopher de Bellaigue, *The Muslim Enlightenment: The Modern Struggle Between Faith and Reason* (London: The Bodley Head, 2017).

95. 'Treaty Establishing A Constitution for Europe', European Union, https://europa.eu/european-union/sites/europaeu/files/docs/body/treaty_establishing_a_constitution_for_europe_en.pdf, accessed 18 October 2017.

96. Phoebe Greenwood, 'Jerusalem Mayor Battles Ultra-Orthodox Groups over Women-Free Billboards', *Guardian*, 15 November 2011, https://www.theguardian.com/world/2011/nov/15/jerusalem-mayor-battle-orthodox-billboards, accessed 7 January 2018.

97. http://nypost.com/2015/10/01/orthodox-publications-wont-show-hillary-clintons-photo/

98. Simon Schama, *The Story of the Jews: Finding the Words 1000 BC–1492 AD* (New York: Ecco, 2014), 190-7; Hannah Wortzman, 'Jewish Women in Ancient Synagogues: Archaeological Reality vs. Rabbinical Legislation', *Women in Judaism* 5:2 (2008), http://wjudaism.library.utoronto.ca/index.php/wjudaism/article/view/3537, accessed 29 January 2018; Ross S. Kraemer, 'Jewish Women in the Diaspora World of Late Antiquity' in Judith R. Baskin (ed.), *Jewish Women in Historical Perspective* (Detroit: Wayne State University Press, 1991), esp. 49; Hachlili Rachel, *Ancient Synagogues – Archaeology and Art: New Discoveries and Current Research* (Leiden: Brill, 2014), 578–81; Zeev Weiss, 'The Sepphoris Synagogue Mosaic: Abraham, the Temple and the Sun God – -They're All in There', *Biblical Archeology Society* 26:5 (2000), 48–61; David Milson, *Art and Architecture of the Synagogue in Late Antique Palestine* (Leiden: Brill, 2007), 48.

99. Ivan Watson and Pamela Boykoff, 'World's Largest Muslim Group Denounces Islamist Extremism', CNN, 10 May 2016, http://edition.cnn.com/2016/05/10/asia/indonesia-extremism/index.html, accessed 8 January 2018; Lauren Markoe, 'Muslim Scholars Release Open Letter To Islamic State Meticulously Blasting Its Ideology', *Huffington Post*, 25 September 2014, https://www.huffingtonpost.com/2014/09/24/muslim-scholars-islamic-state_n_5878038.html, accessed 8 January 2018; for the letter, see: 'Open Letter to Al-Baghdadi', http://www.lettertobaghdadi.com/, accessed 8 January 2018.

100. Chris Perez, 'Obama Defends the "True Peaceful Nature of Islam"', *New York Post*, 18 February 2015, http://nypost.com/2015/02/18/obama-defends-the-true-peaceful-nature-of-islam/, accessed 17 October 2017; Dave Boyer, 'Obama Says Terrorists Not Motivated By True Islam', *Washington Times*, 1 February 2015, http://www.washingtontimes.com/news/2015/feb/1/obama-says-terrorists-not-motivated-true-islam/, accessed 18 October 2017.

101. De Bellaigue, *The Islamic Enlightenment*, op. cit.

102. Christopher McIntosh, *The Swan King: Ludwig II of Bavaria* (London: I. B. Tauris, 2012), 100.

103. Robert Mitchell Stern, *Globalization and International Trade Policies* (Hackensack: World Scientific, 2009), 23.

104. John K. Thornton, *A Cultural History of the Atlantic World, 1250--1820* (Cambridge: Cambridge University Press, 2012), 110.

105. Susannah Cullinane, HamdiAlkhshali and Mohammed Tawfeeq, 'Tracking a Trail of Historical Obliteration: ISIS Trumpets Destruction of Nimrud', CNN, 14 April 2015, http://edition.cnn.com/2015/03/09/world/iraq-isis-heritage/index.html, accessed 18 October 2017.

106. Kenneth Pomeranz, *The Great Divergence: China, Europe and the Making of the Modern World Economy* (Princeton, Oxford: Princeton University Press, 2001), 36--8.

107. 'ISIS Leader Calls for Muslims to Help Build Islamic State in Iraq', CBCNEWS, 1 July 2014, http://www.cbc.ca/news/world/isis-leader-calls-for-muslims-to-help-build-islamic-state-in-iraq-1.2693353, accessed 18 October 2017; Mark Townsend, 'What Happened to the British Medics Who Went to Work for ISIS?', *Guardian*, 12 July 2015, https://www.theguardian.com/world/2015/jul/12/british-medics-isis-turkey-islamic-state, accessed 18 October 2017.

FƏSİL 7

108. Francis Fukuyama, *Political Order and Political Decay: From the Industrial Revolution to the Globalization of Democracy* (New York: Farrar, Straus & Giroux, 2014).

109. Ashley Killough, 'Lyndon Johnson's "Daisy" Ad, Which Changed the World of Politics, Turns 50', CNN, 8 September 2014, http://edition.cnn.com/2014/09/07/politics/daisy-ad-turns-50/index.html, accessed 19 October 2017.

110. Cause-Specific Mortality: Estimates for 2000–2015', World Health Organization, http://www.who.int/healthinfo/global_burden_disease/estimates/en/index1.html, accessed 19 October 2017.

111. David E. Sanger and William J. Broad, 'To counter Russia, US signals nuclear arms are back in a big way', *New York Times*, 4 February 2018, https://www.nytimes.com/2018/02/04/us/politics/trump-nuclear-russia.html accessed 6 February 2018; US Department of Defense, 'Nuclear Pos-

ture Review 2018', https://www.defense.gov/News/Special-Reports/0218_npr/ accessed 6 February 2018; Jennifer Hansler, 'Trump Says He Wants Nuclear Arsenal in "Tip-Top Shape", Denies Desire to Increase Stockpile', CNN, 12 October 2017, http://edition.cnn.com/2017/10/11/politics/nuclear-arsenal-trump/index.html, accessed 19 October 2017; Jim Garamone, 'DoD Official: National Defense Strategy Will Enhance Deterrence', *Department of Defense News, Defense Media Activity*, 19 January 2018,

https://www.defense.gov/News/Article/Article/1419045/dod-official-national-defense-strategy-will-rebuild-dominance-enhance-deterrence/, accessed 28 January 2018.

112. Michael Mandelbaum, *Mission Failure: America and the World in the Post-Cold War Era* (New York: Oxford University Press, 2016).

113. Elizabeth Kolbert, *Field Notes from a Catastrophe* (London: Bloomsbury, 2006); Elizabeth Kolbert, *The Sixth Extinction: An Unnatural History* (London: Bloomsbury, 2014); Will Steffen et al., 'Planetary Boundaries: Guiding Human Development on a Changing Planet', *Science* 347:6223, 13 February 2015, DOI: 10.1126/science.1259855.

114. John Cook et al., 'Quantifying the Consensus on Anthropogenic Global Warming in the Scientific Literature', *Environmental Research Letters* 8:2 (2013); John Cook et al., 'Consensus on Consensus: A Synthesis of Consensus Estimates on Human-Caused Global Warming', *Environmental Research Letters* 11:4 (2016); Andrew Griffin, '15,000 Scientists Give Catastrophic Warning about the Fate of the World in New "Letter to Humanity"', *Independent*, 13 November 2017, http://www.independent.co.uk/environment/letter-to-humanity-warning-climate-change-global-warming-scientists-union-concerned-a8052481.html, accessed 8 January 2018; Justin Worland, 'Climate Change Is Already Wreaking Havoc on Our Weather, Scientists Find', *Time*, 15 December 2017, http://time.com/5064577/climate-change-arctic/, accessed 8 January 2018.

115. Richard J. Millar et al., 'Emission Budgets and Pathways Consistent with Limiting Warming to 1.5 C', *Nature Geoscience* 10 (2017), 741-7; JoeriRogelj et al., 'Differences between Carbon Budget Estimates Unraveled', *Nature Climate Change* 6 (2016), 245-52; AkshatRathi, 'Did We Just

Buy Decades More Time to Hit Climate Goals', *Quartz*, 21 September 2017, https://qz.com/1080883/the-breathtaking-new-climate-change-study-has-nt-changed-the-urgency-with-which-we-must-reduce-emissions/, accessed 11 February 2018; Roz Pidcock, 'Carbon Briefing: Making Sense of the IPCC's New Carbon Budget', *Carbon Brief*, 23 October 2013, https://www.carbonbrief.org/carbon-briefing-making-sense-of-the-ipccs-new-carbon-budget, accessed 11 February 2018.

116. Jianping Huang et al., 'Accelerated Dryland Expansion under Climate Change', *Nature Climate Change* 6 (2016), 166–71; Thomas R. Knutson, 'Tropical Cyclones and Climate Change', *Nature Geoscience* 3 (2010), 157–63; Edward Hanna et al., 'Ice-Sheet Mass Balance and Climate Change', *Nature* 498 (2013), 51–9; Tim Wheeler and Joachim von Braun, 'Climate Change Impacts on Global Food Security', *Science* 341:6145 (2013), 508–13; A. J. Challinor et al., 'A Meta-Analysis of Crop Yield under Climate Change and Adaptation', *Nature Climate Change* 4 (2014), 287–91; Elisabeth Lingren et al., 'Monitoring EU Emerging Infectious Disease Risk Due to Climate Change', *Science* 336:6080 (2012), 418–19; Frank Biermann and Ingrid Boas, 'Preparing for a Warmer World: Towards a Global Governance System to Protect Climate Change', *Global Environmental Politics* 10:1 (2010), 60–88; Jeff Goodell, *The Water Will Come: Rising Seas, Sinking Cities and the Remaking of the Civilized World* (New York: Little, Brown and Company, 2017); Mark Lynas, *Six Degrees: Our Future on a Hotter Planet* (Washington: National Geographic, 2008); Naomi Klein, *This Changes Everything: Capitalism vs. Climate* (New York: Simon & Schuster, 2014); Kolbert, *The Sixth Extinction*, op. cit.

117. Johan Rockström et al., 'A Roadmap for Rapid Decarbonization', *Science* 355:6331, 23 March 2017, DOI: 10.1126/science.aah3443.

118. Institution of Mechanical Engineers, *Global Food: Waste Not, Want Not* (London: Institution of Mechanical Engineers, 2013), 12.

119. Paul Shapiro, *Clean Meat: How Growing Meat Without Animals Will Revolutionize Dinner and the World* (New York: Gallery Books, 2018).

120. 'Russia's Putin Says Climate Change in Arctic Good for Economy,' CBS News, 30 March 2017, http://www.cbc.ca/news/technology/russia-putin-climate-change-beneficial-economy-1.4048430, accessed 1 March 2018;

Neela Banerjee, 'Russia and the US Could be Partners in Climate Change Inaction,' *Inside Climate News*, 7 February 2017, https://insideclimatenews.org/news/06022017/russia-vladimir-putin-donald-trump-climate-change-paris-climate-agreement, accessed 1 March 2018; Noah Smith, 'Russia Wins in a Retreat on Climate Change', *Bloomberg View*, 15 December 2016, https://www.bloomberg.com/view/articles/2016–12-15/russia-wins-in-a-retreat-on-climate-change, accessed March 1, 2018; Gregg Easterbrook, 'Global Warming: Who Loses—and Who Wins?', *Atlantic* (April 2007), https://www.theatlantic.com/magazine/archive/2007/04/global-warming-who-loses-and-who-wins/305698/, accessed 1 March 2018; Quentin Buckholz, 'Russia and Climate Change: A Looming Threat', *Diplomat*, 4 February 2016, https://thediplomat.com/2016/02/russia-and-climate-change-a-looming-threat/, accessed 1 March 2018.

121. Brian Eckhouse, Ari Natter and Christopher Martin, 'President Trump slaps tariffs on solar panels in major blow to renewable energy', 22 January 2018, http://time.com/5113472/donald-trump-solar-panel-tariff/, accessed 30 January 2018.

122. Miranda Green and Rene Marsh, 'Trump Administration Doesn't Want to Talk about Climate Change', CNN, 13 September 2017, http://edition.cnn.com/2017/09/12/politics/trump-climate-change-silence/index.html, accessed 22 October 2017; Lydia Smith, 'Trump Administration Deletes Mention of "Climate Change" from Environmental Protection Agency's Website', *Independent*, 22 October 2017, http://www.independent.co.uk/news/world/americas/us-politics/donald-trump-administration-climate-change-deleted-environmental-protection-agency-website-a8012581.html, accessed 22 October 2017; Alana Abramson, 'No, Trump Still Hasn't Changed His Mind About Climate Change After Hurricane Irma and Harvey', *Time*, 11 September 2017, http://time.com/4936507/donald-trump-climate-change-hurricane-irma-hurricane-harvey/, accessed 22 October 2017.

123. 'Treaty Establishing A Constitution for Europe', European Union, https://europa.eu/european-union/sites/europaeu/files/docs/body/treaty_establishing_a_constitution_for_europe_en.pdf, accessed 23 October 2017.

FƏSİL 8

124. Bernard S. Cohn, *Colonialism and Its Forms of Knowledge: The British in India* (Princeton: Princeton University Press, 1996), 148.

125. 'Encyclical Letter Laudato Si' of the Holy Father Francis on Care for Our Common Home', *The Holy See*, http://w2.vatican.va/content/francesco/en/encyclicals/documents/papa-francesco_20150524_enciclica-laudato-si.html, accessed 3 December 2017.

126. First introduced by Freud in his 1930 treatise 'Civilization and Its Discontents': Sigmund Freud, *Civilization and Its Discontents*, trans. James Strachey (New York: W.W.Norton, 1961), 61.

127. Ian Buruma, *Inventing Japan, 1853—1964* (New York: Modern Library, 2003).

128. Robert Axell, *Kamikaze: Japan's Suicide Gods* (London: Longman, 2002).

129. Charles K. Armstrong, Familism, Socialism and Political Religion in North Korea', *Totalitarian Movements and Political Religions* 6:3 (2005), 383–94; Daniel Byman and Jennifer Lind, 'Pyongyang's Survival Strategy: Tools of Authoritarian Control in North Korea', *International Security* 35:1 (2010), 44--74; Paul French, *North Korea: The Paranoid Peninsula*, 2nd edn (London, New York: Zed Books, 2007); Andrei Lankov, *The Real North Korea: Life and Politics in the Failed Stalinist Utopia* (Oxford: Oxford University Press, 2015); Young WhanKihl, 'Staying Power of the Socialist "Hermit Kingdom"', in Hong Nack Kim and Young WhanKihl (eds.), *North Korea: The Politics of Regime Survival* (New York: Routledge, 2006), 3--36.

FƏSİL 9

130. 'Global Trends: Forced Displacement in 2016', *UNHCR*,http://www.unhcr.org/5943e8a34.pdf, accessed 11 January 2018.

131. Lauren Gambini, 'Trump Pans Immigration Proposal as Bringing People from "Shithole Countries"', *Guardian*, 12 January 2018, https://www.theguardian.com/us-news/2018/jan/11/trump-pans-immigration-proposal-as-bringing-people-from-shithole-countries, accessed 11 February 2018.

132. Tal Kopan, 'What Donald Trump Has Said about Mexico and Vice Versa', CNN, 31 August 2016, https://edition.cnn.com/2016/08/31/politics/donald-trump-mexico-statements/index.html, accessed 28 February 2018.

FƏSİL 10

133. http://www.telegraph.co.uk/news/0/many-people-killed-terrorist-attacks-uk/; National Consortium for the Study of Terrorism and Responses to Terrorism (START) (2016), Global Terrorism Database [Data file]. Retrieved from https://www.start.umd.edu/gtd; http://www.cnsnews.com/news/article/susan-jones/11774–number-terror-attacks-worldwide-dropped-13–2015; http://www.datagraver.com/case/people-killed-by-terrorism-per-year-in-western-europe-1970-2015; http://www.jewishvirtual-library.org/statistics-on-incidents-of-terrorism-worldwide; Gary LaFree, Laura Dugan and Erin Miller, *Putting Terrorism in Context: Lessons from the Global Terrorism Database* (London: Routledge, 2015); Gary LaFree, 'Using open source data to counter common myths about terrorism' in Brian Forst, Jack Greene and Jim Lynch (eds.), *Criminologists on Terrorism and Homeland Security* (Cambridge: Cambridge University Press, 2011), 411-42; Gary LaFree, 'The Global Terrorism Database: Accomplishments and challenges', *Perspectives on Terrorism* 4 (2010), 24-46; Gary LaFree and Laura Dugan, 'Research on terrorism and countering terrorism' in M. Tonry (ed.), *Crime and Justice: A Review of Research* (Chicago: University of Chicago Press, 2009), 413-77; Gary LaFree and Laura Dugan, 'Introducing the global terrorism database', *Political Violence and Terrorism* 19 (2007), 181-204.

134. 'Deaths on the roads: Based on the WHO Global Status Report on Road Safety 2015', World Health Organization, accessed 26 January 2016; https://wonder.cdc.gov/mcd-icd10.html; 'Global Status Report on Road Safety 2013', World Health Organization; http://gamapserver.who.int/gho/interactive_charts/road_safety/road_traffic_deaths/atlas.html; http://www.who.int/violence_injury_prevention/road_safety_status/2013/en/; http://www.newsweek.com/2015–brought-biggest-us-traffic-death-increase-50-years-427759.

349

135. http://www.euro.who.int/en/health-topics/noncommunicable-diseases/diabetes/data-and-statistics; http://apps.who.int/iris/bitstream/10665/204871/1/9789241565257_eng.pdf?ua=1;https://www.theguardian.com/environment/2016/sep/27/more-than-million-died-due-air-pollution-china-one-year

136. For the battle, see Gary Sheffield, *Forgotten Victory: The First World War. Myths and Reality* (London: Headline, 2001), 137-64.

137. 'Victims of Palestinian Violence and Terrorism since September 2000', Israel Ministry of Foreign Affairs, http://mfa.gov.il/MFA/ForeignPolicy/Terrorism/Palestinian/Pages/Victims%20of%20Palestinian%20Violence%20and%20Terrorism%20sinc.aspx, accessed 23 October 2017.

138. 'Car Accidents with Casualties, 2002', Central Bureau of Statistics(in Hebrew), http://www.cbs.gov.il/www/publications/acci02/acci02h.pdf, accessed 23 October 2017.

139. 'Pan Am Flight 103 Fast Facts', CNN, 16 December 2016, http://edition.cnn.com/2013/09/26/world/pan-am-flight-103-fast-facts/index.html, accessed 23 October 2017.

140. Tom Templeton and Tom Lumley, '9/11 in Numbers', *Guardian*, 18 August 2002, https://www.theguardian.com/world/2002/aug/18/usa.terrorism, accessed 23 October 2017.

141. Ian Westwell and Dennis Cove (eds.), *History of World War I*, vol. 2 (New York: Marshall Cavendish, 2002), 431. For Isonzo, see John R. Schindler, *Isonzo: The Forgotten Sacrifice of the Great War* (Westport: Praeger, 2001), 217--18.

142. 'Reported Rapes in France Jump 18% in Five Years', France 24, 11 August 2015, http://www.france24.com/en/20150811-reported-rapes-france-jump-18-five-years, accessed 11 January 2018.

FƏSİL 11

143. Yuval Noah Harari, *Homo Deus: A Brief History of Tomorrow* (New York: HarperCollins, 2017), 14--19; 'Global Health Observatory Data Repository, 2012', World Health Organization,http://apps.who.int/gho/data/node.main.RCODWORLD?lang=en, accessed 16 August 2015; 'Global

Study on Homicide, 2013', UNDOC, http://www.unodc.org/documents/ gsh/pdfs/2014_GLOBAL_HOMICIDE_BOOK_web.pdf; accessed 16 August 2015; http://www.who.int/healthinfo/global_burden_disease/estimates/en/index1.html.

144. 'World Military Spending: Increases in the USA and Europe, Decreases in Oil-Exporting Countries', *Stockholm International Peace Research Institute*, 24 April 2017, https://www.sipri.org/media/press-release/2017/ world-military-spending-increases-usa-and-europe, accessed October 23, 2017.

145. http://www.nationalarchives.gov.uk/battles/egypt/popup/telel4. htm.

146. Spencer C. Tucker (ed.), *The Encyclopedia of the Mexican-American War: A Political, Social and Military History* (Santa Barbara: ABC-CLIO, 2013), 131.

147. Ivana Kottasova, 'Putin Meets Xi: Two Economies, Only One to Envy', CNN, 2 July 2017, http://money.cnn.com/2017/07/02/news/economy/china-russia-putin-xi-meeting/index.html, accessed 23 October 2017.

148. GDP is according to the IMF's statistics, calculated on the basis of purchasing power parity: International Monetary Fund, 'Report for Selected Countries and Subjects, 2017', https://www.imf.org/external/pubs/ft/ weo/2017/02/weodata/index.aspx, accessed 27 February 2018.

149. http://www.businessinsider.com/isis-making-50–million-a-month-from-oil-sales-2015–10.

150. IanBuruma, *Inventing Japan* (London: Weidenfeld& Nicolson, 2003); EriHotta, *Japan 1941: Countdown to Infamy* (London: Vintage, 2014).

FƏSİL 12

151. http://www.ancientpages.com/2015/10/19/10–remarkable-ancient-indian-sages-familiar-with-advanced-technology-science-long-before-modern-era/; https://www.hindujagruti.org/articles/31.html; http://mcknowledge.info/about-vedas/what-is-vedic-science/.

152. These numbers and the ratio can be clearly seen in the following graph: Conrad Hackett and David McClendon, 'Christians Remain World's Largest Religious Group, but They Are Declining in Europe', Pew Research Center, 5 April 2017, http://www.pewresearch.org/fact-tank/2017/04/05/christians-remain-worlds-largest-religious-group-but-they-are-declining-in-europe/, accessed 13 November 2017.

153. Jonathan Haidt, *The Righteous Mind: Why Good People Are Divided by Politics and Religion* (New York: Pantheon, 2012); Joshua Greene, *Moral Tribes: Emotion, Reason, and the Gap Between Us and Them* (New York: Penguin Press, 2013).

154. Marc Bekoff and Jessica Pierce, 'Wild Justice – Honor and Fairness among Beasts at Play', *American Journal of Play* 1:4 (2009), 451-75.

155. Frans de Waal, *Our Inner Ape* (London: Granta, 2005), ch. 5.

156. Frans de Waal, *Bonobo: The Forgotten Ape* (Berkeley: University of California Press, 1997), 157.

157. The story became the subject of a documentary titled *Chimpanzee*, released in 2010 by Disneynature.

158. M.E.J.Richardson, *Hammurabi's Laws* (London, New York: T&T Clark International, 2000), 29-31.

159. Loren R. Fisher, *The Eloquent Peasant*, 2nd edn (Eugene: Wipf& Stock Publishers, 2015).

160. Some rabbis allowed desecrating the Sabbath in order to save a Gentile, by relying on typical Talmudic ingenuity. They argued that if Jews refrained from saving Gentiles, this will anger the Gentiles and cause them to attack and kill Jews. So by saving the Gentile, you might indirectly save a Jew. Yet even this argument highlights the different value attributed to the lives of Gentiles and Jews.

161. Catherine Nixey, *The Darkening Age: The Christian Destruction of the Classical World* (London: Macmillan, 2017).

162. Charles Allen, *Ashoka: The Search for India's Lost Emperor* (London: Little, Brown, 2012), 412-13.

163. Clyde Pharr et al. (eds.), *The Theodosian Code and Novels, and the Sirmondian Constitutions* (Princeton: Princeton University Press, 1952), 440, 467-71.

164. SofieRemijsen, *The End of Greek Athletics in Late Antiquity* (Cambridge: Cambridge University Press, 2015), 45-51.

165. Ruth Schuster, 'Why Do Jews Win So Many Nobels?', *Haaretz*, 9 October 2013, https://www.haaretz.com/jewish/news/1.551520, accessed 13 November 2017.

FƏSİL 13

166. Lillian Faderman, *The Gay Revolution: The Story of the Struggle* (New York: Simon & Schuster, 2015).

167. Elaine Scarry, *The Body in Pain: The Making and Unmaking of the World* (New York: Oxford University Press, 1985).

FƏSİL 14

168. Jonathan H.Turner, *Incest: Origins of the Taboo* (Boulder: Paradigm Publishers, 2005); Robert J. Kelly et al., 'Effects of Mother-Son Incest and Positive Perceptions of Sexual Abuse Experiences on the Psychosocial Adjustment of Clinic-Referred Men', *Child Abuse & Neglect* 26:4 (2002), 425-41; Mireille Cyr et al., 'Intrafamilial Sexual Abuse: Brother-Sister Incest Does Not Differ from Father-Daughter and Stepfather-Stepdaughter Incest', *Child Abuse & Neglect* 26:9 (2002), 957-73; Sandra S. Stroebel, 'Father-Daughter Incest: Data from an Anonymous Computerized Survey', *Journal of Child Sexual Abuse* 21:2 (2010), 176-99.

FƏSİL 15

169. Steven A. Sloman and Philip Fernbach, *The Knowledge Illusion: Why We Never Think Alone* (New York: Riverhead Books, 2017); Greene, *Moral Tribes*, op. cit. , *Moral Tribes*, op. cit.

170. Sloman and Fernbach, *The Knowledge Illusion*, op. cit., 20.

171. Eli Pariser, *The Filter Bubble* (London: Penguin Books, 2012); Greene, *Moral Tribes*, op. cit.

172. Greene, *Moral Tribes,* op. cit.; Dan M.Kahan, 'The Polarizing Impact of Science Literacy and Numeracy on Perceived Climate Change Risks', *Nature Climate Change* 2 (2012), 732-5. But for a contrary view, see Sophie Guy et al., 'Investigating the Effects of Knowledge and Ideology on Climate Change Beliefs', *European Journal of Social Psychology* 44:5 (2014), 421-9.

173. Arlie Russell Hochschild, *Strangers in Their Own Land: Anger and Mourning on the American Right* (New York: The New Press, 2016).

FƏSİL 16

174. Greene, *Moral Tribes,* op. cit.; Robert Wright, *The Moral Animal* (New York: Pantheon, 1994).

175. Kelsey Timmerman, *Where Am I Wearing?: A Global Tour of the Countries, Factories, and People That Make Our Clothes* (Hoboken: Wiley, 2012); Kelsey Timmerman, *Where Am I Eating?: An Adventure Through the Global Food Economy* (Hoboken: Wiley, 2013).

176. Reni Eddo-Lodge, *Why I Am No Longer Talking to White People About Race* (London: Bloomsbury, 2017); Ta-Nehisi Coates, *Between the World and Me* (Melbourne: Text Publishing Company, 2015).

177. Josie Ensor, '"Everyone in Syria Is Bad Now", Says UN War Crimes Prosecutor as She Quits Post', *New York Times*, 17 August 2017, http://www.telegraph.co.uk/news/2017/08/07/everyone-syria-bad-now-says-un-war-crimes-prosecutor-quits-post/, accessed 18 October 2017.

178. For example, Helena Smith, 'Shocking Images of Drowned Syrian Boy Show Tragic Plight of Refugees', *Guardian*, 2 September 2015, https://www.theguardian.com/world/2015/sep/02/shocking-image-of-drowned-syrian-boy-shows-tragic-plight-of-refugees, accessed 18 October 2017.

179. T.Kogut and I.Ritov, 'The singularity effect of identified victims in separate and joint evaluations', *Organizational Behavior and Human Decision Processes* 97:2 (2005), 106-16; D.A.Small and G.Loewenstein, 'Helping a victim or helping the victim: Altruism and identifiability', *Journal of Risk and Uncertainty* 26:1 (2003), 5-16; Greene, *Moral Tribes,* op. cit., 264.

180. Russ Alan Prince, 'Who Rules the World?', *Forbes*, 22 July 2013, https://www.forbes.com/sites/russalanprince/2013/07/22/who-rules-the-world/#63c9e31d7625, accessed 18 October 2017.

FƏSİL 17

181. Julian Borger, 'Putin Offers Ukraine Olive Branches Delivered by Russian Tanks', *Guardian*, 4 March 2014, https://www.theguardian.com/world/2014/mar/04/putin-ukraine-olive-branches-russian-tanks, accessed 11 March 2018.

182. SerhiiPlokhy, *Lost Kingdom: The Quest for Empire and the Making of the Russian Nation* (New York: Basic Books, 2017); Snyder, *The Road to Unfreedom*, op. cit.

183. Matthew Paris, *Matthew Paris' English History*, trans. J. A. Gyles, vol. 3 (London: Henry G. Bohn, 1854), 138-41; Patricia Healy Wasyliw, *Martyrdom, Murder and Magic: Child Saints and Their Cults in Medieval Europe* (New York: Peter Lang, 2008), 123-5.

184. Cecilia Kang and Adam Goldman, 'In Washington Pizzeria Attack, Fake News Brought Real Guns', *New York Times*, 5 December 2016, https://www.nytimes.com/2016/12/05/business/media/comet-ping-pong-pizza-shooting-fake-news-consequences.html, accessed 12 January 2018.

185. Leonard B. Glick, *Abraham's Heirs: Jews and Christians in Medieval Europe* (Syracuse: Syracuse University Press, 1999), 228-9.

186. Anthony Bale, 'Afterword: Violence, Memory and the Traumatic Middle Ages' in Sarah Rees Jones and Sethina Watson (eds.), *Christians and Jews in Angevin England: The York Massacre of 1190, Narrative and Contexts* (York: York Medieval Press, 2013), 297.

187. Though the quote is often ascribed to Goebbels, it is only fitting that neither me nor my devoted research assistant could verify that Goebbels ever wrote or said it.

188. Hilmar Hoffman, *The Triumph of Propaganda: Film and National Socialism, 1933-1945* (Providence: Berghahn Books, 1997), 140.

189. LeeHockstader, 'From A Ruler's Embrace To A Life In Disgrace', *Washington Post*, 10 March 1995, accessed 29 January 2018.

190. Thomas Pakenham, *The Scramble for Africa* (London: Weidenfeld&Nicolson, 1991), 616-17.

FƏSİL 18

191. Aldous Huxley, *Brave New World* (London: Vintage, year?), ch. 17.

FƏSİL 19

192. Wayne A.Wiegand and Donald G. Davis (eds.), *Encyclopedia of Library History* (New York, London: Garland Publishing, 1994), 432-3.

193. Verity Smith (ed.), *Concise Encyclopedia of Latin American Literature* (London, New York: Routledge, 2013), 142, 180.

194. Cathy N. Davidson, *The New Education: How to Revolutionize the University to Prepare Students for a World in Flux* (New York: Basic Books, 2017); Bernie Trilling, *21st Century Skills: Learning for Life in Our Times* (San Francisco: Jossey-Bass, 2009); Charles Kivunja, 'Teaching Students to Learn and to Work Well with 21st Century Skills: Unpacking the Career and Life Skills Domain of the New Learning Paradigm', *International Journal of Higher Education* 4:1 (2015). For the website of P21, see: 'P21 Partnership for 21st Century Learning', http://www.p21.org/our-work/4cs-research-series, accessed 12 January 2018. For an example for the implementation of new pedagogical methods, see, for example, the US National Education Association's publication: 'Preparing 21st Century Students for a Global Society', NEA, http://www.nea.org/assets/docs/A-Guide-to-Four-Cs.pdf, accessed 21 January 2018.

195. Maddalaine Ansell, 'Jobs for Life Are a Thing of the Past. Bring On Lifelong Learning', *Guardian*, 31 May 2016, https://www.theguardian.com/higher-education-network/2016/may/31/jobs-for-life-are-a-thing-of-the-past-bring-on-lifelong-learning.

196. Maddalaine Ansell, 'Jobs for Life Are a Thing of the Past. Bring On Lifelong Learning', *Guardian*, 31 May 2016, https://www.theguardian.com/higher-education-network/2016/may/31/jobs-for-life-are-a-thing-of-the-past-bring-on-lifelong-learning.

197. Karl Marx and Friedrich Engels, *The Communist Manifesto* (London, New York: Verso, 2012), 34-5.

198. Yenə orada, 35

199. Raoul Wootlif, 'Netanyahu Welcomes Envoy Friedman to "Jerusalem, Our Eternal Capital"', *Times of Israel*, 16 May 2017, https://www.timesofisrael.com/netanyahu-welcomes-envoy-friedman-to-jerusalem-our-eternal-capital/, accessed 12 January 2018; Peter Beaumont, 'Israeli Minister's Jerusalem Dress Proves Controversial in Cannes', *Guardian*, 18 May 2017, https://www.theguardian.com/world/2017/may/18/israeli-minister-miri-regev-jerusalem-dress-controversial-cannes, accessed 12 January 2018; LahavHarkov, 'New 80–Majority Jerusalem Bill Has Loophole Enabling City to Be Divided', *Jerusalem Post*, 2 January 2018, http://www.jpost.com/Israel-News/Right-wing-coalition-passes-law-allowing-Jerusalem-to-be-divided-522627, accessed 12 January 2018.

200. K.P.Schroder and Robert Connon Smith, 'Distant Future of the Sun and Earth Revisited', *Monthly Notices of the Royal Astronomical Society* 386:1 (2008), 155–63.

201. See especially: Roy A. Rappaport, *Ritual and Religion in the Making of Humanity* (Cambridge: Cambridge University Press, 1999); Graham Harvey, *Ritual and Religious Belief: A Reader* (New York: Routledge, 2005).

202. This is the most common interpretation, although not the only one, of the combination hocus-pocus: Leslie K.Arnovick, *Written Reliquaries* (Amsterdam: John Benjamins Publishing Company, 2006), 250, n.30.

203. Joseph Campbell, *The Hero with a Thousand Faces* (London: Fontana Press, 1993), 235.

204. Xinzhong Yao, *An Introduction to Confucianism* (Cambridge: Cambridge University Press, 2000), 190–9.

205. 'Flag Code of India, 2002', Press Information Bureau, Government of India, http://pib.nic.in/feature/feyr2002/fapr2002/f030420021.html, accessed 13 August 2017.

206. http://pib.nic.in/feature/feyr2002/fapr2002/f030420021.html.

207.   https://www.thenews.com.pk/latest/195493-Heres-why-Indias-tallest-flag-cannot-be-hoisted-at-Pakistan-border.

208. Stephen C.Poulson, *Social Movements in Twentieth-Century Iran: Culture, Ideology and Mobilizing Frameworks* (Lanham: Lexington Books, 2006), 44.

209. Houman Sharshar (ed.), *The Jews of Iran: The History, Religion and Culture of a Community in the Islamic World* (New York: Palgrave Macmillan, 2014), 52-5; Houman M. Sarshar, *Jewish Communities of Iran* (New York: Encyclopedia Iranica Foundation, 2011), 158-60.

210. Gersion Appel, *The Concise Code of Jewish Law*, 2nd edn (New York: KTAV Publishing House, 1991), 191.

211. See especially: Robert O. Paxton, *The Anatomy of Fascism* (New York: Vintage Books, 2005).

212. Richard Griffiths, *Fascism* (London, New York: Continuum, 2005), 33.

213. Christian Goeschel, *Suicide in the Third Reich* (Oxford: Oxford University Press, 2009).

214. 'Paris attacks: What happened on the night', BBC, 9 December 2015, http://www.bbc.com/news/world-europe-34818994, accessed 13 August 2017; Anna Cara, 'ISIS expresses fury over French airstrikes in Syria; France says they will continue', CTV News, 14 November 2015, http://www.ctvnews.ca/world/isis-expresses-fury-over-french-airstrikes-in-syria-france-says-they-will-continue-1.2658642, accessed 13 August 2017.

215. Jean de Joinville, *The Life of Saint Louis* in M. R. B. Shaw (ed.), *Chronicles of the Crusades* (London: Penguin, 1963), 243; Jean de Joinville, *Vie de saint Louis*, ed. Jacques Monfrin (Paris, 1995), ch. 319, p. 156.

216. Ray Williams, 'How Facebook Can Amplify Low Self-Esteem/Narcissism/Anxiety', *Psychology Today*, 20 May 2014, https://www.psychologytoday.com/blog/wired-success/201405/how-facebook-can-amplify-low-self-esteemnarcissismanxiety, accessed 17 August 2017.

217. *MahasatipatthanaSutta*, ch. 2, section 1, ed. Vipassana Research Institute (Igatpuri: Vipassana Research Institute, 2006), 12–13.

218. Yenə orada., 5.

219. G.E.Harvey, *History of Burma: From the Earliest Times to 10 March 1824* (London: Frank Cass & Co. Ltd, 1925), 252–60.

220. Brian Daizen Victoria, *Zen at War* (Lanham: Rowman & Littlefield, 2006); Buruma, *Inventing Japan*,op. cit.;Stephen S. Large, 'Nationalist Extremism in Early Showa Japan: Inoue Nissho and the "Blood-Pledge Corps Incident", 1932', *Modern Asian Studies* 35:3 (2001), 533-64; W. L. King, *Zen and the Way of the Sword: Arming the Samurai Psyche* (New York: Oxford University Press, 1993); Danny Orbach, 'A Japanese prophet: eschatology and epistemology in the thought of Kita Ikki', *Japan Forum* 23:3 (2011), 339-61.

221. 'Facebook removes Myanmar monk's page for "inflammatory posts" about Muslims', *Scroll.in*, 27 February 2018, https://amp.scroll.in/article/870245/facebook-removes-myanmar-monks-page-for-inflammatory-posts-about-muslims, accessed 4 March 2018; Marella Oppenheim, '"It only takes one terrorist": The Buddhist monk who reviles Myanmar's Muslims', *Guardian*, 12 May 2017, https://www.theguardian.com/global-development/2017/may/12/only-takes-one-terrorist-buddhist-monk-reviles-myanmar-muslims-rohingya-refugees-ashin-wirathu, accessed 4 March 2018.

222. Jerzy Lukowski and Hubert Zawadzki, *A Concise History of Poland* (Cambridge: Cambridge University Press, 2001), 163.

FƏSİL 21

223 www.dhamma.org

224. Britta K. Hölzel et al., 'How Does Mindfulness Meditation Work? Proposing Mechanisms of Action from a Conceptual and Neural Perspective', *Perspectives on Psychological Science* 6:6 (2011), 537-59; Adam Moore and Peter Malinowski, 'Meditation, Mindfulness and Cognitive Flexibility', *Consciousness and Cognition* 18:1 (2009), 176-86; Alberto Chiesa, Raffaella-Calati and Alessandro Serretti, 'Does Mindfulness Training Improve Cognitive Abilities? A Systematic Review of Neuropsychological Findings', *Clinical Psychology Review* 31:3 (2011), 449-64; Antoine Lutz et al., 'Attention Regulation and Monitoring in Meditation', *Trends in Cognitive Sciences* 12:4

(2008), 163-9; Richard J. Davidson et al., 'Alterations in Brain and Immune Function Produced by Mindfulness Meditation', *Psychosomatic Medicine* 65:4 (2003), 564-70; FadelZeidan et al., 'Mindfulness Meditation Improves Cognition: Evidence of Brief Mental Training', *Consciousness and Cognition* 19:2 (2010), 597-605.

———

www.ingramcontent.com/pod-product-compliance
Lightning Source LLC
Chambersburg PA
CBHW022052210326
41519CB00054B/318